国家科学思想库

未来**10**年
中国学科发展战略

生物学

国家自然科学基金委员会
中国科学院

科学出版社
北京

图书在版编目(CIP)数据

未来 10 年中国学科发展战略·生物学/国家自然科学基金委员会,
中国科学院编 . —北京:科学出版社,2011
(未来 10 年中国学科发展战略)
ISBN 978-7-03-032308-8

Ⅰ.①未… Ⅱ.①国…②中… Ⅲ.①生物学-学科发展-发展战略-
中国-2011～2020 Ⅳ.①Q-12

中国版本图书馆 CIP 数据核字(2011)第 183240 号

丛书策划:胡升华 侯俊琳
责任编辑:牛 玲 孙 青/责任校对:朱光兰
责任印制:徐晓晨/封面设计:黄华斌 陈 敬
编辑部电话:010-64035853
E-mail:houjunlin@mail.sciencep.com

科学出版社出版
北京东黄城根北街 16 号
邮政编码:100717
http://www.sciencep.com

北京凌奇印刷有限责任公司印刷
科学出版社发行 各地新华书店经销
*
2012 年 1 月第 一 版 开本:B5(720×1000)
2021 年 1 月第四次印刷 印张:27 1/4
字数:534 000
定价:128.00 元
(如有印装质量问题,我社负责调换)

联合领导小组

组　长　孙家广　李静海　朱道本

成　员　（以姓氏笔画为序）

王红阳　白春礼　李衍达

李德毅　杨　卫　沈文庆

武维华　林其谁　林国强

周孝信　秦大河　郭重庆

曹效业　程国栋　解思深

联合工作组

组　长　韩　宇　刘峰松　孟宪平

成　员　（以姓氏笔画为序）

王　澍　申倚敏　冯　霞

朱蔚彤　吴善超　张家元

陈　钟　林宏侠　郑永和

赵世荣　龚　旭　黄文艳

傅　敏　谢光锋

战略研究组

组　长　林其谁　　院　士　　中国科学院上海生命科学研究院
副组长　杜生明　　研究员　　国家自然科学基金委员会生命科学部
成　员　（以姓氏笔画为序）

马　红　　教　授　　复旦大学
方精云　　院　士　　北京大学
朱作言　　院　士　　中国科学院水生生物研究所
孙　兵　　研究员　　中国科学院上海生命科学研究院
李家洋　　院　士　　中国科学院遗传与发育生物学研究所
张大勇　　教　授　　北京师范大学
陈晓亚　　院　士　　中国科学院上海生命科学研究院
陈晔光　　教　授　　清华大学
昌增益　　教　授　　北京大学
郑光美　　院　士　　北京师范大学
孟安明　　院　士　　清华大学
洪德元　　院　士　　中国科学院植物研究所
贺福初　　院　士　　中国人民解放军军事医学科学院
唐朝枢　　教　授　　北京大学
舒红兵　　教　授　　武汉大学
谭华荣　　研究员　　中国科学院微生物研究所
薛勇彪　　研究员　　中国科学院遗传与发育研究所
魏辅文　　研究员　　中国科学院动物研究所

秘 书 组

组　长　舒红兵　　教　授　　武汉大学
副组长　杨正宗　　处　长　　国家自然科学基金委员会生命科学部
　　　　申倚敏　　处　长　　中国科学院院士工作局
成　员　（以姓氏笔画为序）
　　　　于振良　　研究员　　国家自然科学基金委员会生命科学部

总序

路甬祥　陈宜瑜

　　进入 21 世纪以来，人类面临着日益严峻的能源短缺、气候变化、粮食安全及重大流行性疾病等全球性挑战，知识作为人类不竭的智力资源日益成为世界各国发展的关键要素，科学技术在当前世界性金融危机冲击下的地位和作用更为凸显。正如胡锦涛总书记在纪念中国科学技术协会成立 50 周年大会上所指出的："科技发展从来没有像今天这样深刻地影响着社会生产生活的方方面面，从来没有像今天这样深刻地影响着人们的思想观念和生活方式，从来没有像今天这样深刻地影响着国家和民族的前途命运。"基础研究是原始创新的源泉，没有基础和前沿领域的原始创新，科技创新就没有根基。因此，近年来世界许多国家纷纷调整发展战略，加强基础研究，推进科技进步与创新，以尽快摆脱危机，并抢占未来发展的制高点。从这个意义上说，研究学科发展战略，关系到我国作为一个发展中大国如何维护好国家的发展权益、赢得发展的主动权，关系到如何更好地持续推动科技进步与创新、实现重点突破与跨越，这是摆在我们面前的十分重要而紧迫的课题。

　　学科作为知识体系结构分类和分化的重要标志，既在知识创造中发挥着基础性作用，也在知识传承中发挥着主体性作用，发展科学技术必须保持学科的均衡协调可持续发展，加强学科建设是一项提升自主创新能力、建设创新型国家的带有根本性的基础工程。正是基于这样的认识，也基于中国科学院学部和国家自然科学基金委员会在夯实学科基础、促进科技发展方面的共同责任，我们于2009年4月联合启动了2011～2020年中国学科发展战略研究，选择数、理、化、天、地、生等19个学科领域，分别成立了由院士担任组长的战略研究组，在双方成立的联合领导小组指导下开展相关研究工作。同时成立了以中国科学院学部及相关研究支撑机构为主的总报告起草组。

两年多来，包括196位院士在内的600多位专家（含部分海外专家），始终坚持继承与发展并重、机制与方向并重、宏观与微观并重、问题与成绩并重、国际与国内并重等原则，开展了深入全面的战略研究工作。在战略研究中，我们既强调战略的前瞻性，又尊重学科的历史延续性；既提出优先发展方向，又明确保障其得以实现的制度安排；既分析各学科自身的发展态势，又审视各学科在整个学科体系和科技与经济社会发展中的地位作用；既充分肯定各学科已取得的成绩，又不回避发展中面临的困难和问题；既立足国内的现状与条件，又注重基础研究的国际化趋势。经过两年多的战略研究工作，我们不断明晰学科发展趋势，深入认识学科发展规律，进一步明确"十二五"乃至更长一段时期推动我国学科发展的战略方向和政策举措，取得了一系列丰硕的成果。

战略研究总报告梳理了学科发展的历史脉络，探讨了学科发展的一般规律，研究分析了学科发展总体态势，并从历史和现实的角度剖析了战略性新兴产业与学科发展的关系，为可能发生的新科技革命提前做好学科准备，并对我国未来 10 年乃至更长时期学科发展和基础研究的持续、协调、健康发展提出了有针对性的政策建议。19 个学科的专题报告均突出了 7 个方面的内容：一是明确学科在国家经济社会和科技发展中的战略地位；二是分析学科的发展规律和研究特点；三是总结近年来学科的研究现状和研究动态；四是提出学科发展布局的指导思想、发展目标和发展策略；五是提出未来 5～10 年学科的优先发展领域以及与其他学科交叉的重点方向；六是提出未来 5～10 年学科在国际合作方面的优先发展领域；七是从人才队伍建设、条件设施建设、创新环境建设、国际合作平台建设等方面，系统提出学科发展的体制机制保障和政策措施。

为保证此次战略研究的最终成果能够体现我国科学发展的水平，能够为未来 10 年各学科的发展指明方向，能够经得起实践检验、同行检验和历史检验，中国科学院学部和国家自然科学基金委员会多次征询高层次战略科学家的意见和建议。基金委各科学部专家咨询委员会数次对相关学科战略研究的阶段成果和研究报告进行咨询审议；2009 年 11 月和 2010 年 6 月的中国科学院各学部常委会分别组织院士咨询审议了各战略研究组提交的阶段成果和研究报告初稿；其后，中国科学院院士工作局又组织部分院士对研究报告终稿提出审读意见。可以说，这次战略研究集中了我国各学科领域科学家的集体智慧，凝聚了数百位中国科学院院士、中国工程院院士以及海外科学家的战略共识，凝结了参与此项工作的全体同志的心血和汗水。

今年是"十二五"的开局之年，也是《国家中长期科学和技术发展规划纲要（2006—2020 年）》实施的第二个五年，更是未来 10 年我国科技发展的关键时期。我们希望本系列战略研究报告的出版，对广大科技工作者触摸和了解学科前沿、认知和把握学科规律、传承和发展学科文化、促进和激发学科创新有所助益，对促进我国学科的均衡、协调、可持续发展发挥积极的作用。

在本系列战略研究报告即将付梓之际，我们谨向参与研究、咨询、审读和支撑服务的全体同志表示衷心的感谢，同时也感谢科学出版社在编辑出版工作中所付出的辛劳。我们衷心希望有关科学团体和机构继续大力合作，组织广大院士专家持续开展学科发展战略研究，为促进科技事业健康发展、实现科技创新能力整体跨越做出新的更大的贡献。

前言

　　根据国家自然科学基金委员会与中国科学院合作开展"2011～2020 年中国学科发展战略研究"的要求，生物学学科发展战略研究组于 2009 年 3 月成立，成员有：陈晓亚、陈晔光、昌增益、杜生明、方精云、贺福初、洪德元、李家洋、林其谁、孟安明、马红、舒红兵、谭华荣、孙兵、唐朝枢、魏辅文、薛勇彪、张大勇、郑光美、朱作言。研究组下设秘书组，由舒红兵兼任组长，杨正宗、申倚敏任副组长。

　　研究组于 2009 年 4 月在上海召开了第一次全体会议，确定了工作进度与每位研究组成员的调研任务。明确由部分专家牵头，通过召集国内相关领域专家讨论或通信咨询，分别对生物学学科总体发展战略及植物学、动物学、微生物学、生态学、生物物理与生物化学、发育生物学、遗传学、细胞生物学、免疫学等二级学科发展战略开展研究。在二级学科发展战略报告初稿的基础上，秘书组起草了生物学学科总体发展战略初稿。

　　2009 年 8 月，研究组在北京召开了第二次全体会议，对生物学总体发展战略和各二级学科发展战略初稿进行了讨论，提出了补充、完善、修改建议，并在更广泛的范围内征求意见。修改后形成的生物学学科发展战略总体报告于 2009 年 11 月在贵阳征求了国家自然科学基金委员会生命科学部专家咨询委员会的意见后，于 11 月向参加院士增选大会的中国科学院生命科学与医学学部院士作汇报和听取意见。2010 年 4 月研究组在北京召开了第三次全体会议，进一步深化对生物学学科总体发展战略的研究。会后由舒红兵执笔，经国家自然科学基金委员会生命科学部专家咨询委员会讨论，并于 2010 年 6 月再次听取了出席院士大会的院士们的意见，最后形成了本书。发展战略研究不是原创性研究，也不是领域综述，需要大量地参考各种文献。不可能在书中对每个描述都列上文献，只宜列出少数主要参考文献供读者进一步阅读。由于本书不牵涉撰写人的学术权益，因此我们认为这样做是恰当的。在书稿的撰写过程中，有多位专家付出了艰辛的劳动，具体分工如下：第一章统稿人为舒红兵，主要参与编写的人员为生物学学科发展战略研究组和秘书组全体成员；第二章统稿人为马红、陈晓亚，主要参与编写的人员有蔡杰、董爱武、高连明、葛颂、何祖华、黄宏文、黄继荣、孔宏智、李传友、李德铢、李来庚、刘吉开、卢金梅、王学路、王应祥、温明章、杨继、曹晓凤；第三章统稿人为魏辅文，主要参与编写的人员有李明、王德华、张健旭、张正旺、梁爱萍、秦川、陈领；第四章统稿人为谭华荣，主要参与编写的人员有邓子新、黄力、王磊、杨瑞馥、朱旭东、李越中、刘双江、刘杏忠、刘钢、陈士荣、李寅、刘志培、陈三凤、邱金龙、钟瑾；第五章统稿人为方精云、张大勇，主要参与编写的人员有安树青、傅声雷、韩博平、韩兴国、贺金生、李博、李义明、魏辅文、于贵瑞、于振良、余世孝、张德兴、张全国、张知彬；第六章统稿人为昌增益，主要参与编写的人员有郑晓峰、李伯良、金诚、周专、龚为民、蒋澄宇、秦咏梅、纪建国、谢灿、付新苗；第七章统稿人为陈晔光，主要参与编写的人员有方晓红、耿建国、李蓬、林圣彩、肖磊、徐涛；第八章统稿人为薛勇彪，主要参与编写的人员有杨维才、李巍、王文、苏都莫日根、曹晓风、朱大海、王秀杰、陈明生、张博、王沥、杨维才、李巍、王道文、傅向东、谷瑞升、邓向东；第九章统稿人为孟安明，主要参与编写的人员有张建、王海滨、谭铮、陈大华、孙青原；第十章统稿人为孙兵，主要参与编写的人员有田志刚、周光炎、郭亚军、张学光、张岩、李斌、冷启彬、肖晖、孟广勋、王琛、刘小龙、黄锋、于益芝；第十一章统稿人为唐朝枢，主要参与编写的人员有范明、齐永芬、孔炜。此外，还有一些科研教学人员与研究生也做了重要工作，在此我们一并表示感谢。

生物学学科的研究直接关系到人类的繁衍与健康、生存条件与环境，是认识自然规律的最主要内容之一。人类活动最根本的目的是认识自然、适应自然，改善人类的生活质量。随着生物学科的进步，农业、医学、生态等方面得到了很大的推动。在世界各国基础学科的投入中生物学科往往占据首位。生物学科也带动了生物技术的发展，直接造福于人类。

生物学科的发展离不开新的学术思想与新技术、新方法。科学发现是无止境的。例如，非编码核糖核酸（noncoding RNA）在基因表达调控中的作用；蛋白质本身具有传染致病性的朊病毒的发现等带来了新思想；结构生物学新技术的发展和各种分子与活体组织的影像技术、四维（4D）电子显微技术等带来崭新的知识；脱氧核糖核酸（DNA）测序技术的飞速发展不仅推动生物学各分支学科的发展，也给医学、农学带来巨大的震撼。而各种组学的数据量的指数增长对生物信息学与计算生物学不断提出更高的要求。

生物学科正在以极大的动能快速发展。要使中国生物学科适应飞速发展的形势并且逐渐站到国际前列，就需要有高瞻远瞩的发展战略与促进科学发展的更有利的体制。在提倡献身科学的同时要充分尊重人才，给予他们积极、宽松的科研环境和更多、更稳定的科研经费支持。

我们希望本书能够促使广大生物科学家更加关心生物学科的发展，也希望生物科学家们不吝提出批评与意见。

林其谁

生物学学科发展战略研究组组长

2010 年 10 月

摘要

生物学是研究生命现象和生命活动规律的学科，是生命科学各领域的基础和核心。生物学的研究对象包括所有有生命的个体、群体及生物之间，生物与环境之间的相互作用。生物学研究是人类探索自然规律和生命现象的主要手段之一，也是解决世界范围内长期以来存在的农业、医学和环境问题的需要，在培育高效、优质、抗逆农业新品种，探索新的疾病诊断和治疗手段，延长人类寿命，保护生物多样性及自然环境等方面发挥关键作用。生物学研究还将为防治人类重大传染病、生物防卫和反恐等方面提供科学基础和方法，因而是维护国家安全和社会稳定的需要。

生物学的发展依赖于技术手段的革新及与其他学科的交叉融合，依赖于概念上的重大突破。现今的生物学研究趋于系统化、规模化和数字化，已经从描述性研究阶段进入对生命现象机理和生命活动规律进行探索，并利用对这些机理和规律的了解来服务人类的阶段。生物学各传统分支学科的界限已经难以划分，微观生物学和宏观生物学之间相互渗透和融合，衍生了一大批新的学科前沿和生长点。

近年来生物学作为自然科学中发展最快的学科之一，在个性化基因组、干细胞、非编码核酸、细胞结构和功能、发育机理、免疫反应、微生物代谢网络、植物分子生物学、生态系统的可持续性利用和合成生物学等领域取得重大突破。在国家投入增加和科研队伍快速聚集的情况下，我国的生物学研究在过去几年中有了显著的进步，发表的高水平研究论文数量、平均引用次数都有较大增加，在基因组学，遗传疾病的分子机制，非编码核酸，发育机制，干细胞，细胞信号转导，天然免疫，蛋白质结构，微生物脱氧核糖核酸修饰、代谢和基因组进化，植物科学，生态学大尺度格局和生物多样性等领域都取得在国际上有重要影响的原创性成果。但是，我国的生物学研究与发达国家相比还存在较大差距，主要表现在：原创性研究成果较少；处于国际前沿的、在所在领域有重要影响的顶尖学者较少；立足于我国国情的系统性与独创性基础研究尚未夯实，存在着急于求成、急功近利的短视观念；我国在生物学的一些重要前沿领域，如神经生物学、免疫学、系统生物学等，总体说来还处于比较落后的地位；学术评价体系、研究氛围、资助机制、管理体制等软条件还不能完全适应于创新的需要。

在未来 10 年中，生物学学科发展布局的指导思想和发展策略是协调发展与重点支持并重、宏观生物学与微观生物学并重，注重学科交叉和融合，鼓励概念和技术创新。注意优先支持具有重大生物学意义或者具有中国特色的生物学学科前沿研究，扶持和保护宏观生物学，如植物、动物和微生物分类学等学科的发展和人才培养。生物学学科发展的目标是在 5～10 年内，我国能够成为国际上最重要的几个生物学研究中心之一，在部分领域具有国际领先和主导地位，对农业、医学和环境等领域的发展和进步起到重要的推动作用。生物学学科的优先发展领域包括：蛋白质的修饰、相互作用与活性调控，非编码核糖核酸的结构与功能，复合糖的结构与功能，生物大分子的活细胞成像和功能，细胞生命活动的分子调控机制，干细胞全能性与定向分化，复杂性状的遗传机理，配子形成及其对合子早期发育的影响，组织器官发育的调控机理，免疫反应的细胞和分子机制，衰老机制，次级代谢与调控，光合作用和生物固氮机制，动物行为的机制与进化，物种演化和生物多样性的维持。

生物学与自然科学和技术领域其他学科的交叉和融合是生物学发展的重要动力和源泉。在未来 10 年中，优先发展的交叉研究领域包括：机体功能调控的系统生物学研究，物种及生态系统对全球变化的响应与适应，合成生物学研究。

生物学发展到今天，人类已经有能力探索复杂的生物学问题。复杂的生物学问题的阐释已经不是一个研究组甚至一个国家所能做到的，因此国际合作与交流对生物学前沿领域的研究日显重要。今后我国生物学领域的国际合作和交流要注意以国家需要、国家利益为导向，多种形式并重，加强以我国为主导的国际合作研究计划。生物学的重要国际合作领域包括：干细胞的基础与应用研究，物种及生态系统对全球气候变化的适应与响应，生物入侵及影响，蛋白质科学及组学研究，合成生物学研究，重大传染病的传播和防控的生物学基础等。

我国生物学的发展需要强有力的保障措施：加大对生物学基础研究的支持力度是生物学持续、快速发展的基础；造就一批高水平的研究队伍是生物学持续和快速发展的前提条件；建立科学的学术评价体系是提高研究人员的积极性、培育良性竞争的学术氛围的重要措施；建设一流的共享研究平台、加强生物学与其他学科的交叉融合是生物学持续、快速发展的重要保障。

生物学学科中 10 个二级学科的发展战略简介如下。

一、植物学

地球上的植物有 30 多万种。植物学旨在认识植物生命现象和生命过程的客观规律，是生命科学中最悠久的基础学科之一，也是一门综合性学科。植物有许多特点，如具有细胞壁和叶绿体、体细胞具有全能性、发育具有可塑性等。植物学研究有过多个重大发现，包括细胞理论的提出、遗传定律的阐明、生化过程的解析、跳跃基因（转座子）的发现以及表观遗传学和基因组学的最新成果等。植物直接或间接为人类提供食物，多种次生代谢物具有重要的营养和药用价值。因此，植物学的发展也为农学和药学等应用学科的发展提供了雄厚的理论基础。

植物学传统研究手段包括形态学、生理学、生物化学和遗传学等方法。在此基础上，过去30年中利用模式植物分子遗传操作的有利条件开展研究，大大丰富了人们对基因及其产物在生理、发育、细胞和生化等层次上的功能的认识。各种组学的发展，结合新的显微成像技术和活体动态分析，正在推动对植物系统各个层次更深更广的认识。今后，植物学将通过多学科和技术齐驱并进、交叉发展，形成一个综合研究体系。

我国植物学研究在若干方面已经接近或达到国际先进水平。在今后10年中，需要继续支持一批优势和重要领域，使得其中部分领域达到世界领先水平。我国具有众多的植物资源，需要进行研究和保护；加强对植物系统发育和进化规律的认识，有助于了解植物物种间（包括模式植物和农作物）的关系和基因功能的普遍性。微观优先发展领域包括：激素的合成与调控，表观遗传调节机制，光合作用机制和代谢途径及网络，细胞、组织与器官的结构与功能，生殖发育与环境对发育的调节，重要基因产物作用的分子机理等。

在植物学领域，既要加强与国际一流实验室进行交流，也要增加和发展中国家在生物多样性方面的交流与合作。植物学发展的保障措施包括：增加经费，以改善科研条件和扩大科研队伍，注重加强青年人才的培养和引进；要建立国家级数据库，并和已有的数据库联合成为有效的网络，真正做到信息共享；要支持新技术新方法的研究，进一步推动我国植物学的发展。

二、动物学

动物学是研究动物的形态、分类、进化、行为、生理和遗传等生命现象及其规律的科学，与农、林、牧、渔、医、工等学科密切相关，是解决资源与环境、有害生物及人类疾病的防治、动物仿生和生物多样性保护等诸多问题的重要基础之一。

现代动物学的发展有两个显著的特点，即比较和整合。随着分子生物学、基因组学、蛋白质组学、代谢组学、神经生物学、行为学、生态学乃至化学、物理、数学和信息科学等基础学科理论和技术的发展并与动物学交叉渗透，动物学研究已经进入到利用多学科技术来研究动物生命现象的整合动物学阶段，对许多动物的特殊生命现象有了更加深入的探索和理解，并和人类社会的许多实际问题紧密联系，为经济和社会的发展提供了高科技支撑。

未来 10 年动物学的优先发展领域包括：《中国动物志》编研，动物系统发育重建与分子进化，动物适应性进化与物种形成机制，动物的时空地理格局形成、演变及维持机制，动物行为的机制与进化，动物对逆境（特殊环境）的生理适应机制，濒危及有害动物的生殖调控机制，动物濒危的生态与遗传学机制，动物种群动态及其调控机制，动物多样性与生态系统功能的关系，全球气候变化及人文因素（环境污染、大型工程等）对动物多样性的影响，野生动物实验动物化和新实验动物模型的建立。优先发展的重大交叉研究领域包括动物形态功能及仿生以及动物通信信号的解码和作用机制。国际合作优先领域侧重在动物资源的收集与保存、动物系统发育与分子进化、全球气候变化对动物多样性的影响、动物迁徙与疾病的传播规律、外来物种入侵机制与防治、生物多样性与濒危动物保护等方面开展工作。

三、微生物学

微生物学是研究各类微小生物（真细菌、古细菌、真菌、病毒、立克次体、支原体、衣原体及单细胞藻类等）的形态、生理生化、分类和生态的科学，是生命科学的一个分支学科。微生物作为最简单的生命体是生命科学研究不可替代的基本材料，对探索和揭示生命活动的基本规律、推动生命科学的发展具有十分重要的作用。微生物的生物多样性决定了其代谢产物的多样性，为人类提供了宝贵的资源。微生物与其他生命及环境具有密切的关系，是动植物发挥正常功能所不可缺少的部分。因此，微生物学已成为生命科学研究尤其是生物技术应用领域里一门非常重要的学科。

在未来 10 年中，我国微生物学的主要布局和发展方向是广泛采用新技术和新方法，推动微观研究的深入发展；同时通过与其他生命科学研究以及生态系统研究的结合，探讨微生物之间以及与其他生物之间的相互关系，促进宏观研究的不断拓宽；从组学水平阐明微生物生命活动的全貌，从系统生物学及合成微生物学的观念出发探索生命现象的本质规律。优先发展领域包括：微生物资源及其功能多样性；微生物次级代谢与调控；极端环境微生物的生命特征和进化机制；微生物中 DNA 修饰的分子机制；细菌小 RNA（small RNA，sRNA）的功能及其作用机制；病原微生物与宿主的相互作用；微生物在物质转化中的作用机制；微生物与动植物相互作用的分子机制；微生物固氮的分子机制。微生物学与其他学科交叉和融合是学科发展的动力，优先发展的交叉研究领域包括微生物与环境相互作用及其应答机制。

微生物资源收集已从传统的陆地土壤采样向极端环境和海洋区域扩延,不同地域的相同微生物显示不同的功能多样性。因此,要加强以我国为主导的国际合作研究,在微生物功能多样性与环境的关系、资源的开发和利用等方面开展深入的国际合作研究。

四、生态学

生态学是研究生物与其生活环境(包括物理环境和生物环境)之间的相互关系,以及生态系统的结构、功能与动态的一门学科。早期的生态学研究主要是兴趣驱动的,关注的是生态学现象与过程的发生机制。近年来人类活动导致地球环境向着不利于人类生存的方向迅速恶化,人们要求生态学家为解决诸多环境问题提出解决方案,这使得生态学成为世人瞩目的学科的同时,也在一定程度上冲击了生态学基础研究的地位。

我国生态学家面临着两个方面的主要任务:一方面需要追踪和引领世界生态学前沿科学问题的探索;另一方面要致力于解决与国家、社会需求相关的重大问题。两者相互促进、相辅相成。根据当前国际上生态学发展的趋势和我国生态学已有的研究基础,建议设置 5 个科学问题驱动的优先研究领域,即物种多样性维持机制与大尺度分布格局,利用分子标记揭示种群的历史和动态,种间关系与进化,陆地生态系统的地下生态过程,微生物群落的生态格局、过程与功能。同时,建议设置 4 个由国家和社会需求驱动的优先研究领域:物种及生态系统对全球变化的响应与适应,外来物种入侵的机制、途径及生态控制,生境破碎化对生物多样性和生态系统功能的影响,生态系统退化与恢复途径。此外,一些近年来新兴的交叉研究领域有着潜在的发展前景,无论是在国外还是在国内都只有相对薄弱的研究基础,建议选择一个生态学与化学的交叉领域——"生物相互作用和生态学过程中化学元素的平衡关系"作为优先发展的交叉研究方向。

五、生物物理、生物化学和分子生物学

生物物理、生物化学和分子生物学是利用物理和化学的原理和方法来研究生命现象的科学,它们的研究目的是在分子水平上认识生命体的组织、结构、物质、能量和信息的传递转换规律,即生命现象的本质。正是生物化学和生物物理学的出现,使人类对生命和非生命物质的认识鸿沟弥合,使生物学现象可

以应用物理、化学规律做出科学的解释，以此为基础，现代医学和现代农业得以发展起来。生物物理、生物化学和分子生物学已经渗透到生命科学的几乎所有其他学科领域，它们的发展和进步必将推动生物学整体向前发展。

生物物理、生物化学和分子生物学高度依赖于物理和化学提供的理论和方法的支持，而对生命现象的研究认识过程也促进了对物理和化学概念的理解和完善。为了达到认识生命本质的目的，未来本学科将沿着从分子群体到单分子、从单分子到所有分子、从体外到体内、从定性到定量的方向发展。

在生物学科历史和当前的学术版图中，我国都占据重要地位，在蛋白质人工合成、核酸人工合成、蛋白质复合体结构测定、基因组 DNA 测序、蛋白质组学等方面取得了令国际同行瞩目的成绩。结合生物学科发展趋势和我国的优势，建议在蛋白质和核酸等生物大分子的修饰和调控，蛋白质复合物、非编码核酸、寡糖和多糖等生物大分子的结构和功能，生物膜的结构与功能，生物活性小分子和脂类分子的鉴定和作用机制，蛋白质结构设计，高时空分辨和高特异观察方法等研究方向优先予以发展。

六、细胞生物学

细胞生物学是在不同层次（显微、亚显微与分子水平）上研究细胞基本生命活动规律的科学。在整个生命科学研究体系中，细胞生物学起着承上启下的关键作用。细胞生物学的发展同生命科学的其他学科一样也遵循了从宏观向微观、从现象到本质、从单一向多层次多方面发展的规律。作为一门以实验为基础的学科，细胞生物学的发展很大程度上依赖于新技术的不断出现与应用，以及与多学科的交叉。我国的细胞生物学研究具有较悠久的历史和良好的学科传承。近 20 年来，随着我国对科学研究的日益重视和科研投入的不断增长，我国在细胞生物学研究总体水平上有着飞速发展和显著进步。在关键信号转导通路研究、细胞死亡和运动调控以及细胞自吞噬等方面取得了若干有代表性的成就，然而与科研发达国家相比仍存在明显差距。

今后 10 年，我国细胞生物学的发展布局应以国家需求为目标开展基础研究，重视理念创新和技术革新。在全面发展的基础上，优先探索国际前沿热点领域和重要的细胞生物学问题。例如，细胞的增殖、分化、衰老与死亡的过程和机制，细胞运动及其生物学意义，细胞器的发生、结构与功能，细胞通信与信号转导，细胞代谢，干细胞多能性维持与定向分化，以及活细胞成像等领域。同时加强细胞生物学与计算生物学、生物物理学、化学生物学和显微成像等学科领域的交叉，在细胞器动态变化、细胞自吞噬、干细胞重编程、模式生物应用及各种图形图像技术开发等几个前沿领域增进国际交流与合作。要同时加强硬件和软件方面的保障措施，从而提高我国细胞生物学学科的整体研究水平。

七、遗传学

遗传学是研究生物体遗传和变异的科学，现代遗传学是研究基因和基因组的结构与功能、传递与变异规律的一门科学。就发展历史而言，遗传学包括经典遗传学、分子遗传学、整合（合成）遗传学等不同阶段。如今，我们已进入了高通量脱氧核糖核酸测序的时代，所面临的挑战已不再是获得遗传密码，而是解析遗传密码信息控制生物性状的发生和传递规律。遗传学，特别是分子遗传学的诞生和发展催生传统生物学向现代生命科学的转变。传统遗传学的基础理论为现代生命科学提供研究的基本策略和突变体材料，而以基因和基因组为研究对象的现代遗传学正在从系统动态的角度揭示染色体和基因组的结构、功能与演化以及动植物重要性状的调控机制、人类疾病发生机理等生命现象的基本规律，引领着现代生命科学各个学科的发展方向，并为以转基因技术为核心的现代生物技术的发展提供基石。同时，现代生命科学和生物技术的进步不断丰富和发展遗传学的研究内容，因而出现了非编码 RNA 对传统基因概念的拓展、表观遗传学和整合遗传学等新兴分支学科迅速发展的现象。

未来 10 年，遗传学依然是我国生命科学领域重点发展的学科，其发展布局将更加注重基础和应用研究的结合，重视和加强新技术和学科交叉研究，着重以大量物种基因组序列为基础，研究细胞内基因与蛋白质的时空表达，研究生命活动最直接的承担者——蛋白质的结构与功能及相互作用网络，从系统生物学的角度诠释生命现象的遗传规律。加强生物信息学、系统生物学、整合遗传学等学科的建设与人才培养，重点研究染色体和基因组调控规律、复杂性状的遗传规律、重要功能基因的发掘与应用、表观遗传调控等领域，力争在这些领域取得新的突破，同时还要加强进化与群体遗传学、基因组演化规律、核质互作的分子调控、整合遗传学等领域的研究。

依据"以学科发展为基础，理论创新为核心和重大问题为牵引"的原则，遗传学优先发展的领域包括：基因组的结构特征与规律、表观遗传机制、基因与环境互作的机制、物种起源与演化的遗传机制、复杂性状的遗传规律、整合遗传学研究的理论与方法、围绕三联密码子的起源与演化，以及遗传"语言"解析开展的重大交叉研究等。

八、发育生物学

发育生物学是研究多细胞生命个体的发育、生长、衰老过程的一门科学，力求了解生物个体的配子形成、受精、胚胎的发育、组织器官的发生和形成、个体衰老等过程的规律。生命个体由生物大分子和细胞组成，对生物大分子和细胞结构、特性及功能的研究，最终都不能脱离生命个体。配子和胚胎发育的异常，是导致流产、出生缺陷、先天性疾病等的根本原因，对发育规律的认识将为诊断、预防、治疗这些缺陷或疾病提供理论依据和解决手段；干细胞生物学将为治疗多种成年期疾病提供革命性解决手段；了解衰老的发生规律是延长人类寿命的根本出路；人类食物来自于动植物的组织器官，如何进一步提高产量、改进品质，也有待于对动植物的发育规律的深入了解。因此，发育生物学是一门极富活力、不可或缺的学科。

自20世纪80年代以来，发育生物学的研究已经由描述性研究过渡到分子机理研究，正在进一步深入到网络调控体系的研究，涉及分子、代谢、能量、力学、定量等的系统生物学研究，以及与疾病和农业生产相关的应用基础研究。发育生物学与遗传学、细胞生物学、生物信息学、计算生物学、材料科学、组织工程学、医学等学科的交叉、融合，推动着生命科学的发展。我国在发育生物学领域的研究起步很晚，但在过去10余年中发展很快、进步很大，尤其是在早期胚胎发育、生殖发育、干细胞生物学、植物组织器官发育等方面取得了一些重要成果。但是，我国发育生物学领域的研究队伍仍然偏小，亟待加强；许多发育生物学实验室的研究工作还停留在描述性研究阶段，未来需要加强机理性研究，产出更多、影响更大的原创性成果。

未来10年，发育生物学学科发展战略力求协调发展、可持续发展，并有所侧重，在胚胎的早期发育、器官的发育与再生、生殖细胞的发生与成熟、衰老、成体干细胞等方面布局针对重大或关键科学问题的前沿性研究项目，重点支持有源头创新性、有特色的研究。鼓励更多的研究人员从事发育生物学的相关研究，建立与学科特点相适应的学术评审评价机制，支持国内外的合作研究和资源共享，加强公共资源平台，如一些重要模式动植物遗传资源中心的建设。

九、免疫学

免疫学是研究宿主免疫系统与外界环境相互作用的学科，也是医学及生命科学领域的一门基础性、引领性、支柱性的重要分支学科。免疫系统可以准确地识别非我，排除异物，维持机体内环境的相对稳定。免疫学研究与人类健康关系密切，它涉及多种重大疾病，如心脑血管疾病、感染、肿瘤、自身免疫性疾病等的发生、发展与康复。免疫学研究也包括植物和动物对微生物的免疫应答等基本生命活动。

当代免疫学的研究重点大致包括以下领域：感染与免疫，包括病毒感染、细菌感染、原生动物及蠕虫感染，以及天然免疫细胞与受体；免疫耐受与自身免疫，包括调节性T淋巴细胞、自身免疫、黏膜免疫、免疫耐受与移植，以及免疫监视与肿瘤免疫；免疫细胞的分化与发育，包括早期淋巴细胞发育、细胞迁移、T淋巴细胞和B淋巴细胞受体多样性、T淋巴细胞和B淋巴细胞记忆以及细胞因子与炎症；免疫细胞调节，包括免疫细胞信号转导、抗原呈递、免疫细胞共激活与细胞间的相互作用；临床免疫学研究，包括免疫细胞治疗、抗体治疗、疫苗及佐剂、过敏性变态反应及治疗、动物模型与临床治疗、自身免疫疾病的遗传基础、微生物触发性炎症、调节性T淋巴细胞的可塑性及其移植疗法、自身免疫性疾病的病理学及临床治疗以及炎症类疾病治疗等。当代免疫学发展逐渐呈现三大态势：基础免疫学的研究更加深入；基础免疫学与临床免疫学结合更加紧密；免疫学与其他学科的交叉和整合更加有效。在分子和细胞水平上，对于免疫系统复杂和精细的调控机制开展研究是免疫学未来发展的主要趋势之一。

近年来我国免疫学研究进展迅速，其中以基础免疫学为主体、临床免疫学为特色、免疫学技术的建立应用以及免疫治疗剂的研发为亮点，我国免疫学研究的学术影响力不断增强，受到国际同行越来越多的关注。在"十二五"期间，我国免疫学界将致力于从事更多的基础性、原创性和系统性的科研工作，希望通过10年左右的时间创建一些由我国学者首先开创的免疫学新领域，实现跨越式发展。

十、生理学

生理学是一门研究机体生命活动现象和规律的科学。生理学研究的内容包括：细胞生理、器官系统生理、衰老与生物节律生理、营养与代谢生理、运动生理、特殊环境生理、航空生理、比较生理和整合生理等。生理学的基本理论和方法是医学科学思维方式的形成和科学实验研究实施的重要保证。生理学是其他传统基础医学学科与临床学科之间的"桥梁"。生理学的发展将极大地推动转化医学的发展，从而更快速地推进临床医学的发展。

现代生理学面临如何将微观研究与整体功能研究相联系的重大挑战。在生物信息学发展的基础上，整合生理学和系统生理学应运而生。与国际水平比较，我国生理学研究发展呈现不均衡的特点，主要体现在：心血管生理基础研究不能满足临床医学心血管疾病的防治要求；呼吸系统基础研究滞后；泌尿生殖系统的研究发展缓慢；内分泌系统基础研究相对薄弱；血液生理的研究后劲不足；对神经生理研究的投入较少；消化生理研究队伍严重萎缩；生理组学与整合生理学的研究起步较晚；电生理的研究潜力较大；转化医学的研究刚刚起步，生理学科要迅速参与。

未来10年，我们要按照"全面支持、重点突出"的原则进行布局，传统领域发展保持生理学学科特色，优先资助具有重大生物学意义，或具有中国特色的生理学学科热点和前沿研究，鼓励多层次的网络研究和多学科交叉与融合。协调发展与重点支持并重、整体生理学与微观生理学并重、推动科学概念和研究技术的创新。

我国生理学的优先发展领域包括：机体应激的生理调节机制，环境对机体生理功能的影响及其机制，衰老的生理功能变化机制，生物节律发生机制及其生理意义，冬眠的生理学机制，非经典内分泌器官组织的内分泌功能，内源性小分子活性物质的生理功能及其细胞信号转导机制，糖和脂代谢的生理调节，生物膜功能调节的离子通道机制，重要脏器功能活动的网络调节。在未来10年，生理学应重点支持以下几个领域开展国际交流与合作研究：心血管疾病、脂代谢、特殊环境生理、运动生理和老年生理等。

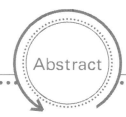

Abstract

Biology is a natural science that studies the phenomena, mechanisms and principles of life and living organisms. Biological research has formed the foundation for meeting our increased demands in solving problems in agriculture, medicine and environment.

Advances in biology rely on conceptual breakthroughs, innovative methods, and the integration of the traditional natural scientific disciplines: mathematics, physics and chemistry. Current biological investigations are performed in a more systematic, large-scale, and digitized manner, and is becoming more difficult to define the subdisciplines of biology due to the deepening intersection and integration of various biological fields.

In recent years, we have witnessed rapid and exciting advances in biology. Major breakthroughs have been achieved in areas such as personalized genomics, stem cell research, noncoding DNA and RNA analyses, cell signaling networks, developmental biology, immunology, microbial metagenomics and metabolomics, plant biology, ecology, and synthetic biology. Having benefited from increased financial support from the Chinese government and the recruitment of well-trained investigators, biology in China has made important advances in the past 5-10 years in a number of areas including: genomics, molecular basis of genetic diseases, noncoding RNA, development, stem cells, cell signaling, innate immunity, structural biology, phosphorothioation of microbial DNA, genome evolution, plant sciences, ecosystem and biodiversity. However, chinese research still lags behind western countries due to too few conceptual breakthroughs and a lack of world-leading scientists. For example, important and exciting research areas, such as neuroscience, immunology, and systems biology, remain under-developed in China.

To promote the growth of biological innovation in China, several guidelines for research in the next 10 years in China are proposed. These include: (a) covering research in all biological disciplines, with an emphasis in key areas, and a balance between macro-and micro-biology; (b) the facilitation of cross-and multidisciplinary researches; (c) the promotion of conceptual originality and technological innovation; (d) increasing support in areas of major biological significance with a focus towards Chinese characteristics.

The major goals of biological research in the next 10 years for China are to become one of the few most influential biological research centers in the world, to establish China as a leader in some special areas of the biological sciences, and to drive advances in agriculture, medicine and environment protection/ preservation. The proposed priority areas of research for China in the next 10 years include the study of : protein modifications, molecular interactions and regulation; structures and functions of noncoding nucleic acids; high resolution imaging methods and functions of bio-macromolecules; regulation of cellular processes; pluripotency and differentiation of stem cells; genetic basis of complicated traits; gamete formation and regulation of early development; regulation of tissue and organ development; cellular and molecular mechanisms of immune response; mechanisms of aging; secondary metabolism and its regulation; mechanisms of photosynthesis and biological nitrogen fixation; animal behavior and evolution; coevolutionary processes and maintenance of species diversity.

In the next 10 years, we propose an emphasis of research in the following interdisciplinary fields: systems biology; response and adaptation to global change, and synthetic biology. In addition, proposed international collaborations will be formed towards research in stem cells; response and adaptation of species and ecosystems to global change; mechanisms and influence of biological invasions; protein science and omics; synthetic biology; biology of major infectious diseases.

Major efforts and measures are needed to improve biological research in China to higher levels, which will require increased funding, the recruitment of talented scientists, proper scientific evaluation, state-of-the-art research facilities, and cooperation and integration with other natural science disciplines. The developmental strategies of a number of sub-disciplines of biology are briefly introduced below.

Plant Biology

Plant Biology aims to understand biological phenomena and fundamental principles in the Plant Kingdom and remains as one of the oldest branches in the life sciences. Plants have been used to provide food and medicine for humans, thus plant biology has a major importance in the agricultural and ecological sciences.

Traditionally used approaches such as morphology, physiology, biochemistry and genetics, combined with the power of molecular genetics in model systems, have resulted in great advances in understanding gene function. The progress in various omics and the emerging technologies in imaging and dynamics of living cells are further promoting our understanding of plants at multiple levels. In the near future, greater interaction and integration with other disciplines will make plant biology a major field of research.

Plant Biology research in China has attained world-class level in several areas, so further support to strengthen these areas will foster our reputation as one of the world leaders in plant research. China has a wealth of natural plant resources that requires proper protection and investigation; in addition, further understanding of plant systems biology and evolution will reveal relationships between model plants, crops and other plants to uncover the generality of gene functions. Our research priorities for molecular studies are in hormone synthesis and regulation, epigenetic mechanisms, photosynthesis and metabolic pathways, structure or organ, tissues and cells, regulation of development by environmental factors, and molecular mechanisms of major gene products.

Zoology

Zoology studies the biological phenomena of whole animals and remains as one of the most important disciplines for solving social and economic problems such as resource and environment allocation, pest and human disease prevention, animal bionics and biodiversity conservation.

By using comparative and integrative methods to study biological phenomena and animal mechanisms, modern zoology has entered into a new stage of integrative zoology. In the next 10 years, research priorities for zoology include: the compilation of "Fauna Sinica", phylogenic reconstruction and molecular evolution, adaptive evolution and speciation, spatio-temporal geographic structure, studying animal behavior, physiological adaptation to extreme environments, reproductive regulation of endangered animals and pests, ecological and genetic mechanisms of animal endangerment, population dynamics and regulation, interaction between animal diversity and ecosystem function, impacts of global climate change and human activities on animal diversity, experimental study of wild animals and establishment of new experimental animal models. The priorities for interdisciplinary fields include: studying the functions and bionics of animal morphology; decoding and function of communication signals. The priority areas of international cooperation will focus on: resource collection and preservation, phylogeny and molecular evolution, impact of global climate change on biodiversity, patterns of animal migration and disease transmission, invasion and prevention of alien species, biodiversity and conservation of endangered animals.

Microbiology

Microbiology focuses on the morphology, physiology, biochemistry, taxonomy and ecology of microorganisms, which include eubacteria, archaebacteria, fungi, virus, rickettsia, mycoplasma, chlamydia and unicellular alga. In the next 10 years, our major developmental strategic goals will be to promote in-depth microcosmic investigations by applying new technologies and methods, and to expand and accelerate macrocosmic investigation by combining with other subdisciplines of the life sciences. Genomics will facilitate our understanding of the microbial world, and systems biology and synthetic microbiology will help us reveal the nature of microorganisms. The proposed priority areas of research are: biodiversity of microbial resources and function, microbial secondary metabolism and regulation, characteristics and evolutionary mechanism of extremophiles, molecular mechanism of DNA modifications in microorganisms, the function and mechanism of bacterial sRNA, the study of interactions between pathogenic microorganisms and hosts, the mechanism of substance transformation by microorganisms, the molecular mechanism of the interaction between microorganisms and animals or plants, the molecular mechanism of microbial nitrogen fixation. In addition, the prioritized cross-disciplinary research field is the interaction between the microorganisms and environment.

Ecology

Ecology is concerned with understanding the abundance, diversity, and distribution of organisms in nature, the interactions among organisms and between organisms and their environment, and the movement and flux of energy and nutrients in the environment. Thus ecology is a discipline of vast scope, and it is now widely recognized that there is a need for greater integration across the diverse subdisciplines of ecology. The proposed priority areas of research for ecology in the next 10 years in China are: mechanisms of maintenance of species diversity and its large-scale patterns; history and dynamics of biological populations using molecular markers; species interactions and co-evolutionary processes; underground ecological processes in terrestrial systems; patterns, processes and functions of microbial communities. In addition, we have identified 4 key topics of practical value: response and adaptation of species and ecosystems to global change; mechanisms of biological invasions and management of invasive species; effects of habitat fragmentation on relations between biodiversity and ecosystem functioning; predicting and mitigating the loss of biodiversity and the degradation of ecosystem function; understanding the stoichiometric balances of elements in ecological processes is also a novel area of recent inquiry that transcends boundaries between ecology and chemistry.

Biophysics, Biochemistry and Molecular Biology

Biophysics, Biochemistry and Molecular Biology study life processes by using principles and methods from physics and chemistry. Moreover, these areas have provided the foundation for the development of modern medicine and agriculture.

China has achieved outstanding successes in the chemical synthesis of protein and ribonucleic acids, structural determination of protein complexes, as well as genome sequence analysis. Areas for further development, are in the study of structure and function of bio-molecules and biological membranes, modification and regulation of bio-macromolecules, and methods for high spatial-temporal resolution and high specificity observation.

Cell Biology

Cell biology aims to understand and explore the principles of life at the cellular level and underlying mechanisms using a combination of multiple approaches. Like many other fields in life sciences, cell biology has evolved from descriptive observation to mechanistic investigation, and depends on the emergence of new technologies and synergy of multiple approaches. In the last 20 years, with increased funding from the Chinese government, some influential and original discoveries have been made, including those in cell signaling, apoptosis, membrane trafficking, cell motility, and autophagy. However, much more effort is needed to transform China into one of the most influential cell biology research centers in the world.

In the next 10 years, research emphasis of cell biology in China will be on the following areas: the mechanisms of cell proliferation, differentiation, ageing and death; cell motility and the related biological functions; origin, molecular architecture and functions of organelles; cell communications and signaling transduction; cell metabolism; stem cell pluripotency and directed differentiation, and living cell imaging. Additional focus will be on the integration of cell biology with other disciplines such as computational biology, chemical biology and imaging technologies. International cooperation will be used to promote exchanges on the cutting edges of cell biology, including studies in organelle dynamics, autophagy, reprogramming and transdifferentiation of stem cells, and cell imaging.

Genetics

Genetics is the science of heredity and variation of organisms. Modern genetics, which focuses on genes and genomes from dynamic and systematic perspectives, addresses basic questions in life science, such as the structure, function and evolution of chromosomes and genomes, regulation of phenotypes, and genetic basis of human diseases. Genetics remains as one of the frontiers of modern life sciences and is the cornerstone of modern biotechnology in transgenic technologies.

In the next decade, genetics will remain a major focus of life sciences in

China. The overall strategy will emphasize the interaction of basic and applied research, as well as technological innovations and interdisciplinary studies. Genetic research will benefit from the study of numerous genome sequences from various species, from temporal and spatial expression profiles, as well as from protein structure, function and interactive networks. These research areas will help us to better understand and interpret the fundamental genetic rules of life from a systematic perspective.

The priority of genetics research will be on the following fields: genomic structure and principles, epigenetics, interaction between genes and the environment, genetics of species origin and evolution, inheritance of complex traits, theory and methods of integrative genetics, investigation of the origin and evolution of the genetic code and genetic "language" using various interdisciplinary approaches.

Developmental Biology

Developmental biology is concerned with the principles of development, growth and aging of multicellular organisms. These principles will be valuable for the diagnosis, prevention and therapy of human birth defects and diseases as well as improvements in agricultural production. Since the 1980's, studies in developmental biology have largely moved from descriptive studies to understanding molecular mechanisms controlling developmental processes, and is becoming more and more interdisciplinary, involving the study of genetics, cell biology, computational biology. The key areas in developmental biology include embryonic development; organ development and regeneration; germ cells and reproduction; aging of cells, organs and organisms; and embryonic and somatic stem cells. Important research themes for the future include maternal and paternal influence of embryonic development; molecular mechanisms controlling early development; epigenetic control of embryonic development; molecular mechanisms controlling tissue and organ primordia formation; formation, homeostasis and diseases of major organs; molecular bases of gamete production and maturation and fertilization; molecular regulation of aging; pluripotency and directional differentiation of somatic stem cells; dedifferentiation and transdifferentiation of somatic cells; and sexual control and sexual reversal.

Immunology

Immunology studies the interactions between the human (and animal) body and the environment. The immune system is able to accurately discriminate between self and non-self in order to maintain immune homeostasis while also being capable of mounting defense mechanisms against pathogens.

Advances in understanding the immune system, especially the cellular and molecular mechanisms behind the development and function of the innate and adaptive immunity, has brought great therapeutic applications for the clinical treatment of human diseases such as autoimmune and infectious diseases, and various cancers. Recently, immunological research in China has made significant progress in innate immune cell signaling; NK, Dendritic and T cell biology; tumor immunity; and the understanding of immune regulation during infection.

Priority areas of research for the next 10 years in China include: infection and immunity; immune tolerance and autoimmunity; differentiation, development and function of immune cells; immune regulation; and clinical research. It is likely that by conducting cutting-edge research, and developing novel techniques and concepts, that in the next 10 years the Chinese immunology community will make significant contributions in advancing worldwide modern immunology.

Physiology

The goal of physiology is to explain the physical and chemical factors that are responsible for the origin, development and progression of life. Physiology is the discipline bridging between the basic and clinical sciences. Fundamental theories and methods of physiology have been essential towards our way of scientific thinking and research in medicine. Indeed, physiology fulfills the bench-to-bedside gap and is indispensable for the success of translational medicine.

In the past few decades, modern physiology has been confronted with the challenge to integrate molecular and whole-body functional studies. With advances in bioinformatics and new approaches, integrative and systems physiology has emerged as a new developing area. In China, physiological research has lagged behind internationally due to a disconnection between basic and clinical research, lack of well-established research teams with expertise in different areas, and lack of funding in physiology from the government.

In the next 10 years, physiological research in China should preserve the traditional fields while prioritizing financial support for cutting-edge research in areas of biological significance or areas with Chinese characteristics. We should also encourage research at multiple levels and interdisciplinary integration, and promote scientific and technological innovation. International collaboration in the study of cardiovascular diseases, lipid metabolism, special environmental physiology, exercise physiology, and aging physiology should be also supported with the utmost priority.

目录

第九章　发育生物学　　　　　　　　　　　　　　　　　　　　　/291

第十章　免疫学　　　　　　　　　　　　　　　　　　　　　　/320

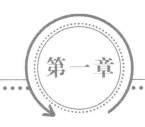

第一章

生物学总论

第一节　生物学的战略地位

　　生物学是研究生命现象和生命活动规律的学科，是生命科学各领域的基础和核心。生物学的研究对象包括所有有生命的个体、群体及生物之间，生物与环境之间的相互作用。因此，生物学研究是人类探索自然规律和生命现象的主要手段之一。生物学研究更是解决世界范围内长期以来存在的农业、医学和环境问题的需要，在培育高效、优质、抗逆农业新品种，探索新的疾病诊断和治疗手段，延长人类寿命，保护生物多样性及自然环境等方面发挥关键作用。生物学研究还将为防治人类重大传染病、生物防卫和反恐等提供科学基础和方法，因而是维护国家安全和社会稳定的需要。鉴于生物学研究的重要性，一些发达国家将基础研究的重点放在生物学，投入了大量的科研经费，促使生物学在过去几十年中得到了突飞猛进的发展，成为 21 世纪自然科学领域无可争议的领头学科。据统计，生命科学已连续多年占据美国期刊 *Science* 评选的世界十大科技进展六成以上的份额；在美国科学院和英国皇家科学院的院士中，与生物学相关的院士占院士总人数的 40％ 以上；根据美国科学情报研究所（ISI）2008 年的统计，影响因子前 20 位的期刊中，生命科学期刊有 16 种，物理学期刊有 2 种，其他 2 种为综合性期刊 *Nature* 和 *Science*；近 10 年的时间里，美国投入基础研究的经费中 50％ 以上用在了生命科学领域。近年来，以生物学为基础的生命科学得到了我国政府和学术界的高度重视。在《国家中长期科学和技术发展规划纲要（2006—2020 年）》中，将生物技术列入国家科技发展的 5 个战略重点之一。在国家"十一五"基础研究发展规划中，也将生命科学列入了重点支持领域。长期以来，生物学的进展推动了其他自然科学和技术领域的进步，如仿生学、人工智能等。生物学与数学、化学、物理学、光学和电子学等自然科学和工程技术领域的交叉融合，又催生了一批具有重大理论和应用前景的新兴交叉学科。

在可以预见的未来，生物学研究仍将是自然科学中最活跃、最前沿、最需要发展的领域，将在研发高产、优质、抗逆、抗病农作物和畜牧产品，研发新的医药产品和治疗手段，提高人口素质，改善和保护自然环境，维护国家安全和社会稳定等方面发挥重要作用。

第二节　生物学的发展规律与发展态势

　　生物学的研究范围非常广泛。根据研究对象的不同，生物学可以分为植物学、动物学、微生物学等分支学科；根据研究的生物学问题的不同，可以分为进化生物学、免疫学、神经生物学等分支学科；根据研究的角度和层次的不同，生物学又派生出了分类学、形态学、生态学、分子生物学、细胞生物学、发育生物学、遗传学、生理学等众多不同的分支学科。生物学与自然科学及技术领域其他学科的结合，衍生了一些交叉学科，如生物化学、生物物理学、生物数学、生物信息学等。

　　生物学的发展依赖于技术手段的革新及与其他学科的交叉融合。早期的生物学研究受知识积累和研究手段的限制，主要以形态描述和现象观察为主，如对动物、植物、微生物的分类鉴定，对动物胚胎发育过程中形态建成的描述，以及对动物行为的观察。高分辨率显微镜以及一系列生物化学研究方法的问世，使生物学研究进入了微观世界，对细胞的组成成分及亚细胞结构和功能等有了比较深入的了解，直接促进了细胞生物学、生物化学等学科的发展；X射线晶体衍射对DNA双螺旋结构的测定、各种先进设备用于精确和高通量的基因测序、数学和计算机技术对基因组序列和其他生物学实验数据的整合和分析都极大地推动了遗传学和分子生物学的发展，使人类开始有能力解读基因"天书"和细胞内复杂的生物信息网络；超分辨率（单分子）成像、低温电子显微镜三维成像、分子标记等技术的运用，使科学家们可以从不同的时空角度观测细胞内的生物大分子、分子复合物和亚细胞结构的动态变化及行使功能的结构基础，直观地了解生理状态下细胞生命活动的精细调节机制。另外，在传统研究的基础上引入先进的分子、计算机、遥测等技术，大大促进了宏观方向上生态学的发展。

　　生物学的发展还依赖于概念上的重大突破。达尔文生物进化理论的提出，为研究生物起源、演化和物种多样性建立了基础；孟德尔揭示的三大遗传规律、摩尔根揭示的连锁与互换规律、沃森和克里克提出的DNA双螺旋结构，开创了遗传学、分子生物学等学科的新纪元，为人类进一步了解生物的遗传、变异、进化机理及以重组DNA技术为核心的现代生物技术的诞生奠定了基础。

生物学已经从描述性研究进入对生命现象机理和生命活动规律的探索，并利用对这些机理和规律的了解来服务人类的阶段。随着新技术和新方法的建立，生物学研究更加趋于系统化、规模化和数字化。目前生物学研究的特点是利用多学科的知识和手段，从分子、细胞、器官、个体、群体及环境等多层次进行整合研究，注重生理及不同环境、病变条件下生命现象的机制和生命活动规律。生物学各传统分支学科的界限已经难以划分，微观生物学和宏观生物学之间相互渗透和融合，衍生了一大批新的学科前沿和生长点。

近年来，生物学继续成为自然科学中发展最快的领域之一，建立了一些具有重要影响的新技术和新方法，取得了一些概念上的创新。这些突出的新进展包括如下几个方面。

（一）个性化基因组时代的来临

2003 年完成的人类基因组计划使科学家拥有一张接近完整的人类基因组图谱。这些信息使得全基因组关联分析（genome-wide association study，GWAS）在复杂疾病的致病基因研究中大显身手；随着更廉价、更快速的 DNA 测序技术的建立，测定单个人体的全基因组序列，在整体上分析个体基因组的核苷酸差异，并根据这些差异确定个性特征或复杂疾病的遗传基础已经成为现实。这些进展导致了与多种常见疾病相关的遗传变异的发现，如自闭症、乳腺癌、糖尿病等（Altshuler et al.，2008）。可以预见，科学家们对人类自身的了解将进入一个全新的阶段，个性化诊断和治疗的时代已曙光初现。

（二）干细胞研究领域取得重大突破

干细胞具有在体外大量增殖和分化为多种特定功能细胞的潜能，有巨大的潜在应用前景。对细胞分化和去分化机制的了解，使科学家们已经有能力通过遗传操作方法将各种分化的细胞转变为未分化的干细胞，即诱导性多能干细胞（induced pluripotent stem cell，iPS 细胞）（Gurdon and Melton，2008）。iPS 细胞的全能性已经通过小鼠克隆而获得证实，并已经成功分化为具有不同特定功能的细胞，为细胞移植治疗铺平了道路。

（三）非编码 RNA 和非编码 DNA 的研究成为新的热点领域

随着各种非编码 RNA 的发现，它们对高等真核生物基因表达和细胞功能的调控、在发育和疾病中的作用已开始被认识。沉默 miRNA（microRNA）的方法

"antagomirs" 已经被开发，为研究 miRNA 的功能提供了重要手段。阐明非编码 RNA 的调控功能及其机制以及发现更多的新的调控 RNA 分子已成为后基因组时代生命科学研究的热点和前沿。美国国立卫生研究院（NIH）旨在大规模研究人类基因组功能单元的 DNA 百科全书（ENCODE）项目揭示，人类基因组中先前被冠以"垃圾 DNA"（junk DNA）称谓的一些非编码 DNA 具有复杂的特性（Mirkin，2007）。这些 DNA 在基因表达调控和进化等方面的功能，可能会成为未来生命科学的重要研究领域。

（四）细胞结构和功能的全新认识

超分辨率（单分子）成像、低温电子显微镜三维成像、分子标记等技术的运用，可以从不同的时空角度观测细胞内的生物大分子、分子复合物和亚细胞结构的动态变化及行使功能的结构基础。大规模基因组学、蛋白质组学和生物信息网络分析技术的成熟，提供了大量的定量、多层次和多维数据，使过去对单分子功能的分析转变到了对复杂分子网络系统的分析，向理解复杂的细胞生命活动规律迈出了一步。此外，近年来细胞生物学研究还特别注重细胞之间、细胞与环境之间的相互作用。

（五）发育机理研究取得重要进展

发现了一系列在早期胚胎发育中（胚层形成和分化中）起关键作用的信号分子及其涉及的调控网络；发现染色质组蛋白甲基化和去乙酰基化、包括 miRNA、piRNA（piwi-interacting RNA）在内的非编码 RNA 等表观遗传机理在发育过程中起重要的调节作用；在器官发育与再生领域，分离和鉴定了多个器官的成体干细胞，并研究了它们与微环境的关系，在肢体再生、心脏再生以及再生的分子机理等领域也取得重要进展；通过对胚胎期原始生殖细胞（PGS）进行在体标记和追踪技术，揭示了 PGS 迁移过程中很多过去不为人知的细节；证实小鼠卵巢有能力形成生殖干细胞，给不孕症的治疗带来新的希望。

（六）免疫反应概念的拓展及分子机理的阐述

过去认为只有免疫细胞才具有介导免疫反应的功能。近年的研究表明，人体内几乎所有类型的细胞都具有精细的病原微生物识别系统并能启动天然免疫反应。相关的分子机制已经逐渐被科学家们所阐明。不同功能的免疫细胞的分化（如在清除细菌和真菌感染及在自身免疫疾病发病中具有重要作用的

Th-17 细胞)、病原微生物与免疫系统的相互作用等领域都取得了重要的进展。特别值得一提的是，近年来植物抗病原体免疫反应的分子机制研究取得了重要突破。

（七）微生物调控 RNA 及代谢网络研究不断深入

首个调控元图谱在李斯特菌中被建立，与致病性相关的非编码 RNA 的研究迈进了一个崭新的时代，微生物和宿主之间相互作用的机制得到了更为深入与全面的揭示；组学与生物信息学的整合，推动了微生物"元基因组学"（metagenomics）及"系统微生物学"（system microbiology）研究的进展（Hugenholtz and Tyson，2008）；细菌核糖开关作为代谢传感器调节一些必需基因表达的研究取得突出进展；以酿酒酵母、大肠杆菌和链霉菌为模型的代谢网络研究取得了令人鼓舞的进展，通过调控网络和代谢网络的优化，在基因组水平进行生产菌株的改造将成为必然。

（八）植物分子生物学快速地向深度和广度发展

模式植物拟南芥、水稻等的基因组测定和分子（正向和反向）遗传学的结合大幅度地推动了植物分子生物学的深入研究，不断揭示新基因在植物发育、生理、生化、细胞等多方面的功能。植物基因组学研究推动了植物学、植物发育生物学、分类学、生态学等其他学科的交叉和快速发展。当今国际上的研究趋势包括发育过程的基因表达与调控、蛋白质的三维结构和分子机制、蛋白质在活体中的亚细胞定位和相互作用及其与功能的关系、基因调控和互作网络、不同环境（包括逆境）下发育和生理过程的遗传和分子机制、比较基因组学和分子进化发育生物学。

（九）生态系统的可持续性利用和生态学理论研究日益受到重视

随着全球人口的增加，人类对自然生态系统所提供的商品和生态服务功能的需求日益增大，导致土地退化、环境污染乃至全球气候的变化。如何在这种形势下维护人类赖以生存的自然生态系统的可持续利用，是当前面临的巨大挑战（Halpern et al.，2008）。在这样的背景下，可持续性科学的概念应运而生并受到普遍重视。在生态学基础研究方面，一些大的理论框架逐渐形成，如生物多样性和生物地理学的统一性理论、代谢生态学、生态化学计量学等，使进化与生态的结合更加紧密。生态学家目前的一大任务就是完善与整合这些理论并形成可以最大限度上解释和精确预测生态学过程的一个统一框架。

（十）合成生物学的发展引起广泛关注

合成生物学在人类认识生命现象和规律、重新设计及改造生物等方面具有重大科学意义。分子细胞生物学、基因组学、生物信息学及系统生物学等的发展，不仅提供大量的有关生命系统的数据，而且使人类具有对这些数据进行归纳整合并揭示细胞内分子网络调控规律的能力。在此基础上，以重塑生命为核心的合成生物学取得重要进展，人类已经有能力在分子水平上对生命系统进行调控，以满足农业、工业、医学和能源发展的需求（Drubin et al.，2007；Ludlow and Otto，2008）。利用合成生物学技术合成微生物基因组、非天然的氨基酸和碱基已经实现；通过对微生物代谢途径进行重新设计，科学家们实现了高效率的抗疟药物青蒿素的微生物工业化合成；利用合成生物学技术合成能源物质已经成为可能。

第三节　我国生物学的学科发展现状

过去几年，我国的生物学研究有了显著的进步，是近代中国生物学领域发展最快的时期。在过去的几年中，我国政府对生物学领域科研经费的投入大量增加。国家自然科学基金委员会对生命科学领域的投入占到了其总研究经费的40%以上。科技部在生命科学领域布局的重点基础研究发展计划（"973"计划）项目占到了其总数的1/3左右，并且启动了"发育与生殖"和"蛋白质科学"两个重大研究计划，以及"重大传染病"和"重大新药创制"两个重大科技专项。我国在研究平台建设方面也取得了重要进展。国家遗传工程小鼠资源库的建立和正常运行，为遗传学和功能基因组学、重大疾病动物模型和机理研究提供了有效手段；上海光源的建成，将推动我国结构生物学的发展。在国家的大力支持下，不少的高校和科研院所都实现了生物学研究基础平台的改进和完善。近年来国家对研究经费投入的增加和研究条件的改善必将对我国生物学的发展起到长久的推动作用。

我国在生物学人才聚集方面已经取得显著成效。通过教育部的"长江学者奖励计划"、中国科学院的"百人计划"、国家自然科学基金委员会的"国家杰出青年科学基金"项目，以及由组织部启动的"千人计划"等人才支持项目，我国近年来从海外引进了一大批受过良好科研训练、取得过重要研究成果的优秀中青年科学家，其中相当大一部分是生物学家。在积极引进海外人才的同时，一批本土培养的优秀青年科学家也已经成长起来。我国的生物学人才已经成为一支国际上不容忽视的队伍。但是作为一个人口众多的大国，我国的高水平生物学人才还是相当缺乏，一批近期回国或在本土成长起来的青年科学家的潜能和创新能力还需要时间来展现。

在国家投入增加和科研队伍快速聚集的情况下，我国科学家在生物学领域发表的高水平研究论文的数量、平均被引用次数都有较大增加；一些研究成果为生物学相关领域做出了重要贡献，引起了国际生物学界的关注，这标志着中国已经成为国际上生物学研究不容忽视的重要基地。

2005 年以来我国生物学领域的部分重要进展举例如下。

（一）基因组学

我国在基因组测序方面已经处于世界领先地位，相继完成了首个中国人基因组测序、大熊猫基因组测序以及血吸虫等基因组测序及分析工作，并且独立完成或参与了国际水稻、鸡等基因组测序工作；此外，还参加了 10％的人基因组单核苷酸多态性图谱的制定工作。这些成果奠定了我国作为国际基因组研究重要基地之一的地位。

（二）遗传学

从发现导致 A-1 型短指（趾）症的突变基因的定位、克隆到揭开 A-1 型短指（趾）症的致病机理的完整过程，标志着我国在遗传性疾病领域的某些方面已具有与国际一流水平媲美的成果；建立了基于转座子的小鼠转基因和突变体系，为研究基因功能、疾病动物模型的建立等奠定了基础；揭示了乳腺癌发生发展和转移的表观遗传调控机制；克隆了多个拟南芥、水稻等重要功能基因，为农作物分子改良奠定了基础。

（三）非编码 RNA

解析了催化假尿嘧啶形成的 H/ACA RNA 蛋白质完整复合物的空间结构；发现特异性小 RNA miR-1 通过调节 GJA1 与 KCNJ2 而导致心律失常，揭示了致死性心律失常发生的重要机制；在单细胞绿藻、莱茵衣藻和线虫中发现和鉴定出大批小分子非编码 RNA；发明了一种植物介导的 RNA 干扰技术，可以有效、特异地抑制昆虫基因的表达，从而抑制害虫的生长；发现在模式植物拟南芥中，小分子 RNA 5′端核苷酸对其进入不同的 argonaute 蛋白复合物起决定作用；发现 miR-160 通过作用于生长素应答元件 ARF10 和 ARF16 控制拟南芥根冠的形成；发现了一些 miRNA，如 let-7、miR-155、miR-151、miR-122 等在乳腺癌、肝癌等癌症中的功能机制。

（四）发育生物学

发现了线虫发育过程中通过自噬选择性降解蛋白质聚集体的机制，指出了选择性自噬作用在动物发育过程中的生理意义；发现多个分子及相关信号转导通路，如 Dpr2、Tob1、Axin、Aida、Snail1a、Caprin-2 等在斑马鱼胚胎发育中的关键作用；发现 *GRP23*、*SHB1* 等基因在拟南芥早期胚胎发育中的功能；证实小鼠卵巢有能力形成生殖干细胞；发现 CKIP-1 通过调控 E3 泛素连接酶 Smurf1 而影响骨发生的机制。

（五）干细胞研究

成功诱导出大鼠、猪、猴和人 iPS 细胞，分离出人生殖干细胞；用 iPS 细胞克隆出有生殖能力的小鼠，证明了 iPS 细胞的全能性，为干细胞的应用研究做出了贡献。

（六）细胞生物学

发现 β-arrestin 调控一系列信号转导复合体的形成和生理病理过程，为包括炎症、癌变和糖尿病等重要疾病的发病机制及诊治提供了重要线索和潜在靶点；发现了肿瘤坏死因子诱导细胞坏死及锌指蛋白 Apak 负调控 p53 介导的细胞凋亡的分子机制；观测到线粒体内的"超氧火花"，发现钙波或"钙火花"对神经细胞和其他细胞迁移的调节作用；此外，在细胞运动与迁移、代谢调控和囊膜转运、细胞凋亡和衰老以及多条细胞信号转导通路机制研究等方面都取得重要进展。

（七）免疫学

在树突状细胞分化、T 淋巴细胞发育及阳性和阴性选择、T 淋巴细胞受体基因重排顺序、天然免疫信号转导调节、自然杀伤（NK）细胞介导的肝细胞损伤、肿瘤免疫治疗、人源化抗体和治疗性抗体研究方面都取得了有影响的成果；在病原菌与宿主相互作用领域取得系统性成果，发现了多种在动植物界都保守的致病病原菌拮抗宿主细胞免疫反应的机制。

（八）结构生物学

解析了菠菜主要捕光复合物 LHC-Ⅱ 的晶体结构，第一次将人们关于光合作用中所涉及的光能收集和能量转移过程的知识深入到全面的原子分辨率水平；解析了线粒体呼吸膜蛋白复合物 Ⅱ 的晶体结构，为研究线粒体呼吸系统和相关疾病奠定了重要基础；解析了禽流感病毒聚合酶 PA 亚基的晶体结构，以及系统性的严重急性呼吸综合征（SARS，即"非典"）冠状病毒结构基因组研究，为研究流感病毒和冠状病毒的转录复制机制，以及设计广谱的抗流感和 SARS 药物提供了重要的结构模型；解析了神经营养因子-3 与 p75NTR 复合物的晶体结构，使人们得以更加深入地了解神经营养因子与受体相互作用的机制，为以神经营养因子为标靶的神经退行性疾病的药物开发提供了重要的结构基础；解析了在细胞能量代谢中具有重要作用的腺苷一磷酸（AMP）激活的蛋白激酶（AMPK）的晶体结构，提出了其活性调节机制的假说，为将 AMPK 作为肥胖症、2 型糖尿病等药物设计的靶标奠定了结构基础；解析了植物病原菌效应蛋白 AvrPto 与宿主 Pto 蛋白复合物的晶体结构，为研究植物免疫防御提供了重要信息；解析了大肠杆菌 O157：H7 的反向转运体 AdiC 的晶体结构，对分析耐酸系统中的反向转运体的功能机制具有重要意义。除了上述重要的研究成果外，中国科学家还在病毒与宿主细胞的相互作用、信号转导通路、免疫等众多研究领域的结构生物学研究中取得了一批突出的研究成果，标志着我国已经成为国际上重要的结构生物学研究中心之一。

（九）微生物学

我国科学家在微生物的 DNA 大分子上发现了一种新的硫修饰，是 DNA 骨架上生理性结构修饰的首次发现。有关放线菌次级代谢合成和调控机制研究、古菌生物化学与分子生物学、蓝细菌分子生物学、沙门菌和鼠疫杆菌的基因组进化等领域的研究已经进入国际同类研究的先进水平行列。

（十）植物科学

在水稻功能基因克隆和基因组研究、植物激素作用机制、抗逆反应、生殖发育等研究方面，取得了一批具有国际影响力的科研成果。继发现控制水稻分蘖数目的 *MOC1* 基因以来，又陆续克隆了多个控制水稻生长发育、抗逆反应、细胞质雄性不育与生殖隔离、人工驯化等过程的关键基因，使我国的水稻研究跻身国际先进行列；对逆境胁迫中钙信号通路与离子通道调控、配子体型自交不亲和反应、配子体发生与胚胎早期发育、光合膜系统的组装和稳定性等分子机制的阐述，都引起国际植物科学领域的关注。

（十一）《中国植物志》全部完成

基于全国 80 余家科研教学单位的科研工作者 80 年的工作积累、45 年艰辛编撰完成的《中国植物志》是目前世界上最大型、种类最丰富的一部巨著。记载了我国 301 科 3408 属 31 142 种植物的科学名称、形态特征、生态环境、地理分布、经济用途和物候期等。该书的完成，为合理开发利用植物资源提供了极为重要的基础信息和科学依据，对陆地生态系统研究将起到重大促进作用，对国家和全球的可持续发展将做出重大贡献并产生深远影响，同时也标志着我国植物学基础理论研究的水平达到了世界先进水平。

（十二）生态学大尺度格局和生物多样性研究

利用"自上而下"和"自下而上"的尺度转换方法，系统分析了中国陆地生态系统的碳收支，发现过去 20 余年中国陆地是一个重要碳汇，抵消了同期中国化石燃料碳排放的 28%～37%；基于对中国和美国木本植物分布资料的分析，发现生态代谢理论在解释物种多样性大格局时存在显著的尺度效应；从近中性模型出发提出了新的生物多样性维持机制假说，弥补了我国理论生态学研究相对滞后的局面；对我国草地与森林生态系统开展了长期定位观测和控制实验研究，发现生态系统的稳定性随种类、功能群和群落多样性的增加而增加，群落水平的稳定性是由于物种和功能群的补偿效应产生的；对水生植物的生态学研究为治理水体环境提供了新的思路；此外，我国近年来在各地开展的大样方调查使生态学理论问题的创新研究成为可能，并已经在种-面积关系等方面取得了一些重要成果。

我国虽然在生物学领域取得了突出成绩和长足的进步，但与美国、欧洲、日本等发达国家和地区相比仍有相当大的差距。主要表现在以下几个方面。

1) 原创性研究成果较少，跟踪和模仿研究较多。由我国自主完成的、对所在领域有重大影响的成果较少，由我国学者提出或创立的新概念和新理论还比较缺乏，高引用量的研究论文和有重大实际应用价值的原创性成果不多。

2) 处于国际前沿的、在所在领域有重要影响的顶尖学者较少。我国发表的有重要国际影响的研究论文还是个别和零星的，并且过分地依靠少数高校和研究单位的个别科学家。

3）立足于我国国情的系统性与独创性研究尚未得到充分重视，特别是作为"基础的基础"的基础性研究在我国尚未夯实，存在着急于求成、急功近利的短视观念，将限制原创性研究的萌生与发展。

4）总体来说，我国在生物学的一些重要前沿领域（如神经生物学、免疫学、系统生物学等）还处于比较落后的地位。

5）学术评价体系、研究氛围、资助机制、管理体制等软条件还不能完全适应于创新的需要。我们还没有实现从注重论文数量、刊载杂志的影响因子到研究本身的创新性和对相关领域的贡献的转变，学术评价体系有待改进；还没有形成良性竞争、公平竞争、勇于参与国际竞争的风貌；国家的资助体系比较混乱，顶层设计有待加强，资助评估有待制度化、科学化；我国相当部分的科研院所和高校的管理体制与鼓励原始创新、提高工作效率、发扬学术民主、优化工作氛围还不协调。

第四节　我国生物学的学科发展布局

生物学是一个研究范围非常广泛的学科，也是一个直接面向农业、健康和环境的基础学科。未来5～10年，生物学学科发展布局的指导思想和发展策略是协调发展与重点支持并重、宏观生物学与微观生物学并重、注重学科交叉和融合、鼓励概念和技术创新。生物学学科发展的目标是在未来5～10年内，我国能够成为国际上最重要的几个生物学研究中心之一，在部分领域具有国际领先和主导地位，对农业、医学和环境等领域的发展和进步起到重要的推动作用。

我国早期的生物学研究因为技术和手段的限制，以形态描述和宏观观察为主。从20世纪90年代开始，以分子生物学为主要手段的微观生物学逐渐兴起并发展为今天生物学的主流学科。值得注意的是，过去10年，我国宏观生物学的发展不容乐观，一些领域的人才严重缺乏。因此，未来5～10年我们要注意培植宏观生物学，并促进宏观生物学与微观生物学的交叉和融合。

在相当长的一段时期内，因为人力、物力和财力的限制，我们还必须做到"协调发展、重点突破"。要特别注意优先支持具有重大生物学意义或者具有我国特色的学科前沿研究，要鼓励生物学家参与国际竞争，在竞争中求发展。要充分利用基因组学、蛋白质组学和生物信息学所取得的理论和技术成就，以及生物标记、显微成像等新技术，带动和促进遗传、发育、细胞、免疫、神经、进化和生态学等前沿领域的发展。长期以来，我国对具有重大生物学意义、与疾病和健康关系密切并且在国际上竞争异常激烈的免疫学和神经生物学两个领域的重视和投入不够，今后应该优先支持。

作为面向农学、医学和环境的基础学科，生物学领域要以国家需求为目标开展基础研究，努力解决涉及食品安全、生态安全、防病治病和生物产业发展的基础科学问题。大力支持以揭示调控重要农业生物（植物、动物、微生物）农艺、产量、品质、抗病虫等重要性状的遗传、生长发育分子调控机理为目标的自由探索；大力支持与人类重要疾病发生的分子和细胞机制、疾病动物模型、感染与免疫机制相关领域的研究；大力支持关系我国环境和生态安全相关的生物学研究。此外，还要采取有力措施重点支持概念和理论上的原始创新以及学科的交叉和融合，如提供专项经费资助创建新的交叉研究中心；支持将数学、物理、化学、信息、光电等领域的研究成果应用到生物学研究中，力争在理论和技术上取得突破。

第五节　我国生物学优先发展领域与重大交叉研究领域

一、遴选优先发展领域的基本原则

坚持"协调发展、重点突破"和可持续发展的原则；关注国际前沿和热点问题，特别是在未来5~10年有可能取得重要突破的领域；支持源头创新和鼓励具有我国优势和特色的研究领域，重视已有的科学积累；支持以解决国民经济发展中的重要科学问题为目标的基础研究；以生命科学问题为导向，开展多学科交叉的综合研究，注重对生物学有重要影响的新研究技术和方法的支持。

二、优先发展领域（按微观生物学到宏观生物学排序）

（一）蛋白质的修饰、相互作用与活性调控

蛋白质是生命活动的直接执行者，几乎参与了生命的所有过程。蛋白质的共价修饰、相互作用及活性调控等是蛋白质结构、功能和作用机制研究的重要内容。大量的蛋白质分子可以在特异酶的催化下发生特异的可逆化学修饰，这样的修饰可以改变蛋白质的特性和功能，如组蛋白的动态修饰在表观遗传中发挥关键作用等。近年来，科学家进一步认识到，多种类型的蛋白质修饰在时空上的关联和调控是蛋白质行使功能的重要基础。蛋白质-蛋白质之间特异地相互

作用进而导致特异识别是蛋白质发挥功能的重要方式。蛋白质分子还能针对所处环境条件在结构和行为上做出灵敏和精确的调节。深入认识蛋白质修饰、相互作用和活性调控机制，以及其在细胞生命活动和疾病发生中的作用，是未来一段时间内生物学的关键科学问题之一。

重要研究方向：

1）已经鉴定的和新型的蛋白质修饰类型的发生和调节机制；

2）蛋白质修饰及其动态变化所对应的蛋白质结构、各种性质和功能的变化；

3）蛋白质相互作用的特异性、动态性和网络特征的系统分析；

4）蛋白质与核酸及其他生物大分子的相互作用及功能；

5）蛋白质特异相互识别的结构基础和预测；

6）蛋白质活性和其他性质对环境条件的响应；

7）蛋白质修饰、识别和调控机制的进化。

（二）非编码核酸的结构与功能

哺乳动物等高等生物的基因组 DNA 中绝大部分的序列并不编码蛋白质，这样的 DNA 以及以其中的部分为模板转录产生的 RNA 统称为非编码核酸。根据已经测定的人类基因组的 DNA 序列分析，其中的非蛋白质编码序列高达 95％以上。近年的研究表明，这些以前被认为是基因组中的垃圾的 DNA 序列，可以通过转录产生大量不同类型的非编码 RNA，如 miRNA、siRNA（small interfering RNA）以及具有 polyA 尾的大分子非编码 RNA 等。部分非编码 RNA 被发现在基因转录和转录后加工、细胞分化和个体发育、遗传和表观遗传等一系列基因组信息处理产生生物效应过程中发挥至关重要的作用。阐明非编码核酸的功能及其机制，包括鉴定出更多的非编码核酸分子已成为后基因组时代生命科学研究的热点和前沿。这些研究不仅能使我们从不同于编码蛋白质的角度来注释和阐明基因组的结构和功能，也将揭示一个全新的由 RNA 介导的遗传信息表达的调控网络，为重新认识一些重要疾病的发生机制和治疗途径提供新的思路。

重要研究方向：

1）具有特定功能的新型非编码核酸的系统识别与鉴定；

2）基因组中非编码 DNA 的组织结构、表达调控与表观遗传；

3）非编码核酸序列在基因组复制、表达及进化等过程中的功能机制；

4）非编码核酸与蛋白质的相互作用；

5）非编码核酸在细胞、组织、器官和个体等不同层次的生命活动过程中的功能机制；

6）非编码核酸代谢，包括生成、质量控制、降解等代谢调控的关键点与分子机制；

7）非编码核酸功能异常与疾病发生的关系；

8）非编码核酸研究中的新概念、新技术、新方法和新的模式系统。

（三）复合糖的结构与功能

糖是自然界中生物量最大的一类重要生命分子，参与很多的生命过程。特别是糖蛋白和糖脂等复合糖的结构和功能更是复杂多样。在大量糖基转移酶的催化下，高等生物中50%以上的天然蛋白质被糖链修饰而发生糖基化。蛋白质的糖基化影响蛋白质的多种性质，如折叠、相互作用、稳定性等，进而对细胞分化、个体发育、神经系统和免疫系统功能产生重要影响，而异常糖基化与肿瘤转移、血管新生、炎症细胞迁移等病理过程有关。糖生物学是研究生物体内多糖及其衍生物的化学结构、生物合成原理、调控及生物功能的一个颇富挑战的领域。

重要研究方向：

1）糖链的化学与酶促合成，糖链的结构与功能；

2）糖缀合物（包括糖蛋白和糖脂等）的结构分析方法及数据库的建立；

3）蛋白质和脂类被糖基化修饰的基本规律及其对蛋白质和脂类特性和功能的影响；

4）蛋白质和脂类的糖基修饰异常导致生命过程异常的机理。

（四）生物大分子的活细胞成像和功能

活细胞正如一个高度有序的机器系统，生物分子根据其定位、结构、运动、浓度以及与其他生物分子的动态相互作用，精确、有序和协调地执行着复杂多样的功能。活细胞的结构是动态的，各种生物大分子，如蛋白质等的浓度往往超过试管内能达到的水平。细胞内各种亚细胞器、分子复合物和生物大分子都是在高度复杂的细胞内环境中行使其功能。越来越多的证据表明只有通过活细胞原位研究才能准确地反映细胞内各种亚细胞器、分子复合物和生物大分子的真实结构和功能机制。近年来，随着生物标记和显微成像技术的发展，在活细胞中实现亚细胞器、分子复合物和生物大分子的实时动态观测与精准操纵正在逐渐成为现实。例如，用软 X 射线断层扫描研究活细胞时看到一些新的结构，利用核磁共振直接测定人体细胞内目标蛋白质三维结构的方法也开始取得了成功。我国目前已有生物标记和显微成像的相关研究条件和技术，如能综合利用这些条件和技术将会为细胞生命活动规律的阐释做出重要贡献。

重要研究方向：

1）超分辨显微镜、单分子成像、非荧光成像等技术的开发；

2）图像数据的定量化和标准化；

3）利用高分辨光学显微镜、荧光标记、细胞X射线断层扫描、细胞核磁共振、冷冻电镜等技术方法来研究活细胞内的亚细胞器、分子复合物和生物大分子的结构、组装、运动和功能；

4）比较在体与离体的异同及与细胞功能状态和结构的关系等。

（五）细胞生命活动的分子调控机制

细胞是生命活动的基本单元。人们对细胞生命活动规律的认识还很肤浅，如细胞周期检测点调控、伴随组织和器官形成过程中的细胞分化和转分化、正常和病理条件下的多种细胞死亡和衰老机制等。细胞运动是以微管和微丝骨架为支撑的重要生命活动，其共同特征是需要驱动蛋白的参与及细胞骨架的动态协调。体内细胞定向迁移需要胞外信号分子的引导，这一过程为胚胎发育、神经系统形成和免疫系统趋化功能所必需。细胞内的物质运输、与外界物质交换是细胞的基本生命活动，也是细胞生物学的中心研究问题之一，涉及内膜系统的动态变化、囊泡运输、胞吞和胞吐等重要过程。在细胞水平和细胞器水平，系统地阐明细胞代谢的调控机制及其与疾病的关系是当今生命科学面临的重大挑战。生命活动离不开信息交流，细胞通过复杂的信号网络实现增殖、分化、运动、衰老、凋亡及其他生理活动，并对其进行精细调节。尽管目前在这一领域已取得一些研究进展，但对生命活动信息调控机制的认识还远非完善。由于疾病最终可归因于信号网络的失调，其中的很多组分都可成为药物筛选的靶标，因此相关研究对人类健康有深远的影响。

重要研究方向：

1）细胞增殖、细胞分化与转分化机制、细胞凋亡与衰老的分子调控机制；

2）细胞运动相关过程的分子机理和信号调控机制、细胞运动与胚胎发育、器官形成和疾病发生的关系；

3）生物膜的结构、组装和功能调节机制，囊泡运输、胞吞和胞吐的分子机制和调控；

4）细胞器的动态变化、细胞自体吞噬和细胞内吞等过程的调控机制；

5）在细胞和细胞器水平上细胞代谢的调控机制及其与疾病发生发展的关系；

6）信号网络新组分的鉴定及组分间的相互作用机制、信息整合机制和应答方式的系统生物学分析、生理与病理条件下信号传递的异同等。

（六）干细胞全能性与定向分化

干细胞包括胚胎干细胞、组织干细胞和肿瘤干细胞等。它们具有在体外大量增殖和分化为多种特定功能细胞的潜能，是研究细胞生物学的基础科学问题，如自我更新、定向分化和细胞可塑性的理想模型，并在重要人类疾病的治疗和组织器官重建等方面具有巨大的潜在应用前景。iPS细胞的成功获得是近年来在细胞去分化机制领域的重要进展，为解决细胞移植中的免疫排斥问题铺平了道路。干细胞诱导分化方案和在疾病模型动物中的研究结果鼓舞人心，但是目前离临床运用仍有一定距离，其主要原因是大量相关的基础科学问题尚未解决。例如，干细胞自我更新和全能性维持的机理仍不清楚；在成体内，组织内干细胞如何保持干细胞特性的机理尚不清楚；对诱导分化细胞移植到体内以后的命运及其功能的发挥在很大程度上仍缺乏认识。肿瘤干细胞被认为是肿瘤发生与再发生的根源，今后可能是肿瘤治疗的重要靶点。但科学家们对肿瘤干细胞特性的认识仍有分歧。

重要研究方向：

1）干细胞全能性维持及分化的分子机制，尤其关注表观遗传学调控在其中的作用，以及干细胞与周围环境（niche）的相互关系；

2）iPS细胞产生和细胞逆分化的分子基础；

3）体细胞核基因组重编程的机理以及重编程分子的鉴定；

4）干细胞分化后在疾病模型动物体内的去向，尤其关注移植细胞与受体组织的兼容、整合的机制；

5）与疾病相关的干细胞，如肿瘤干细胞的表面标记物发现、产生和维持机制等；

6）成体干细胞的鉴定、分离及分化潜能；

7）干细胞研究的新技术、新体系。

（七）复杂性状的遗传机理

在物种的自然（或人工选择）群体中，生物性状通常呈现连续变异，而且这些变异还会因生存环境的改变而发生更为丰富的变化。这些复杂的生物性状涉及物种的生长、发育、繁殖、衰老、疾病易感性、对不良环境的耐性及其在自然界中的生存竞争力和长期繁衍能力。在农作物中，复杂性状还包括一些对人类社会具有重要价值的经济性状，如作物的产量、品质性状等。深入认识这些复杂性状的遗传机理是客观和系统地揭示物种生长发育和繁衍规律、准确诊断和治疗人类疾病以及高效培育优良农作物新品种的基础。21世纪以来，随着全基因组序列信息的积累与高通量功能基因组学研究技术的日益成熟，对复杂性状遗传机理的研究已成为整合遗传学和遗传育种学科的前沿和研究热点。

重要研究方向：

1）复杂性状（主性状和子性状）的遗传系统结构（genetic architecture）解析。鉴定出主要调控因子及其等位变异的功能差异，发现环境因子影响复杂性状遗传系统的作用靶点。

2）从基因到表型的分子机理。针对在我国人群中常见的复杂疾病，开展基于大规模基因组数据的全基因组关联分析，发现我国人群常见复杂疾病的易感基因，为转化医学研究提供诊断标记及治疗靶点。

3）基于复杂性状遗传机理的农作物新品种的分子设计：研究与农作物产量、品质、土壤养分利用效率以及与不良环境，如干旱、高低温胁迫、耐盐碱等的耐性等相关的复杂性状的遗传机理，并在此基础上开展遗传改良，实现农作物新品种的分子设计。

（八）配子形成及其对合子早期发育的影响

动植物进行有性生殖时将首先形成雌配子（卵子）和雄配子（精子）。卵子和精子受精形成合子，标志着一个新的生命体的开始。配子是由原始生殖细胞经增殖、减数分裂、成熟而产生，整个过程不仅受到原始生殖细胞本身遗传和表观程序的调控，还受到邻近的体细胞的影响，在动物上受到来自其他组织，如生殖器官、下丘脑等的信号的紧密调控，这些调控机制尚需要进一步阐明。在动物雌配子的成熟过程中，大量的RNA、蛋白质等物质被合成并储存起来，它们被统称为母源因子。母源因子可以调控RNA和翻译效率、调控蛋白质的稳定性和定位、激活信号通路等，它们对于合子胚胎发育的启动和按设定程序的发育起至关重要的作用，在维持胚胎细胞的全能性方面可能也有重要的作用。继续深入研究和揭示母源因子对早期胚胎发育的生理作用与调节机制，不仅可为早期胚胎发育的基础研究增添新的知识，同时可为女性不孕不育等生殖疾病的预防和治疗以及探索新的避孕途径等提供新的理论指导。近年还逐渐认识到，精子不仅仅给合子胚胎提供一套父源DNA，还会通过受精将其他物质传递给合子，它们可能参与合子的发育。认识这些父源因素对合子发育的调控机制将对理解合子胚胎的早期发育产生深远的影响。雌雄配子的结合，即受精过程，也涉及一系列复杂的步骤和生化反应。配子能否正常形成关系到能否繁殖出下一代，关系到受精后的合子能否正常发育，因而是生命周期中的关键事件。

重要研究方向:

1) 原始生殖细胞的起源、命运决定、迁移和增殖的机制;
2) 雌配子、雄配子发生和成熟的遗传学和表观遗传学调控机制;
3) 雌配子、雄配子发生与成熟过程中体细胞与生殖细胞的相互作用机制;
4) 受精过程中精子的相互竞争和协同机制及精子和卵子互作的分子机理;
5) 生殖细胞衰老的遗传学机理及体内外环境因素改变对其的影响;
6) 重要母源因子和父源因子的规模化鉴定及其对合子胚胎发育的影响;
7) 合子极性建立及胚胎形态建成的分子基础及表观遗传调控。

(九) 组织器官发育的调控机理

高等动植物个体由多种组织和器官组成,它们是个体执行特定生理和代谢功能的单位。动物胚胎发育经历原肠期之后,开始在特定的胚层区域形成各种器官原基,逐渐形成有功能的组织器官;植物也同样经历有序的细胞、组织与器官分化过程。组织、器官的形成,涉及细胞命运确定、细胞增殖、细胞迁移、结构形成、细胞分化等一系列事件,受到多种信号通路和数以百计的因子的调控。此外,一些组织器官还具有再生能力,这种再生能力因物种和组织器官而异,阐明相关机理对于组织器官的修复有重要的潜在价值。器官发育异常可以导致多种人类疾病,如心脏发育异常可引起先天性心脏病,胰腺发育异常可引起糖尿病,血液发育异常可引起贫血症、白血病,神经发育异常可引起智障、孤独症等。因此,组织器官发育的研究可以为发展相关疾病的诊断和治疗方法提供有力帮助,对干细胞的定向诱导分化的研究和应用也有巨大的推动作用。在植物方面,深入研究胚胎发育的机理有助于认识和控制植物个体发育最初阶段的走向,为农作物栽培与育种提供理论与技术指导。

重要研究方向:

1) 重要组织器官前体细胞命运决定与迁移的调控;
2) 重要器官形态构建及再生的调控;
3) 发育过程中组织器官之间的信号交流及其调控;
4) 人类重要组织器官发育异常的遗传机制;
5) 植物种子和果实等重要器官建成的分子调控;
6) 环境对植物发育的影响及机制。

(十) 免疫反应的细胞和分子机制

免疫反应是机体针对"非己"抗原性物质所做出的保护性反应,在维护机体健康中扮演关键角色。但免疫反应如果得不到适当的调控，将引起免疫性疾病，如炎症、过敏、自身免疫疾病等。天然免疫不仅是机体抵抗病原微生物的第一道防线，还是启动获得性免疫的基础。近年的研究还表明，除了经典的免疫细胞外，机体中所有的细胞类型都具有天然的抗病原微生物的能力，主要是通过Ⅰ型干扰素来介导的。天然免疫及其启动并调节获得性免疫的分子机制已成为免疫学领域的研究前沿之一。获得性免疫是机体对特异抗原的长期和有记忆性的免疫反应。其中涉及巨噬细胞、树突状细胞等对抗原的摄取、加工、整合和提呈，T淋巴细胞、B淋巴细胞对抗原的识别及由此而引起的增殖和分化、分泌细胞因子和抗体，并产生免疫效应等环节。近几年对获得性免疫过程中抗原提呈的分子过程、淋巴细胞发育和分化机制等的研究，已经改变了免疫学的一些传统观点。免疫耐受与免疫逃逸也是免疫学领域中值得关注的研究热点。对诱导和消除免疫耐受的分子机理的研究，将为免疫性疾病、过敏、肿瘤、器官移植排斥等提供新的干预途径和方法，并为疫苗设计提供重要的分子信息。对免疫逃逸机制的深入研究，将有助于了解病原微生物与宿主相互作用的机制，为研发新的抗感染药物和疫苗提供基础。

重要研究方向：

1）抗感染天然免疫识别与应答的细胞与分子机制；

2）天然免疫与获得性免疫的相互联系和相互作用；

3）获得性免疫应答过程中抗原加工与提呈的分子过程；

4）淋巴细胞发育和分化机制、新型免疫分子的结构与功能、免疫细胞亚群的功能特性与相互调控；

5）免疫耐受和免疫逃逸的细胞与分子机制；

6）炎症反应与免疫损伤机制；

7）植物天然免疫的分子机制。

（十一）衰老机制

细胞和组织器官是生命个体行使生理功能的基本单元，组织器官中足够数量的健康细胞是该织器官执行正常生理功能的保障。正常体细胞只能够进行有限的分裂，这一不可逆的细胞分裂潜能的丧失（即 Hayflick 极限）是组织器官和个体衰老的细胞学基础。组织器官衰老是细胞衰老的延伸，是细胞衰老与整体衰老的连接点。组织器官的衰老细胞积累与细胞补充更新决定了组织器官衰老的进程和生理功能的衰退速率，与个体衰老死亡直接相关。衰老发生在多个水平上。器官中细胞功能的下降以及衰老细胞对细胞外环境的改变均对器官衰老和与衰老相关的病理过程起重要作用。不同器官因组成细胞的不同，衰老也有先后。例如，人的胸腺出生后不久开始衰老，心脏衰老始于40岁左右，而肝脏衰老发生于70岁左右。与此相应，不同器官的衰老各有特点，机制也复杂多样。衰老不仅受到环境（激素、神经递质、营养素、不良环境胁迫等）变化的影响，也受到遗传因素的调控。研究细胞、组织器官和个体衰老的分子基础和调控机理，是揭示衰老的根本原因，实现衰老干预的必由之路。

重要研究方向：

1）细胞复制性衰老和细胞分裂潜能维持与丧失的分子机制；

2）高度分化细胞的衰老与组织器官细胞补充更新的机制；

3）不同组织器官的衰老规律及其对个体衰老的贡献；

4）内、外环境因素影响衰老的细胞和分子基础；

5）衰老和长寿关键基因的鉴定及其表达调控、功能调控及信号转导机理；

6）加速和延缓衰老的动物模型的建立。

（十二）次级代谢与调控

次级代谢产物是生物体生长到一定阶段所产生的，不影响其自身正常生长和发育的化学物质，如抗生素、色素、毒素以及激素等。次级代谢产物与人类的健康、生产和生活等息息相关，是医用和农用抗生素的重要来源。次级代谢产物的合成、转化、分配、转运和储存机制受到精确调控。尽管许多次级代谢产物具有应用价值，但目前有关其代谢途径、化学结构及生物学功能方面的研究缺乏系统性。由于次级代谢产物的分布具有很强的物种特异性并易受环境因子影响，具有重要价值的天然产物往往是从野生状态的生物中发现的，而且通常含量很低，因而，此类化合物作为药用成分大量生产存在瓶颈。同时，已公布的基因组序列分析表明，次级代谢产物生物合成隐性基因簇大量存在，在现有条件下不能表达，因此隐性基因簇的激活，将为新型天然产物的挖掘提供机会；对次级代谢物途径解析与调控机制的研究对天然产物的有效开发和利用具有十分重要的意义。

重要研究方向：

1）次级代谢途径及其生理功能，揭示初级代谢和次级代谢的相互关系，建立相对完整的代谢图谱；

2）参与次级代谢的途径特异性调控基因和多效调控基因的结构与功能；

3）调节次级代谢的信号物质及其作用机制；

4）次级代谢产物的后修饰、转运和存储机制；

5）隐性次级代谢产物生物合成基因簇的激活，以及新型天然产物的鉴定与活性分析；

6）运用各种组学的手段揭示模式生物的代谢网络及调控的分子机制。

（十三）光合作用和生物固氮机制

光合作用是一个非常重要和复杂的生物学过程，它只需要几秒钟的时间就可以完成光能捕获、转换并将之以化学能的方式储存起来。光合作用固定的能量和合成的有机物几乎驱动了整个地球上的生命活动，是减少大气中温室气体 CO_2 的主要通道；而光合作用产生的氧气则是生命赖以生存所必需的。在农业生产中，光合作用效率直接决定着作物产量的高低。研究显示农作物产量虽然在提高，但是光合作用效率并没有显著增加，反映出通过提高光合效率进一步增加产量的巨大潜力。由于光合机构运转的复杂性以及对其调控机理的认识还非常有限，人们很难直接提高光合效率。当今世界所面临的粮食和能源压力越来越大，近年来以美国为代表的许多发达国家加强了对光合作用尤其是 C_4 途径的研究，在全球形成了光合作用的研究热潮。生物固氮是直接影响农作物产量和环境氮循环的重要生物学过程，牵涉复杂的细胞结构和跨真核原核的共生现象、信号转导和生物化学过程。有效利用生物固氮可以减少对氮类化肥的依赖，提高产量，保护环境。

重要研究方向：

1）叶绿体与核之间的信号转导途径和调控研究，阐明叶绿体和核基因协同表达的机理；

2）C_4 植物光合作用研究，包括叶肉和维管束鞘两类细胞的叶绿体发育、基因表达和代谢途径，循环电子传递和 CO_2 浓缩机制，花环结构（kranz type）发育，为改良 C_3 作物的光合效率提供理论基础和思路；

3）逆境影响光合作用关键因子的鉴定和作用机理，为提高作物抗逆性提供靶标基因；

4）光合作用能量捕获与转换的调控机制；

5）生物固氮的调节机制、影响固氮反应的细胞间和基因组间的相互信号转导和作用。

（十四）动物行为的机制与进化

动物行为是动物对体内和体外的环境变化的适应性反应。动物行为对社会和非社会因素变化的适应特点及其调节机制是动物行为学研究的重要内容。通过实验室和野外的行为观察和实验操纵相结合的途径，采取生态学、内分泌学、遗传学、分子生物学、基因组学、神经生物学和实验心理学等手段，来研究动物行为学问题，体现了现代行为学的整合研究特点。这些研究有助于阐述动物行为在自然选择和性选择中的功能及进化机制。

重要研究方向：

1）动物性选择和婚配制度的特点、适合度及社会因素、生理因素、遗传因素等对配偶选择和生殖成功的影响；

2）动物信号的结构、组成和功能及其在社会行为调节中的作用；

3）动物觅食、迁徙、扩散、归巢等行为的定向和导航的特点及适合度；

4）动物的合作与互助、攻击与对抗等社会行为的特点及其进化机制；

5）动物行为的生理、遗传和神经内分泌调节机制；

6）动物行为的进化博弈及进化稳定对策。

（十五） 物种演化和生物多样性的维持

物种演化是生物学的基本问题之一。物种形成机制、系统发育与系统地理格局的关系等已成为进化生物学的核心研究内容。蛋白质、RNA、DNA 等基本生物大分子在生命进化中所起的作用及对研究系统发育与演化及物种形成机制问题所能提供的信息日益受到人们的重视。此外，生物学家长期关注的一个问题是自然界为什么有如此多的物种共存？对于群落内物种多样性维持的传统解释是基于竞争排除法则的生态位理论，但该理论近年来受到了中性学说和强调大尺度过程假说的强烈挑战。生物多样性是进化、区域过程、现代环境以及干扰共同作用的结果。在不同尺度上生物多样性受制于不同的因素。国际上对于不同尺度上生物多样性格局的形成及维持机制依然存在大量的争议，生物多样性与生态系统的功能也在实验和野外观测中表现出不同的关系。未来 5～10 年的目标是解释生物多样性的大尺度格局，形成一个既考虑能量限制又考虑化学物质限制的、解释多样性维持的理论框架，并对长期尺度上生物多样性起源、维持与格局进行解释和验证。

重要研究方向：

1）物种形成和演化分子机制；

2）生物多样性起源中心和历史避难所及冰期后物种拓殖路径；

3）物种演化发育式样的多样性，适应性演化和适应性辐射；

4）与适应相关的重要功能基因或基因家族的起源与演化；

5）不同尺度上生物多样性的分布格局及其维持机制；

6）群落内物种在不同属性之间的权衡、功能多样性的格局及其对生物多样性与生态系统功能关系的影响；

7）以岛屿生物学理论为核心，了解不同类型生态系统物种迁入与迁出等过程对群落结构的影响；

8）受胁迫物种遗传多样性格局现状、演化历史以及维持与丧失机制。

三、重大交叉研究领域

生物学与自然科学和技术领域其他学科的交叉和融合是生物学发展的重要动力和源泉。未来5～10年，应优先发展如下的交叉研究领域。

（一）机体功能调控的系统生物学研究

生物学研究越来越依赖于信息科学，即生物信息学与计算生物学。在此基础上产生的系统生物学则是在细胞、组织、器官和机体整体水平研究结构和功能各异的各种分子及其相互作用，并通过计算来定量描述和预测生物功能、表型和行为，研究和揭示这种信息流的运行规律。离开了数学和计算机科学，就不会有系统生物学。系统生物学致力于解读基因"密码蓝图"，整合孤立或局部信息流；并通过发现参与众多生物学现象的基因和蛋白质分子，帮助阐明其相关的信号转导和代谢途径、生物大分子蛋白质的组装以及亚细胞器、细胞、组织及器官的功能；进一步为理解细胞、组织、器官和整体对环境的反应以及疾病发生机理的机制提供一种全新的手段。系统生物学需要把系统内不同性质的构成要素（基因、mRNA、蛋白质、非编码RNA、生物小分子等）整合在一起进行研究。对于多细胞生物而言，系统生物学是典型的多学科交叉研究，需要生命科学、信息科学、数学、计算机科学等各种学科的共同参与，要实现从基因到细胞、组织、个体的各个层次的整合。该领域的发展将极大地推动人们对生命本质和疾病发生机理的认识，从而为预防和治疗疾病提供理论基础。

重要研究方向：

1）基因、蛋白质以及机体整体生物功能调控的网络信息数字化；

2）探索基于系统论的实验研究方法；

3）对机体功能活动的多分子网络调控进行计算机数学建模，并经功能调控的系列相关实验进行验证，以期揭示系统内部各组成成分的相互作用和运行规律。

（二）物种及生态系统对全球变化的响应与适应

过去的全球变化生态学研究主要关注平均气候要素的变化，但"极端气候事件"，如冰雪灾害、极端干旱或降雨事件等对生物和生物系统的影响可能更为显著，因此，未来的研究将更重视物种和生态系统对"极端气候事件"的响应过程及生态后果。在一个生态系统内，不同物种对环境变化所表现出的反应不同。物种对气候变化反应的不同步必然会对生态系统的结构和功能产生影响，但有什么样的影响、影响程度多大，人们并不清楚。从长远来看，任何物种在全球变化面前只有两种命运：灭绝或者适应（进化）。理解全球变化情景下生物进化（尤其是适应性进化）事件的发生过程与后果，将有助于我们更精确地预测生态系统的未来变化，并提出应对策略。另外，淡水生态系统中的主要生物类群具有生长快、世代周期短等特点，气候变化对淡水生态系统的影响较陆地生态系统更为显著和迅速。因此，该领域的主要科学问题包括：重要植被、土壤生物、害虫与传粉物种在全球变化情景下的生态与进化响应；在全球变化情景下，无机环境与生物因素对生物适应性进化的影响；生物的适应性进化对生态系统结构和功能的影响；重要入侵物种及受其影响的本土物种的进化响应及其后果。

重要研究方向：

1）物种功能属性对气候变化的适应与响应；

2）物种及生态系统对"极端气候事件"的响应；

3）气候变化对物种相互作用的影响及其生态效应；

4）入侵物种的发生机制与生态后果；

5）陆地生态系统对气候变化的适应机制和预测；

6）气候变化与生物地球化学循环的相互作用；

7）气候变化对淡水生态系统的影响。

（三）合成生物学研究

近几十年来，随着分子生物学的快速发展，人类对生命物质和生物体的结构与功能有了比较深入的认识。高效 DNA 测序方法的建立及基因组学、生物信息学和系统生物学等的发展，不仅提供了大量的有关生命系统的数据，而且使人类具有对这些数据进行归纳整合并揭示细胞内分子网络调控规律的能力。在此基础上，由生物学与工程学、化学、计算机科学等融合产生的合成生物学（synthetic biology）受到广泛关注。合成生物学以"重塑生命"为核心，通过设计和构建自然界中不存在的人工生物系统，探索生命起源奥秘和生命活动规律，提供高效的能源、材料、药物等生物合成的方法。

重要研究方向：

1）新的生物零件、组件和系统的设计、构建或合成；

2）生物系统的重新设计和改造；

3）合成生物学研究的新技术、新体系。

第六节　我国生物学领域的国际合作与交流

　　生物学发展到今天，人类已经有能力探索复杂的生物学问题。而复杂的生物学问题的阐释已经不是一个研究组甚至一个国家所能做到的，因此国际合作与交流对生物学前沿领域的研究日显重要。

　　生物学领域国际合作的特征是围绕影响全人类及与其生存环境密切相关的重大需求和问题开展多边研究。随着人口的不断增加、全球气候变化、工业化和城镇化等带来的一系列环境问题，生命科学领域的国际合作越来越重要。近年来，我国科学家参加了生物学领域的一些重大国际合作计划，其中最有影响的可能是 2000 年完成的人类基因组计划。随后，我国科学家还参与完成了拟南芥和水稻基因组计划、人类蛋白质组计划、国际人类基因组单体型图计划（简称"HapMap 计划"）、DNA 百科全书计划等。其中，我国科学家牵头组织实施了第一个人类组织/器官的蛋白质组计划——人类肝脏蛋白质组计划。

　　从总体上看，我国在生物学领域参与的国际合作和交流还非常有限，并且较少占据主导地位，这与我国整体研究水平相对较低、政府对国际合作和交流特别是重大国际合作研究计划投入较少有关。今后我国生物学领域的国际合作和交流要注意以国家需要、国家利益为导向，密切结合我国中长期科技发展规划中实施的重大科技专项实施国际科技合作；注意"强强合作"与"我弱他强合作"并重；合作方式要注意个体合作与群体合作并重；加强以我为主导的国际合作研究计划。

　　生物学的重要国际合作领域包括：

　　1) 干细胞的基础与应用研究；

　　2) 物种及生态系统对全球气候变化的适应与响应；

　　3) 生物入侵及影响；

　　4) 蛋白质科学及组学研究；

　　5) 合成生物学研究；

　　6) 重大传染病的传播和防控的生物学基础。

　　除此之外，应当优先支持我国科学家与国际一流实验室的实质性研究合作；积极主办并鼓励我国科学家参加高水平的生命科学学术会议，资助我国科学家到国际一流实验室进行学术交流；逐步吸引外国留学人员来我国具备实力的单位学习、进修、攻读博士与从事博士后研究；大力提高由我国主办的生物学类期刊在国际上的影响力，争取少数期刊能成为国际上生物学领域的主流刊物，使我国在国际生物学学术交流中占据主动权。

第七节　我国生物学领域发展的保障措施

加大对生物学基础研究的支持力度是生物学持续、快速发展的基础。生物学是面向医学、农业和环境等的基础学科，在国家科技创新体系中的重要地位不容忽视。生物学的发展依赖于各种实验条件和技术。建议加大对整个生物学学科，特别是生物学学科中基础性、前沿性、交叉性领域的支持力度；重视生物学科研资助体系的顶层设计，优化配置各种研究资源，设立专项基金资助具有创新性、战略性、前瞻性的研究项目；重视对优秀研究人员的持续性资助。

造就一批高水平的研究队伍是生物学持续、快速发展的前提条件。建议整合和优化国家层面各类人才培养和选拔计划，通过人才引进和自主培养，造就一批具有国际影响力的一流生物学家；探索适合我国生物学发展的研究生、博士后培养机制，提高研究生和博士后的待遇，造就一批经过严格科研训练、素质优良的青年科研人员和后备力量；加强研究群体和创新团队建设。

建立科学的学术评价体系是提高研究人员的积极性、培育良性竞争的学术氛围的重要措施。国家应该建立科学的、适合不同学科特点的学术评价体系，鼓励研究人员进行创新性、系统性的研究工作，培育适应原始创新的研究氛围，鼓励研究人员之间，特别是跨学科领域之间的合作；发表论文的数量和影响因子不应作为学术评估的主要指标。

建设一流的共享研究平台、加强生物学与其他学科的交叉融合是生物学持续、快速发展的重要保障。国家应加强生物学研究平台的建设，建立健全科学的平台管理制度，促进研究平台和数据的全面共享；提供条件和资源，积极引导生物学与其他自然科学和技术领域的交叉融合。

◇ 参 考 文 献 ◇

Altshuler D，Daly M J，Lander E S. 2008. Genetic mapping in human disease. Science，322：881～888

Drubin D A，Way J C，Silver P A. 2007. Designing biological systems. Genes & Development，21：242～254

Gurdon J B，Melton D A. 2008. Nuclear reprogramming in cells. Science，322：1811～1815

Halpern B S，Walbridge S，Selkoe K A，et al. 2008. A global map of human impact on marine ecosystems. Science，319：948～952

Hugenholtz P，Tyson G W. 2008. Microbiology-metagenomics. Nature，455：481～483

Ludlow R F，Otto S. 2008. Systems chemistry. Chemical Society Reviews，37：101～108

Mirkin S M. 2007. Expandable DNA repeats and human disease. Nature，447：930～940

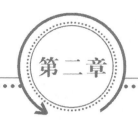

第二章

植　物　学

第一节　植物学的战略地位

一、植物学及其分支

植物学是以植物为研究对象的综合性学科，是生命科学的主要分支之一，其研究对象植物为真核生命的三大分支之一，已知的植物种数达 30 万种以上。植物学是生命科学领域发展历史最悠久、最基础的学科之一，其基本任务是认识和揭示植物界所有生命现象和生命过程的客观规律。在漫长的进化过程中，植物在细胞组成、结构和发育式样上形成了许多独特的性状。植物细胞具有细胞壁，并含有叶绿体和其他具有特殊功能的质体；由于受细胞壁的限制，植物细胞无法迁移，但由于植物体细胞有高度的全能性，体细胞的分化往往是可逆的。植物器官的组成相对简单，而且植物个体往往由重复的多个器官组成。植物的发育过程受到内源因子和多变的环境因素的严格调节，尤其是各种植物激素对植物生长发育的每个过程和方面起着重要的调控作用，它们通过和各种环境因子，包括光照、温度、水分、养分等相互作用，而最终决定植物的发育阶段。因此，植物学研究是认识多种植物特有现象和过程的必要手段。

植物学的基础研究包括植物分类、形态、进化（演化）、发育、生理、细胞、遗传、分子生物学等多个分支学科。各种植物都有其独特的形态、结构和生理生化特性，并分布在不同的地理区域和生态环境中。要阐明这些物种的生物学特性、分布规律以及起源和演化历史，不但要从不同层次，如分子、细胞、组织、器官、个体、居群、群落、生态系统和景观等入手，而且必然要运用各种不同的研究手段和研究方法，这促使了多种植物学分支学科的发展。植物学通常分为宏观植物学和微观植物学两大部分，前者主要关注分类、系统、进化、生态和资源等较大尺度上的问题，后者则聚焦在结构、生理、生化、遗传和发育等较小尺度上的问题。但是宏观植物学与微观植物学之间并无截然的界限，许多宏观植物学方面的研究往往离不开微观植物学的手段和技术，而微观植物学的研究也经常需要宏观植物学的思想和背景。植物系统发育与进化研究就是研究植物多样性的形成和发展过程，重建植物类群之间的系统发育关系，并探讨生物进化的过程和机制。不同植物物种的形成、不同组织和器官的分化以及多种多样的合成和代谢途径，如光合作用、呼吸作用、固氮作用等都是进化的结果。在后基因组时代，随着基因组信息的增多和遗传密码的破译，系统发育与进化方面的研究对其他领域的帮助和指导作用也会进一步发挥。植物学宏观方面与微观方面之间的交叉与合作将日益增多。

二、植物学研究促进了生命科学其他领域的发展

虽然植物和动物、微生物有很大差别，但在很多基本的分子机制上，三者之间有着广泛保守的方面。植物的种种特征使其成为有利于研究的材料和系统。细胞的发现和定义、遗传规律的揭示、跳跃基因（转座子）的发现是众人皆知的范例。植物中基因重复的现象极为普遍，不同基因拷贝的功能分化使得单个基因失活致死的可能性比动物及微生物中相应基因小得多，这为研究基因功能提供了更好的材料。近年来，植物分子遗传学研究更是发现了多个在真核生物保守的生命过程中有重要功能的基因，包括蓝光感受和生物钟的调节、小 RNA 代谢及稳定、减数分裂等。植物学的发展直接或间接推动了动物学、微生物学、遗传学、生态学、生理学、生物化学、基因组学、发育生物学、进化生物学和保护生物学等学科的发展。例如，细胞理论的提出、遗传定律的阐明、生化过程的解析以及转座子的发现等生命科学研究中的重要成果都是在植物学研究中取得的，在表观遗传学和基因组学等领域的最新成果更是引领和带动了整个生命科学的发展。所以，植物学的发展将继续为整个生命科学的发展起到推动和促进的积极作用。

三、植物学是多种应用科学的基础

植物学的发展，如植物遗传学、各种组学、生理生化、细胞发育等分支学科的发展，为与植物相关的包括农学、林学、园艺学和药学在内的一系列应用学科的发展提供了雄厚的理论基础。植物基因功能等方面的研究能够推动农业、医药、生物能源、生物新材料、环境保护等直接关系人类生存与健康的领域的

发展。随着人类基因组和各种动植物、微生物基因组测序的完成，科学家面临着一个巨大的任务——诠释数万个基因产物的功能。为了认识这些蛋白质的功能，需要开拓以化学为基础的研究策略进行生物学研究。植物天然产物，如各种植物激素，作为化学和生物学之间一个天然的通道，为相关研究提供了认识和调节蛋白质功能的关键工具和化学探针。研究植物的各项微观学科有着极其重要的意义，既帮助人们认识植物特有的生命过程，又有利于揭示这一过程中的普遍规律，因此，植物学研究既属于基础科学研究，也对多种应用科学研究有巨大的促进作用。

植物学以自然界的第一生产者为主要研究对象，研究结果关乎人类乃至整个生物界的生存和发展，关乎粮食、资源和环境等国计民生的大事。植物多样性的产生、发展和合理利用是宏观植物学研究的重要主题之一。作为一项重要的生物资源，植物资源是维持人类生存、维护国家生态安全、实现可持续发展战略的重要基础。中国独特的植物资源在改善和提高人类生活质量、促进社会发展方面发挥了重要作用。例如，世界水稻生产两次大的飞跃（引发"绿色革命"的矮秆水稻的培育和杂交水稻的育成）都与中国发现的野生水稻品种有关。发现、描述和研究各种各样的植物资源，正确认识我国植物生物多样性的现状和前景，合理利用和有效保护植物资源，既是我国植物学研究的重要方向，也是国家可持续发展的重大需求，对于构建创新型和谐社会、促进经济和社会可持续发展具有重要的战略意义。经过"进化预选"，生物资源中的很多活性物质结构新颖，具有高度的物种依赖性、特异性和生物适应性，成为生物医学和天然创新药物研究的源泉，在重大新药创制研究中具有不可替代性。先导化合物的发现是创新药物研究的关键前提和基础。研究植物资源中的天然化合物与蛋白质间的相互作用，有利于认识生物活性的本质。目前天然活性小分子化合物已成为在细胞和分子水平上解析生命现象必备的分子探针之一，同时也为重大疾病提供了新的治疗策略和新的药物作用机理，有助于发现作用更强、效果更好、选择性更高的药物。实践证明，天然产物在药物发现中的独特作用已重新得到高度重视，天然先导化合物的发现成为创新药研究的战略核心。由此可见，植物学研究对人类粮食安全、医疗卫生、环境保护等各种人类社会所关注的方面都有非常积极的影响。

总之，植物学包括的内容极其丰富，有多个分支学科，并和其他生物学学科形成众多交叉领域。植物学研究是研究真核生命三大界之一的重要基础学科，同时又对农学、林学、药学、生态和环境科学等基础和应用学科有极大的影响和促进作用。植物学研究还多次取得重大发现，推动了整个生物学的发展。植物学的基础研究同时为各种与植物相关的应用学科提供了理论基础。因此，植物学研究有着广泛和深远的意义。

第二节　植物学的发展规律与发展态势

一、植物学的发展规律

植物学的发展最早可以追溯到旧石器时代，人类在采集植物块根和果实种子供食用的时候就认识了某些植物。古希腊亚里士多德的学生提奥夫拉斯图被视为植物学的创始人，他于公元前300年写的《植物历史》（或称《植物调查》）一书，在哲学原理基础上将植物分类，并描绘其相关特性。公元1世纪希腊医生迪奥斯科里德斯的著作《药物论》，成为以后描述药用植物的基础。至15～16世纪中国明代李时珍完成《本草纲目》。总之，至17世纪前植物学几乎全限于描述和定性药用植物。

17世纪初期，自然科学从以"机械哲学"为主导思想进入到"实验科学"阶段。植物学也从描述为主转到更有目的、有计划、有系统地收集资料、观测现象，以至于在控制条件下进行试验，并提出和验证理论学说。此外，这期间物理学、化学的发展及新工具，如显微镜的应用也对植物学的发展起了很大作用。这期间植物学的发展对现代植物分类起到重要推动作用，包括迄今还沿用的许多植物科。18世纪瑞典植物学家林奈发表《植物种志》，确立了双名制。此后与分类学进展相并行的植物解剖学、植物生理学、植物胚胎学等研究相继发展起来。到19世纪中期植物学各分支学科已基本形成。达尔文、孟德尔的工作更为植物进化观和遗传机制的确立打下了基础。综上所述，植物学传统上主要以观察描述为主，随着研究的不断深入，细胞结构得以发现。

20世纪，特别是50年代以来，植物学又有了飞速发展，这主要归因于植物生理学、生物化学和遗传学等取得的成就，如光合作用机理的阐明，光敏素、植物激素的发现，微量元素的发现，遗传育种技术、同位素计年法的建立以及抗生物质的分离等，使植物学在经济上更为重要，成为园艺学、农业和环境科学的重要理论基础。从90年代开始，基因组成为国际生物学界最热门的研究对象。"基因组学"在不到10年时间里，已从一门以测定基因组全序列为目标的方法学成为包括结构基因组学和功能基因组学的完整学科。2000年，模式植物拟南芥基因组完成了测序，接着国际水稻基因组测序计划实施，完成了水稻基因组草图，同期，中国科学家完成了中国种植最为广泛的水稻亚种indica的基因组序列草图，为植物学发展奠定了良好的基础（Chen et al.，2006）。同时植物科学的研究进入崭新的"后基因组时代"，海量的数据促使人们采用新的思维方式和研究方式（Fiehn，2001；Brady and Provart，2009；Friesen and von Wettberg，2010）。

在 20 世纪的植物分类学、形态学、遗传学、生理学、细胞学、生物化学、生态学、分子生物学和进化生物学等学科的基础上，特别是在利用了模式植物的有利于分子遗传学研究的条件下，近 30 年的植物学发展突飞猛进。在植物基因组学的推动下，90 年代模式植物遗传学研究所积累的资源迅速地为认识基因在生理、发育、细胞和生化等层次上的功能提供了重要的信息和依据。一方面，随着 DNA 测序技术的迅速发展，植物基因组学由模式植物推广到多种农作物，大大加快了对农艺性状的分子水平研究。同时基因组学也已经被运用到野生植物物种，这将大规模地促进宏观植物学（包括植物多样性、植物系统发育、植物进化生物等学科）的发展。另一方面，基因组学和转基因技术也大大促进了反向遗传学的发展，进而使更多的基因功能得以了解。

包括转录组学、表观基因组学、蛋白质组学、蛋白质修饰组学、蛋白质互作组学等在内的功能基因组学日新月异地发展。同时，多种显微成像技术的建立和推广也使得细胞结构的精细研究，特别是活体的和动态的分析成为现实。另外，分子进化生物学的成果明确地阐述了植物中多个层次的进化关系，而 DNA 测序技术的迅速发展则使得多种植物的基因组序列和 cDNA 库的序列能够比较经济地得到测定。这些进展大大促进了模式植物、农作物以及进化和生态中的重要物种之间的基因结构和功能的比较，推动了包括进化发育生物学和比较基因组学等比较生物学的发展，促进了模式植物研究成果的广泛应用，深化了模式植物研究的意义。

包括孟德尔的遗传规律、转座子的发现和多种表观遗传现象在内的植物学研究在多方面推动了生命科学的发展。当今，随着分子生物学和各种组学的发展，微观植物学也有着突飞猛进的进展。微观植物学有和其他微观生物学共同的地方，包括遗传学和基因组学、分子生物、生物化学、生物物理、细胞生物学、发育生物学。这些领域的植物研究所采用的方法往往和相应的学科相同或相似，甚至一些研究问题也具有保守性和共同性。例如，信号转导和转录调控是细胞生物学和发育生物学中的普遍通道，很多基因在动植物中是保守的和具有相似功能的。因此，植物与动物的微观生物学可以相互借鉴和促进，特别是近 20 多年的植物遗传学和基因组学大大推动了植物功能基因的发现和分析，多次为动物基因功能分析提供了帮助。

同时，植物具有多种特征，除了前面提到的细胞壁和叶绿体外，植物的总体结构由多个重复而相似的器官组成，植物往往具有较好的对称性，植物细胞分化后还可以逆分化成为干细胞，植物细胞不会移动，器官的大小形状取决于细胞的数量、形状和位置，此外，植物细胞分裂有与动物不同的调节机制。所以，植物细胞生物学和发育生物学有着重要的与动物发育不同的方面，也有揭示新的独特机制的机会。特别需要提到的是植物生长发育的可塑性，即植物的生长发育很大程度上受到各种环境因素，包括光、温度、重力、水分、养分等的影响和调控。在不同的环境条件下，植物的生理生化过程和形态都有很大的差别。反过来，植物产生的各种生长和生理反应也影响着其周围环境。

因为植物不能通过移动来逃避不良环境。为了适应各种环境，植物产生了丰富的次生代谢途径及其代谢产物。植物次生代谢物有多种可能的功能，包括抗病、抗虫以及抵抗不良环境，但也有很多代谢物的功能还不清楚。植物的代谢物也为人类提供了多种用途，包括食品营养成分、各种饮料、药物有效成分、染料和香料等。因此，研究植物代谢不仅有基础理论意义，也有实际应用价值。植物在长期进化过程中形成了抵抗植物病害的多种机制。随着植物分子生物学以及植物基因组学的发展，近年来，植物抗病领域在研究理论体系和研究方法上取得许多突破，使其成为植物生物学前沿热点领域。此外，由于植物抗病领域与农业生产密切相关，病原微生物引起的作物病害是危害世界粮食安全的重要因素，植物抗病领域也受到世界各国的高度重视。微观植物学既有和其他微观生物共同的性能，又有不同于其他微观生物的特点，因此微观植物学研究既可以和其他相应学科相互促进和借鉴，也需要发展推动其独特的方面。

由于植物的发育受到环境因素的显著影响，在不同的环境条件下，植物的生理生化过程和形态都有很大的差别，植物发育生物学需要在不同环境下进行。反过来，植物产生的各种生长和生理反应也影响着其周围环境，造就了一系列植物间及植物与外界的信号途径，这些途径极其需要用先进技术去分析研究。过去在研究植物应答环境变化上基本局限于人工控制的环境，主要关注生理反应，缺少对相应发育过程的研究。因此，我们对自然环境中植物的生理和发育的了解还是微乎其微的。在多种研究手段和技术迅速发展的环境里，植物在多种人工和自然环境中的发育和生理过程将是今后国际上研究的重点之一，成为新兴的环境植物学和生态植物学。

植物为了适应各种环境所产生的多种次生代谢途径及其产物，植物次生代谢物和抗病、抗虫以及抵抗不良环境之间的关系，都是需要研究的科学问题。对人类来说，植物次生代谢物具有非常重要的利用价值和利用潜力，包括食品营养成分、药物有效成分、染料和香料等。代谢组学、分子遗传学、生物化学等学科以及分析技术的发展将快速推进植物次生代谢物的发现和研究，包括它们在植物中的作用、潜在的应用价值和高效的生产技术。同时，植物多样性和比较基因组学的研究也将提高人们对植物代谢途径的认识，形成新的比较植物代谢生物学。

如果说过去的 30 年分子遗传学和基因组学是推动植物生物学发展的引擎，未来 30 年将是多种学科和技术齐驱并进、交叉进展的黄金时期。虽然基因组学等组学的快速发展让我们在极短的时间内了解成千上万个基因的结构，但我们对很多基因的功能仍是一无所知，对绝大部分基因产物——蛋白质的结构、功能和调控方式更是了解甚少。可以预测随着组学和新技术的发展，细胞生物学、生物化学、结构生物学等多种微观实验学科毫无疑问将会有翻天覆地的大发展，并将与分子遗传学紧密结合，在发现和分析植物基因功能中发挥重要作用。同时，生物信息学、比较基因组学、进化生物学、模拟生物学、生物统计学等计算科学也将突飞猛进。这些领域的相互依赖及相互促进，需要多方面的交流与合作。这种多方面和交叉学科的研究不仅会加速对单个基因功能的确定，也将使我们更多更好地了解和认识基因相互作用的网络，并且逐步理解基因功能和调控网络等多层次在进化中的关系。

总之，当前植物学的理论研究和实践应用都正处在突飞猛进的阶段。近年来，在功能组学的带动下，植物学基础研究快速发展，从过去传统的植物形态、生理生化，全面进入到分子水平，并促使了理论模型的建立（Jonsson and Krupinski，2010）；同时，植物学与其他学科交叉研究，扬长避短，形成了一个综合研究体系。此外，从传统描述发展到现在在分子水平上揭示和归纳的现代植物学理论，并运用该理论重新认识和指导多样化的自然生态系统，以及通过植物基因工程提高作物产量和品质，也为植物学的理论研究提供了广阔的天地（Ribaut et al.，2010）。因此，我们相信在不久的将来，植物学将借助多种理科、工科和信息科学的力量，展开多方面的交叉性研究，为认识植物和认识生命拓展崭新的天地。

二、植物学的发展态势

（一）植物多样性的形成和调控、植物种质资源的收集及保护

植物多样性的形成过程和演变机制是植物多样性研究的中心问题，也是可持续利用植物多样性的基础。从物种居群的遗传分化到新种的发生，从植物类群的系统发育到现代地理分布格局的形成，从地球环境演变和气候变化到植物区系的演变过程，这些问题都将是未来宏观植物学科关注的热点，协同进化在维持植物多样性方面的作用也将受到更多的重视。由于地球上不同生物之间存在着复杂的相互作用，这种相互作用的存在使得协同进化成为促成和维持生物多样性的一个重要动力。当生态系统的结构和功能受到威胁或破坏时，将不可避免地对长期稳定的种间关系，尤其是对物种间的协同进化关系产生影响，一

些物种由于其共生对象的丢失而可能失去其生存基础，从而导致进一步的物种灭绝。

植物多样性保护研究涉及对植物多样性从宏观到微观的全面认识，包括遗传多样性、物种多样性和生态系统多样性（Alonso-Blanco et al.，2009）。在植物多样性保护策略上，珍稀、濒危、特有以及具有重要经济价值的物种通常是优先保护的对象。目前通过研究珍稀、濒危、特有植物的生物学特性，逐步揭示了一些物种濒危的原因，为制定更有效的保护政策提供了依据。近几年来，植物演化史中一些重要或关键植物类群的保护也受到极大的关注，这些特殊的植物类群是植物演化史中的重要"环节"，具有重要的科研价值和进化意义，因而逐渐成为植物多样性保护的热点之一。

植物 DNA 条形码研究是植物多样性研究工作的重要组成部分。加拿大学者 Paul Hebert 于 2003 年提出了 DNA 条形码（DNA barcoding）的概念（Hebert et al.，2003），并随后发起了"国际生命条形码计划"。DNA 条形码的核心是建立基于基因片段鉴定生物物种的标准。近几年，生命条形码研究成为进展最迅速的学科前沿之一。DNA 条形码不仅是传统物种鉴定的强有力补充，更由于它采用数字化形式，使样本鉴定过程能够实现自动化和标准化，突破了对经验的过度依赖，并可利用有机体的残片进行快速有效的鉴定，能够在较短时间内建立形成易于利用的应用系统。生命条形码研究导致了大量新物种（多为隐形种）的发现，使人们对生物多样性有了新的认识。最近，10 个国家的 52 名科学家通过比较 7 个基因片段鉴别植物的效果，提出了可以利用 *rbcL* 和 *matK* 两个基因组合来鉴定植物，这个组合的鉴定率高达 72%，同时对于剩下的样本，也至少能够鉴定出它们所在的种群。从而避免了由于标本信息不全而难以准确鉴定和因分类学家本身的原因造成的人为鉴定误差。

全球气候变化条件下的植物多样性动态是当前的重要科学问题。气候变暖正在成为威胁生物多样性的一个重要原因。Thomas 等的研究表明：过去 30 年的气候变化已大大改变了物种的分布和丰富度，加速了物种的灭绝。如果气候变暖继续按现在的速度发展，那么到 2050 年，将有 15%～37% 的物种面临灭绝的威胁。将生物热点地区的植物生物多样性编目，并与地理信息系统和气候因子等进行整合分析，预测生物多样性的动态变化及对气候的影响已成为一个新的研究热点。

早在 20 世纪初，西方发达国家就特别关注对世界战略植物资源的收集保存。美国本土的植物资源并不丰富，却是现在世界上保存植物资源材料最多的国家，这主要得益于其长期以来坚持不懈地从国外获取遗传材料。在美国国家种子库现存的 60 余万份材料中，有约 60% 来自国外。而我国植物园、种质库收集的国外资源比例很小，中国 180 个植物园收集国外植物物种的数量仅占库存材料的 10% 左右；中国农业科学院国家农作物种子库现存的 37 万份种质中，仅有不到 20% 来源于国外。美国国家种子库始建于 1946 年，据统计，已收集了中国约 200 属 500 余种共 13 836 份的植物种质资源。同时，对于重要战略植物资源的评价、发掘和可持续利用，尤其是面向 21 世纪生物产业和生物经济崛起的生物资源深度研发，我国与发达国家的差距更大，很大程度上制约了我国丰富生物资源对国家经济社会发展的支撑和保障作用的充分发挥。

（二）植物系统发育与进化机制

进化是生命的主旋律。任何生物类群，不论是低等的还是高等的，简单的还是复杂的，总是要经历一个起源、发展、死亡或者进一步演化的全过程。地球上形形色色的生物种类都是进化的产物，并分别处在进化的不同阶段。生命现象是如此美妙和复杂，以至于人类一直想知道它们是从哪儿来的和怎样来的，这就是对进化历史和进化机制的研究。传统上对植物进化历史与进化机制的研究主要依赖于对形态性状（广义）的分析，研究结果的准确性和可靠性都不是很高。近几十年来，由于解剖学、胚胎学、细胞学、遗传学、古生物学、生态学和分子生物学等学科的不断交叉和渗透，以及基因组学和生物信息学等新兴学科的出现，系统与进化生物学研究得到了前所未有的发展，研究手段不断丰富，理论体系日益完善。系统与进化生物学的发展特点主要表现在以下几个方面。

1. 分子生物学证据在植物系统与进化生物学研究中得到广泛应用

随着分子生物学理论和方法的不断发展和完善，人们对蛋白质和核酸等生命活动基本物质的了解越来越全面和深入，它们在生命进化中的作用以及作为系统和进化研究的信息来源受到空前的重视。近几十年来，分子生物学原理和技术的广泛应用为系统生物学和进化研究开辟了新的天地，有关分子系统学和分子进化方面的研究成果已不鲜见于世界第一流的科学杂志（Mathews，2010；Presgraves，2010）。越来越多的分类学家和古生物学家开始利用分子证据进行系统发育重建，给本领域带来了前所未有的发展。由于生物信息大分子（核酸和蛋白质）提供了大量的进化信息，加上计算机技术的应用，生物学家重建类群系统发育关系以至整个生物界进化历史的梦想逐渐成为现实。此外，随着人类和其他模式生物基因组计划的完成，基因组研究成为 21 世纪生物学也是进化研究领域的核心内容之一。当前一批重要生物的全基因组测序工作已经完成或正在加速进行，但人们对基因组中绝大部分 DNA 片段的功能仍毫无认识，更缺乏在分子和基因组水平上追踪生物适应性变化机理的研究工作。因此，通过各类群同源基因或同源片段的比较分析以及基因家族进化过程和规律的探讨，进化基因组和分子进化研究将有助于揭示形形色色的生物是怎样在 DNA 水平上进化，物种是怎样形成等，从根本上阐明生命现象之间的联系、来源和发展（Presgraves，2010）。

2. 植物生命之树的重建和相关生命信息的发掘

生命之树（tree of life）是 38 亿年来生物演化的结果，是一个蕴涵着巨大信息的生命系统。生命之树项目所提出的最终目标就是建立一棵系统发育树，将所有现存的和灭绝的生物种类联系在一起，从而阐明生命的起源、生物进化的式样、各大门类生物的演化和亲缘关系、生物多样性的生存方式和动态规律。全球科学家们正在利用系统学、基因组学、发育生物学、生态学、生物信息学等学科手段探索这一生命之树的起源、发展及其机理。作为生命之树上的一大分支，植物类群的研究在战略上具有重大意义。在重建生命之树的过程中，除了大量分子生物学证据得以利用外，形态学和古生物证据的研究也得到新的重视和加强。化石植物生物学在演化环节直接证据寻找上不断有重大突破，并已深入到研究进化机制中生物遗传与环境互作的耦合关系，以及从定性到定量地揭示长时间尺度上全球环境变化的过程和规律。形态学研究同分子证据和化石证据相互印证，为更为准确地阐明生物系统发育关系奠定了坚实的基础。根据分子证据所提供的信息，对形态性状进行再分析和再认识，可以在新的水平上更准确地理解形态性状的进化及其系统学和生态学意义。在整合不同基因序列的同时，分子性状和形态性状的整合，再与化石证据相互印证将能提供更为准确的类群分化过程和式样，这是今后系统与进化植物学发展的一个主要方向。

3. 学科交叉和不同领域科学家的合作成为系统与进化植物学发展的新动力

不同学科和研究领域之间以及不同学派间的相互撞击、融合，促进了现有理论的不断发展和完善，同时也出现了一些新的理论和假说。例如，进化遗传学等一些传统的研究领域已经不再局限于传统的群体遗传学理论和方法，在运用数学理论和分子数据的同时，采用比较生物学的方法探讨基因和基因家族进化的过程和机制，并同生物体的功能发生和进化相联系，呈现遗传、发育和进化的统一，一个新的 21 世纪生命科学的生长点——进化发育生物学（Evo-Devo）——已经显现，生物学家们正着手做一次新的综合（Specht and Barlett，2009）。这种发育和进化在遗传基础上的整合，被称为生物学的"第三次综合"。进化发育生物学为阐明宏观进化的机制这个生命科学的基本问题开辟一条新的途径，使长期以来难以统一的宏观进化和微观进化、形态进化和分子进化有了一个新的解决途径。可以预期，进化发育遗传学将在"后基因组学时代"取得重要突破，将从分子水平揭示形态性状的同源性、发育过程的同源性，阐明大类群的标志性状发生的发育制约和进化束缚问题，揭示性状变异不连续性的原因和宏观进化的重大事件，如作为被子植物标志的花器、胚珠起源和"发育计划"的发生机制，从而使陆地植物主要大类群起源和繁盛的进化机制得以阐明。系统与进化生物学领域所取得的这些可喜的进展无疑将进一步推动系统和进化研究向广度和深度上发展。

4. 在分子和基因组时代机遇和挑战并存

长期以来，在生物分类学实践中，一个关键的概念就是模式标本。当一个新的物种被命名时，模式标本就需要被指定，同时被存放到标本馆（或博物馆）中，以利于对它们的后续研究和新类群的发现。分类学的目的之一就是在广泛收集标本信息的基础上，建立一个可靠与稳定的物种分类、交流和利用体系。但是，这个知识体系比较依赖专家学者，同时模式标本往往也会随着时间发生某种程度的损毁和信息的丢失。另外，传统形态分类学存在一定的局限性：表型可塑和遗传可变容易导致不同层面相互矛盾的鉴定结果；外部比较形态学性状，通常不足以鉴别许多类群中普遍存在的隐存种，更不可能提供足够的信息来构建这些物种之间的历史关系；难以联系同一个物种的不同性别和不同发育阶段。随着学科的发展，与分子证据相结合的 DNA 分类与 DNA 条形码技术已初现端倪，将引发物种鉴定和认识的一次革命。随着分子生物学知识和技术的积累发展，系统学家已将生物信息大分子看作重要的演化证据，在不断寻找新的、有良好检测功能的分子标记及检测手段（Proost et al.，2009）。DNA 分类学或 DNA 条形码物种鉴定方法的兴起与发展（Hebert et al.，2003），必将引起物种分类、系统发育和进化研究的又一次革命性变化，而且它关于种群遗传结构方面的研究必将为保护生物学提供遗传变异证据，在生物多样性的研究和保护中起到重要的指导作用。

（三）植物抗逆的分子机理

植物抗逆主要包括抗生物和非生物胁迫。长期以来，植物与病原微生物的互作引起人们的广泛关注，然而，直到 20 世纪末，通过对一些植物抗病基因和病原微生物无毒基因的克隆，人们对植物抗病反应的机制才有了新的认识。最近 10 年是植物抗病领域快速发展的时期，新的发现层出不穷，相应理论框架已基本建立。目前，植物抗病研究主要集中在基础抗性和抗病基因介导的抗性、系统获得性抗性、抗病反应与各种激素信号通路的互作、植物抗性的调控网络以及植物抗病基因与作物抗病的分子育种等方面。植物抗病领域的重要研究方向以及可能的突破点包括：

1）植物对病原微生物病原相关分子模式的信号识别机制；
2）植物抗病分子机制与病原微生物效应蛋白质的相互作用；
3）抗病反应的信号转导网络与信号交流；
4）作物水平抗性和持久抗性的分子生物学基础；
5）表观遗传学机制在植物抗病反应中的作用；
6）植物抗病反应与其他重要农艺性状信号途径之间的交叉；
7）抗病信号转导与激素信号之间的互作；
8）植物广谱抗性的分子机理等。

该领域将来的研究趋势是要重视对抗病途径参与发育调控的研究，将植物抗病放在一个大的网络中进行系统地研究。此外，作物的抗病性与病原菌之间的关系是动态变化的，病原菌的变异速度非常快，应该重视对病原菌演化规律的研究。如何有效利用抗病基因实现作物高产抗病的育种目标是植物抗病领域的一个重要方向。

非生物胁迫包括干旱、盐碱、高温、冷（冻）害和涝害等。非生物胁迫直接影响植物，尤其是农作物的产量和品质，使农作物轻则减产，重则绝收。为了适应千变万化的胁迫环境，植物经过长期的进化过程，在形态结构、生理生化及生长习性等方面形成了防卫逆境胁迫的各种应答防护或逃避措施。首先植物感知外界中的逆境信号并将该信号传递入胞内，在胞内的植物胁迫应答反应是一个涉及多基因、多信号途径、多基因产物的复杂过程（Cutler et al.，2010；Tardieu and Tuberosa，2010）。植物识别各式各样的胁迫信号，并进行加工和处理，激活相应的信号转导途径，最终诱导大量植物防卫反应相关基因的转录表达，从而使植物抗逆性得到表现。在基因组时代，利用模式植物拟南芥发展起来的遗传学筛选和基因克隆的技术，使植物生物学许多领域的研究发生了革命性的变化，主要表现在植物对逆境信号的感知、逆境信号的传递、逆境响应基因的转录调节、终端功能蛋白的功能调节等方面。在逆境信号的感知方面，脱落酸（ABA）是植物生长发育过程中起重要作用的激素，对逆境信号，如盐、旱、渗透、低温等胁迫的感知主要由 ABA 激素作为二级信号分子行使应答。ABA 的受体蛋白在近几年相继被发现，使人们对 ABA 的作用机制有了更深的理解；在逆境信号的传递方面，逆境信号通过信号通路传递至转录因子或直接作用于有功能的蛋白质，或通过转录因子调控下游胁迫响应基因的表达，或通过修饰、改变功能蛋白的活性致使胁迫适应反应发生；在逆境响应基因的转录及转录后调节方面，转录因子在胁迫响应基因的表达调控中起决定作用，其自身的活性也受到调节。转录因子的转录调节作用能使植物对外界反应做出回应。

转录因子的活性调节受环境的影响，环境影响基因转录后的调节。此外一些研究表明小 RNA 在基因转录后调节中发挥重要的作用。抗逆与环境影响有一定的关系，一些重要的蛋白质在抗非生物胁迫中起重要的作用。

综上所述，植物对各种胁迫的应答过程十分复杂，不同的信号通路之间相互交叉组成精确的调控网络。随着研究的深入，对网络中各组分的作用及调节机制的认识不断加深，并在一些重要领域取得了突破。目前有关植物对各种胁迫响应的复杂机理了解甚少，今后需要更深入和全面地从分子遗传学、基因组学、蛋白质组学、生理学、植物营养学等多学科出发，鉴定出各种关键调控元件、功能基因，阐明它们的功能及它们之间的关系与相关调控路径，逐步建立起植物响应逆境的调控网络，为作物抗逆分子育种改良提供坚实的基础。

（四）植物激素及信号转导

植物激素是植物自身合成的痕量生长调节分子的总称。目前，已知的植物激素除生长素（auxin）、细胞分裂素（cytokinin）、赤霉素（GA）、ABA 和乙烯（ethylene）五大经典激素外，还包括近年来鉴定的油菜素内酯（BR）、茉莉酸（JA）和水杨酸（SA）（Kim et al.，2009；Cutler et al.，2010；Zhao，2010）。它们由一个部位产生，运输到另一部位，在极低浓度下引发生理反应，控制着植物生命活动的方方面面（从种子休眠、萌发、营养生长和分化到生殖、成熟和衰老）。除此之外，激素还是植物感受外部环境条件变化，调节自身生长状态来抵御不良环境、维持生存必不可少的信号分子。自 1928 年发现生长素以来，植物激素研究一直是植物科学最为前沿和热点的领域之一。以激素为主体的研究几乎涉及植物学研究的各个领域，激素调控机制的研究已成为人们认识和理解纷繁神秘的植物生命现象的重要途径。近年来，随着分子遗传学的发展及其方法体系的建立和应用，以及植物分子生物学和基因组学的飞速发展，特别是以拟南芥和水稻为代表的模式植物基因组研究的重大突破以及带来的便利平台条件，使本身就处于科学前沿的植物激素研究进入全新的快速发展阶段。随着大量植物激素的合成与信号途径突变体的分离鉴定及其相应基因的克隆，人们对植物激素的合成、运输、信号转导和降解及其在植物生长中的作用开始有了比较深入的了解。同时在激素受体分离鉴定、激素间相互作用以及激素调控植物生长发育的分子机制等方面取得了一系列突破性进展。此外，大多数植物激素在调控植物生长发育过程中的作用比较复杂，同一种激素可以调控多个发育过程，而同一个特定的发育过程需要多种不同激素的协同作用。全面深入地了解这些调控途径及其分子机制将帮助人们更好地理解激素如何在植物生长发育中发挥作用。

目前，植物激素的研究主要集中在以下几个方面：

1) 植物激素受体的分离和鉴定是植物生物学领域的重大突破，对生长素受体和茉莉酸受体的发现不仅阐明了这些激素的信号转导机制，而且揭示了一种激素与受体作用的新机制。鉴定和发现新的激素受体和信号转导通路中的元件仍是植物激素研究的重要方向之一。

2) miRNA 参与植物生长发育的各个过程，而这些过程也需要多种激素的协调作用，进一步研究 miRNA 在植物激素调控与生长发育中的作用将是植物激素研究领域的新热点。

3) 植物激素包括很多结构类似的衍生物，它们很多都能在植物体内发挥生理作用，但依其结构的不同可能又有一些明显的差别。对更多激素信号受体分子结构的解析不仅有助于了解植物激素作用机制的细节，而且可以帮助筛选和设计新的植物生长调节剂，促进农业生产。

4) 在禾本科作物的改良过程中，半矮秆材料的发现和利用被誉为农业生产的"绿色革命"，曾为促进世界粮食生产发挥了巨大的作用。通过对植物激素调控网络的深入分析，使得利用转基因技术实现作物的分子设计成为可能，进而促进农业生产。

5) 系统生物学的迅速发展为利用多种交叉学科手段整合目前对植物激素调控网络的认识和通过建立计算机模型模拟植物生长发育过程提供了可能。

6) 通过研究处于关键分类地位的其他植物的激素途径，进而了解植物激素调控在植物进化中的作用，也是植物激素研究的新动态。

（五） 植物代谢和代谢组的研究

植物中代谢物超过 20 万种（这里是指相对分子质量小于 1000 的化合物），其中有维持植物生命活动和生长发育所必需的初生代谢物；还有利用初生代谢物生成的与植物抗病和抗逆关系密切的次生代谢物，植物次生代谢物在不同器官中的组成与植物的各种重要性状直接相关（Saito and Matsuda，2010）。以水稻为例，2-乙酰-1-吡咯啉（2-acetyl-1-pyrroline，其前体为 *L*-脯氨酸，通过多胺途径合成）是香米香味的主要来源（Chen et al.，2008）；挥发性的倍半萜物质可以吸引稻虱缨小蜂（*Anagrus nila parvatae*）间接地达到抑制稻飞虱的作用（Cheng et al.，2007）；另外稻米中可溶性糖、有机酸、氨基酸和维生素等的不同组成会显著影响稻米口感等品质，目前市场上所流行的"功能稻米"就是强化了一种或多种对人体健康有益的代谢化合物。

同时，代谢物作为细胞调控过程的终产物，它们的种类和数量变化被视为生物系统对基因或环境变化的最终响应。近年来，人们已经把目光从基因的测序转移到了基因的功能研究。尽管代谢物组学作为后基因时代一门新兴的独立学科，目前对其理论、概念、方法尚在不断地研究和完善中，但继转录组学及蛋白质组学之后，代谢组学已经在基因功能鉴定中发挥越来越重要的作用：植物代谢组学应用高效液相色谱（HPLC）、液相色谱质谱（LCMS/MS）、气相色谱质谱（GCMS）以及核磁共振（NMR）等高通量、高分辨率、高灵敏度的现代分析仪器分析手段，定性定量研究生物体内源性代谢产物，即代谢组（Fiehn，2001；Saito and Matsuda，2010）。在植物研究领域，结合各种突变体资源，利用代谢组学方法检测代谢物的变化并结合基因表达水平的变化、模式识别等生物化学信息学技术，分析生物体在不同状态下，如野生型和突变体比较、不同生长环境处理的前后比较等的代谢指纹图谱的差异，获得相应的生物标志物群（biomarkers），发现新的代谢途径，或更深入地了解目前已知的这些途径，从而揭示生物体在特定时间、环境下的整体功能状态，为解释基因的生物学功能提供线索和信息。在代谢物分析领域，常见的分析方法包括目标分析（metabolite target analysis）、代谢产物指纹分析（metabolic fingerprinting）、代谢产物轮廓分析、代谢表型分析（metabolic profiling）及代谢组学分析（metabolomics）等。同时需要指出，这些化学分析手段，只有和其他生物学手段结合运用，如转录组学、蛋白质组学、数量性状基因座（QTL）分析等，才能在未知基因功能鉴定方面发挥更大的效用（Schauer and Fernie，2006）。

随着现代生物学各种技术的飞速发展，能够引起"可见表型变化"（通过基因表达量的改变、过量表达或基因敲除和沉默）的基因的功能，通过传统的遗传学方法可以被迅速鉴定。但在植物基因组中，许多功能未知的基因，通过基因表达量的改变并不能引起明显的"可见表型变化"。将这些没有"可见表型变化"的转基因植物和对照植物进行代谢组学分析，使之表型变化"可见"（生化表型），进而确定这些代谢物变化与特定基因表达变化之间的联系，为解释基因的生物学功能提供了线索，当然这种代谢物-基因的联系最终还要通过传统的生物学方法进行确证。目前，代谢组学技术已经成功应用于拟南芥基因组中未知基因的功能鉴定。例如，Hirai 等（2005）通过对在硫缺乏生长条件下的拟南芥进行代谢组学和转录组学分析，定位了基因-基因、代谢物-基因的网络途径，并结合传统生化方法，确定了三个先前功能注释错误的基因为参与硫代葡萄糖苷合成途径的硫转移酶。最近，代谢组学分析与传统的 QTL 分析结合在一起被应用于生物学问题解析，Lisec 等（2008）对 429 个拟南芥重组自交系和 97 个渐渗系（来自 Col-0 和 C24 野生型）进行代谢 QTL（metabolic QTL）分析，结果不仅证明了植物生物量相关 QTL 与主生代谢相关 QTL 有很强的关联，还揭示了其中 33％的代谢 QTL 覆盖了功能未知的代谢相关基因（编码酶的基因或调控代谢途径的转录因子），这为解析功能未知基因工作打下了坚实基础。

代谢组学技术作为后基因组时代一个强有力的工具，具有非常广泛的应用前景，而且已经成功应用于拟南芥基因组中未知基因的功能鉴定，但代谢组学在水稻功能基因组学的应用还处于起步阶段。水稻作为单子叶模式植物，和拟南芥具有相似的优势，如基因组测序完成和众多的突变体材料（自然的和人工的），所以代谢组学技术在水稻功能基因组学上的应用理论上可行。为确保该技术的实际应用，目前的前期工作应集中于以下两个方面：①检测方法的标准化，包括样品制备（最容易引入系统误差），仪器分离/定性定量和高通量数据分析；②未知化合物的结构鉴定和生物标志物的筛选。同时，水稻功能基因组学的最终目的之一是要获得高价值的新的水稻品种，而水稻中各种代谢物种类和量的积累直接决定了稻米口感等品质，通过对不同品质的稻米代谢产物指纹分析（还可应用于转基因植物安全评估），获得决定水稻品质的生物标志物，可以为进一步改造水稻品质打下基础。

目前，不同组学的联合应用已经成为植物基因功能研究的趋势。除了基因功能解析之外，各种组学的联合应用还可以加深我们对代谢途径（包括激素）的调控以及不同代谢途径之间的协调和交流的理解。当前，国际上正在着手进行大规模代谢组学数据的积累，即利用各种化学分析工具，尤其是以质谱为基础（mass-based）的气质和液质联用仪对植物（目前大多集中于模式植物拟南芥，包括不同的突变体、不同的生态型、不同的组织以及不同的处理）进行代谢组学分析。而且目前国际上植物代谢组学研究领域也对不同的代谢组学分析手段建立了一套标准化程序，包括实验设计、数据处理和报道，使得不同实验室之间的代谢组学数据共享成为可能（MSI Board Members et al.，2007；Fiehn et al.，2008），这将大大提高代谢组学在植物研究中的作用。

（六）植物表观遗传调控

表观遗传学（epigenetics）是指核苷酸序列不发生变化而基因表达出现了可遗传变化的一种反经典遗传的现象。相较于经典遗传学提供了生命所必需的遗传信息，表观遗传学信息提供了何时、何地以及如何应用遗传学信息的指令。整个基因组通过 DNA 精确地复制、转录和翻译，保证了遗传信息的稳定和连续，同时又通过表观遗传学机制使基因在内外环境下选择性表达或不表达，最终形成遗传性状。对于植物而言，表观遗传学机制不仅参与细胞的分裂分化并调节植物的生长发育，还在植物适应环境变化的过程中起到了关键作用。表观遗传学作为遗传学的一个重要分支，最近几年发展迅速，其主要包括 DNA 甲基化、组蛋白修饰、非编码 RNA 的调控和染色质重塑等几个方面（Chen，2009；Liu et al.，2010），其中任一方面的异常都将影响染色质的正常结构和基因的正确表达。DNA 甲基化在植物不同发育时期和不同环境下有效调控基因的时空表达，实现其重要的表观遗传作用，DNA 甲基化不足会使植株产生明显的表型异常。除了 DNA 甲基化修饰，组蛋白修饰也是最重要的表观遗传修饰之一，在植物中调节了重要的生理过程，如植物的开花。开花是植物从营养生长转变到生殖生长的生理过程，是植物个体发育和后代繁衍的中心环节，既受遗传基础决定，同时又受到温度和光周期等多种环境因素的调控。春化作用后，拟南芥野生型 *FLC* 染色质组蛋白 H3K9 和 H3K27 的双甲基化水平升高，导致了 *FLC* 表达的抑制从而影响了开花。作为植物成花决定过程之一的春化作用是冬性和两年生植物开花的重要调控方式，是一个典型的受表观遗传学调控的生理过程。事实上，各种表观遗传学修饰之间是相互作用、相互影响，从而共同来调节植物的生长发育的。例如，在植物中发现的亲本印记现象，即父方或母方的某些等位基因，在子代的表达不同，具有不对称性，因而成为印记，且具有持久的传代能力。这种现象往往也是通过表观遗传学机制来实现的。

（七）植物细胞的结构与功能

植物细胞的特征包括细胞壁、叶绿体等质体和一些特殊的细胞骨架结构，其中叶绿体最为明显。植物的细胞壁和细胞骨架决定了植物细胞分裂、生长和分化的性能，从而影响多种生理和发育过程。对植物体而言，植物细胞壁具有重要的生物学功能，不仅可以为植物体提供机械支撑、养分和水分运输，还在植物细胞形态建成及抵御生物与非生物胁迫方面有重要作用。目前各国对纤维生物质资源看好，正大力推进细胞壁的基础研究，使之成为国际前沿研究领域，并且"植物如何制造细胞壁"是 2005 年 *Science* 期刊公布的 125 个重大科学问题之一。近些年，随着基因组学及功能基因组学研究的飞速发展，一些与次生壁发育相关的转录因子相继在遗传学和转录组学研究中被发现，包括调控植物次生壁形成的 NAC 和 MYB 家族的转录因子以及新的家族的转录因子。例如，NAC 家族的 NST1 和 NST2 对拟南芥花药蒴内层次生壁加厚极其重要。另一个 NAC 类转录因子 XND1 与木质部导管细胞壁形成相关，影响木质部导管细胞的次生壁形成和程序性死亡。MYB46 是在一个纤维组织高表达 *MYB* 的转录因子，主要在花序束间纤维细胞和木质部细胞次生壁加厚时期表达，并且受 SND1 这一影响细胞壁形成的转录因子的正调节。

植物细胞壁中，纤维素是含量最高的成分，其在细胞形态建成和分化、维持植物的机械支撑力及养分、水分运输等方面发挥重要作用。植物细胞壁中另外的成分是非纤维素多糖，包括果胶质和半纤维素，关于其生物合成的知识还十分有限。纤维素合酶复合体位于纤维素末端，控制纤维素合成。编码纤维素合酶催化亚基的基因普遍存在于植物中，组成一个庞大的基因家族，在拟南芥突变体中对这些基因的研究为认识纤维素合酶的生化与生物学功能起到了重要的推动作用。在纤维素的沉积方面，通过激光共聚焦显微镜观察到绿色荧光蛋白（GFP）标记的纤维素合酶催化亚基蛋白的运动及其规律，从而初步了解纤维素合酶复合体的运动规律及微纤丝的沉积，并发现了纤维素合酶复合体的运动与细胞骨架、囊泡转运的依存关系。尽管纤维素合成的研究在近年取得了较快的进展，但其合成机理还有很多方面我们仍然非常不清楚。例如，纤维素合酶复合体是否具有其他成员、纤维素合酶复合体如何转运、纤维素含量和结构怎样被调控、怎样通过基因工程手段来实现对纤维素的改造等，这些都是我们所面临的、迫切需要研究和回答的问题。除纤维素外，木质素单体的生物合成途径被了解得相对清楚，大部分关于木质素单体生物合成的基因已被鉴定。一般认为，木质素单体的合成是从苯丙氨酸开始的，经苯丙氨酸氨基裂解酶（PAL）催化转化为肉桂酸。拟南芥的 4 个 *PAL* 基因所编码的 PAL 都被证实具有特异的催化苯丙氨酸去氨基的生物化学活性。

植物细胞壁具有多种生物学功能，包括促进细胞分裂、分化，增强器官机械强度及抵御病菌入侵等。大量的遗传学研究已经表明，很多细胞壁相关的突变体均表现出生长发育滞后、弱势、矮生、育性降低等表型，说明细胞壁在细胞分裂、细胞形态建成等生长发育过程中有着重要作用。对拟南芥的 *irx* 和水稻的 *bc*1 等突变体的分析表明，植物细胞次生细胞壁在提高机械强度上起重要作用。*bc*10 突变体研究暗示细胞壁的结构蛋白、阿拉伯半乳糖蛋白的修饰及纤维素的合成也对植物组织的机械强度有重要影响。纤维素的含量和纤维素微纤丝的排列也与机械强度密切相关。细胞壁还是植物与环境发生作用的第一道屏障，是植物抗性的重要环节。除根的发育受到抑制外，拟南芥 *cev*1 突变体表型的抗病性明显提高。多个突变体的研究均表明植物细胞壁在植物应对生物与非生物胁迫时的作用，为植物抗逆性研究提出了新的思路，具有广阔的研究空间。

棉纤维细胞也是研究植物细胞伸长和细胞壁纤维素生物合成的模式系统。棉花 *GaMYB2* 基因具有调控植物表皮毛发育的功能，其启动子活性受到与 GL3 同源的 bHLH 类蛋白质的调控。乙烯可能通过钙调蛋白依赖型蛋白激酶，通过内源 H_2O_2 的释放，促进纤维伸长。另外，饱和长链脂肪酸（VLCFA）能够显著促进棉纤维伸长并促进乙烯释放。

目前国际上的细胞壁分子遗传研究大多以拟南芥为材料，而研究发现双子叶植物细胞壁的成分和结构与单子叶植物不同；养育人类的主要粮食作物均为单子叶植物，发达国家对单子叶植物细胞壁形成机理涉足不深，很多科学问题有待解决，在这一方面取得突破的可能性较大。因此开展细胞壁相关的基础研究，不仅可使我国在纤维生物质开发利用方面获得具有自主知识产权的创新成果，提升我国的国际竞争力，也可从新的角度进一步挖掘提高农作物产量、品质与抗性的潜力，为突破我国现阶段农作物产量的瓶颈及研发功能性农产品提供理论依据和功能基因源。

植物细胞骨架，特别是微管特有的结构，影响细胞分裂的调控，并在细胞功能的发挥上起至关重要的作用。近年来，越来越多的证据显示细胞骨架在植物细胞增殖调控、生长发育以及植物对环境的适应过程中具有重要功能。细胞内发生的众多的细胞学事件，如细胞器运动、胞内物质定向运输、细胞壁合成等都与细胞骨架的组织与动态密切相关。已知细胞骨架尤其是微管骨架在细胞壁合成中具有重要功能，能引导细胞壁中纤维素微纤维的沉积方向。有证据表明光、温度、干旱、盐碱、病害等信号会引起细胞骨架组织与动态的变化，使植物适应环境的改变。例如，植物对盐胁迫的耐受需要微管的解聚和重组；而光信号诱导的叶绿体趋光或避光的运动是依赖于微丝的，是植物在弱光下增加光合作用效率、在强光下避免光伤害的重要机制。植物体内外的发育信号，包括植物激素信号、自交不亲和信号和环境信号，如光、温度、干旱、盐碱、病害等，由不同信号转导途径传递至细胞骨架，改变微丝和微管在细胞中的动态和组织方式，调控细胞的分裂以及细胞生长的状态和细胞形状，并最终控制植物整体的生长、生殖等发育过程。信号转导途径对细胞骨架组织和动态的调控主要是通过细胞骨架结合蛋白直接完成的，这些细胞骨架结合蛋白或与微丝结合（微丝结合蛋白），或与微管结合（微管结合蛋白），也有少数与微丝、微管都结合。它们与细胞骨架结合后，行使不同的功能，有的促进细胞骨架聚合，有的促进细胞骨架解聚，有的促进微丝、微管交连（cross-link）或成束（bundle）来稳定细胞骨架，有的则通过封端或剪切功能使细胞骨架失去稳定。目前，对植物细胞骨架功能及其调控机制的研究已成为植物学研究中最活跃的研究领域之一，如植物细胞的微丝和微管聚合与动态变化方式及调控机理，以及植物细胞的微丝和微管结合蛋白的功能分析等。这些研究能回答具有基础理论研究价值的生命科学问题。

（八）植物细胞分裂和生长的调控

1. 植物细胞分裂的调控

植物细胞周期进程调控的基本机制与动物细胞一样高度保守，都是通过细胞周期蛋白、细胞周期蛋白依赖性激酶、细胞周期蛋白依赖性激酶抑制剂等特殊的蛋白激酶和蛋白酶对细胞分裂的时机进行调控，并通过多个细胞周期检验点在特定时期对细胞分裂进程进行监控。但在植物细胞中鉴定出的 CDK、cyclin、CKI、E2F 转录因子等已远超过动物细胞所具有的各种因子的数量，并且已知这些酶活性的调控机制在植物细胞中更为复杂，可受多种植物生长调节物质的影响。同时，植物细胞分裂在亚细胞结构变化调节方面，如细胞有丝分裂面的决定、有丝分裂纺锤体的组装等具有与动物细胞不完全相同的机制。另外，有丝分裂期后的植物细胞并未永久地丧失继续进行细胞分裂活动的能力，而是主要通过与相邻细胞发生持续的细胞间相互作用维持其分化状态，在特定的环境条件下可以重新生长出整个植株，但相应的细胞分裂调控的变化及其信号途径仍未得到充分的研究。此外，植物细胞具有坚硬的细胞壁结构，不能通过质膜收缩作用完成细胞分裂过程。因此，植物细胞通过一种特别的机制构建新的细胞壁，即通过在细胞有丝分裂早前期形成早前期微管带标记将来细胞壁的形成位置；在细胞有丝分裂末期形成成膜体促使细胞板形成，最终形成细胞壁。然而，目前对调控这些过程的分子机制的认识仍十分缺乏。由于细胞增殖调控与植物的生长发育及形态建成过程的精细调控密切相关，并涉及植物对环境条件的适应等，因此是近些年来植物细胞生物学的热点研究内容。对调控细胞增殖的相关基因功能及其活性系统调控的研究在重要作物生物周期的缩短及其生物产量的提高方面有潜在的应用价值。

2. 植物细胞极性生长机制的研究

提高生物量的基础除了细胞分裂产生出新的细胞外，更重要的是随后的细胞生长。植物细胞的生长存在两种方式：一种是发生在细胞表面较大面积上的扩张生长，另一种是限制在局部位置的极性生长。花粉和根毛细胞的顶端生长模式是细胞极性生长的典型代表。对于顶端生长机制的研究有助于对不同细胞生长方式机制的认识。近年来，花粉萌发和花粉管生长已成为研究细胞极性建立及细胞极性生长的一个模式实验系统。同时，花粉是被子植物的雄性器官，花粉的萌发和花粉管生长对植物双受精过程的实现至关重要。花粉萌发启动及花粉管极性生长是一个非常复杂的生物学过程，而且受到严格调控，涉及许多亟待解决的关键植物细胞生物学问题。例如，细胞表面的合成与扩张，细胞器的运输，细胞的胞吐作用，细胞张力的调节，细胞对环境的感受及信号转导以及各种调控因子，如钙离子、pH，细胞骨架动态组装和囊泡运输等如何参与调控这些过程以及这些因子之间如何协作等。通过对花粉萌发及花粉管生长调节机制的了解不仅可以回答上述多种细胞生物学的问题，还可以通过建立花粉萌发、花粉管生长的关键调控网络，为遗传操作作物的有性生殖提供理论依据。

（九）植物器官发生和生殖发育的分子机理

植物器官包括营养器官（根、茎、叶）和生殖器官（花、果、种子）。营养器官的形成和组成决定了植物的总体结构（Wang and Li，2008）。营养生长向生殖生长的转化决定植物能否尽可能地利用有限的资源产生最多的种子。植物生殖发育，其重要环节包括开花、传粉和受精，导致种子和果实的产生，是保障农作物产量和品质的关键。所以，植物的各种主要器官发生的调控机制是重要的科学问题。植物有性生殖过程经过开花、生殖干细胞分化、孢子发生、配子体（花粉和胚囊）形成、传粉受精、胚胎和胚乳发育以及无融合生殖等过程，涵盖生殖干细胞、性细胞形成和识别、受精机理、合子激活、极性建立、形态发生、植物多年生能力等基本生物学问题，是研究生殖与发育细胞分化和形态建成的理想模式之一，也是现代植物学的前沿。同时，远缘杂交等现代育种技术的发展，要求我们在植物生殖发育基础理论方面的研究有所突破。探索作物种（亚种）间杂交不亲和、杂种胚胎致死等生殖隔离的生物学机制，促进远缘杂交和杂种优势在农作物改良中的应用，也是全球农业生产的迫切需要（Ouyang et al.，2010）。

近年来，利用遗传学方法研究胚胎发育的模式形成和分生组织建立等方面已取得了很多重要进展。近期的研究表明植物胚胎的极性建立对于胚的整个发育过程都非常重要，与生长素密切相关。植物配子体发生发育是有性生殖的关键步骤之一，是高等植物通过有性生殖进行世代交替所必需的。而配子体的发生包含了一系列复杂的生理生化过程，包括细胞分裂、细胞分化、细胞与细胞之间的联系以及细胞凋亡等。在过去的几年中，雄配子体发生发育遗传机制的研究进展较快，尤其在性细胞分化发育及其与周边细胞相互作用分子机制研究方面，已经阐明了几个调控生长细胞发育命运的遗传调控途径（Ma and Sundaresan，2010；Yang et al.，2010）。转录因子 AG 通过激活转录因子 *SPL* 基因表达，从而启动生殖细胞，即孢原细胞的分化。*BAM1/BAM2* 和 *MSP1* 可能参与控制孢原细胞周边细胞发育成生殖细胞，保证孢原细胞的正常发育。*BAM1/BAM2*、*MSP1*、*EMS1* 和 *SERK*1/*SERK*2 都编码 LRR 型受体蛋白激酶，而 *TPD*1 编码一个分泌型的小蛋白质，是一个候选的多肽信号分子，它们代表新的调控雄配子体发生过程中细胞分化发育的信号转导途径。小孢子母细胞经过减数分裂形成 4 个小孢子，该过程也克隆了几十个重要基因，并初步提出了可能的调控机制，如 *MMD*1 介导的转录调控，*SDS* 可能参与蛋白质磷酸化和去磷酸化调控，以及 *ASK*1 参与蛋白质降解途径等；减数分裂后，单倍体的小孢子进行两次有丝分裂才完成雄配子体的形成过程。拟南芥中，已发现几个基因在该过程中起重要作用，如 *HAM*1、*Ham*2 和 *DUO POLLEN*（DUO1/2/3）。雌配子体的发生过程涉及孢子体和配子体的协调发育、配子体中的细胞分裂和分化等过程。在研究内珠被、外珠被的极性决定时发现一系列转录因子、激酶等都起重要作用，如 *ANT*、*INO*、*ATS*、*PHB*、*PHV*、*SHP*1、*SHP*2、*ER*、

ERL1、ERL2、WUS、TSL、MPK3/MPK6 等基因共同组成了一个复杂的调控网络，这些基因彼此之间的关系以及过程中新成员的鉴定将是很长时间之内的重要研究内容；配子体中的细胞分化调控机制是另一个研究热点。另外，花粉管的极性生长是一个雄配子与雌配子相互发送信息、识别、靠近的过程，在此过程中雌性生殖器官起重要的引导作用，助细胞中的 *FERONIA* 基因编码的受体激酶，可能起接受信号的作用。由此可见，今后几年该领域的主攻方向仍是阐述分子机理和调控网络；同时随着大量控制生殖发育关键基因的分离克隆以及调控机制的逐渐清晰，通过控制生殖发育过程，如减数分裂来进行育种——反向育种（reverse breeding）将是未来育种的重要手段之一（Dirks et al.，2009），也可能是将来转基因新品种培育的重要研究内容。

高等植物由营养生长向生殖发育转变，即开花，是由多基因决定的，而且这些基因的表达受多种内在因素和外界环境的影响，通过多种信号传递途径相互作用。植物有性生殖是个体世代交替的基础，是植物进行繁衍的重要环节，其结果导致种子和果实的产生，因此对植物有性生殖的研究将直接关系到我国乃至全球关注的粮食问题的解决。雄性不育系的发现、三系育种和杂交优势的利用，使我国在水稻、油菜等农作物杂交育种中取得了举世瞩目的成就——以世界7％的耕地，养活了世界22％的人口！但作物种间杂交不亲和、杂种胚胎致死等生殖隔离限制了远缘杂交和杂种优势在农业生产上的广泛应用，成为传统育种工作中的一大壁垒。育种技术的发展，迫切要求我们在植物生殖发育基础理论方面的研究有所突破。植物有性生殖过程中配子体（花粉和胚囊）产生、传粉受精、胚胎和胚乳发育都严格地受到大量遗传因子的调控，这些遗传因子通过在不同时空上的特异表达实现其对生殖干细胞的产生、性细胞形成和识别、受精、合子激活、极性建立、形态发生、组织分化和物质运输等一系列重要生命过程的精确控制。因而对于植物有性生殖遗传分子机理的研究不仅对了解这些生命过程的分子调控有重要意义，还将在农作物的杂交育种、产量和品质提高等多方面产生直接的应用价值。通过对植物有性生殖过程中配子细胞分化、雌雄细胞识别、受精、胚胎形态建成、胚乳发育的分子遗传机理的研究，可望了解其遗传调控机制和获得重要的功能基因，克服远源杂交生殖障碍，研发新的杂交育种体系，提高作物生殖效率和产量，获得农作物优良品种，确保我国粮食战略的安全实施（Xing and Zhang，2010）。

特别值得研究的一种特有的生命现象是显花植物双受精，它启动了被子植物新的世代，受精后产生的二倍体合子和三倍体中央细胞分别进入胚胎发育和胚乳发育过程，产生人类赖以生存和植物赖以繁殖的种子。人类的最主要食物来源是植物的胚胎（如大豆和花生）和胚乳（如小麦和水稻等）。大量迹象表明胚胎和胚乳发育严格受遗传和表观遗传控制，不同时间和空间纬度上的基因特异性表达和表观修饰控制了合子激活、极性建立、形态发生、组织分化和物质运输等一系列重要的生命过程。因而对于受精、胚胎和胚乳发育过程分子机理的研究不仅对了解种子形成的分子控制阐述有重要理论意义，而且对农作物的杂交育种、产量和品质提高有直接应用价值。胚胎发育过程是一个精细调控的过程，上千个基因共同参与这一过程的分子调控，形成一个复杂的网络。合子的激活对于后期整个胚胎发育过程是至关重要的，同时，了解合子激活的分子机理对于提高受精卵发育为成熟胚胎的比例，即提高最终作物产量、改善作物品质都有十分重要的意义。作为人类粮食最主要的来源，胚乳的发育调控方式与胚胎不同。以水稻为例，其成熟胚乳由外部的2～3层细胞构成的糊粉层和内部的失去细胞结构的淀粉胚乳这两部分组成。由活细胞构成的胚乳像口袋一样包裹着内部经历程序化死亡过程的无生命的淀粉胚乳。这种受遗传调控的死亡过程可能是进化过程中出现的高级性状，从而使种子在萌发时由糊粉层释放的α-淀粉酶能够迅速扩散到淀粉胚乳，降解淀粉从而为萌发提供大量的能量。

第三节　我国植物学发展现状

　　中国的现代植物学研究开始于 20 世纪 30 年代，当时去海外留学的汤佩松和罗宗洛返回中国，建立和开辟了中国植物生物学的研究新篇章。他们的研究跨越了多个研究领域，国际著名期刊 *Nature* 和 *Science* 相继报道了他们卓越的研究成果（Chen et al.，2006）。植物学早年的杰出科学家代表还有殷宏章、罗士苇、娄成后、曹宗巽、崔澂和黄昌贤。这些科学家培养了一代新的研究者，他们当中的多数人指导了或者还在指导着今天有抱负的植物生物学研究者。北京大学前任校长许智宏是一位著名的植物生物学家，也是 60 年代早期的年轻学生之一。

　　20 世纪 70 年代末期开始的改革开放，是中国科学研究的一个重要转折点。全面的经济改革促成了经济的增长，而经济的增长又使得科研经费不断增加。其中一些政策特别注重提高国家的科研能力，并且加大经费的投入，为年轻的科学家提供国外培训的机会，改善基础设施建设。改革开始后，生命科学的研究经费更是逐年增加。为植物生物学研究提供经费的其中一个主要机构就是国家自然科学基金委员会。此外，在各项政策相对倾斜及科研环境相对宽松的情况下，专门研究植物生物学的不同机构相继成立，为推动植物学的研究起到了极大地促进作用。与此同时，我国的植物生物学研究取得了一系列辉煌的成绩，在国际上占据了一席之地（种康等，2007；瞿礼嘉等，2009；杨维才等，2009）。2006年国际顶尖期刊 *Plant Cell* 刊登了中国的植物生物学研究逐渐走向成熟的一篇

综述 (Chen et al., 2006)。

另外，在植物学发展过程中，学科交叉对植物学的发展也起了重要的推动作用，经过多年的发展，形成了植物学科的优势学科，并取得了辉煌的标志性成果：在植物多样性及资源研究方面，出版和完成了举世瞩目的《中国植物志》，并于2009年获得国家自然科学奖一等奖，这是植物科学和生命科学领域的一项重大成果。此外，《中国植物志》英文版已出版12卷，全部卷册的编辑于2010年年底完成；在植物抗逆的机制研究方面，阐述了高等植物钾的吸收和调控模型及水稻的抗盐机制；在植物激素的受体研究方面，发现了两个脱落酸的受体。

一、植物多样性研究取得了重要成果

（一）植物资源的调查、整理和编目

对植物资源的调查、整理和编目是了解和认识植物资源、开展其他方面研究的最基础和最重要的工作。中国是植物资源十分丰富的国家，植物的种数仅次于巴西、印度尼西亚等热带国家。因此，摸清中国植物资源的家底、完成和完善中国植物的"户口本"和"信息库"，是几代中国人不断追求的目标。《中国植物志》的全部出版，标志着我国在植物资源的调查、整理和编目方面取得了重要进展。《中国植物志》共80卷126册，记载了我国3万多种植物（共301科3408属31 142种），是目前世界上最大型、种类最丰富的一部科学巨著，也是关于中国维管束植物最为完整的志书。《中国植物志》从首卷出版到全部完成历时45年，先后有来自83个单位的312位植物学家、164位绘图人员参与，是一项巨大的系统工程，实现了我国几代科学家的夙愿。作为植物科学和生命科学领域的一项重大成果，《中国植物志》在2009年获得了国家自然科学奖一等奖。与此同时，考虑到《中国植物志》中还有一些不够完善的地方，中国、美国的科学家又在1989年启动了 *Flora of China* 的编研工作。这部于2010年完成的英文巨著，既是《中国植物志》的英文版，更是其修订版，是《中国植物志》走向国际的里程碑，反映了世界对《中国植物志》的关注与重视。《中国植物志》和相关志书（包括各地方植物志）以及数据库的编纂和完成，不仅基本摸清了中国植物资源的"家底"，还为合理开发利用植物资源提供了极为重要的基础信息和科学依据，对陆地生态系统研究将起到重大促进作用，对国家和全球的可持续发展将做出重大贡献并产生深远影响，同时也标志着中国植物学基础理论研究达到了世界先进水平。

（二）植物资源的研究、收集和保存

认识植物的目的是为了更好地研究和利用植物。遗传多样性是植物多样性的重要组成部分。通过就地保护和迁地保护等手段保护遗传多样性的效益很大，且新的方法和技术不断得到改进，但主要的制约植物多样性保护的因素是确保已受保护的种群或个体包含足够广泛的基因多样性。我国在作物种质资源的收集保存上已有长期的积累，其中已建成的国家种质长期库保存了34万份作物种质资源，保存的种质资源数量居世界第一。中国作物种质资源信息系统已经收录了180多种作物及其野生近缘植物的种质信息38万条。近年来，植物种质资源的收集保存也受到国家的重要关注，由科技部支持的"国家科技基础条件平台建设项目"和"科技基础性工作专项重点项目"分别对农作物、林木竹藤花卉、药用植物、重要野生植物、牧草等7类植物种质资源进行了收集保存，并对青藏高原特殊生境下野生植物种质资源开展了调查与保存。新建成的国家重大科学工程"中国西南野生生物种质资源库"开始了全国范围内的重要野生植物种质资源的收集和保存工作，目前已收集保存各类野生植物种质资源4000多种，30 000多份。该种质资源库是世界第二大的野生植物种质资源保存中心，仅次于英国的"千年种子库"（Millennium Seed Bank）。植物种质资源信息和实物共享服务体系初步建成，为植物学的创新奠定基础。

（三）珍稀濒危植物的研究和保护

我国在20世纪90年代就完成了对部分植物物种保护现状的初步评估，先后编写了《中国植物红皮书：稀有濒危植物（第一册）》（傅立国，1991）和《中国物种红色名录》（汪松等，2004）。目前开展的植物多样性保护现状评估，基本查清了189种国家重点保护野生植物的资源状况和生存环境。随着《中国植物志》的全部出版，中国种子植物的家底已经基本摸清，中国种子植物多样性的全面认识，为更好地开展植物多样性的保护和植物资源的开发及可持续利用提供了基础数据和重要信息。在就地保护方面，截至2007年年底，我国已建立各级自然保护区2531个，总面积15 188万公顷，约占我国陆地面积的15.2%；建立森林公园1900多个，初步形成了较为完善的野生植物就地保护网络。在迁地保护方面，以中国科学院和林业系统下属植物园为主的160多个植物园和树木园，保存了中国60%的植物物种，并建立和完善了苏铁科、木兰科、兰科、药用植物、能源植物、沙漠植物、亚高山植物、蕨类植物等90多个各具特色的植物专类园。经过20年的努力，我国实现人工繁育的珍稀植物物种已达113种，总计 34 亿株。红豆杉的栽培面积已达 5000 公顷,其他濒危物种,如华盖木、伯乐树、珙桐、云南金钱槭、疏花水柏枝等已开展了野外回归的试验。近年来,国家林业局和各级科研机构特别加强了对"极小种群"野生植物的关注和保护行动,一些未被列入保护名录的受威胁物种,如西畴青冈、弥勒苣苔等,由于野生个体数量极度稀少,也被重点关注,已开展了以野外监测、迁地保护和人工繁育为主的保护行动,并对其濒危机制展开了进一步的研究。

二、植物种质资源保护形势严峻

近百年来植物资源的严重丧失与人类不当的生产生活方式密切相关。由于人口的急剧增长、现代经济和社会发展、气候变化、环境污染、不合理的资源开发活动和生态破坏,使全球物种灭绝速度加快,植物物种及遗传资源多样性损失严重。我国的植物种类正在加速减少和消亡。我国濒危或接近濒危的高等植物达 4000~6000 种,占高等植物总数的 12%~20%。联合国《濒危野生动植物种国际贸易公约》列出的 740 种世界性濒危物种中,我国有 189 种,为总数的 1/4。据估计,目前我国的野生生物正以每天一种的速度走向濒危甚至物种灭绝,这大大增加了自然生态环境的脆弱性,降低了自然界满足人类需求的能力;但与此同时,外来入侵物种已达 283 种,这不仅对国家生态安全和生物安全造成极大的危害,而且每年造成的总经济损失高达 1200 亿元左右。我国生物物种资源保护的形势不容乐观。

我国特有植物资源的大量流失,国外利用中国特有资源研发新品种和注册新资源、新基因以及控制我国经济植物产业源头品种的局面日趋严重。例如,世界上 90% 以上的野生大豆资源原产于我国,西方国家利用我国的野生大豆资源,研究发现了与控制大豆产量、品质、抗病性状密切相关的标记基因,向全球 100 多个国家申请了几十项专利保护。虽然战略植物资源是保障经济社会全面、协调、可持续发展的重要物质基础,其多样性和可再生性从食品、医药、保健品、木材、花卉、能源到工农业原料等生产生活的各个领域源源不断地为人类生产生活提供了各种物质资源,然而,现阶段对我国生物能源、人类健康、农林、环境保护产业发展所需的战略植物资源的基因组保育和基因资源利用几乎没有系统开展研究。与欧美发达国家的植物资源研究和开发战略相比,我国资源保护利用的基础研究薄弱,大多属跟踪型研究,缺乏明确科学问题和产业导向的基础研究计划布局。

中国作为世界上植物种资源最丰富的国家之一,却在植物遗传资源、生物活性成分功能分子的基础研究方面远远落后于资源贫乏的发达国家,且远不能适应我国面向 21 世纪生物产业战略发展的需求和民族的振兴。加强植物原始遗传资源研究，突出我国生物能源、天然药物、人类健康、农林及畜牧业、环境保护产业发展所需的战略植物资源的基因组保育、功能基因和功能分子发掘及育种改良的重点研究，将有助于我国实现从植物资源大国向植物资源研发强国的历史性转变。

三、植物系统发育与进化有多方面进展

（一）植物生物学特性和对物种问题的研究

生物学特性是植物最重要的特征或者属性，也是植物在演化过程中获得的关键性状。在《中国植物志》和其他各种志书之中，人们对大多数植物的生物学特性记载甚少，对类群之间的界限认识不清，由此引发了许多分类学问题。因此，对植物的生物学特性，如形态性状的变异幅度、分布规律、传粉媒介、繁育特性和染色体数目等的调查和研究，是植物分类学、植物系统学和植物进化生物学的基础。我国学者通过大量的野外工作，从物种生物学、细胞分类学、群体遗传学和传粉生物学等方面对一些植物的生物学特性进行了卓有成效的研究，澄清了一些重要类群（主要是分类上比较困难的"物种复合体"）中物种的界限，发现了许多以前未曾记载过的"隐种"和"杂种"，揭示了种内变异的一般式样和规律，并特别对一些类群的传粉媒介和繁育系统进行了观察。这些研究在取得大量原始数据的同时，有力地推动了其他相关研究的发展，提升了我国在这一领域的国际影响。但是，由于我国植物的种类极为丰富，现有的研究还只涉及少数类群，这一方面的研究在今后相当长的一段时间中还是不可或缺的。

（二）植物类群间系统发育关系研究和"生命之树"计划

研究植物类群之间的系统发育关系是植物进化生物学中的重要内容。传统上对植物类群的系统发育重建主要依赖于对形态性状的分析。但是，由于形态性状发生趋同演化的可能性非常大，人们又先后引入了生化性状和分子生物学性状。20世纪80～90年代以来的分子系统学研究，极大地推动了这一方面的研究。通过近20年的努力，许多植物类群中系统发育的框架已经被建立起来了，更细致的和更大规模的工作也已经启动。"生命之树"研究计划就是要在分子系统学研究的基础上，整合形态学和古生物学等方面的证据，重建地球上包括植物在内的所有植物类群的系统发育关系和进化历史。我国是生物多样性大国，具有丰富的植物种类和大量的特有类群。因此，开展植物系统发育重建研究并积极参与"生命之树"研究项目，对我国乃至全世界植物进化生物学的发展至关重要。此外，由于不同的 DNA 序列在保守性和可变性上的差别，人们开始尝试利用一个或者少数几个 DNA 片段作为不同物种的鉴别性标签；这就是所谓的"DNA 条形码"技术。利用这一技术，人们可以建立精确、高效和快速的物种自动识别和快速鉴定系统，提高其他许多领域，如药材鉴定、海关检查以及对重要资源植物和濒危物种的保护等的工作效率，保证我国植物资源将来的安全。由于进展良好，我国在这一方面的研究将继续下去，并有望在近几年内取得更好的成绩，推动本领域及其他相关领域的研究。

（三）植物进化格局和进化式样的研究

植物的进化离不开时间和空间两个因子。由于特殊的地质历史和环境条件，中国是许多植物类群起源和分化的舞台，是物种分化的热点地区，也是大量植物类群的避难所。因此，在形态学（广义）、系统学（特别是分子钟）和地理学等方面研究的基础上，综合古生物、古地理和古气候方面的资料，阐明植物类群的进化格局和进化式样，在我国具有得天独厚的优势，同时也是我国学者义不容辞的责任。在过去十几年中，我国学者在探讨植物类群现代分布格局的成因方面开展了长期的扎实的研究，并取得了一系列非常重要的成果。其中，特别值得一提的是对"东亚－北美间断分布"现象的研究和与青藏高原隆起有关的植物谱系地理学研究。但是，从类群看，目前研究得比较深入的是裸子植物和少数被子植物，更多的类群则还未被包括进来；从研究方法看，目前利用得比较多的是单亲遗传的、突变率较低且无基因重组的质体 DNA，多基因的研究还比较少。因此，在今后，更多的类群需要被包括进来，研究方法和策略上的创新也必不可少。可以预料，随着研究范围的不断扩展和研究水平的不断深入，我们对中国植物区系和地理问题的认识会更加全面、更加深刻，新理论、新学说的提出也就指日可待了。

（四）植物进化机制的研究

生物进化理论构成了现代生命科学最重要的基础，但其影响已远远超出生命科学领域。生物的进化不仅表现为种类和数量的增加，而且表现为结构和功能的日趋复杂。生物大类群的起源和多样化往往伴随着生物新性状或关键性状的获得。因此，对关键生物性状产生机制的研究是探讨生命进化和生物多样性形成机制的前提和基础。由于能够在核苷酸水平上研究基因及其功能的进化、揭示形态性状及其发育途径改变的分子机理，进化发育生物学研究被认为是解开生物进化和生物多样性形成之谜的希望和必由之路。此外，随着越来越多的基因组测序工作的完成，比较和进化基因组学等方面的研究为探讨基因组进化和生物进化的式样、过程、规律与机制等基本生物学问题提供了前所未有的机遇和便利，相关领域的研究也成为目前国际上的前沿和热点。在过去几年中，我国学者在上述几个方面都取得了令人瞩目的进展，在国际上引起了较大的反响，具备了在世界生命科学研究中取得突破性进展的实力。在未来几年中，我们应该在巩固优势的同时，重点解决几个具有重大理论意义的科学问题。同时，要充分考虑生态环境和表观遗传学等方面因素的影响，开展生态进化发育生物学（Eco-Evo-Devo）以及植物对环境的"主动"适应过程及其与环境的协同进化等方面的探索性研究。这些研究将有助于从一个全新的、可操作的层面探讨植物和其他生物（包括人）演化中的一些基本问题，推动整个生物学领域的发展。

四、植物抗逆的分子生理机制形成了自己的特色

我国是农业大国，在农业生产中，经常会遇到各种不良的环境条件，如干旱、洪涝、低温、高温、盐渍以及病虫侵染等，而造成不同程度的自然灾害。据统计，地球上比较适宜于栽种作物的土地还不足总面积的10％，其余为干旱、半干旱、冷土和盐碱土。我国有近465万平方千米，即占国土面积48％的土地处于干旱、半干旱地区。因此，研究植物在不良环境下的生命活动规律及忍耐或抵抗生理，对于提高农业生产力，保护环境有现实意义。近年来，植物抗虫以及抗病方面的研究取得了突出进展。例如，成功地建立了以番茄为模式，通过遗传学手段解析植物昆虫抗性的研究体系，利用这一体系，已分离和鉴定出多个重要抗虫基因。最近，我国科学家在植物抗虫与生物技术领域的研究工作又取得突破性进展，他们发明了一种植物介导的RNA干扰技术，可以有效、特异地抑制昆虫基因的表达，从而抑制害虫的生长。叶枯病菌是水稻的头号杀手，曾令全球水稻减产70％。我国科学家经过多年研究发现白叶枯病病菌通过分泌生长素，诱导水稻至少在被侵染部位合成自身的生长素，而生长素继而诱导水稻大量合成松弛细胞壁的蛋白质——伸展蛋白，破坏细胞壁对病原菌的先天屏障作用，以利于病原菌在水稻中生长繁殖。所以阻止细胞壁的松弛，可以增强植物对病原菌的自身免疫功能。同时，我国科学家以模式植物拟南芥和水稻为研究对象，在非生物胁迫的分子机制方面取得很多突破。采用图位克隆方法首次分离克隆了水稻耐盐QTL SKC1，其编码HKT家族Na^+转运蛋白，参与木质部离子的运输，维持Na^+/K^+平衡，有助于提高植物耐盐性；通过反向遗传学方法鉴定了两个NAC转录因子（SNAC1、SNAC2），过量表达它们能明显提

高水稻的抗旱、耐盐和抗冷性，这主要是由于它们参与调控气孔的运动；最近通过筛选水稻突变体，获得另外一个水稻抗旱耐盐新基因 *DST*，其编码锌指蛋白转录因子，为抗逆性负调控因子，*DST* 通过调控活性氧簇（ROS）途径影响气孔的运动，从而参与植物抗逆性的过程；过量表达水稻 MYB 转录因子成员 OsMYB3R-2 会增强植物的抗冷性，主要是由于该基因参与调节植物细胞周期和一些下游抗逆相关基因的表达而产生抗冷性表型。目前，我国在转基因重大专项中已经布局了基因克隆和基因功能等方面的研究。但是，由于植物在长期的进化中，获得了适应干旱等胁迫的能力，植物对抗逆信号的感知和信号传递过程以及调控各种相关基因表达的过程相当复杂，如何适当并最大限度地挖掘植物抗逆相关基因的协同潜力，通过多基因的有效整合转化，在改进植物抗旱性的同时，保证作物的产量，还是一个没有解决的重大问题。

五、植物激素的受体和机制研究是优势所在

我国在植物激素研究方面具有雄厚的知识积累和坚实的工作基础。在激素代谢、受体和信号转导方面，我国科学家证实了一条不依赖于色氨酸的生长素生物合成途径的存在，在该途径中，吲哚-3-甘油磷酸（indole-3-glycerol phosphate）是重要的分支点，这一结果改变了过去生长素生物合成主要是通过依赖于色氨酸的途径合成的学术观点；我国科学家成功地鉴定出了 ABA 结合蛋白 ABAR 和 GCR2，前者为镁离子螯合酶的 H 亚基，作为 ABA 信号转导的正调控因子参与调控种子萌发、植物生长发育以及气孔开闭等重要生理过程，后者为定位于细胞膜的 G-蛋白偶联受体，参与介导已知的 ABA 生理功能。这些研究是近年来植物激素生物学领域的重大突破。除此之外，我国科学家还在甾类激素分子结合蛋白、植物泛素蛋白修饰、光与激素信号互作、赤霉素信号转导等方面获得了一系列突破性进展；另外，我国在研究平台和研究体系的建立方面也获得很大发展，成果引人注目。例如，外切核酸酶 EIN5 及乙烯反应中的 RNA 降解模型建立，用化学遗传学的方法解析茉莉酸信号转导途径的研究体系等；在激素调控植物株型形成中，我国科学家采用图位克隆法分离了水稻分蘖控制基因 *MOC*1，发现该基因不仅控制腋生分生组织的起始和分蘖芽的形成，还具有促进分蘖芽生长发育和影响株高的功能。在水稻矮生多分蘖突变体 *dwarf*27（*d*27）和散生突变体 *lazy*1（*la*1）的研究中发现了生长素在调控水稻分蘖角度、分蘖生长发育等株型建成过程中的重要作用。在顶端优势丧失的拟南芥矮小丛生突变体 *bud*1 上克隆了 *BUD*1 基因，并证明生长素的极性运输影响植物顶端优势的形成。这些研究填补了国际上单子叶植物株型形成机制研究的空白，打开了从激素调控的角度研究植物顶端优势形成机制的突破口，受到学

术界的高度关注；另外，我国科学家在油菜素内酯和生长素信号互作调控株型发育、乙烯调控棉纤维发育、多肽激素控制植物胚胎发生和干细胞分裂与分化、生长素和油菜素内酯对器官大小的控制作用及其分子机制等方面的研究，都在国内外产生了重要影响；在激素参与控制植物对生物性胁迫（病、虫侵害等）和非生物性胁迫（干旱、盐碱、低温等）的适应性方面，我国科学家获得了一系列进展，特别在脱落酸调控植物抗非生物性逆境胁迫的机理和植物对昆虫抗性机理方面进展突出，成功地建立了以番茄为模式，通过遗传学手段解析植物昆虫抗性的研究体系，利用这一体系，已分离和鉴定出了多个重要抗虫基因。据不完全统计，2000 年以来我国科学家在 *Cell*、*Science*、*Nature* 等期刊上发表论文 10 篇，在植物学科影响因子排名前 5% 的国际主流期刊，如 *Plant Cell* 等发表学术论文 70 余篇，初步形成了一支具有国际竞争力的植物激素研究队伍，成为国际上该领域的重要国家之一。

六、植物代谢和代谢组的研究是发展趋势所在

由于我国人口的刚性增长和农业土地面积的持续减少，提高单位面积产出是保障我国粮食安全的必由之路。然而，我国有 2/3 以上的耕地属于中低产田，土壤养分缺乏等是限制我国作物单位面积高产的重要因素之一。因此，迫切需要高效利用养分的农作物新品种，大幅度提高我国肥料的利用效率。而探明植物高效吸收和利用养分的生理和分子机理是培育新品种与新种质的基础。20 世纪 90 年代以来，在国家自然科学基金委员会等项目的持续支持下，我国科学家把根际过程及其调控机理研究与提高养分资源利用效率的国家需求结合起来，改变了传统农业生产只重视改土施肥、调控作物生长土壤环境的思路，开辟了利用根际养分活化能力、挖掘作物根系养分高效利用的遗传潜力，提高作物养分资源利用效率的新途径。同时利用作物营养遗传改良的途径成功育成了多个小麦、玉米和大豆等养分高效吸收和利用的新品种。近年来随着功能组学的发展，国际上植物营养功能基因组学方面的研究也非常活跃。其中，我国科学家也做出了重要贡献，如解析了植物响应低钾胁迫的细胞信号转导及植物钾营养高效吸收和利用的分子调控机理，提高作物养分资源利用效率的根际调控机理，以及植物高效利用氮、磷养分的分子基础和调控系统等。另外，我国科研人员正尝试通过遗传学和分子生物学的方法提高作物营养效率，并已经取得了一些实质性的进展。例如，过量表达转录因子 OsPTF1 能够提高水稻磷效率 30%，转酸性磷酸酶 AtPAP15 大豆能够提高磷效率 20%，水稻中超表达柠檬酸合酶基因 CS 可增加植物耐低氮或低磷的能力等。

据估计植物能产生超过 20 万种代谢产物，它们在生长、发育以及抗逆等过

程中起重要作用。另外，植物次生代谢产物也是人类利用自然资源的宝库，特别是在新药研发方面，天然产物起着积极的推动作用。毫无疑问，未来的农业生产除了保障粮食安全供应外，还必须为解决能源危机做出贡献。作物产量和品质形成实质上是一个光合产物合成、转运、转化与积累的过程，因此与代谢密切相关。我国一直重视农业生产和天然产物的利用，在应用领域取得了令人瞩目的成就，但在基础研究，如代谢途径解析和代谢组学研究等方面与发达国家相比还存在着明显的差距，这日益成为限制资源有效利用与作物产量及品质进一步提高的瓶颈问题。

在作物代谢基础研究方面，科技部于 2007 年启动了"973"计划项目"作物特殊营养成分代谢及其调控机理研究"，通过解析农作物特殊营养成分和抗营养因子的重要代谢途径及其调控机理，结合转录组、蛋白质组和代谢组信息绘制植物或其重要器官营养组成成分及其生物合成途径的图谱，这将对作物品种的选育与栽培、产后储藏与加工等整个农业产业链的发展具有重要的推动作用。同时，也将促进我国植物代谢领域的人才队伍培养、代谢分析平台建设和代谢科学的发展。近年来，我国在植物代谢途径解析方面也取得了一些原创性较强的研究成果。在棉酚生物合成及其调控研究方面陈晓亚研究组相继鉴定了三个从异戊二烯前体连续催化到 8-羟基杜松烯的酶，发现（＋）-δ-杜松烯合酶是棉花倍半萜生物合成的关键酶，其基因表达受到转录因子 GaWRKY1 的调控。这为运用生物技术特异性地控制棉酚合成途径提供新的靶点。在水稻功能基因组学研究的带动下，也发现了一些代谢途径中的关键酶与作物农艺性状和抗逆性有密切的关系。例如，何祖华研究组发现了水稻中蔗糖转化酶（GIF1）在种子灌浆过程中发挥重要作用，李家洋研究组发现多酚氧化酶（Phr1）控制稻谷储存过程中谷壳颜色的转换，我国植物科学工作者还鉴定了多个 P450 氧化还原酶在水稻茎秆伸长（Eui1）、花粉发育（CYP704B2）以及棉酚合成（CQ、GhCPR1、GhCPR2）过程中的作用。但是，总体来说我国在植物代谢研究领域尚缺乏系统性的创新成果，代谢产物的分析技术急需加强。

七、植物细胞结构与功能的研究具有一定的特色

水稻是单子叶作物中机械强度分子机制研究较为深入的作物，已有 7 个相关基因的报道。第一个水稻的脆秆突变体为 bc1，从中分离到 BC1 基因，该基因编码 COBRA 蛋白，对水稻次生壁的合成起重要的作用。随后，日本和中国科学家报道了 3 个 CESA 基因参与水稻次生壁的合成。bc10 突变体与 bc1 不同，突变体在早期就表现出生长发育异常和对冷敏感的表型。图位克隆证明它编码一个新的糖基转移酶，可能对细胞壁的结构蛋白、阿拉伯半乳糖蛋白的修饰及

纤维素的合成起重要作用。$bc11$ 则是由于水稻 CESA4 在跨膜区上的一个点突变造成的。非常有意思的是这个点突变没有破坏蛋白质的生化活性，只是影响了蛋白质的正确定位；同时该突变还造成木聚糖的大量富积，对研究半纤维素与纤维素的互作极其有价值。目前的研究已揭示出机械强度与纤维素的含量和纤维素微纤丝的排列相关，尽管如此，对于细胞壁的结构，尤其是各种多糖的交联形式与机械强度的关系还了解得非常少。另外，细胞壁在植物生长发育中也有重要的作用，不正常的细胞壁可以造成植物的育性下降，产量降低。

细胞壁突变体 $lew2$ 表现出明显的抗旱和抗渗透压胁迫的能力，基因克隆后发现它编码 AtCESA8，突变体中 ABA 的含量升高、抗性增强。最近，同样利用干旱胁迫筛选出来的突变体 $lew1$ 和 $lew3$，表现出木质部塌陷，其编码的基因同样也可能参与了与细胞壁相关的糖蛋白的合成。这些研究均表明植物细胞壁在植物应对生物与非生物胁迫时的作用，为植物抗逆性研究提出了新的思路，具有广阔的研究空间。

我国科学家所做的转录组和代谢组研究分离和鉴定了一批在纤维突起，特别是伸长阶段特异性表达的棉花基因，通过比较不同发育阶段差异表达的基因，表明生长素信号、细胞壁松弛和脂类代谢等基因在纤维迅速伸长阶段表达水平较高。到次生壁合成阶段，纤维素合成有关的基因大量表达而其他代谢途径的基因表达减弱。转录谱、代谢谱和酶活力分析的结果都表明，棉纤维发育后期，细胞具有向纤维素合成特化的趋势，代谢流向纤维素合成集中。在棉纤维的发育与伸长阶段，更多地涉及生长发育的问题。例如，钙调蛋白依赖型蛋白激酶（CDPK）抑制剂 TFP 可以抑制纤维细胞的伸长，乙烯不能恢复这种抑制作用，表明 CDPK 介导的钙信号通路可能位于乙烯信号下游。而乙烯能促进内源 H_2O_2 的释放，表明乙烯可能通过 CDPK 激活 NADPH 氧化酶，释放活性氧，促进纤维伸长。另外，饱和长链的脂肪酸（VLCFA）能够显著促进棉纤维伸长并诱导 ACO 基因高表达，促进乙烯释放。在棉纤维的表达调控方面，棉花 MYB 和 HOX 两大类转录因子在棉纤维发育调控和纤维细胞伸长方面起作用。$GaMYB2$ 基因具有调控植物表皮毛发育的功能；转基因实验证明它是一个棉纤维/表皮腺毛特异表达基因，其启动子活性受到与 GL3 同源的 bHLH 类蛋白质的调控。科学家利用棉花的纤维素合酶基因进行体外合成纤维素的研究，发现了固醇糖苷分子是纤维素合成的必需前驱物，并建立一个特殊的酶反应体系在植物体外合成了限量植物纤维素物质。另外，对于棉花中众多纤维素合酶的表达调控研究已经开始。这些研究均为棉纤维品质改良基因工程提供优良的基因源。

木材是最显而易见并与人们生活密切相关的细胞壁资源。木材的形成实际上是次生木质部生长发育的过程，其中最重要的代谢途径是细胞壁的生物合成。次生木质部在组织水平上为研究细胞壁合成过程提供了一个很好的研究体系。

通过基因芯片研究木材形成过程中基因表达的变化，初步确定了一些可能起关键作用的基因。

八、植物重要器官与组织的发生发育具有优势

高等植物的重要器官，如叶、花、果实和种子数量及大小决定了植物的大小和形态，同时也是作物生物产量和经济产量的重要指标。动植物器官形成包括器官决定、形态建成及大小的控制等一系列基本生物学过程，如高等植物株型形成涉及植物特定器官的形成与发育、生长调节物质的合成与作用机理、基础代谢产物的合成与利用等方面。我国科学家从上述三个方面开展了深入而系统的研究，以解析高等植物株型形成的调控系统。通过对侧芽形成与伸长突变体的分子遗传学分析，重点阐明侧生分生组织形成的起始信号、侧芽形成的信号转导途径、生长调节物质对侧芽伸长生长的调控机理、侧芽休眠与生长的分子调控机理；利用分子生物学方法研究植物生长素等植物激素的代谢和分子调控机理及其在植物株型形成中的作用；利用自主发展的植物表达文库转化法创制植物株型突变体，鉴定和克隆调控株型形成的基因，阐明基础代谢途径对株型形成的作用机理。此外，我国在拟南芥开花的表观遗传调控研究中取得了重要进展。首先，已知组蛋白乙酰化参与开花时间的调控，但对特定组蛋白乙酰转移酶参与这一过程却不清楚。研究人员发现了组蛋白乙酰转移酶 CBP 的同源物 AtHAC1 参与植物开花时间的调控。蛋白质精氨酸甲基化参与调控植物开花时间的发现，是我国科学家在开花调控领域中的另一重要发现。首次发现 II 型蛋白质精氨酸甲基转移酶 AtSKB1／（arabidopsis thaliana protein arginine methyltransferase 5，AtPRMT5）通过直接作用于 FLC 从而调节开花时间；AtPRMT5 和 I 型精氨酸甲基转移酶 AtPRMT10 独立调控 FLC 的表达进而参与拟南芥开花时间的调控。最近科技部重大研究专项启动了围绕高等植物重要器官形成和大小决定的遗传与表观遗传调控机制和网络这一关键科学问题，综合采用分子遗传学、表观遗传学、细胞生物学、生物化学和系统生物学等多学科研究手段，以模式植物拟南芥和水稻为材料，重点开展高等植物从营养生长到生殖生长的特征决定、器官形态建成的遗传和表观遗传调控网络以及控制植物种子和叶、茎等器官大小的分子基础三个方面的研究；以期通过本项目的实施，阐明植物从营养生长向生殖生长转变调控的遗传和表观遗传网络，揭示重要器官发育的调控网络，建立禾本科植物花器官发育的模型，分离鉴定种子、茎叶等器官大小控制的关键遗传和表观遗传因子，为我国作物产量遗传改良提供原创性的重要基因资源和理论基础。

九、植物生殖发育重要环节的分子机理研究具有一定的优势

我国植物学家在植物生殖发育领域开展了大量的研究工作。在控制水稻花器官分生组织控制方面，提出野生型水稻花器官具有以外稃/浆片-内稃的两侧对称生长的结构特征，证实 REP1 基因参与该发育过程，在单子叶植物中证实了 CYC 类基因调控花对称性发育的保守性。克隆了水稻额外颖基因——EG1，研究发现该基因编码一个Ⅲ类脂酶，不但决定水稻颖片形成，而且还可控制小花的发育。首次证明 OsMADS1 和 OsMADS15 基因在调控水稻由无性生长向有性生长转换过程中起重要作用。在拟南芥花粉发育方面克隆了一个影响绒毡层发育的基因 TDF1。RPG1 基因编码一个花粉外壁形态建成所需的质膜蛋白，其基因突变体中孢粉素沉积混乱。此外，还克隆了一个植物特异的 MPS1 蛋白。研究表明，AtMPS1 是植物特有的纺锤体形态维持蛋白，其突变会导致纺锤体不同程度上的形态异常。拟南芥 AtASY1、AtZYP1 蛋白，水稻 OsPAIR2、OsZEP1 蛋白都有 HORMA 结构域，同属 Hop1 家族，即都属于 ZIP1 类蛋白质。三个基因转录产物作为 AE 中的横向微丝，参与形成中轴元件，为染色体的联会和重组提供物理支撑和结构支持。突变后 AE 形成、联会受阻，不能形成正常的二价体，减数分裂不能正常进行。我国科学家鉴定到一个控制水稻花药绒毡层细胞程序性死亡关键调节因子 TDR，并通过凝胶阻滞实验筛选到该基因的筛选下游基因 OsC6 和 OsCP1。证明了拟南芥 AMS（TDR 同源基因）可以调节多个基因的表达，还通过酵母双杂交等实验寻找到在蛋白质水平上与 AMS 相互作用的两个蛋白质。克隆了水稻 CYP704B2 基因，编码蛋白质具有催化形成角质单体 ω 羟基化的棕榈酸和 ω 羟基化的油酸的保守的酶活作用位点，从而控制水稻花药表面和花粉外壁的形成。鉴定了一个新的水稻 R2R3-MYB 转录因子 CSA，它通过直接调节单糖转运蛋白 MST8 的表达，从而影响了糖在叶片和花药中的分布。克隆到编码鞘脂合成的关键酶丝氨酸十六烷酰转移酶 FBR11-2，证明鞘脂对于花粉成熟是至关重要的。小孢子有丝分裂方面：在拟南芥中发现了两个 RING-finger E3 泛素连接酶基因 RHF1a 和 RHF2a 在配子体发生中起重要调控作用，它们能够与细胞有丝分裂中积累的 CDK 抑制物 ICK4/KRP6 相互作用，使 ICK4/KRP6 通过 26S 蛋白酶体降解，从而使其水平保持在一定阈值之下，以保证拟南芥配子体形成中后续有丝分裂的顺利进行。花粉管生长的细胞生化基础方面：从百合中分离到具有泛素连接酶活性的 LIANK 基因。系统地研究了花粉管极性生长过程中膜泡、内质网发育的作用，并进一步证明了在花粉管的极性生长过程中酰肌醇脂微区的极性分布与还原型辅酶Ⅱ（NADPH）氧化酶依赖性的 ROS 信号密切相关。进行水稻花粉管蛋白质组学研究，利用基因

芯片的方法比较了拟南芥成熟花粉、水合花粉和体外萌发花粉管的表达谱。花粉受体蛋白激酶 LePRK2 参与调控花粉萌发效率、时间、生长速率、钙信号和对柱头因子的反应等多个过程，并促进花粉萌发和花粉管生长。自交不亲和性方面：首先在金鱼草中克隆了一个新的自交不亲和性位点——S 位点编码基因 AhSLF-S2，并证明它控制了花粉自交不亲和性的表达；AhSSK1 可以和 AhSLF-S2 结合形成一个 SCF 复合体，与 S-核酸酶发生作用，参与金鱼草的亲和反应，并提出了一个 S-核酸酶分拣模型来解释该花粉特征的特异性（Zhang et al.，2009）。克隆了水稻广亲和基因 S5，S5 基因编码一个天冬氨酰蛋白酶，通过控制雌配子（胚囊）的育性而影响水稻结实率。在植物雌配子体的发育方面开展了大量的研究工作。克隆了与 RNA 聚合酶 II 的一个 36kDa 的亚基 III（RBP36B）相互作用的 GRP23，并发现 GRP23 能够控制胚胎早期发育。对 GFA1 基因的研究表明，GFA1 与 AtBrr2 及 AtPrp8 相互作用，参与调控 mRNA 的生物合成，GFA1 的突变引起植物胚不能正常发育。此外，分离了与 NOC2 相互作用的 SWA2 蛋白，研究表明 SWA2 可能在雌配子体的有丝分裂过程中参与核糖体的生物合成。水稻细胞质雄性不育及其育性恢复方面：对水稻 Boro II 型细胞质雄性不育性状及其育性恢复的分子机制进行了分析，证明线粒体产毒多肽 orf79、atp6 基因及降解 B-atp6/orf79 mRNA 的 Rfla 和 Rflb 在 Boro II 型水稻细胞质育性转换中起重要的调控作用。克隆了水稻雄性杂种不育基因 Sa，并首次提出了"两基因-三元件互作模型"。通过 ChIP 实验证明 BES1 作为油菜素内酯信号的重要转录因子，可以直接调控花药和花粉发育过程中的重要转录因子 SPL / NZZ、TDF1、AMS、MS1、MS2 的表达，说明油菜素内酯控制至少部分通过直接调控的关键基因，影响拟南芥花药和花粉发展而影响雄性育性。

植物生殖发育产生种子和果实，是保障农作物产量和品质的关键。我国是一个农业大国，粮食安全始终是我国国民经济发展与社会稳定的核心和关键。近年来，由于种植面积不断萎缩和粮食单产徘徊不前，我国粮食生产总体上出现连续多年徘徊不前甚至下降的严重局面。我国土地面积严重不足，土肥资源极度匮乏，而且全球气候变化和沙漠化等生态环境的破坏使耕地面积每年都在以数百万公顷的速度递减。通过常规遗传育种方法虽然解决了一些农业生产面临的问题，但效果均不显著，主要原因是对重要农艺性状分子基础的认识尚浅。众所周知，重要的农艺性状一般是由多基因调控的复杂数量性状。只有在了解了重要农艺性状形成的分子机理和调控网络的基础之上，我们才能通过分子设计育种，满足我国农业生产和粮食安全的重大战略需求。

在国家自然科学基金委员会、科技部和中国科学院等部门的支持下，我国科学家在植物配子体发育调控、水稻雄性不育及恢复基因的克隆、授粉的分子机理、水稻温敏不育和广亲和基因克隆、胚乳淀粉品质、子粒大小基因的分离与克隆方面取得了非常好的进展，在 *Nature Genetics*、*Plant Cell*、*PNAS* 等国际主流期刊发表了 10 多篇原创性研究论文，处于世界领先地位。同时，培养了一大批从事植物生殖发育的科研人员，为进一步开展生殖发育领域的研究奠定了良好的基础，为农作物育种提供了新的资源和思路。

十、国家自然科学基金委员会资助植物学科情况

我国地大物博，生态环境多样，是世界上植物物种资源最丰富的国家之一。近年来，国家非常重视植物学研究，给予多种形式的支持。2001~2009 年度，国家自然科学基金委员会在植物学领域启动重大研究计划 1 项，另有相关重大研究计划 1 项，已资助 74 项，经费 7480 万元；资助优秀群体 10 个，总经费达到 6200 万元；国家杰出青年科学基金获得者 28 人，经费 4380 万元；资助重大项目 2 项，经费 1414 万元；资助重点项目 40 项，经费 6285 万元；资助面上项目 885 项，经费 21 867 万元；资助青年科学基金 225 项，经费 4227 万元；地区科学基金 116 项，经费 2476 万元。

其中，国家自然科学基金委员会资助相关的植物分类和植物调查的重点和重大项目 4 项，经费 801 万元；资助植物分类和区系研究的面上项目 350 项，经费达 5292 万元；尤其是在 21 世纪初，我国面临经典分类人才匮乏的严重局面，为了培养年轻人才，国家自然科学基金委员会于 2002 年启动了"经典生物学分类倾斜项目"。该项目 8 年中资助了 124 人（170 人次），单位 61 个，分布于 24 个省份，其中 2 人获得了国家杰出青年科学基金的资助；已培养博士 113 人，硕士 275 人；项目执行期间采集植物标本 19.6 万份。2003 年国家自然科学基金委员会以重大国际合作项目的形式资助 400 万元，用于 *Flora of China* 的编写，在"十五"重大项目"三志"中对该部分也资助了 100 万元。国家的支持和多年来科学家的努力使得我国植物学研究取得了可喜的成就。

十一、学科发展面临的主要问题

中国是一个农业大国，有着丰富的植物资源，并非常重视对植物的研究。但是，长期以来由于中国科研力量比较薄弱，植物研究水平也比较落后。近年来，国家不断增加对植物科研的投入，大大推动了植物生物学的发展。尽管如此，中国植物生物学研究水平与世界先进水平相比还有相当大的差距，主要表现在以下几个方面。

（一）在科研队伍方面

近年来，虽然我国实施了各种人才引进和培养计划，已汇聚了一批专家学者。但作为农业大国，我国植物生物学人才还远远不够。并且人才分布极不平衡，主要集中在北京、上海等少数几个大城市的一些研究所与大学中。另外，我国缺少高水平专家，能在国际上得到认可的植物学家数量很少。此外，目前国内在读的优秀大学生大多不愿意攻读植物生物学的博士学位，严重影响了后继队伍的培养，这种情况令人担忧。因此，主管部门应重视并鼓励高水平人员建立团队，带动和培养后继人才。特别需要指出的是，经典分类学学术梯队老龄化现象严重，非常不利于我国植物学发展，也将限制宏观植物学和保护生物学的发展。有必要加强经典植物分类人才培养基地的建设，倾斜对经典植物学研究的支持，吸引年轻学者从事经典分类学研究。

（二）在科研内容方面

国内从事原创性研究的人很少，跟风的较多。现在有实力的研究机构或大学虽然每年的成果不少，SCI影响因子也较高，但其研究内容仍是跟踪甚至模仿国外的多，自主创新的少。在有中国特色的研究区域，如青藏高原、西北干旱地区还缺乏一流的研究工作。因此，国家自然科学基金委员会应鼓励真正的前沿创新项目，而不是跟风研究。科研方面另一个突出问题是研究缺乏系统性。许多研究获得资助的渠道有限，经费不足致使研究不能连续，或由于仪器设备条件的限制只能做一些力所能及的工作。资助的方式往往迫使科学家经常变换科研项目，而不能长期持续地研究一个领域。还有，各学科的支持力度不平衡，重微观轻宏观，重分子生化轻细胞形态，重实验科学轻计算科学。因此，现有的实验结果，特别是大量的组学数据，不能得到充分的分析；众多的植物资源也未得到很好的描述和研究。

（三）在科研体制方面

现有的考核体系简单化，容易重视量化的标准，如SCI论文的篇数和影响因子。需要的是根据学科特点，重视原创性的研究，鼓励科研人员脚踏实地、埋头苦干、专心钻研。支持探索性研究，对其作阶段性评估总结，如有问题可以修正研究设计，以致最后取得突破性成果。在突出重点的同时，也需要有足够的资金支持面上项目，并加强资助强度，以支持科学家们独创性的研究。

第四节   我国植物学发展布局

　　植物学发展的总体布局需要兼顾宏观与微观领域，充分发挥近年来各种组学研究方法的作用，引进和运用化学、物理、信息等领域的先进理念和方法，建立有利于植物学发展的新技术新方法。一方面，植物学的发展布局应该继续支持我国在自然资源上、在科研基础上、在国家关注度上具备优势的领域，占据国际领先地位；另一方面，也应该重视新兴的热点，集中力量扶持和推动这些领域的建设和发展。今后10年中，在均衡发展各个领域的前提下，植物学要瞄准国际上进展迅速的前沿领域，关注有突破性的研究热点，重视原创性和前瞻性，扶植富有潜力的新生长点和暂时还处于弱势但又很重要的领域，发展具有中国特色的植物学研究。植物学的快速发展还需要进一步收集我国植物种质资源，建设种子库和数据库，提高资源和信息的交换、交流和共享程度。植物学的可持续发展必须重视对青年科学家的支持和对后续科研队伍的培养，特别是对植物分类学、植物解剖学等传统领域人才的培养。

　　在生物多样性方面，要加强DNA条形码等分子方法的工作，推动基因组学的运用，突出天然产物的发现、保护和合理利用，配合生物能源发展的需求。在植物进化生物学方面，要大力发展系统发育、进化发育生物学和进化生态学，利用比较基因组学，结合分子进化生物学，增进对农作物近缘种的了解和利用，挖掘有利于提高农业性状的相关基因。在植物生理生化发育方面，全面运用多种实验技术手段，大规模研究植物次生代谢、植物化学、营养、激素、抗逆的分子机理等重要科学问题，包括重要基因所编码蛋白质的亚细胞定位和三维结构。在植物细胞学方面，集中力量研究植物特有的细胞分裂特征、细胞壁与细胞骨架等影响植物生长发育的重要环节。在植物发育生物学方面，要注重重要器官的生长发育和生殖发育的各个关键环节的调控机制。

第五节   我国植物学的优先发展领域与重大交叉研究领域

　　我国植物学的优先发展领域与重大交叉研究领域包括以下几个方面。

（一） 植物多样性的研究、保护和持续利用

　　植物多样性的形成过程和演变机制是植物多样性研究的中心问题。植物多样性保护研究涉及对植物多样性从宏观到微观的全面认识。珍稀、濒危、特有以及具有重要经济价值的物种的保护，地球环境演变和气候变化对植物多样性的影响，是宏观植物学科关注的热点。我国受威胁的植物物种达 4700 多种，目前仅对其中的 189 种植物进行了全面的资源状况调查和保护现状评估。要全面评估珍稀、濒危物种以及重要野生植物资源，特别是我国特有的、具有重要经济价值和重要科研价值的物种或类群的分布和保护现状。要研究珍稀、濒危、特有植物的生物学特性，并揭示一些物种濒危的原因，为制定更有效的保护政策提供依据。协同进化在维持植物多样性方面的作用也将得到更多的重视。地球上不同生物之间复杂的相互作用使得协同进化成为促成和维持生物多样性的一个重要动力。当生态系统的结构和功能受到威胁或破坏时，将影响种间关系，尤其是物种间的协同进化关系，甚至导致物种灭绝。特别是地球环境变化、外来物种入侵等问题对我国植物多样性的影响也愈显突出，人类活动对植物多样性的影响也需要受到重视。

　　重要研究方向：

　　1）我国植物多样性的现状以及变化趋势研究；

　　2）植物多样性（特别是物种多样性）形成的遗传、分子和生态基础研究；

　　3）珍稀濒危物种的生物学特性及其致濒原因研究；

　　4）植物多样性保护和持续利用的理论与实践研究；

　　5）全球变化对生物多样性的影响及其分子机制；

　　6）入侵动植物对植物多样性的影响。

（二） 重要种质资源的评价、收集与保护研究

　　我国具有丰富的植物资源，但是其复杂性增加了对资源进行系统深入研究的难度。现代分子生物学和基因组学的快速发展和其他新的实验手段，为高水平利用植物资源创造了良好条件。植物资源作为重要的自然资源受到国际和国家的关注。加强对我国植物种质资源的收集保存关系到我国经济可持续发展和国家生物资源的战略安全，尤其是立足中国本土特有战略植物资源的基因资源发掘、认识植物资源的存在及演化规律、功能及服务效应则显得尤为重要。需要选择一批经济价值高或者应用潜力大的植物资源，利用基因组学新方法发掘控制植物重要性状的基因和机制，深入挖掘存在于野生植物资源中的有用基因

和生物活性成分，建立功能基因库和生物活性成分分子资源库，以满足国家在环境、能源、农业和人类健康方面的需求；拓展跨基因组的精细结构和功能比较发掘，推进基于代谢途径的网络基因功能研究，阐释不同植物中的同源代谢途径的进化以及相关基因功能的演变；将模式植物的遗传和基因功能研究成果大规模应用到经济植物的遗传改良和新兴生物产业所需资源发掘、特异基因利用和育种改良，从而解决制约我国经济社会可持续发展的植物资源发掘利用瓶颈和认知局限。重点发掘速生、抗极端逆境，如抗寒、抗旱、抗盐碱的新物种、新种质、新基因资源和功能成分。

重要研究方向：
1) 重要地域和特殊环境中生物资源的调查研究；
2) 重要和疑难植物类群的分类学修订和专著性研究；
3) 野生种质资源收集、整理和保存的理论与实践；
4) 粮食、水果和蔬菜等重要经济作物引种驯化和栽培起源的历史研究；
5) 野生植物中重要基因资源的评价、挖掘和保护；
6) 植物天然活性产物的发现与作用机制研究。

（三）植物系统发育与进化研究

植物的进化造成种类和数量的增加，以及结构和功能的复杂化，包括新性状的产生。关键植物性状，如光合作用、花、双受精和种子等，对相关植物类群在结构复杂性和环境适应性等方面都有积极作用。由于关键植物性状的产生直接或间接导致了植物的进化和植物多样性的产生，对关键植物性状产生机制的研究是探讨生命进化和生物多样性形成机制的前提和基础。在植物发育生物学和分子进化生物学发展的基础上，植物进化发育生物学近年来有了很大的进展。比较基因组学的进一步发展和新的模式植物体系的建立将大幅度地推进植物进化发育生物学的研究。进化与发育都是在一定的生态环境中发生的，因此，由生态植物学和进化发育生物学交叉而产生的生态进化发育生物学将成为一门大有发展前景的新兴学科。近几十年来，由于解剖学、胚胎学、细胞学、遗传学、古生物学、生态学和分子生物学等学科的不断交叉和渗透，以及基因组学和生物信息学等新兴学科的出现，系统与进化植物学研究得到了前所未有的发展，研究手段不断丰富，理论体系日益完善。

重要研究方向：
1) 植物进化历史的重建与"生命之树"的构建；
2) 植物进化的式样、过程与机制研究；
3) 植物基因和基因组进化的规律与机制研究；

4）植物发育过程和代谢途径的分子进化研究；

5）关键形态学和生理、生化性状的起源和演化研究；

6）植物的分布格局与谱系生物地理学研究。

（四）植物在多种环境中生长与发育的可塑性

植物的一个重要特征是它们不能逃避复杂的环境胁迫，只能通过调节自身的生理生化和发育过程以适应环境的变化。植物在长期的进化过程中，已经形成了对一些环境因子响应的内在规律，如光质、光周期、温度、营养等。不同植物种类都有其独特的反应规律。以往的研究对植物在营养期抵御各种逆境（干旱、高温、低温、高湿、盐碱和主要病原菌等）的途径和机制进行了分子遗传学分析，并且对植物很多器官在优越条件下的发育过程也做了阐述，但缺乏对植物在不同环境尤其是逆境胁迫下发育机制的探索。由于植物抗逆性的改变往往导致其生长发育过程改变，因此在农业生产上，经常遇到植物的抗逆性提高了，但在环境条件好的情况下反而减产的情况。要解决这样的问题，即如何使植物在不同环境条件下的生长发育具有可塑性和稳定性，只有清楚了解植物在不同环境下的重要发育过程的机制才能成为可能。这方面的研究包括植物识别和应答各种环境因子，如干旱、极端温度、光周期、CO_2 和重要营养元素等方面的分子机制，以及它们对生长发育的影响。而且逆境下的植物生长发育过程，往往通过调控内源因子，尤其是各种植物激素的水平和信号转导过程来实现，因此内源因子和外源因子互作的遗传和分子机制，是具有巨大应用前景的基础研究领域。植物与微生物之间的相互作用是植物与其环境之间的关系中的一个重要方面，这方面的研究将促进对植物营养的高效利用乃至生长发育的分子机制的理解，是国际上植物学研究的热点领域。

近年来，对病原菌中新效应蛋白的研究，一方面阐明了效应蛋白抑制植物抗性的分子机理，另一方面发现了植物抗病蛋白识别这些新效应蛋白的机理。植物抗病反应涉及植物与病原菌之间的分子互作，对病原菌的研究可能为植物抗病机理的研究以及抗病育种提出新思路和新方法。对病原微生物致病机制的深入研究可能会提升对植物抗病机理的认识，获得原创性成果。

通过遗传学的研究，以重要的调控抗病反应的基因为基础，利用分子生物学、遗传学以及基因组学的方法在植物中发掘在抗病反应中起关键作用的新的功能基因，明确这些基因在植物抗病反应中的功能，将有助于阐明植物抗病反应的遗传规律，了解植物抗性调控的复杂网络。

重要研究方向：

1）植物对非生物逆境的适应与应答机制；

2）植物与共生微生物的相互作用机理；

3）植物抗病的分子机制和调控网络；

4）植物与昆虫的相互作用以及所诱导的植物信号传递。

（五）植物激素的生物合成与作用机制

在植物的生长发育过程中，最终起决定作用的主要是各种植物激素，因此植物激素的研究，是通过作物分子设计以改变株型，提高作物产量和抗逆性的重要理论基础。国家自然科学基金委员会也对激素研究给予高度重视和支持，于2007年启动了"植物激素作用分子机制"的重大研究计划。在模式植物拟南芥中，基本建立起了各种植物激素的生物合成模型。也发现了各种植物激素修饰、失活甚至降解的多种途径。同样的，主要以拟南芥为模式植物，各国科学家已经发现了各种重要小分子植物激素的受体，包括乙烯、生长素、油菜素甾醇、ABA和茉莉酸的受体。在水稻中，发现了赤霉素的受体。2009年，国内外的科学家分别解析了生长素和ABA受体的蛋白质结构。目前，已经建立了生长素、脱落酸、茉莉酸和赤霉素的从受体到转录调节因子的最短信号转导过程。油菜素甾醇和乙烯的信号通路中的很多重要组分已被发现，但是从受体到转录调节因子的全部过程模型还没有完全建立起来。各种植物激素在调控植物生长发育时，往往通过相互作用来完成。最近几年，各国科学家对于激素信号途径的相互作用领域开始重视起来，初步将是解析生长素和乙烯、生长素和茉莉酸、生长素和油菜素甾醇、油菜素甾醇和脱落酸信号途径相互作用的一些机制。虽然在早期研究植物激素的信号转导和分子机制领域，我国与国际同行有较大差距，如除了脱落酸以外，大部分植物激素的受体是由国外的实验室发现的。但是通过这几年的科研投入和人才培养及引进，在植物激素研究的很多新兴领域，我国与国际高水平实验室的差距明显缩小，甚至在某些方面还处于国际领先水平。

植物在生长发育过程中受到各种生物和非生物逆境的影响，了解植物抵御生物和非生物逆境的分子机制，既是重要的理论问题，又是作物分子设计以提高植物抗逆性的理论基础。通过遗传学、细胞生物学、生物化学和植物生理学等手段的有机结合，各国科学家在抗逆性的分子机制研究方面取得巨大进展。包括我国科学家在植物营养胁迫、ABA信号转导和抗病分子机制研究方面也取得了突破性的进展。我国科学家提出了包括植物响应低钾胁迫的钾吸收分子调控理论模型。ABA是一种重要的植物逆境反应激素，多种逆境因子通过影响植物体内ABA的水平，从而影响植物的生长发育。2009年，ABA的受体及其信号转导途径领域取得了突破性进展，包括新的ABA受体的发现、受体蛋白结构的解析及其到细胞核的信号通路基本建立起来。由于多种胁迫因子的复杂性，对于胁迫下植物生长发育的机制的研究有待进一步深化。

在过去十几年中，对很多植物生物合成与信号转导途径的遗传调控网络的研究取得了长足发展，尤其是大部分植物激素的受体及其信号转导途径和决定植物器官或者细胞分化的遗传网络中的很多重要组分已经确定。但是，对于植物细胞信号转导途径的研究还远远不够，除了进一步建立完全的单一途径，这些信号转导组分在生化和细胞水平是如何被调节的、不同信号途径组分之间是如何交叉的是将来研究的重点。另外，还要充分理解植物信号转导途径及其相互作用网络必须要在器官、组织以及细胞层面上解决特异性和专一性的问题。例如，同一个信号转导途径或者遗传途径在不同组织和器官中的工作模式可能是不同的。并且，对各种单一刺激的基因表达谱分析也产生了大量数据。植物本身作为一个整体，其最终命运是由多种信号相互作用的结果而决定的。但是对这些信号途径是如何相互作用，进而共同调控一批基因表达的分子和生化机制，相关的研究才刚刚起步。因此，在未来的研究中，应以研究基础比较好的植物模式系统为材料，采用复合遗传学、蛋白质的翻译后修饰、蛋白质互作网络分析、蛋白质与核酸的相互作用、蛋白质的亚细胞定位、基于高通量测序的基因表达和基因调控等研究手段，最终建立植物基因调控的遗传和蛋白质互作网络。

重要研究方向：

1）植物激素组织特异性合成及其在植物生长发育中的作用机理；

2）植物激素信号转导的分子生化机制和亚细胞定位；

3）植物激素调控网络及其作用的分析。

（六）植物表观遗传调控机制

各种表观遗传学修饰之间相互作用、相互影响，从而共同来调节植物的生长发育。例如，在植物中发现的亲本印记现象，即父方或母方的某些等位基因，在子代的表达不同，具有不对称性，因而成为印记，且具有持久的传代能力。拟南芥的 *MEA* 基因是植物发育早期的一个具备印记功能的关键基因，编码了一个特异性的组蛋白 H3K27 甲基转移酶。MEA 突变体表现胚乳过度增殖及母系遗传的种子败育。*MEA* 基因的印迹受 DNA 甲基转移酶 MET1 和 DNA 糖基酶 DME（demeter）之间的拮抗调控。胚乳中 DME 可以去除母源 *MEA* 基因中 5-甲基胞嘧啶的甲基化（5mC），从而激活母源 MEA 的表达，MEA 可能与其他来源于母源基因组的 PcG 蛋白一起通过 H3K27 的甲基化导致了父源 *MEA* 基因的沉默。

表观遗传学作为近几年才被广泛重视的一个新的研究领域，它涉及生命科学中许多重要的科学问题。表观遗传学的主要特点是通过调控基因的表达来实现对生物学性状的影响。目前以及未来 5～10 年的研究方向主要还是涉及三个方面：①表观遗传学是如何进化而来的，表观遗传的修饰是怎样被书写和去除的，且维持的机制是什么；②表观遗传修饰是如何被特异性识别的，如何实现对基因表达的有序控制；③环境因素如何通过表观遗传机制而调控基因的表达从而影响个体性状、植物抗性，这一点对于植物而言尤其重要。我国虽幅员辽阔，但可耕种土地不多，如何利用表观遗传的相关原理培育出抗寒冷、抗干旱、抗盐碱等新植物品种以及经济性状优良的品种也是我们要面对的挑战。

重要研究方向：

1）表观遗传学的进化，表观遗传的修饰及其维持机制；

2）表观遗传修饰的特异性识别及其对基因表达的有序控制；

3）环境因素对植物生理发育过程的表观遗传调控。

（七）植物重要代谢途径及其调控网络

新陈代谢是各种生命活动的基础。植物具有发达的次生代谢途径，能产生 20 多万种次生代谢产物，其中包括控制植物生长发育与抗性的植物激素，保障光合作用进行的叶黄素、胡萝卜素和维生素等。另外，次生代谢产物在沟通植株与其他生物之间的关系方面也起着类似于人类"语言"的作用。次生代谢物（如色素）研究还对遗传和表观遗传规律的揭示起重要作用，如转座子、共抑制等表观遗传。但是，迄今大量的次生代谢物及其代谢途径还有待鉴定。近年来，随着基因组学、基因功能组学、转录组学和代谢组学等学科和分析技术的兴起，为研究植物代谢途径及其产物的生理功能和调控机理创造了有利条件，代谢研究也成为国际前沿领域。其实，代谢途径在体内是一个协同调控的网络结构，对这个网络结构的认识才刚刚起步。加强植物代谢途径的研究将快速推进我国整个植物生物学的健康发展。

重要研究方向：

1）植物营养代谢和养分高效利用的遗传分子机制；

2）植物代谢物的组学分析和调控网络；

3）植物次生代谢途径及其调控网络；

4）植物光合作用的分子机制以及调控。

（八）植物细胞的结构与功能

植物细胞具有多个特征，包括细胞壁、质体以及具有特殊结构与功能的细胞骨架。植物细胞壁在细胞形态和信号转导中具有重要作用，影响了多个生理和发育过程。同时，植物细胞壁是植物生物质的重要组成部分，其包括了初生和次生细胞壁形成等过程和相应的调控机制。另外，植物细胞特有的细胞壁中的胞间连丝是细胞间的信号转导和营养运输的重要通道。植物细胞中具有叶绿体等特有的细胞器，在植物生理生化过程中具有极其重要的功能，并通过碳固定和氧气生成对全球气候产生显著影响。植物细胞骨架具有植物特有的结构，在细胞分裂、分化与生长中起关键作用。因此，对植物细胞壁、细胞器和细胞骨架的进一步研究将促进植物学多方面研究的进展。

重要研究方向：

1）植物细胞壁形成及重要组分产生的调控机理（纤维素、非纤维多糖、木质素等）；

2）细胞壁的生物学功能，包括胞外信号转导途径和机理；

3）重要细胞器的产生及其功能调控机制；

4）细胞器基因组、遗传机理及其与核基因组之间的相互作用；

5）植物细胞骨架结构与功能。

（九）重要器官与组织形成的分子基础

植物的各种器官、组织以及一些具有特异功能的细胞形成是植物发育生物学研究中的重点。近年来，表观遗传学在阐明发育生物学中的一些关键问题方面取得了显著进展。例如，发现小分子 RNA 可以引导 DNA 甲基化以及异染色质组蛋白修饰，导致序列特异性转录基因沉默，还发现去泛素化酶的突变抑制 siRNA 指导的 DNA 甲基化，以及转基因和转座子的异染色质沉默等。而这些调控机制在细胞分化和状态维持中起关键作用。另外，此领域的研究成果也为植物细胞与组织特异性标记的挖掘与应用奠定基础。对基因在发育上功能的理解需要在形态上有明显差异之前就能识别不同的细胞和组织。而且，辨别细胞和组织也对植物品种的分子设计有重要作用。也就是说，具有细胞和组织特异性的分子标记是研究发育过程的重要工具。另外，细胞和组织特异性的调控方式和元件将有利于转基因的组织特异性表达，以达到转基因的专一效果。例如，植株的矮化往往也会导致植物其他器官，如育性的降低。因此通过寻找和鉴定细胞和组织特异性的标记，不但有助于研究不同组织和器官的发育过程，也有助于合理利用目前已知的功能基因，对植物不同部位细胞的大小、分裂和分化进行有效控制。

重要研究方向：

1）根茎叶及其重要组织的生长发育机制；

2）植物细胞增殖和极性生长的分子调控；

3）植物特殊细胞分化的调控机制。

（十）植物生殖发育的分子机制

通过细胞生物学、分子遗传学和基因组学等多学科交叉手段，重点研究植物生殖发育过程中与农业生产和学科前沿相关的关键科学问题，包括生殖干细胞分化、性细胞产生、配子体形成和配子细胞分化的遗传调控机理与分子网络，自交不亲和的分子基础，花粉管生长的分子调控机制，配子细胞相互作用中的信息传递规律以及雌雄配子膜融合后雄核和雌核会合的分子机理，了解胚胎发育早期合子极性建立、合子激活及形态建成的分子调控机制，胚乳发育的表观遗传调控、合子与胚乳相互作用以及无融合生殖的遗传规律等。未来，我国寻求在植物种内和种间不亲和的分子机制、花粉萌发与花粉管生长的遗传调控、雌雄配子体识别和无融合生殖基因克隆等领域实现重大突破。

以各种突变体材料及操作体系为依托，利用多学科交叉手段，通过对植物有性生殖重要环节的研究，弄清控制高等植物有性生殖中细胞分化和形态建成的规律，从基因、细胞、组织、器官和分子网络水平上揭示植物有性生殖的遗传调控机理，了解这些过程的遗传调控规律和分子机理，最终为提高作物生殖效率和产量，获得农作物优良品种提供理论与技术支持，同时在植物有性生殖研究领域为我国培养优秀的研究人才。

重要研究方向：

1）植物（包括多年生植物）开花时间的遗传和表观遗传调控；

2）单子叶花序/穗型和花器官的调控机制；

3）减数分裂调控与无融合生殖的遗传基础；

4）雌配子体分化与胚乳早期发育的分子机理和表观遗传调控；

5）自交不亲和以及种（亚种）间生殖障碍的分子机制；

6）植物雌雄细胞识别的分子机理；

7）胚胎和胚乳形态建成的分子调控网络；

8）母系遗传的生化和表观遗传机制。

（十一）植物重要基因产物功能的生化和细胞学研究

随着现代植物生物学的发展，基因克隆已不是影响人们认识植物表型的主要障碍，尤其是以拟南芥和水稻为代表的模式系统的广泛应用，使决定很多重要性状的关键基因已被克隆。目前的瓶颈是如何深入研究这些基因产物的生化和细胞调控机制。在模式动物研究中，国际上多家实验室往往采用不同方法和从不同角度对一个蛋白质的功能及其调控机制进行研究。这些研究成果为有效利用这些基因奠定了坚实基础。但是，在植物学领域，我们对很多重要基因的认识仅止步于其缺失和过表达后的表型，而对它们的生化功能和调控机制缺乏系统的研究。很多基因产物的蛋白质活性往往受多种方式的调节，如蛋白质的磷酸化和脱磷酸化、亚细胞定位及其稳定性调节等。另外，很多基因产物的功能是多方面的，可能参与多种不同的生物调控途径。因此，如果不对其功能及调控机制进行全面和深入的研究，将严重限制这些基因在植物遗传工程中的有效利用。为此，国家自然科学基金委员会在"十二五"规划中将加强对重要功能蛋白的结构与功能、蛋白质的翻译后修饰调控机制（磷酸化和脱磷酸化等）、功能蛋白的互作网络、重要蛋白质的亚细胞分布及其调控等领域的资助。

重要研究方向：

1）植物重要功能蛋白的生化机制与三维结构；
2）植物重要蛋白质的翻译后修饰；
3）植物蛋白相互作用及调控网络；
4）植物蛋白的亚细胞分布与定位。

第六节　我国植物学研究领域的国际交流与合作

要加强植物学领域的国际交流与合作，一方面要积极参与国际会议与合作项目，另一方面也要组织发起新的国际研究计划，还要重视日常的信息交流与沟通。随着国家对科研投入的不断增加和对技术支撑的重视，很多国内的植物学研究平台的条件已经达到甚至超过国际上先进实验室的条件，研究水平和影响力也在逐步提高，但科研产出，尤其是高水平的研究论文与国际一流实验室相比尚有一定差距。因此，在未来 10 年的国际交流中，植物学应该更多地加强学术会议交流，以提升国内植物学研究的软件实力和扩大其在国际上的影响力；合作的重点应该放在"人"上，尤其是引进海外华人高层次学者或与其合作，促进国内有良好优势的研究领域与国际一流实验室的合作；建议国家自然科学基金委员会投入专项经费支持国内高层次（PI 级）的优秀学者在海外进行短期的合作研究，提升我国植物学学术带头人的综合能力。建立多种机制，与国际先进的国家，包括美国、日本和西欧各国，展开交流与合作。承办和召开国际会议，邀请国外专家前来访问，并且和一些植物研究较为集中的大学和研究机构建立合作关系，交换和共同培养学生。

植物多样性保护和种质资源收集保存等领域，在未来 10 年的国际交流中，应更多地加强学术会议和技术培训的交流，以提升国内植物多样性保护研究的能力建设，扩大在国际上的影响力；以学术交流或项目合作的形式吸引海外高层次的学者以及长期工作在第一线的技术骨干来华短期访问和工作，推动我国技术团队的国际合作与交流能力。建议优先开展国际交流与合作的领域包括：植物保护状况的评估和评价；植物遗传多样性和取样策略研究；特殊或极端生境下物种的迁地保护方法和技术；野生植物种质资源收集、保存策略及繁育；珍稀濒危物种的种群恢复和野外回归等。此外，建议优先在植物资源和生物多样性研究、关键地区的植物区系研究、植物资源与全球气候变化研究和植物 DNA 条形码研究等领域开展更多的交流和合作。

同时，要增加和发展中国家的交流，加强生物多样性方面的交流与合作。例如，发挥我国特别是西部地区生物学研究机构和大学的区位优势，高度重视和积极参与澜沧江-湄公河次区域的合作与开发计划，在生态环境建设、重要植物资源开发利用等方面为中国-东盟自由贸易区的建设做出积极贡献。我国一直都很重视与发展中国家尤其是与东南亚国家，如柬埔寨、老挝、越南等建立长久的战略伙伴关系，在人才培养、人员培训和交流方面已经有了较好的准备，通过进一步努力可进一步强化我国与东南亚国家在相关领域的合作。

第七节 我国植物学发展的保障措施

我国植物学发展的保障措施应包括以下几个方面。

（一） 加强对植物学研究的经费支持

在新技术不断发展的形势下，植物学宏观和微观的各个方面都具有令人极其兴奋的势头和前景。宏观植物学有多个领域亟待扩大研究范围并增加分子水平的力度，而微观植物学则需要加强交叉学科研究和加深分子机制的分析。这些工作都需要科研设备和经费的大幅度增加。因此，加大对植物学领域科研经费的支持力度是最基本的保障措施之一，既要增加项目数量，也要提高每个项目的平均支持强度。同时，根据学科发展的需要，对重点领域要给予长期的支持；对于重要的传统学科，如分类学、形态学等给予一定的倾斜。还有，要强调团队的整体支持和基础较好领域的稳定支持。另外，要增加自由竞争的重点项目的数量。

（二）培养植物学研究的人才

为了满足国家植物学持续发展的需要，要配合国家和部门新的人才计划，支持引进各种先进人才。要增加博士后基金的项目数量和单项额度、增加科研经费中的用于 PI 以外科研人员的人头费的百分比和数目、增加青年科学基金的数量和额度、增加创新团队的数量与支持强度、增加支持国际交流的经费。鼓励和培养紧缺的青年人才，设立有学科/专业倾斜性的博士后和青年科学基金项目。

（三）建立植物学领域的数据库

多年来我国植物学研究取得了丰硕的成果，但是有相当多的成果的共享程度比较低。为了充分发挥这些成果的作用和意义，需要建立国家级的数据库，将我国植物学的科研成果更有效地利用起来。同时，为了扩大我国植物学领域在国际上的影响，提高我国植物学界的学术地位，促进国际交流，我国的植物学数据库必须和国际先进数据库建立合作伙伴关系，长期交换公开发表了的数据。这种合作关系还可以加强我国科学家对其他国家数据库的利用。我国需要有一个数据库系统，将国家级的数据库和科学院、高校和其他研究机构的数据库联合起来，达到业务互补、数据共享、学术交流、共同发展的目的。

（四）发展植物学领域的新方法和技术体系

科学的发展往往依赖于新方法和新技术。多年来我国生命科学的发展主要依靠国外建立的技术体系。在我国从科学大国走向科学强国的道路上，发展新技术和新方法是必不可少的。只有我国能够独立的创造发明新技术和新方法，我国科学家才能够真正开辟出原创性的研究领域。因此，要支持植物学需要的新技术和新方法研究，逐步发展我国原创性的科研支撑技术和设备。同时，为了让我国的植物学研究更有效地推动国民经济发展、造福人类，要完善植物学科研技术向农业和环保等企业的技术转让机制，确保我国科研成就的知识产权能够为我国国民经济的发展做出贡献。

◇ 参 考 文 献 ◇

傅立国 .1991. 中国植物红皮书：稀有濒危植物（第一册）. 北京：科学出版社
瞿礼嘉，王小菁，王台等 .2009.2007 年中国植物科学若干领域重要研究进展 . 植物学报，
　44：2～26
汪松，解焱 .2009. 中国物种红色名录 . 北京：高等教育出版社

杨维才，瞿礼嘉，袁明等 . 2009. 2008 年中国植物科学若干领域重要研究进展 . 植物学报，44：379～409

种康，瞿礼嘉，袁明等 . 2007. 2006 年中国植物科学若干领域重要研究进展 . 植物学通报，24：253～271

Alonso-Blanco C，AartsM G M ，Bentsink L，et al. 2009. What has natural variation taught us about plant development，physiology，and adaptation. Plant Cell，21：1877～1896

Brady S M，Provart N J. 2009. Web-queryable large-scale data sets for hypothesis generation in plant biology. Plant Cell，21：1034～1051

Chen H D，Valerie J K，Ma H，et al. 2006. Plant biology research comes of age in China. Plant Cell，18：2855～2864

Chen S，Yang Y，Shi W，et al. 2008. *Badh2*，encoding betaine aldehyde dehydrogenase，inhibits the biosynthesis of 2-acetyl-1-pyrroline, a major component in rice fragrance. Plant Cell，20：1850～1861

Chen X M. 2009. Small RNAs and their roles in plant development. Annual Review of Cell and Developmental Biology，25：21～44

Cheng A X，Xiang C Y，Li J X，et al. 2007. The rice （E）-beta-caryophyllene synthase （OsTPS3）accounts for the major inducible volatile sesquiterpenes. Phytochemistry，68：1632～1641

Cutler S R，Rodriguez P L，Finkelstein R R，et al. 2010. Abscisic acid：Emergence of a core signaling network. Annual Review of Plant Biology，61：651～679

Dirks R，van Dun K，de Snoo B，et al. 2009. Reverse breeding：A versatile alternative to apomixes. Plant Biotechnology，7：837～845

Fiehn O，Wohlgemuth G，Scholz M，et al. 2008. Quality control for plant metabolomics：Reporting MSI-compliant studies. Plant Journal，53：691～704

Fiehn O. 2001. Combining genomics，metabolome analysis，and biochemical modelling to understand metabolic networks. Computional Functional Genomics，2：155～168

Friesen M L ，von Wettberg E J. 2010. Adapting genomics to study the evolution and ecology of agricultural systems. Current Opinion in Plant Biology，13：119～125

Hebert P D N，Cywinska A，Ball S L，et al. 2003. Biological identifications through DNA barcodes. Proceedings of Royal Society of London，270：313～321

Hirai MY，Klein M，Fujikawa Y，et al. 2005. Elucidation of gene-to-gene and metabolite-to-gene networks in *Arabidopsis* by integration of metabolomics and transcriptomics. Journal of Biological Chemistry，280：25590～25595

Jonsson H ，Krupinski P. 2010. Modeling plant growth and pattern formation. Current Opinion in Plant Biology，13：5～11

Kim T W，Guan S H，Sun Y，et al. 2009. Brassinosteroid signal transduction from cell-surface receptor kinases to nuclear transcription factors. Nature Cell Biology，11：1254～U1233

Lisec J，Meyer R C，Steinfath M，et al. 2008. Identification of metabolic and biomass QTL in *Arabidopsis thaliana* in a parallel analysis of RIL and IL populations. Plant Journal，

53：960～972

Liu C，Lu F，Cui X，et al. 2010. Histone methylation in higher plants. Annual Review of Plant Biology，61：395～420

Ma H ，Sundaresan V. 2010. Gametophyte development in flowering plants. Current Topic of Developmental Biology，91：379～412

Mathews S. 2010. Evolutionary studies illuminate the structural-functional model of plant phytochromes. Plant Cell，22：4～16

Ouyang Y，Liu Y G，Zhang Q，et al. 2010. Hybrid sterility in plant：Stories from rice. Current Opinion in Plant Biology，13：186～192

Presgraves D C. 2010. The molecular evolutionary basis of species formation. Nature Review Genetics，11：175～180

Proost S，Van Bel M，Sterck L et al. 2009. PLAZA：a comparative genomics resource to study gene and genome evolution in plants. Plant Cell，21：3718～3731

Ribaut J M，de Vicente M，Delannay X et al. 2010. Molecular breeding in developing countries：Challenges and perspectives. Current Opinion in Plant Biology，13：213～218

Saito K ，Matsuda F. 2010. Metabolomics for functional genomics，systems biology，and biotechnology. Annual Review of Plant Biology，61：463～489

Sansone S A，Fan T，Goodacre R，et al. 2007. The metabolomics standards initiative. Nature Biotechnology，25：846～848

Schauer N，Fernie A R. 2006. Plant metabolomics：Towards biological function and mechanism. Trends in Plant Sciences，11：508～516

Specht C D ，Bartlett M E. 2009. Flower evolution：The origin and subsequent diversification of the angiosperm flower. Annual Review of Ecology Evolution and Systematics，40：217～243

Tardieu F ，Tuberosa R. 2010. Dissection and modelling of abiotic stress tolerance in plants. Current Opinion in Plant Biology，13：206～212

Thomas C D，Cameron A，Green R E，et al. 2004. Extinction risk from climate change. Nature，427：145～148

Wang Y H ，Li J Y. 2008. Molecular basis of plant architecture. Annual Review of Plant Biology，59：253～279

Xing Y ，Zhang Q. 2010. Genetic and molecular basis of rice yield. Annual Review of Plant Biology，61：421～442

Yang W C，Shi D Q，Chen Y H. 2010. Female gametophyte development in flowering plants. Annual Review of Plant Biology，61：89～108

Zhang Y J，Zhao Z H，et al. 2009. Roles of proteolysis in plant self-incompatibility. Annual Review of Plant Biology，60：21～42

Zhao Y. 2010. Auxin biosynthesis and its role in plant development. Annual Review of Plant Biology，61：49～64

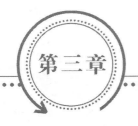

第三章

动　物　学

第一节　动物学的战略地位

　　动物学是研究动物的形态、分类、进化、行为、生理和遗传等生命现象及其规律的科学，与农、林、牧、渔、医、工等多方面的实践密切相关。它不仅为人类的衣食住行提供宝贵资源，也为美化人民的生活、满足人们的精神生活提供丰富的内容，是解决环境、资源、有害生物及人类疾病的防治、动物仿生和生物多样性保护等诸多问题的基础（刘凌云和郑光美，2010）。

　　随着科学技术的发展，特别是分子生物学技术的发展，基因组学、蛋白质组学的应用，动物学研究越来越广泛和深入。在21世纪，动物学将在生物学基础理论研究、生物多样性保护与可持续利用、国家生态安全与经济建设、人民健康与物质文化生活的提高等方面发挥越来越重要的作用。正如人们所预言21世纪将是生物学世纪一样，研究生物界3/4以上物种的动物学，其地位不会削弱，而势必增强。有关动物学研究的重要性和必要性将从以下几个方面来阐述。

　　生物多样性是国家重要的战略资源。我国是生物多样性大国，动物多样性和动物资源均十分丰富。然而，我国已正式描记和命名的动物种类仅约10.45万种，许多种类生物特别是昆虫和无脊椎动物还没有被发现或描记，这些众多未被描记物种的潜在价值仍未被开发利用。动物系统发育与演化作为动物学的研究基石，通过对纷繁复杂的动物物种进行科学的鉴定、分类及命名，研究它们的分布格局、形成和演化机制，重建种及种上阶元间的系统发育关系，探讨进化过程和机制，将为人类认识和利用动物资源提供重要的科学数据。通过对动物物种的鉴定、系统发育和演化的研究，可以得到大量形态学、生态学、生物学及地理分布等方面的信息，为新药物开发、有害动物控制、有益天敌的发掘、病虫害的检疫、濒危物种的保护提供重要的科学数据。

　　动物行为是指动物所做的一切活动，是动物的基本特征。它是动物在长期进化中形成的，有其内在的系统发生关系及发展过程，受到遗传、内分泌等内在因素的调控，也存在对社会环境、种间关系及非生物因素的适应性变化。动物行为学的研究集中于动物行为的机制、发育、功能和进化四个重要问题。动物行为学的研究涉及多个学科，跨越了生物学、心理学、神经科学、人类学和其他学科，且这些研究领域之间又是相互关联的。动物行为学研究在理论和实践上都具有十分重要的作用，在欧美国家均被作为一个重要的独立学科。动物行为学在揭示动物的适应和进化过程及机制中必不可少，同时又与其他学科紧密交叉，是从事动物生态学、动物生理学、动物神经生物学、功能基因组学、动物药理学等科研必不可少的基础。动物行为学又有着广泛的应用价值，是保护生物学的重要基础，在改进动物福利、进行动物传播疾病的预测预防、揭示人类自己的许多本性等方面均具有重要的作用。

动物生理学是研究动物生理功能的科学。物种的多样性和环境的多样性，造就了动物生理功能的多样性。与医学和人类生理学相比，动物生理学虽然起步相对较晚，但作为生物学中最基础、与人类健康关系最密切的学科，动物生理学与生态学和进化生物学等其他学科的联系越来越密切、交叉越来越深入。在新的时代，随着环境问题的不断突出、基因组学等各种技术手段的发展和渗透，动物生理学将具有更加重要的学科地位，在基础医学、动物的生存与适应、生殖与发育、物种保护等领域均具有不可替代的地位，越来越受到学术界的关注。

种群生物学是动物学的经典研究领域之一，主要研究动物种群的数量变动、种群的结构和不同个体间的相互作用、种群与环境的关系以及种群的自我调节等。种群生物学和动物生态学有很多重叠，都是从种群的角度来了解动物种群的发生与发展规律。由于种群是自然界中生物存在的基本形式，因此种群生物学的研究不仅可以揭示种群数量变化的基本规律，还可为濒危动物的保护和动物资源的合理利用提供依据。随着分子生物学、种群遗传学、进化生物学等学科的融合和渗透，种群生物学的内容更加丰富，对种群生物学的研究日趋深入。

作为生物资源和生物多样性的重要组成部分，动物资源曾对人类的进化和文明的发展产生了重大影响。然而，随着人口的增加和人类活动的加剧，以及动物资源及产品贸易的日益国际化，对动物资源的需求量急剧增加，资源动物的生存受到严重威胁。因此，开展动物资源保护和利用研究，不但对动物资源的可持续利用有重要意义，而且对保护我国的生物多样性，维护生态安全也极为重要。

实验动物科学是以实验动物资源研究、质量控制和利用实验动物进行科学实验的一门综合性学科。它已发展成为现代科学技术的重要组成部分，是生命科学研究的基础和条件，是衡量一个国家或一个科研单位科学研究水平的重要标志。实验动物学的研究内容主要包括实验动物和动物实验两部分，其与生命科学、医学、药学、医药工业、航空航天、环境保护、生物安全、食品安全、化学品安全、生态保护等许多学科和行业的结合越来越密切，逐步起到举足轻重的支撑作用。实验动物学不仅是生命科学研究的支撑，也是生命科学研究的前沿，同时作为医药学研究不可替代的重要支撑，实验动物学在生命基本规律和机制的阐明、人类疾病的发病机制、药物研发等方面所起的作用越来越凸显。

第二节　动物学的发展规律与发展态势

现代动物学的发展有两个明显的特点：比较和整合。利用生命科学其他分支学科在模式动物中得出的前瞻性的结论，对不同动物类群进行比较研究，将能更加全面地理解动物器官、组织的功能和进化。随着分子生物学、基因组学、蛋白质组学、代谢组学、神经生物学、行为学、生态学乃至化学、物理、数学和信息科学等基础学科理论和技术的发展并与动物学交叉渗透，动物学研究已经进入到利用多学科技术来研究动物生命现象的整合动物学阶段，对许多动物的特殊生命现象有了更加深入的探索和理解，并和人类社会的许多实际问题紧密联系，为经济和社会的发展提供了高科技支撑。

动物学目前的发展态势表现出以下主要特点：

1）通过对不同动物类群进行比较研究，对动物生命现象本质的揭示将更加深入、系统和全面；

2）重视现代生物技术与信息技术的应用，借助现代实验工具和理论方法，实现了动物学研究手段的现代化；

3）与其他学科的交叉渗透，向整合生物学方向发展，加快了动物学基础理论的突破，并不断产生新的边缘学科、交叉学科和综合学科，从深度与广度上推动了动物学的发展；

4）与生产实际和其他应用学科紧密联系，尤其是与当前的可持续发展、生物多样性保护和全球气候变化等密切相关，利用动物学的新理论和新技术，探索解决实际问题的新途径，显著地提高了动物学在社会、经济、生态和文化等方面的地位。

一、动物系统发育及演化

随着进化生物学理论的不断完善，支序系统学、系统发育学理论和方法的创立及分子生物学技术的广泛应用，传统的动物系统学研究已经从描记走向分析，从定性走向定量，从宏观走向微观，从单纯的形态数据走向形态数据与分子数据综合分析的新的发展时期。

当前，动物进化与系统学领域的研究虽然仍相对集中在发现和描记物种、研究物种间的系统发育关系，但重点已转移到演化模式、程序和区域性演化规律和机制的探讨上，其研究的手段与方式也已今非昔比。由于细胞学、遗传学、生物化学、动物地理学、古动物学、生态学、分子生物学和信息科学等多学科的研究手段和研究成果迅速渗入到动物进化与系统学领域，使得该领域的研究得到了空前发展，凸显以下特色。

1. 目前已通过分子生物学方法的利用获得了越来越多动物类群的系统发育关系假设

探讨地球上物种及物类之间的谱系关系，即生命之树的重建，并通过重建生物演化的历史，从而对地球的演化历史提供线索与证据，这已成为世界性热点课题。另外，如何校正进化速率并用之来更为准确地估计分歧时间和推断进化历史，是分子进化研究中的另一个重要课题。

2. 基因组研究已开始全面渗透到系统和进化研究中

现阶段的分子系统学研究很少把基因组进化与表型进化联系起来，在今后的研究中，为了追踪从 DNA 进化到表型进化的途径，需要研究结构基因和调控基因间的关系及变化。特别是基于大量的基因组和蛋白质序列的"系统发育基因组学"这一交叉学科的出现，使很多在以前无法解决的问题有望得以澄清。

3. DNA 分类与 DNA 条形码技术的兴起与发展，已掀起物种鉴定和认识的又一次革命

随着分子生物学知识和技术的积累发展，动物系统学家已将生物信息大分子看作重要的演化证据，在不断寻找新的、有良好检测功能的分子标记及检测手段。DNA 分类学或 DNA 条形码物种鉴定方法的兴起与发展，将引起物种分类、系统发育和进化研究的又一次革命性变化，而且它关于种群遗传结构方面的研究必将为保护生物学提供遗传变异证据，在生物多样性的研究和保护中起到重要指导作用。

4. 计算机技术在系统学研究中得到大量应用

自 20 世纪 60 年代数值分类学研究开始使用计算机，到 80 年代初开始探索在计算机协助下的物种鉴定及数据库等初期工作，再到现今广泛应用信息技术进行分子序列分析和系统发育的探讨，计算机技术在生物系统学研究中得到大量应用，目前的工作主要集中在专家系统、神经网络、种类鉴定中的计算机识

别等方面。

二、动物行为学

由于动物和人类生活息息相关，所以在很早以前就有动物行为的文字记录和科学观察。19 世纪达尔文的《物种起源》和《人类的由来》对动物（包括人）的各种行为进行了一系列描述，但 20 世纪才是动物行为学的迅速发展期。20 世纪上半叶，洛伦茨（K. Lorenz）、庭伯根（N. Tinbergen）和冯·费里希（K. R. von Frisch）在自然环境下通过对动物的长期观察，研究了诱发动物本能行为的刺激以及社会行为的组织，成为自然动物行为学派的代表；巴甫洛夫（I. P. Pavlov）、桑代克（E. Thorndike）、斯金纳（B. F. Skinner）、华生（J. B. Watson）等通过室内实验对动物学习行为的研究奠定了实验行为学派或比较心理学的基础。20 世纪中期自然学派和实验学派的相互结合，诞生了现代行为学。室内的实验和自然状态下的观察在动物行为学的研究中都是不可忽略的。

从 ISI 数据库的行为科学的 47 种 SCI 收录的影响因子排在前 20 名的期刊来看，强调脑、神经、基因或生理与行为结合的期刊有 14 本。经典的动物行为学研究内容包括了行为生态学、行为的进化、社会生物学、行为心理学、行为生理学、感觉行为学以及导航和迁徙等，利用各种动物，通过野外和室内的观察和实验，研究行为的过程、功能、发展、适应及进化。而以各种模式或实验动物为对象，利用综合的理论来阐述行为机理则是现阶段动物行为学研究最主要的特点和趋势。总的来看，行为学的研究有如下趋势。

1. 行为的功能和进化研究紧密结合

汉密尔顿（W. D. Hamilton）于 20 世纪 60 年代提出了广义适合度和亲缘选择思想并建立亲缘选择学说，成功解释了社会性昆虫的亲缘利他行为，揭示了生物有机体利己与利他、竞争与合作的关系以及利他行为的进化机制，发展了达尔文的自然选择学说。1975 年，威尔逊（E. Wilson）出版了《社会生物学》一书，该书以种群遗传学和进化生物学为基础，清晰阐述了汉密尔顿的广义适合度、亲缘选择、利他行为的进化以及社群的概念，从而把利他行为和自私的基因统一起来，为社会行为的成功进化途径提供了不可或缺的基础（Wilson，2000）。梅纳德·斯密斯（J. Maynard-Smith）提出的进化稳定对策思想，用利益-代价权衡的进化途径更加合理地解释了动物的行为（Maynard-Smith，1991）。该领域的国际热点研究主要侧重于下列几个方面：第一，应用进化稳定对策解释栖息地选择、求偶场和仪式化竞争等问题；第二，以行为的存活值和适合度作为度量研究行为对动物生存和生殖的影响，研究动物如何通过自身生殖或借助于种群内含有共同基因的其他个体（利他行为）把自身基因传递到后代；第三，性选择，包括多配偶动物性选择、单配偶动物性选择、性选择与多态现象、选型交配和非选型交配以及雌性动物的择偶标准；第四，物种间行为的相互作用与协同进化，如捕食与反捕食以及生态位竞争等。

2. 与神经生物学紧密结合，在脑神经层面探索动物行为的机制，并产生了神经行为学

神经行为学是研究行为的神经基础的生物学途径，探索神经系统如何引起动物的自然行为。它不仅要解释不同动物表现出的各种行为，而且也利用行为的多样性，来阐明脑的组织和设计的基本原则。神经行为学家常常借助于对神经回路的研究来寻求对动物行为机制的解释。神经行为学中的神经生物学研究方法多种多样。一些人利用细胞内记录技术探索涉及特定行为的神经回路中的一个细胞，也有人利用比较的方法调查神经系统在种间的差异。动物行为和动物生理关系最为紧密，目前动物行为生理学的热点也从早期的内分泌与行为的关系转移到基因、神经递质（多巴胺、5-羟色胺等）与动物行为的关系上。神经行为学早期研究的是昆虫和低等脊椎动物感觉和运动的神经机制，后来更加关注诸如学习和记忆或空间定向等高级认知过程。现在，脑功能成像、电生理记录到 RNA 序列的分子分析研究手段使研究者可以深入行为的大脑机制。

3. 应用现代分子生物学技术，揭示动物行为的基因以及调控和遗传规律

20 世纪 60 年代后期，行为遗传学逐渐发展成为一门独立的学科。通过人工诱导和选择，研究人员得到了果蝇的行为突变体。一些分子遗传学家陆续转向行为遗传学的研究，他们在多种生物中通过诱变处理得到诸如趋光性、趋化性、回避运动、求偶行为等行为的突变型，然后从神经生理学、生物化学、组织胚胎学、细胞遗传学等学科的角度，运用多种技术对这些突变型进行分析，探寻行为遗传的机理。目前，利用分子生物学技术（基因克隆、基因敲除、基因休眠等），以模式动物和重要动物类群为研究对象，阐明了很多控制动物行为的基因。基因与行为的研究成为行为遗传学的前沿，是动物行为和基因组学共同关注的热点。

4. 动物的认知、情感、文化和学习的比较研究越来越多的引起动物行为学家、心理学家的重视

该领域主要研究认知如何影响动物的行为。为了理解动物学习行为的进化，动物行为和脑的关系受到越来越多的关注。这因为动物接收和处理各种信息，

如食物、天敌、配偶等的能力受到各种生态因素的高度影响。

5. 动物行为学研究日趋和应用问题及人类自身问题紧密结合

动物行为研究在动物福利、动物管理以及理解人的本性三个方面对人类社会有着重要实际意义。人们越来越关心动物的福利问题。例如，国外有研究人员申报了小鸡的"安抚信息素"专利，喷施这种信息素，可以缓解小鸡的焦虑反应。保护生物学家已经开始应用动物行为的普遍原理来解决动物保护问题，出现了新的分支学科——保护行为学。人类对自己有无尽的好奇心，而动物行为学研究可以从某些方面窥见人类的行为（Festa-Bianchet and Apollonio, 2003）。

三、动物生理学

动物生理学研究的核心是动物个体，主要对整体功能的工作机理进行不同组织层次的阐释，研究水平从基因到个体，多层次、多学科、多途径进行整合研究是学科发展的特点。我国动物生理学的发展总体趋势良好，但是从国际发展趋势上看，许多有基础的学科和领域，如生态生理学、比较生理学和环境生理学等需要进一步深入和系统发展，一些新兴的学科和领域，如整合生理学、生理基因组学、进化生理学、新的生理医学模型等需要鼓励开展。环境毒理学、比较神经内分泌学、行为生理学、渗透压调节和酸碱平衡、呼吸和代谢、特殊环境适应、比较基因组学和蛋白质组学等领域都需要重视和发展。目前动物生理学的发展趋势如下。

1. 重视动物生理学与其他学科的交叉和合作，如生物多样性、保护生物学、行为学、种群生物学、进化生物学等

面对日益严重的全球气候变化情况，动物生理功能的适应变化调节是目前优先发展的方向。生理学的反应对于动物功能适应新环境的理解和人类适应变化着的环境的能力，都非常重要。对动物生理功能的理解，对于物种的保护和管理、种群数量变动规律和群落组织结构和功能的理解等都有重要的促进和决定作用。

2. 向整合生理学的研究方向发展

所谓的整合生理学就是针对动物适应环境的某些生理学问题，如高寒低氧等，从分子、个体、种群等不同层次、利用不同的手段进行研究，从不同的角度解读同一个生命现象，这样可以完整理解动物对环境的适应机理。不同物种

在极端环境条件下的生理适应和进化机理，及其相关功能基因（组）的变化调节，是研究的重点。

3. 各种极端环境下（高寒缺氧、寒冷、干旱沙漠、高盐等）和各种逆境条件下，各种动物的生理功能表现与功能基因组学研究是当前的热点

基因型与表现型之间的关系是当今生理学的核心和挑战。充分整合生物信息学、基因组学、系统生物学、神经生物学的思想、方法和成果，可系统阐述动物在不同环境条件下生理功能的调节及其结果。

四、动物种群生物学

动物种群生物学是研究动物种群的结构、形成、发展以及运动变化规律的科学。从对动物个体的观察描述发展为以动物种群为研究单元，是动物学的一个进步，更有利于揭示动物生命现象及机制。生态学建立之后，有关动物种群数量和动态的研究成为生态学家们关注的重点。早期的研究侧重动物种群的结构、数量及其变化，随后，有关动物生活史特征及其适应机理的研究得到重视，如种群数量调节机制和鸟类窝卵数的进化等。到 20 世纪五六十年代，很多生物学家发现种群中个体数量动态与其遗传特征的动态之间存在密切联系，而分别研究种群生态学和种群遗传学都具有一定的局限性，建议将两者结合起来，从而产生种群生物学（Neal，2004）。

种群生物学的主要组成部分是种群生态学和种群遗传学。种群生态学研究种群内各成员之间、它们与其他种群成员之间以及特定种群与周围环境之间的相互作用与相互关系。种群遗传学研究种群的遗传结构和遗传过程。目前动物种群生物学的研究内容主要包括：种群数量消长及其调节、种群长期动态与可持续生存机制、种群的遗传结构与变异、生活史特征与进化和竞争、捕食与寄生等。早期的种群生物学研究侧重于对动物种群的野外观测，在种群遗传研究方面也集中在对特定性状的数量遗传学研究。目前，动物种群生物学的发展趋势表现如下特点。

1）研究工作的内容综合性、交叉性更强。研究方法为宏观与微观相结合，野外调查、理论探讨与实证研究相结合。

2）对一些濒危物种和重要资源物种开展长期的种群数量动态监测。随着数据的积累，将会产生更多的能够反映种群动态的数学模型，对典型濒危物种的种群生存力将进行深入分析。

3）更多的基因片段被用于种群遗传结构的检测，线粒体 DNA、微卫星 DNA、单核苷酸多态性（SNPs）以及与免疫相关的主要组织相容性抗原

（MHC）基因将成为适宜的分子标记而在种群遗传学研究中获得应用。随着基因测序技术的发展，将会有更多物种的全基因组被破译，种群生物学将有望进入基因组时代。

4）动物种群的迁移扩散与疫病防控、有害生物尤其是外来入侵种的种群控制、濒危动物的种群复壮等一系列与生物多样性保护和人类健康有关的问题将继续得到重视。

五、动物资源保护与利用

动物资源是人类生存和发展的重要物质基础，随着全球变化和人类活动的剧增，动物资源受到极大的威胁。在研究层次方面，当前动物资源的保护与利用研究已从描述性、静态研究进入到功能性、动态研究；从区域调查转入定位监测和实验研究；从单一层次转入多层次整合；从单纯的科学发现、机理认识转向与社会经济和国家战略相结合。而在研究范围方面，除不断重视和加强传统研究外，也越来越重视人类活动、外来物种入侵、全球变暖、疾病流行对动物资源的威胁以及战略动物资源的收集与开发利用等，同时也强调动物资源保护和经济发展、社会、政治、传统文化、法律、宗教和管理等的相互协调，以期提出更加有效和更加适用的动物资源持续利用和保护的方法和原则。随着全球化的加剧，分子生物学和计算机技术的迅猛发展，现代动物资源保护和利用研究具有以下特点。

1）数学模型和 GIS 等计算机技术的进步和广泛应用推动了动物资源保护和利用相关研究的发展。从相关实验的设计、数据采集和处理，到模型的建立和求解，都得到了极大的发展。

2）不断发展和更新的分子生物学理论和技术正逐步融入动物资源保护与利用的研究中，该方面的研究从单一的宏观生物学向宏观、微观交叉方向深入，从纯理论研究向实际利用方向逐步过渡（Schwartz et al.，2007）。目前利用多学科交叉，在动物繁衍和进化中走向衰退和濒危的机制、导致动物种群衰退和加速物种濒危/灭绝的胁迫因子、濒危动物保护对策、动物资源安全、动物资源的恢复与利用等方面已成为该领域研究的重要方面。

3）更加重视动物基因资源的搜集、保存与挖掘。基因资源的拥有量是衡量一个国家基础国力的重要指标之一。随着生物技术和基因工程的迅猛发展及知识产权保护制度的确立，基因资源日益凸显其重要性，且生物产业的两个典型特点就是资源依赖性和资源信息化，这就意味着基因资源成为继国土资源之后可以被再占有的战略资源。随着人类社会和经济活动的发展，人们对野生动物资源进行了掠夺式的开发，非法贸易和资源掠夺已成为导致野生动物遗传资源严重流失和全球性的野生动物生存危机的一个重要原因之一。分子生物学技术的迅猛发展，为遗传资源的分子标识、基因文库的建立、转基因、功能基因挖掘和利用提供了可能。

4）更加重视气候变化对动物资源的影响（Mawdsley et al.，2009）。气候对物种的分布和生物气候学特征都具有重要的影响，且到目前为止气候变化产生的影响还在不断加剧。同时气候变化不仅严重地威胁到人类的发展，还间接地影响了生物多样性，加速了物种灭绝的速度。因此全球变化对动物资源的威胁日益成为动物资源保护关注的焦点，如何从科学的角度在人类活动范围内实现栖息地的保护与恢复、如何预测大时空尺度上多因素的相互作用对动物资源的影响等是动物资源保护面临的最大挑战。

5）越来越重视野生动物疫病研究。人类对野生动物的过度利用和对生境破坏的加剧，增加了野生动物疫病在动物间以及人间传播和流行的机会，这无论对资源动物本身或人类都有巨大的威胁。研究这些病原菌的起源，寄主和自然宿主间的传播、流行和进化规律，流行和爆发的生态环境条件以及病原菌的遗传结构和组成是资源动物保护发展的新方向。

6）越来越重视动物资源的可持续利用与保护间的平衡。特别关注人类活动对动物资源影响的过程，如何协调保护及与人为活动有关的社会、政治、传统文化、法律、宗教和管理的关系，发展适用和有效的持续利用及保护措施，是目前急需解决的重大科学问题。

六、实验动物学

实验动物科学是以实验动物资源研究、质量控制和利用实验动物进行科学实验的一门综合性学科。现代意义上的实验动物科学诞生于 20 世纪 50 年代初期，融合了动物学、兽医学、医学和生物学等科学的理论体系和研究成果，发展为整个生命科学不可或缺的支撑学科。实验动物科学作为应用基础学科已经融入许多前沿学科研究中，并由此衍生了一些分支学科或以实验动物为主要支撑的学科，如比较医学、实验动物医学、转化医学和比较基因组学等。

实验动物科学的主要研究内容包括实验动物和动物实验两部分。其一是以实验动物本身为对象，专门研究它的生物学特性、遗传、饲养繁殖、微生物及寄生虫控制、营养和环境等，开发实验动物资源、实行质量控制，为科学研究提供高质量的和品系丰富的实验动物。其二是以实验动物为材料，开展医学实验研究。应用实验动物进行科学实验，进行生命基本规律和病理发生机制的研究，并通过推演、类比解决生命科学和医学中的重大问题。随着实验动物科学的发展，实验动物科学与生命科学、医学、药学、医药工业、航空航天、环境保护、生物安全、食品安全、化学品安全、生态保护等许多学科和行业结合越来越密切，逐步起到举足轻重的支撑作用。20世纪以来，动物实验在生命科学研究中的应用越来越广泛。为了提高动物实验的科学性、准确性和可重复性，人们开始有选择、有目的地开发某些动物的新品种、品系，并对实验动物开展系统研究，对实验动物进行微生物学和寄生虫学控制，进而对实验动物病理学、营养学、生态学、比较医学、管理学、福利学、实验技术、模型制备等进行不断深入的探讨，取得一系列突破性进展。进入21世纪，生命科学与生物技术已经成为现代科学最为活跃的科技领域之一。随着组学和基因工程技术、系统生物学等前沿技术的迅速发展，人类对生命活动基本规律的认知达到了前所未有的程度。而生命科学和生物技术的发展，又极大地促进了实验动物学的发展。实验动物学为生命科学和现代生物学的发展提供技术平台，生命科学和现代生物学把实验动物科学带进分子水平时代并把它推到现代科学技术的前阵。

随着实验动物质量的提高和品种品系的丰富，动物实验已经形成可控性、再现性、可比性的特点，完全可以实现在人为控制的条件下，根据研究目的要求，按照预先设计的程序，对动物进行相应的处理，使动物可以特异、可靠地反映出结构、机能、代谢、体征变化，并通过量化的手段评价这些变化，用于阐明生命基本规律和机理，阐明人类疾病的发病机理和预防治疗措施，创制新药等。目前实验动物学的发展具有以下特点。

1. 实验动物种质资源不断扩大

一方面，用于科学研究的动物种类，从昆虫、鱼类、啮齿类到非人灵长类不断扩展；另一方面，遗传学家培育的用于特定研究目的实验动物品系越来越多，如基因突变品系越来越多，自发突变人类疾病模型动物、基因工程人类疾病模型动物、人类基因多态性工程动物等资源在不断扩大，这些品系资源的建立将为不同的医学研究、生命科学探索和药学研究提供有力的支持。

2. 动物实验和比较医学研究技术的高科技化

由于系统生物学的兴起和对生命科学、医药的体内研究的重视，利用实验动物进行系统研究成为未来一定时期的主流，相应的实验动物体内研究的高科技设备在日益专业化、高科技化。

3. 生命科学研究和医药产业对实验动物的需求不断增加

随着系统生物学、组学等学科的发展和对生命科学和医学的渗透，模式动物、基因工程动物、胚胎工程动物正在逐渐取代常规实验动物。实验动物资源和动物实验技术已经成为许多高新生物技术产业的原材料和技术服务平台，其质量提高将在很大程度上推动我国高新生物技术产业的发展。

4. 比较医学和转化医学等交叉学科成为新兴研究领域

以实验动物和人类疾病动物模型为主要对象，主要探讨疾病的发生、发展和治疗机制的比较医学技术的发展也将为医药研究提供重要的技术手段。新兴的转换医学将基础研究成果转化为临床所使用的技术、方法，将产生重要的社会效益。

5. 实验动物福利和替代方法研究受到重视

随着人类对生命，包括动物生命的重视，实验动物福利法制化与替代方法研究已成为实验动物科学的重要组成部分，体现在实验动物饲育、生产、使用和科研、教育等各个方面。

6. 实验动物科学信息的共享体系建设

发达国家建立了大量的实验动物相关数据库、网站平台，实现了信息资源共享。未来我国实验动物生产供应、动物实验管理、环境设施将逐步实现计算机监控和网络化、信息化管理，并发展相关数据库和网络共享平台。

第三节　我国动物学的发展现状

我国现代动物学的研究起始于20世纪20年代，除高等学校开办生物学系科培养人才外，在南京和北京相继建立了动物学的专门研究机构，开展一些分类学、解剖学等方面的零散研究工作。1978年，我国迎来了科学的春天，在改革开放政策的指引下，通过增加研究经费的投入和广泛开展国际学术交流与合作，我国现代动物学研究进入了新的发展时期。我国广大的动物学科技工作者对动物的形态、分类、生态、生理、进化、遗传和资源保护开展了广泛的研究，发表了大量的文章和专著，取得了很大的成绩，研究水平得到很大的提升。

一、动物系统发育与演化

我国陆地、淡水和海洋生态系统的物种多样性十分丰富，动物种类众多。我国目前已记述的动物物种约10.45万种，占全世界已知种类的1/10左右，但还有绝大多数种类未被我们所认识。以昆虫为例，我国的种类有30万～60万种，但目前已记录的仅约 9 万种，大量的新物种及其科学与利用价值尚有待发现和描记。动物资源的本底调查、动物标本的采集与保藏、物种的发现与描记仍然是当前生物系统学研究中的主要内容之一，动物系统学家们的工作任重而道远。然而，在分类学研究队伍不断缩减，特别是中国分类学的发展面临巨大挑战的今天，亟须一种快捷方便的物种鉴定方法。另外，从分类学的角度，尽管动物志等工作总结了大量传统分类学工作者的长期工作成果，但是分子信息学用于分类学必将发现大量传统方法所不能解决的问题，并大大加速这个传统领域的发展。只要抓住时机，我们在该领域内还有可能迎头赶上，在这一新兴领域占有一席之地。

现代分子生物学、比较基因组学、系统发育基因组学、DNA 分类及 DNA 条形码技术的产生与发展，为动物分类学注入了新的活力，产生和发展了分子系统学。目前已有越来越多的动物类群通过分子系统学的研究手段揭示了物种及类群间的系统发育关系，很多结果与经典的形态系统树相吻合。随着这门学科理论的不断完善和技术的不断进步以及和其他相关学科的交叉融合，它已经成为探讨不同动物类群起源、系统发育及其系统演化过程最强有力的手段。近年来，我国动物系统与演化研究整合了分子生物学、基因组学、生理学、行为学和生态学等学科，以我国动物类群为研究对象，瞄准国际上动物系统学及进化生物学学科前沿的研究热点，在我国动物物种分类、鉴定、编目、形态、进化、系统发育、生物地理学等领域开展了深入系统的研究，取得了一系列重要科研成果。代表基础研究水平的研究论文的数量和质量有了大幅度的提高，中国科学家已在 *Nature*、*Science*、*PNAS*、*Molecular Biology and Evolution*、*Molecular Phylogeography and Evolution* 等国际著名期刊上发表原创性的研究成果，国际影响力得到逐步提升。

作为动物系统分类和区系研究的一项重要研究内容，动物志是记录动物物种多样性的重要工具书。国际上早在 18 世纪末就已经出版不同水平的动物志系列专著，如苏联、美国、英国、德国、罗马尼亚、印度等国均有其动物分类区系专著。我国 20 世纪 50 年代开始着手组织《中国动物志》的编撰工作，1956年，国务院将编著《中国动物志》的任务列入我国科学技术发展远景规划。多年来，《中国动物志》等"三志"的编研一直得到国家自然科学基金委员会、科技部和中国科学院的联合资助。目前，《中国动物志》编研工作进展顺利，到2009 年先后出版《中国动物志》127 卷、《中国经济动物志》11 卷、《中国经济昆虫志》55 册及《中国动物图谱》27 册，我国还建立了动物数字化标本馆，整理和数字化 300 万号标本。迄今为止，《中国动物志》共获国家、省部级奖 25 项；1996 年荣获香港"求是杰出科技成就奖"；1997 年，该项目被近 500 名中国科学院院士评为"中国十大科技进展"之一；2001 年，《中国经济昆虫志》荣获国家自然科学奖二等奖；2009 年，《中国动物志》等"三志"成果分别入选"辉煌 60 年——中华人民共和国成立 60 周年成就展"和"中国科学院院庆 60 周年成就展"。《中国动物志》的编研及出版为我国生物资源的保护和利用、环境保护和区域发展规划等提供了重要科学依据，为其他生物学分支学科研究奠定了基础，为生物多样性保护、生物资源开发利用以及农、林、牧、渔、医药卫生领域中的有害生物防治提供综合信息与基础资料。此外，《中国动物志》编研还担负着为中国培养分类学人才的重任。动物物种和标本的基础科学数据与资料的积累和分析必须依靠一支分类学专家队伍，编研《中国动物志》一直是我国动物分类学家的事业追求。几十年来，《中国动物志》的编研一直在培养中国分类学家方面起着无可替代的作用。目前，我国动物分类学人才匮乏，许多类群的研究后继无人，脊椎动物分类方面尤其严重。作为物种多样性描记的重要形式，《中国动物志》的编写和研究工作应该继续并得到加强，国家应加大投入，将动物志编研与动物分类学人才的培养相结合，改善动物分类学人才队伍委靡的现状。

动物系统学是动物学研究的一个重要组成部分，近年来，国家自然科学基金委员会对动物系统学的平均资助率达到 28.73%。其中大部分研究是利用分子生物学手段对不同动物类群的亲缘关系、遗传多样性、系统发育关系等进行研究，弥补了传统系统学研究的不足，较快地促进了动物系统学的发展。动物地理学对理解动物系统学、地理过程和演化以及全球生物分布格局和全球变化的趋势有重要意义，是动物学科近期和今后一段时期的研究重点。近年来，该领域的国家自然科学基金委员会平均资助率为 26.67%，研究对象主要集中在两栖爬行类、鸟类和鱼类。动物进化研究涉及广泛的动物类群和多层面的科学问题，包括基因进化、系统演化以及协同进化等方面，近年来该领域的国家自然科学基金委员会资助率达到 37.63%。

动物系统与进化研究在我国有较好的基础，虽然研究队伍有一定程度的萎缩，但研究人数总体相对较多，近几年的平均资助率达 22.32%，资助单位主要集中在中国科学院的一些有较好研究基础、有专门的标本收藏和管理条件的单位，还有一些有研究基础的大学。通过多年倾斜资助，特别是对经典分类学的倾斜资助，我国动物分类学科已经逐渐形成一支稳定的研究队伍。除国家自然科学基金委员会之外，我国动物系统与进化研究还得到了中国科学院和科技部"973"计划的支持。近几年来有关该方面的国家自然科学基金委员会重点项目和"973"计划项目包括：中国-喜马拉雅地区生物多样性演变与保护研究、几种代表性动物区域性演化模式的谱系生物地理学比较研究、三江并流区特有鱼类谱系地理分化与区域地史关系研究、鲤科鲃系鱼类分子系统发育和染色体多倍化进程研究、灵长类大脑演化的遗传学机制研究、蚜虫类昆虫关键生物学特征的适应进化——基于详尽的系统发育重建、极原始的原生动物——贾第虫的核仁功能基因组与核仁的起源进化探讨和鲸类分子系统发育及分子系统地理格局形成机制研究等。

二、动物行为学

我国动物行为学的研究主要分布于动物学、心理学、神经生物学等领域。动物学领域的研究主要是针对所研究动物行为的观察和描述，而有关动物行为功能和机理的研究较少。心理学领域的研究主要利用实验动物模型开展与人类疾病，如抑郁、焦虑、成瘾等相关的行为机制研究，而比较认知学方面的研究工作较少。在神经生物学领域，一批年轻的分子生物学和神经生物学家利用动物行为模式，在前沿水平上揭示了动物行为的若干机理。我国动物行为学研究虽然起步晚，但发展迅速。通过动物行为学研究工作者的不断努力，近年来已取得了一些重要突破，相关成果在 *Nature*、*Science*、*PNAS*、*Current Biology* 和 *Nature Neuroscience* 等期刊上发表。

性行为是动物行为学研究的一个重要领域。我国在模式动物和有重要经济意义的动物的性行为研究中取得了一些国际水平的研究成果。例如，对 B 型烟粉虱入侵的行为机制的研究发现，入侵 B 型烟粉虱和土著烟粉虱共存时，B 型烟粉虱雌成虫与雄成虫之间的交配更频繁，卵子受精率提高，产下更多的雌性后代；而且，B 型烟粉虱有"非对称交配互作"的现象，即 B 型烟粉虱雄虫只向土著烟粉虱雌虫求爱但不交配，干扰了土著烟粉虱雄雌性之间的交配（Liu et al.，2007）；对蝗虫的近交衰退机制研究发现雌性蝗虫没有能力识别近亲雄虫和选择受精的能力，但是如果在近亲交配之前，有一个远亲雄虫的交配，通过远亲雄虫非遗传物质的贡献，可以明显地改善近亲后代的衰退（Teng and Kang，2007）。然而这些性行为与生态和进化关系的优秀研究工作毕竟是少数，应该在更多的动物中开展相应的研究。

了解动物个体之间信息相互作用机制的感觉行为学，在国际上备受关注。我国在此领域的研究近几年发展较快，产生了一些独具创新的研究成果。例如，发现生活于湍流中的黄山凹耳蛙能够发出并接收超声，来克服水流噪声，进行性识别和性吸引（Shen et al.，2008）；首次利用行为学和神经生物学方法研究证明小鼠可以利用嗅觉探测到环境中的 CO_2 这样的小分子（Hu et al.，2007）；对生活在我国云南、海南等地区的条纹金蝉蛛的求偶行为的研究发现，雄蛛体表的条纹可以反射杀伤力很大的紫外线 B，只有当紫外线 B 存在时，雌蛛才对雄蛛的求偶行为表示兴趣并做出回应（Li et al.，2008）。除 20 世纪 70 年代我国就开始昆虫性信息素研究外，近几年在北京幽灵蛛、小鼠、大鼠和鸟类等动物的性信息素鉴定方面也有一系列新的发现。但是，这些工作还有待于从生态适应和机制方面开展深入研究。

对典型动物开展迁徙、导航、归巢、定向和扩散机制的研究，是动物行为学与神经生物学、地磁学、分子生物学等紧密结合的研究领域，该领域的研究在仿生学上也具有重要意义，受到各国科学家的重视。我国科学家已证明太阳及天空偏振光能作为蚂蚁返巢的指示，非偏振光源也能指引蚂蚁成功返巢，表明有高级社会性结构的铺道蚁可通过大脑利用光进行导航。最近，利用分子生物学技术发现大熊猫的出生扩散为偏雌扩散，与绝大多数哺乳动物所采取的偏雄扩散行为模式不同。但是，我国还缺乏迁徙鸟类和洄游性鱼类定向和导航机制方面的研究工作。

行为、神经和基因相结合的研究已经成为当今生命科学研究的前沿之一。我国主要在模式动物行为学方面取得一些优秀成果。例如，阐明了果蝇对视觉和嗅觉交叉模态信号的识别、记忆与蘑菇体的相互关系；发现果蝇的神经递质——章鱼胺（相当于高等动物的去甲肾上腺素）的降低，可同时降低雌雄的攻击行为，缺乏章鱼胺的突变体只会引起其他果蝇的攻击；对鸟的发声与脑神经的相互关系也开展了一系列工作，阐明了大脑和社会学习对鸣禽发声及相关行为的影响机制。

随着对模式动物，如小鼠、果蝇行为机制的深入了解，越来越多的科学家开始关注非人灵长类乃至人类的行为特点和机制。我国对野生灵长类的家族结构、社会等级、繁殖中的合作等行为也开展了长期的研究，阐明了多种非人灵长类动物的社会行为特点；最近，对人的合作与惩罚关系的研究发现，惩罚并非总是促进人的合作关系。然而，这些方面的工作仍然需要行为生态学家、神经生物学家和人类学家间的合作，使研究工作更加深入。

在觅食行为方面，我国科学家发现一些农林有害昆虫利用植物释放的气味物质，来寻找宿主和食物源；证明鼠类储存和取食行为与种子丹宁含量密切相关，发现种子大小与动物储藏食物没有关系的新证据，探索了食物丰富度与分散储藏的关系；首次在北美洲以外地区发现松鼠切除橡子胚芽，储存食物的现象；阐明了布氏田鼠、长爪沙鼠等的社会等级、取食、领域与免疫状况的关系。今后，动物觅食行为的研究应该加强利用多学科交叉来探索其机制与进化。

近年来，国家自然科学基金委员会动物行为学的平均资助率为25.41%。从研究的内容来看，主要集中在鸟类和兽类的行为学研究方面，涉及栖息地选择、交配系统与婚配制度、气味识别、发声或化学通信行为、集群模式、迁移规律、社群作用及亲缘辨别等。动物行为学的研究队伍主要集中在中国科学院的相关研究所（如动物研究所、昆明动物研究所、西北高原生物研究所、水生生物研究所等）以及一些研究基础较好的大学（如华东师范大学、北京师范大学、武汉大学等）。近几年资助的重点项目主要有中国珍稀濒危雉类遗传亲缘度及其扩散模式研究、大熊猫的扩散模式及进化机制、青藏高原特有物种山地雀的合作繁殖系统及其空间变异等。

三、动物生理学

近些年来我国动物生理学研究发展较快，许多有影响的成果逐渐出现。研究的主要范围包括环境生理学、生态生理学、比较生理学、进化生理学、行为生理学等，而发展较快的研究领域涉及低温生物学、神经和内分泌学、生态生理学和极端环境生理学等。在哺乳动物和鸟类对青藏高原极端环境的适应方面，通过神经内分泌学、分子生物学、生物信息学和生态生理学的综合研究，发现土著动物高原鼠兔对高寒缺氧适应的独特机制和适应高寒缺氧环境的一些分子机制（Yang et al.，2008），对理解动物适应高原环境的进化机制和高原医学等提供了重要的信息；对冬眠哺乳动物心脏生理学的研究，发现小型啮齿动物对寒冷环境的整合生理适应机制（Wang et al.，2002）；在鸟类鸣叫生理学、爬行动物繁殖策略和生活史进化和鱼类内分泌学和代谢生理学研究方面，也取得了重要进展；发现在各种逆境条件下，胁迫环境可以引发生物体在整体、器官、组织、细胞和分子水平的反应（Tang et al.，2009）；有关冬眠和非冬眠哺乳动物胞内钙离子动态平衡的比较研究、哺乳动物听觉中枢系统声信号的编码、加工及调制研究、我国北方小型啮齿动物整合生理学研究、低氧环境下动物的脑-内分泌-免疫网络研究和对鱼类的比较内分泌反应和调节机制研究等，都有重要的代表性研究成果产生；对于野生恒温动物对全球气候变化的生理响应我国科学家也有涉及；生态免疫学的研究也受到了重视，消化生理学、冬眠生理学、行为神经内分泌学等研究领域也取得了可喜的进展。

近年来，国家自然科学基金委员会对动物生理学研究的平均资助率达到23.85%。研究对象涉及一些重要的动物类群，研究内容涉及功能基因的克隆及分子机制、蛋白质的功能、生理功能的调节、信号转导途径等，动物对极端环境的适应也受到重视。从整体发展看，动物生理学的研究队伍相对较小，主要集中在中国科学院的相关研究所（如动物研究所、昆明动物研究所、西北高原生物研究所、水生生物研究所和成都生物研究所等）以及一些研究基础较好的综合性大学（如北京大学、中山大学、北京师范大学、东北师范大学、浙江大学、华东师范大学、南京师范大学、中国农业大学、陕西师范大学等）。近几年来资助的重点项目主要有动物神经毒素起源的实验室模拟、两栖动物肽类毒素分子结构与功能多样性及环境适应机制、哺乳动物冬眠适应性的分子机制、动物垂体发育和促性腺激素分泌的细胞和分子机制等。

四、动物种群生物学

近年来，种群生物学正从对种群特征的描述向对种群动态调节及进化适应机制的揭示方向发展。我国学者在动物种群生物学研究方面开展了大量工作，特别是在珍稀濒危种种群生物学方面更是取得了一系列的成果。在鸟类研究方面，我国科学家主持的"中国珍稀濒危雉类生态生物学和驯养繁殖研究"项目获得了 2000 年度国家自然科学奖二等奖，带动了我国鸟类生态学许多研究领域的发展，该研究获得了涉及黄腹角雉、红腹角雉、血雉、红腹锦鸡、褐马鸡、白颈长尾雉、海南孔雀雉等特产鸟类大量的种群生物学数据。我国科学家对朱鹮种群也进行了长期系统的研究，研究涉及活动区与栖息地利用、种群动态监测和种群生存力分析等多方面，研究成果获得国家科技进步奖二等奖。此外，有关东北鸟类、中国石鸡种群生物学和进化生物学的研究都取得了重要进展。在兽类方面，自 20 世纪 70 年代以来，我国动物学家对大熊猫、金丝猴、羚牛、麋鹿、海南坡鹿等珍稀物种以及啮齿类等有害物种的种群生物学开展了长期的系统研究。例如，发现野生大熊猫种群的遗传多样性在濒危食肉动物中居于中上等水平，证实该种群是一个保持较高遗传多样性的健康种群，具有长期续存的进化潜力。在白鳍豚、江豚的种群数量、动态、年龄结构等方面的研究也取得了突破性进展。在两栖爬行动物方面，对扬子鳄等重点物种的种群生物学研究为这些物种的合理保护提供了科学依据。有关昆虫种群生物学的研究，主要集中在对有害及入侵昆虫种群爆发的预警和防控方面。

五、动物资源的保护与利用

由于我国经济高速发展，动物资源受到不同程度的冲击，一些濒危物种受到更严重的威胁，对濒危物种和动物资源的保护仍将是近年及未来的重要任务。

动物资源保护和利用研究在我国起步较晚，但发展迅速。我国科学家对大熊猫、金丝猴、羚牛、普氏原羚、藏羚羊、海南坡鹿、白鳍豚、江豚、斑尾榛鸡、黄腹角雉、红腹角雉和扬子鳄等重要濒危动物的行为生态学和保护生物学开展了长期深入的研究，研究取得了可喜的成果，为国家制定物种保护措施和启动栖息地保护工程提供了科学指导。《中国濒危动物红皮书》已陆续编撰和出版；中国雉类和朱鹮系列研究成果分别获得国家自然科学奖和国家科技进步奖二等奖；我国脊椎动物受威胁格局研究取得了突破，发现中国脊椎动物的受威胁格局与发达国家，如美国截然不同，过度利用是中国脊椎动物的最大威胁。

在金丝猴保护研究中，发现青藏高原隆升、气候变化及人类活动对滇金丝猴的遗传格局有显著的影响，黔金丝猴受人类活动影响特别严重，而对川金丝猴的研究则明确提出了栖息地保护原则；分子生物学研究方法在濒危动物保护研究中得到广泛应用，利用分子标记发现大熊猫种群数量远高于先前的估计，发现大熊猫具有偏雌扩散的特点，证实大熊猫并未走到进化历史的尽头（Zhan et al.，2006；zhang et al.，2007）；通过对麋鹿和海南坡鹿栖息地的改造与恢复，其种群重建已获得成功；发现白鳍豚已处于功能性灭绝的境地，引起了世界广泛关注。

近年来，国家自然科学基金委员会对动物资源与保护的平均资助率为21.14%，主要资助的濒危物种涉及兽类、鸟类、鱼类和两栖爬行类，还有少部分的原生动物。研究内容主要包括栖息地选择、生境片段化对基因交流和种群结构的影响、种群遗传结构、繁殖生物学及种群状况及保护对策等方面，有关行为的适应性研究也有涉及。近几年资助的重点项目主要有：长江江豚种群衰退机理研究、扬子鳄种群衰退的分子机理研究等。

六、实验动物学

在现代科学技术革命推动下，人类基因组学、干细胞工程学、分子生物学、克隆技术、转基因技术、基因敲除技术、基因芯片、蛋白质芯片、生物净化技术等新技术的进展，使生命科学和生物技术呈现出前所未有的发展态势，而所有这些都离不开实验动物作为基础。实验动物科学不仅作为生命科学和生物技术的重要支撑条件，同时作为生命科学研究的模式动物和比较医学的主要对象，在阐明基因的结构与功能、模拟人体正常生命现象与疾病生命现象等诸多方面具有不可替代的作用。随着现代科学技术的发展，传统的实验动物已经不能满足生命科学和生物技术发展的需要，科学家们应用现代生物技术，如转基因技术、基因打靶技术等，创造出遗传组成和特殊生物学特性的动物新品系和模式动物以适应于现代科学技术发展的需要。这些实验动物新品系和新的实验动物模型在前沿科学的应用又极大地促进了实验动物科学的发展。实验动物科学为生命科学和现代生物学的发展提供技术平台，生命科学和现代生物学把实验动物科学带进分子水平时代，并把它推到现代科学技术的前阵。1901~2008年，有67.5%诺贝尔生理学或医学奖研究成果使用实验动物或动物获得，涉及动物25种119次。*Nature*、*Science* 国际著名期刊中，使用动物模型研究成果发表的生物医学论文占其总数的35%~46%。

在我国，最早开展实验动物工作的是1918年齐长庆教授在原北平中央防疫处饲养小鼠。改革开放后，中国实验动物科技工作得到大力发展。为了加速我国实验动物学科的发展，适应生命科学发展的需求，缩小与西方发达国家的差距，1988 年我国第一部行政法规性文件《实验动物管理条例》经国务院批准发布施行。在此基础上对实验动物实行统一的法制化、标准化管理体制，逐步建立了较为完善的组织机构管理体系、法规标准体系和质量保障体系，随之相应的管理政策法规也逐步完善，使得我国实验动物学呈现出快速、健康发展的趋势，在短短的 30 年内实验动物学和实验动物行业取得了国际实验动物学界赞叹的发展速度和公认的成就，如通过基因工程等先进技术开发了一系列用于生命科学研究领域的实验动物品种、品系。

我国目前在生命科学研究领域使用的实验动物品种、品系以从国外引进的品种、品系为主，如 BALB/c 小鼠、C57BL/6 小鼠、ICR 小鼠、SD 大鼠、Wistar 大鼠、Hartley 豚鼠、Beagle 犬等。同时，我国特有实验动物资源也占有一定比例，其中 KM 小鼠的用量占全部小鼠用量的 70% 左右。我国特有实验动物资源有 4 种来源，包括自主发现与培育、历史沿革、野生动物的驯化和基因工程动物，包括以下几种：①小鼠。KM、615、TA1、TA2、T739、IRM21、IRM22、NJS、AMMSP1、豫医无毛鼠、BALB/c 突变无毛小鼠。②大鼠。TR1、白内障大鼠。③地鼠。中国地鼠、白化仓鼠、长爪沙鼠、东方田鼠、灰仓鼠。④豚鼠。Emn21、DHP 豚鼠、FMMU 白化豚鼠。⑤兔。大耳白兔中国兽药监察所封闭群兔、哈白兔、南昌兔、青紫蓝兔。⑥犬。小型比格犬、华北犬、西北犬、山东细犬。⑦猕猴。恒河猴、青面猴。⑧小型猪。巴马香猪、贵州香猪、五指山小型猪、版纳微型猪、藏猪。⑨水生动物。剑尾鱼、红鲫、银鲫。⑩家禽。京白系列。⑪其他动物。高原鼠兔、树鼩、旱獭、兔尾鼠等。新型实验动物资源以引进和创制并举。国家投资建设了国家遗传工程小鼠资源库，各种基金也投入大量资金创制基因工程实验动物，已经建立了多个基因工程动物研究中心，开始有商业化的多种转基因/基因敲除小鼠出售。据估算，我国基因工程动物品系近 1000 个，但与美国相比差距仍然巨大（美国创建并保存了 2 万多个品系）。我国在这方面整体水平的落后，在很大程度上影响了我们在分子医学领域包括整个生命科学研究领域的创新性和竞争力。

近几年，国家和地方实验动物科技平台建设速度很快，已逐步形成一个有机的整体。国家层面为加快实验动物标准化、规范化全面提升我国实验动物科学整体水平，建立科技平台为全社会提供资源和技术服务和支撑，初步建成的实验动物技术平台包括：①实验动物信息平台（E 平台）；②实验动物遗传资源共享平台；③实验动物种质资源的保存与共享平台；④实验动物公共服务平台；⑤灵长类 GLP 动物实验平台；⑥比较医学技术共享平台。

我国实验动物科学经过近 30 年的发展取得了丰硕成果，在解决我国老龄化、环境污染、重大疾病、传染病控制、新药研发、食品安全、航空航天等诸多方面发挥了关键作用，使我国该领域已具备了较强的创新性和竞争力。近年来，国家自然科学基金对实验动物学研究方向的平均资助率达到 17.71%。研究项目涉及模式动物主要为大鼠和小鼠，其次为家兔、猴子、鸡、轮虫和纤毛虫等。目前，实验动物学的资助率总体还较低，研究特色和优势还不明显，连续获得资助的单位和个人还较少。近年来，仅一项重点项目——"原始脊索动物 Pax 基因功能及文昌鱼实验室模式系统建立"获国家自然科学基金资助。

第四节　我国动物学的发展布局

我国现代动物学研究起于 20 世纪 20 年代，研究重点涉及动物分类、区系和动物地理学等多方面，且持续时间最久。到 80 年代改革开放以后，我国动物学最显著的特点是引入分子生物学等新技术和新方法，并大量应用于动物系统学、动物进化、动物生理学和濒危动物保护研究中。而有关动物行为学的研究还比较薄弱，大部分的研究还处在描述阶段，未深入到行为机制的揭示及进化规律的探讨。

未来我国动物学的发展布局，应在引进微观研究手段的同时，加强宏、微观相结合的研究，以揭示动物生命活动的本质。学科布局应重点考虑以下几个方面。

1）动物分类学研究除了重视引入分子生物学等技术手段外，还要从进化生物学、动物行为学、生殖生物学等理论层面，开展形态和解剖特征之外的进一步分类特征和系统学研究，更全面地认识种的特征，发展动物志学。

2）动物行为学是动物学最具特色的分支学科，要鼓励以各个类群不同特点动物为研究对象，从动物行为学的四个基本问题（行为的成因、功能、发育和进化）开展研究。尤其要鼓励采取整合的多途径和多手段，如声学、化学、电磁学、神经生物学、基因组学等开展动物行为学的综合研究。

3）鼓励利用现代科学技术和手段，如基因组学、蛋白质组学、代谢组学、纳米技术、信息科学等对动物的形态结构、功能和生理机制开展进一步的比较研究，对动物的结构、功能、生理和遗传机制有深入的理解。

4）鼓励加强动物学理论问题，如成种、性选择、进化博弈等的探讨，并利用重要模式动物进行验证。

5）重视濒危物种保护研究中新理论和新技术手段的应用，提升濒危动物保护研究水平。

第五节　我国动物学优先发展领域与重大交叉领域

　　动物学优先研究领域的遴选遵循以下原则：在比较和整合的思想指导下，就动物的生命现象本质从机制上进行探讨，既重视经典学科，又鼓励不同学科的交叉融合，加强新技术和新方法的应用。

一、优先发展领域

（一）《中国动物志》编研

　　《中国动物志》是对我国动物种类、动物区系和动物资源进行系统总结的系列专著，是人类自然遗产的永久性记录，是研究物种多样性、探讨物种演化和系统发育的奠基石，是动物资源保护与利用、有害物种控制及生物多样性保护的理论依据。它的编研与出版可为其他生物学分支学科研究奠定基础，为生物多样性保护、动物资源开发利用以及农、林、牧、渔、医药卫生（寄生虫学、流行病学、诊断学等）领域中的有害生物防治提供综合信息与基础资料，为制定解决人口和环境问题的决策提供科学依据。

　　重要研究方向：

　　1）动物标本的收集、鉴定与保存，新物种的发现及已知种类的再描记；

　　2）动物各级分类阶元亲缘关系探讨、检索表编制；

　　3）动物类群的区系组成、地理分布、生态及生物学特性。

（二）动物系统发育重建与分子进化

　　进化是生命科学的基本问题之一，没有进化论的指导，生物学的许多问题都难以解释。20世纪，动物进化研究取得了显著进展，也带动和促进了相关领域的发展。目前对动物系统发育关系研究的假设已经成为进化生物学研究的参照系，且蛋白质、RNA、DNA等生命活动所必不可少的基本物质在生命进化中所起的作用，以及对系统发育重建和分子进化问题的研究所能提供的信息也受到了人们的高度重视。特别是现代分子生物学技术手段的发展和基因组研究的突破性进展又为进化的深入研究创造了难得的机遇。鉴于我国具有丰富的生物种类和多样的环境条件，近年来我国在进化生物学领域也取得了骄人的成绩。

由于进化研究涉及的问题非常广泛，因此在有限的时间内只能根据我国的特色和优势，集中一些重要科学问题进行深入探索。

重要研究方向：

1）重建生命之树（系统发育），探讨动物进化的过程；

2）研究形态进化与分子进化的关系，阐明形态进化的发育和遗传机制；

3）DNA分类、DNA条形码技术、比较基因组、系统发育基因组学、基因与基因组进化；

4）进化发育生物学、进化发育式样多样性、适应性进化与辐射。

（三）动物适应性进化与物种形成机制

物种的产生机制始终是进化生物学领域最核心、最基本但同时也是最活跃的问题，而生物进化和物种形成的核心实际上是适应进化和自然选择作用。适应性进化是指生物在不同的选择作用下，产生局部的结构和功能改变，以适应特殊的生存环境，从而导致不同物种或同一物种的不同个体只能生存在各自特定的环境或分布区。在相当长的时间里，大多数的进化遗传学研究主要通过一些中性分子标记来描述种群遗传结构和种间的系统发育关系，从而来探讨物种发生的机制和过程，但中性标记的缺陷使得揭示出来的种群结构和系统发育关系的适应意义不清楚。然而，目前对各种进化驱动力如何导致新物种产生仍知之甚少，仅有少量的基因可与某些类群的物种形成关联起来。因此，今后的研究将主要通过进化中具有重要适应意义的标记来开展，以揭示种群分化和物种形成的过程及其适应。

重要研究方向：

1）物种形成的分子机制；

2）与动物生态适应与进化相关的表型和生理特征及其分子；

3）物种形成中与适应相关的重要功能基因与基因组区域的鉴定及其作用机制；

4）与适应相关的基因或基因家族的起源和进化；

5）动物性选择的遗传学机制。

（四）动物的时空地理格局形成、演变及维持机制

动物时空地理格局的研究主要借分子遗传学、种群遗传学、行为学、统计学、系统发育学、古地理学、地质学和历史生物地理学等多学科的资料，将种内水平的微进化和种间水平的宏进化有机结合起来，主要着眼于重建物种历史

过程、推测物种扩散途径并了解遗传变异在空间上的分布形式，借此探讨全球
气候变化、地质变迁对物种遗传多样性的影响以及环境变化下物种扩散及迁徙
的形式，分析基因世系空间分布格局的历史和系统发育因素，再现和重建物种
系统发育过程，推测其相关的现有格局的维持机制。

重要研究方向：

1）物种时空地理分布格局产生的机制；

2）冰川、地质环境演变对不同物种地理格局产生的影响；

3）动物多样性起源中心和历史避难所及物种拓殖途径和路线；

4）种下分类阶元的多样性和系统地理过程。

（五）动物行为的机制与进化

动物行为是动物个体和动物社群适应内外环境变化刺激所做的反应，是对
周围生物和非生物环境所做的动态适应。为适应不同的生态环境和选择压力，
动物演化出不同的行为对策。行为生态学、行为遗传学、神经生物学、生理学、
分子生物学、社会生物学等学科的发展和应用为动物行为学的研究开辟了新天
地，对于阐明行为功能的机制和进化适应意义具有十分重要的作用。目前，动
物行为学研究的主要问题是动物行为的机制、发育、功能和进化。通过实验室
内和野外行为观察和实验操纵相结合的途径，在个体、种群、群落水平上分析
动物在自然条件下行为的特点及适合度，以及研究行为的成因和进化。同时，
关于行为经济学和进化稳定对策的研究，又为行为学研究注入了强大的生命力。
鉴于我国动物行为学研究理论水平比较薄弱，但国际上又迅速发展的特点，应
该鼓励针对动物行为学的具体科学问题，选取合适的动物模型，充分利用整合
研究的手段，开展有一定理论水平的实验性基础研究。

重要研究方向：

1）动物性选择和婚配制度的特点及机制；

2）动物通信行为、生理功能及调控机制；

3）动物觅食、迁徙、扩散、归巢等行为的定向和导航特点及机制；

4）动物合作与互助、攻击与对抗等社会行为特点及其进化机制；

5）动物性行为和社会行为的生理、遗传和神经内分泌调节机制；

6）动物行为的进化博弈及进化稳定对策。

（六）动物对逆境（特殊环境）的生理适应机制

动物生理学的主题是动物对环境的生理适应，当今的核心问题是基因型和

表现型之间的关系。面对日益严重的环境恶化、环境污染、全球气候环境变化，针对我国不同地理条件和极端环境等，从基因到整体研究动物不同组织层次上的生理适应变化，对于理解动物生理功能的多样性和各种生物现象，以及人类的生存和健康问题等都至关重要。许多领域在我国的发展都很薄弱，值得重点发展，如极端环境生理学、生态生理学、进化生理学、生态毒理学、低温生物学（冬眠生理学）等。动物生理学的成果对许多环境问题、生态问题和人类健康问题等都具有重要意义。

重要研究方向：

1）不同环境条件下动物生理功能的多样性及适应性；

2）动物生理学特征的个体差异、分子调控及其进化意义；

3）动物特殊生理功能的细胞和分子机制；

4）重要生理功能的系统发育、适应和进化机制；

5）动物蛰眠和冬眠生理学及其适应机制；

6）全球气候变化对不同动物类群生理功能的影响。

（七）濒危及有害动物的生殖调控机制

生殖是物种得以延续的重要手段。生殖过程包括精子发生和成熟、卵母细胞发育与排卵、受精、胚胎着床和妊娠维持等重要环节，其中任何一个环节出现问题，都有可能引起妊娠失败。成功的妊娠与环境和生态等因素密切相关。然而，我国一些珍稀濒危动物繁殖力低下，而有害动物繁殖却难以控制，这些问题的解决均需要对其生殖规律和调控机制进行研究。目前，我国仅对少数濒危动物的生殖、生理和人工辅助繁殖进行了比较系统的研究，而对大多数濒危动物和有害动物的生殖规律还知之甚少。通过深入研究濒危动物或有害动物的生殖规律，并将来自模式动物和人类临床的生殖、发育与干细胞领域的理论和研究手段应用到濒危动物和有害动物的生殖研究中，势必有助于更深层次地揭示野生动物的生殖调控机制，建立新的、有效的繁殖或保存技术，从而保护濒危动物免于灭绝，防止有害野生动物种群爆发而产生危害。

重要研究方向：

1）生殖细胞的发生、受精、着床、胚胎发育等的过程和规律；

2）神经内分泌激素和受体基因在生殖调控中的作用；

3）配偶质量，如近亲、免疫缺陷、感染疾病等对生殖过程影响的机制；

4）人工辅助或控制生殖技术在野生动物中的应用；

5）濒危动物干细胞系的建立。

（八） 动物濒危的生态与遗传学机制

大量的研究表明，导致物种濒危的因素主要有物种进化历史、生活史对策、繁殖特性、栖息地被破坏、物种的生存力和分布特征等。然而，是生态因子还是遗传因子在物种濒危中起主导作用仍然存在争论。生物总是以特定的方式生活于某一生境之中，同时动物的各种行为、种群动态及群落结构都与其生境分不开。要了解某一特定物种为什么受到胁迫，就必须研究物种与生境之间的生态关系和进化历史，了解区域气候变化的历史以及人类活动引起的土地利用型的改变等。揭示物种受威胁格局及濒危机制，是开展恢复和保护工作的重要基础，而生境破碎化则被认为是导致物种濒危的最主要因素之一。然而新近的研究也发现有些物种经历群体片段化后仍可以维持较高的遗传多样性和较大的种群间的基因流，因而种群片段化的遗传后果以及片段化和物种濒危的关系尚待进一步探讨。一些遗传多样性低的濒危物种，如朱鹮和麋鹿，在采取了合理的保护管理模式后，其种群迅速增长，由此又产生了新的科学问题，即物种的繁殖策略（自然和人工状态）对自身生存繁衍的影响及其适应性意义，以及物种自身维持遗传稳定的策略。因此，要通过整合各个方面的研究，探讨受胁迫物种的影响，了解不同物种受威胁的生态与遗传学机制。

重要研究方向：
1） 物种受威胁格局及濒危机制；
2） 各种生态因子对物种濒危的影响、程度、方式和途径；
3） 受胁迫物种遗传多样性格局的现状和演化历史，以及维持与丧失的机制；
4） 濒危物种小种群衰退的机制与复壮；
5） 景观因素变化对受胁迫物种的生态学及遗传学影响；
6） 繁殖策略与物种生存力的关系及其遗传稳定对策。

（九） 动物种群动态及其调控机制

动物种群生物学是研究动物种群的结构、形成、发展以及运动变化规律的科学。早期的研究侧重动物种群的结构、数量及其变化，随后，有关动物生活史特征及其适应机制的研究得到重视，特别是种群数量调节机制等。种群生物学的主要组成部分是种群生态学和种群遗传学。种群生态学研究种群内各成员之间、它们与其他种群成员之间以及特定种群与周围环境之间的相互作用与相互关系，而种群遗传学研究种群的遗传结构和遗传过程。目前，我国还缺乏对很多动物的种群长期动态的系统研究，对其种群发展趋势和调控机制难于进行解释。针对我国珍稀濒危、特有和有害动物（昆虫和啮齿动物）进行种群生物学的研究，在野外考察或长期监测的基础上收集种群数量和生活史特征的各种参数，不仅会有许多原创性基础研究成果产生，而且将为濒危物种保育、资源动物的合理利用以及虫鼠害的综合防治提供依据。

重要研究方向：

1）动物种群的数量消长规律及种群数量调节机制；

2）动物种群的遗传结构与进化潜力；

3）濒危物种的种群生存力分析与复壮对策；

4）有害动物的种群动态与调控；

5）物种之间的相互作用机制。

（十）动物多样性与生态系统功能的关系

物种多样性与生态系统功能的关系已成为现代生态学研究中备受关注的重要科学问题。生态系统功能是指生态系统执行其基本生态系统过程的能力，包括水分的流动和储存、生物生产力、生物地球化学循环和生物多样性的维持等。生物多样性的变化将改变水分、养分和光能的利用效率，影响群落内食物关系（营养结构）和干扰发生的频率、程度和范围，从而对生态系统功能过程产生影响。我国是世界上物种多样性最为丰富的国家之一，长期以来由于人类活动的强烈干扰和资源的不合理利用，物种多样性维持受到了极大的威胁，生态系统功能显著降低。因此，开展物种多样性与生态系统功能关系的研究具有非常重要的理论和实践意义。

重要研究方向：

1）物种多样性的形成和维持机制；

2）生态系统内物种间相互作用的方式与机制；

3）物种多样性与生态系统稳定性和演变的关系；

4）物种多样性与外来种侵入的关系与机制；

5）物种丧失（剔除）对生态系统功能的影响与机制等。

（十一）全球气候变化及人文因素（环境污染、大型工程等）对动物多样性的影响

我国作为世界上少数几个生物多样性特别丰富的国家之一，在全球生态系统中具有特殊而重要的地位和作用。全球变暖、环境污染、大型工程的建设等正越来越深刻地影响动物的生存与繁衍，导致种群数量减少，甚至濒危与灭绝。

越来越多的长期研究表明，气候变化以及人的因素已改变了许多物种的分布范围、活动节率、种群动态、生态系统过程以及种间关系，对动物资源的威胁日益明显，寻找和发展在全球变化、环境污染、大型工程等背景下的动物资源保护对策是当前和未来重要的发展方向。

重要研究方向：

1）全球气候变化、环境污染、大型工程等对动物生存和繁衍的影响过程和特点；

2）在全球变暖、环境污染、大型工程等影响下，重要动物类群的分布格局的变化规律；

3）物种或种群间相互关系及生态系统功能对气候变化的响应与适应特点；

4）全球变化、环境污染、大型工程等对动物多样性影响的监测、评估与应对措施；

5）全球气候变化及人为因素影响下动物疫病的传播规律及特点。

（十二）野生动物实验动物化和新实验动物模型的建立

实验动物科学是以实验动物资源研究、质量控制和利用实验动物进行科学实验的一门综合性学科。动物实验模型对生命科学理论的发展做出了不可磨灭的贡献，如狗与条件反射假说、家鸭和鹅与印痕效应以及果蝇与摩尔根遗传规律等。越来越多的动物，如大鼠、小鼠、狗、斑马鱼、线虫、蜜蜂正在成为某些学科特定理论研究必不可少的实验模型。许多实验动物是由野生物种先后驯化和繁殖而来的。随着动物学的发展，越来越多的动物的特性得到认识以及新的科学问题不断出现，我们有必要对更多的野生动物进行驯化，使成为新的实验动物模型。

重要研究方向：

1）我国实验动物资源的扩展、野生动物驯化、繁殖与实验动物化；

2）新的实验动物和医学实验动物模型的建立；

3）实验动物比较医学研究。

二、重大交叉研究领域

（一）动物形态功能及仿生

功能形态学是从适应和进化的角度探讨生物形态特征与其功能实现的一门融生物学、物理学、化学、数学、信息论、人机工程等多学科于一体的交叉学科。动物在长期的进化过程中演化出了各种形态结构以实现各种特有的功能。对这些形态结构及其功能实现机制的研究，不但可以更深刻地理解生物进化及进化机制和动力，同时也是当前材料制造、工程力学、信息处理等诸多领域的仿生技术发展的基础，对军事、医学和国民经济发展有重要意义。因此，功能形态学及仿生的理论基础研究可能对今后的产业规划具有深远意义。

重要研究方向：

1）动物实现特定功能的形态结构及其进化过程和途径；

2）形态结构实现特定功能的物理、化学、信息机制；

3）动物神经系统信息传导、整合与功能实现之间的关系和机制；

4）仿生工程的实现与应用。

（二）动物通信信号的解码和作用机制

动物可以借助灵敏的感觉，利用环境中许多人类无法感知到的物理和化学信号探知环境的变化，及时采取适应性的行为，如寻找配偶、发现食物、回避天敌、定向导航等，以增加生存的机会和适合度。环境中被动物利用的信号可来源于各种生物，如回声定位、化学信息素，也可来源于非生物，如地磁场导航。动物自身释放的通信信号以一定的结构和组成来传递特定信息给其他个体；动物也有灵敏的接收器官，接收其他动物发出的各种信号，并通过大脑的特定系统识别这些信号所包含的信息，进而调节有关脑区的神经活动，做出适应性的行为和生理反应。动物对环境中的非生物源信号，如地球磁场、次声、CO_2等的特殊感受机制也备受科学家的关注。所有这些研究揭示了动物世界很多不为人知的秘密，如事先感觉并识别与灾害发生相关联的、不为人类所感觉到的前兆信号，而出现异常行为反应。调节动物行为的相关信号的研究需要将动物行为学、生理学、神经生物学与物理学、声学、光学、电场学、电磁学、有机化学等紧密结合起来。动物通信信号的解析，不仅使我们可以了解动物行为的成因，也将为动物仿生、野生动物管理等提供新的途径。

重要研究方向：

1）调节动物行为的化学、声学、光学、生物电等生物源信号的组成特点及接收机制；

2）动物通信信号的特点、系统演化及分子调控机制；

3）动物定向和导航所利用的非生物源信号组成特点及感受机理；

4）生物源信号产生的生理和基因调节机制；

5）本能和学习在识别动物信号中的作用；

6）动物通信信号的分析技术及活性成分（信息）编码方式和人工模拟方法。

第六节　我国动物学领域的国际合作与交流

　　科学研究的国际化是基础科学研究的一个明显特点。要充分利用我国改革开放的大好形势，积极与国外同行进行合作，尤其在我们比较薄弱的研究领域，通过合作迅速完善学科建设，提高我们的动物学理论和技术水平，增强自主创新能力，培养年轻的创新人才，解决一些重大的国际性实际问题。

　　在经济全球化、科学技术日新月异的今天，加强动物学国际合作与交流成为至关重要的问题。纵观国际动物学标志性的优秀成果，多数是由若干个研究团队共同合作完成的。目前我国动物学研究正在快速发展，也取得了一些有重要国际影响的成果，但与世界先进国家相比还有十分明显的差距，突出表现在：具有国际视野的领军人物数量少，科学研究的理论基础相对薄弱，应用多学科知识解决动物学问题的能力不足，英文论文的写作能力有待提高，高水平的研究论文数量和质量与国际一流实验室相比差距较大等。

　　了解国际动物学发展的趋势和发展规律，利用与国际著名专家学者及其研究团队的合作与交流，是推动我国动物学研究快速发展和薄弱分支学科建设的可行途径。目前，我国动物学领域已经具备开展国际学术交流的良好基础。2004 年，国际动物学会重新建立，并将秘书处建在中国科学院动物研究所，为促进我国动物学的国际合作与交流提供了优越条件。此外，中国动物学会的各个分支学科都与国际相关学术组织建立了联系，并定期派学者参加国际动物学领域的学术研讨会。我们应当充分利用各种机会加强国际合作与交流，进一步提高合作的层次，利用我国的动物资源优势，大力提升我国动物学研究的自主创新能力。

　　应继续引导国内学者对国际前沿和热点问题的关注，支持举办高水平的学术研讨会和动物学青年人才培训班，通过学科交叉促进整合动物学的发展。通过进一步加强国际合作，支持国内优秀的动物学研究团队与国外该领域的顶尖实验室建立良好的合作关系，吸引一大批优秀的国际权威专家来华工作，与我们现有的技术力量形成优势互补的高水平研究队伍，共同承担国际合作项目以及国家和地方重大研究项目。同时，引进国外先进的技术方法，有利于我们开展创新性研究，以产生更多高水平的研究成果和培养更多优秀的中青年研究骨干。应大力支持在华召开国际学术研讨会，并鼓励更多研究人员出国合作研究或参加学术研讨会，促进我国动物学研究的国际交流与合作。

　　动物学的国际合作应尽量体现对等和互利。要选择我国基础研究有优势和特色的领域加大支持力度，应结合国际学术前沿和热点问题，支持原始创新。根据近期国际动物学研究的发展趋势和我国动物学的发展现状，未来我国动物学国际合作侧重在动物资源的收集与保存、动物系统发育、物种形成机制与分子进化、全球气候变化对动物多样性和分布格局的影响、动物迁徙与疾病的传播规律、外来物种入侵机制与防治、生物多样性与濒危动物保护等多个方面。

第七节　我国动物学领域发展的保障措施

围绕我国动物学发展规律与特点及我国动物科学研究现状，积极完善和发展动物学各分支学科、培养创新人才梯队和技术人员、建立健全实验平台和科研成果评价体系对于我国动物学的发展十分必要。

（一）基础学科的建设和发展

我国动物学的学科发展不均衡，有些重要学科，如动物行为学研究力量薄弱，理论层面不高，应鼓励对一些重要动物类群和重要行为学问题开展研究，使我国动物学学科建设更加完善。基于我国动物分类学人才流失、基础不断削弱的严峻形势，应通过继续设立经典动物分类和形态学研究专项基金等措施大力扶持该领域的研究工作；同时，鼓励经典分类学与其他动物学分支学科进行交叉，发展新的学科增长点。由于动物资源的合理利用与保育关系到我国的可持续发展，因此应对我国一些关键地区和特色类群的动物学研究领域予以倾斜。对于属于国际前沿的或综合性的研究方向，建议通过设立重大或重点项目给予较大规模的资助。根据学科发展需要，对在基础性研究方面工作基础好的实验室要进行长期稳定的支持。要加强对动物学新技术研发的布局，鼓励企业对动物学研究进行投资，引导科研人员结合国家的重大需求从事动物学的应用基础研究，积极促进科研成果的产业化。

（二）人才队伍

培养优秀创新学术团队，造就一批具有国际竞争力的研究队伍，可进一步提升我国动物学基础研究的水平。要采取有力措施，保障对现有优秀研究团队的长期稳定资助，以提升我国动物学的原始创新和集成创新能力，扩大国际影响。继续加大创新群体和国家杰出青年科学基金的支持，根据国际动物学的发展趋势和我国的国家战略需求，积极组建"动物行为学"、"动物保护生物学"、"动物适应性进化"、"动物与全球气候变化"和"野生动物疫源疫病"等以动物学及分支学科为主体、相关学科人员参加的创新研究团队。在人才队伍建设上，积极引进国外学有所成的专家和优秀境外学者，同时大力培养国内优秀中青年学术骨干。加强海外学者来华合作研究和交流的专项基金的支持力度，设立动物学博士后专项研究基金。鼓励动物学领域的研究人员与其他生命科学领域的研究人员合作，培养交叉型的人才。应该重视现有科研人才的理论知识的培训，着重培养和建设一批技术人才队伍。

（三）支撑环境

在硬件建设上，我国目前已经逐步形成了一批接近国际先进水平的动物学实验室，今后需要继续加大投入来加强实验室能力和环境建设。一方面，应加强博物馆、标本馆、野外研究基地等动物学科研基础设施和基地建设，提高科研仪器和技术装备的现代化水平，建设一些高水平的国家级、部级重点实验室，创建若干具有国际领先水平的国家重点实验室，为推进学科建设提供稳定支撑。另一方面，应该以资源整合、优化配置为主线，采取灵活多样的模式形成比较完善的共享机制，实现动物学科技基础条件资源高效利用。此外，应积极推进我国动物资源尤其是珍稀濒危物种信息技术平台的能力建设，为政府决策提供服务。

（四）实验平台建设

整合动物学的研究特点决定了现代动物学研究要充分利用其他学科或领域的先进技术。共享实验平台的建设可以节约资金，快速促进一个或几个研究单位的学科跨越。实验平台包括基因组学、代谢组学、蛋白质组学、神经生物学、生理学等专业比较成熟的大型设备、实验手段的建设以及相关技术人员的配备。从比较动物学研究的需要出发，很有必要建立数据共享平台和网络，促进合作和发展。

（五）建立合理的评价体系

为给科研人员创造一个相对宽松的科研环境，鼓励自由探索和创新，鼓励科研人员潜心从事长期性的基础研究工作。作为一门基础学科，除了以 SCI 论文影响因子来评价成果的创新程度外，还要尽快建立健全多标准、符合我国动物学基础和发展需要的综合评价体系。

◇ 参 考 文 献 ◇

刘凌云，郑光美．2010．普通动物学（第4版）．北京：高等教育出版社

Festa-Bianchet M，Apollonio M. 2003. Animal Behavior and Wildlife Conservation. Washington，D C：Island Press

Hu J，Zhong C，Ding C，et al. 2007. Detection of near-atmospheric concentrations of CO_2 by an olfactory subsystem in the mouse. Science，317：953～957

Li J J，Zhang Z T，Liu F X，et al. 2008. UVB-based mate choice cues used by females of the jumping spider *Phintella vittata*. Current Biology，18：699～703

Liu S S，De Barro P J，Xu J，et al. 2007. Asymmetric mating interactions drive widespread invasion and displacement in a whitefly. Science，318：1769～1772

Mawdsley J R，O'malley R，Ojima D S. 2009. A review of climate-change adaptation strategies for wildlife management and biodiversity conservation. Conservation Biology，5：1080～1089

Maynard-Smith J. 1991. Theories of sexual selection. Trends in Ecology & Evolution，6：146～151

Neal D. 2004. Introduction to Population Biology. Cambridge：Cambridge University Press：1～408

Schwartz M K，Luikart G，Waples R S. 2007. Genetic monitoring as a promising tool for conservation and management. Trends in Ecology & Evolution，22：25～33

Shen J X，Feng A S，Xu Z M，et al. 2008. Ultrasonic frogs show hyperacute phonotaxis to female courtship calls. Nature，453：914～916

Tang G B，Cui J G，Wang D H. 2009. Role of hypoleptinemia during cold adaptation in Brandt's voles（*Lasiopodomys brandtii*）. Am J Physiol Regul Integr Comp Physiol，297（5）：1293～1301

Teng Z Q，Kang L，2007. Egg hatching benefits gained by polyandrous female locusts are not due to preferential fertilization toward non-sibling males. Evolution，61：470～476

Wang S Q，Lakatta E G，Cheng H et al. . 2002. Adaptive mechanisms of intracellular calcium homeostasis in mammalian hibernators. J Exp Biol，205（19）：2957～2962

Wilson E O. 2000. Sociobiology：The New Synthesis. Cambridge Mass：Harvard University Press

Yang J，Wang Z L，Zhao X Q et al. 2008. Natural selection and adaptive evolution of leptin in the Ochotona family driven by the cold environmental stress. PLoS One，23，3（1）：e1472

Zhan X J，Li M，Zhang Z J，et al. 2006. Molecular censusing doubles giant panda population estimate in a key nature reserve. Current Biology，16：451～452

Zhang B W，Li M，Zhang Z J，et al. 2007. Genetic Viability and population history of the giant panda，putting an end to the "evolutionary dead end". Molecular Biology and Evolution，24：1801～1810

第四章

微 生 物 学

第一节　微生物学的战略地位

一、微生物学在生命科学中的前沿地位

微生物学（microbiology）是研究各类微小生物（真细菌、古细菌、真菌、病毒、立克次体、支原体、衣原体及单细胞藻类等）的形态、生理生化、分类和生态的科学，是生命科学的一个分支学科。微生物作为最简单的生命体而成为生命科学研究中不可替代的基本材料，对探索和揭示生命活动的基本规律，推动生命科学的发展，发挥了十分重要的作用（Moselio，2004）。微生物的生物多样性决定了其代谢产物的多样性，为人类提供了宝贵的资源。微生物与其他生命及环境具有密切的关系，是动植物发挥正常功能不可缺少的部分。因此，微生物学已成为科研尤其是生物技术应用领域里十分重要的一门学科。

生命活动的基本规律，大多数是在研究微生物的过程中首先被阐明的。利用酵母菌无细胞制剂进行乙醇发酵的研究，不但阐明了生物体内的糖酵解途径，而且为生物化学领域的酶学研究奠定了基础；肺炎双球菌的转化试验，证明了DNA是遗传物质；而DNA双螺旋结构的确定、遗传密码的揭示以及中心法则的建立，从研究思路到实验方法都与微生物学有密切的关系；大肠杆菌乳糖操纵子的研究，为基因表达和调控机制的研究提供了理论指导和可借鉴的思路；RNA反转录酶的发现，以DNA重组技术为标志的生物技术的兴起，首先都是以微生物作为研究材料来实现的。微生物学的发展促进了生命科学一批新兴领域的诞生，推动了生命科学的蓬勃发展。

二、微生物学在生物技术发展中的重要作用

微生物具有结构简单、生长速度快、易于操作等特点。20世纪以来，微生物在生物技术的发展中起到了非常重要的作用。以微生物学研究为基础所建立的新理论和新方法对研究其他生物物种具有重要的指导作用。作为基因工程所用的克隆和表达载体，大多数都来源于微生物本身（如噬菌体、病毒）或微生物细胞中的质粒；基因操作中被用作切割与连接的数千种工具酶，绝大多数都来自微生物。尤其是大量生产的遗传工程产品，基本上都是以微生物作为基因表达的受体来实现的，其中大肠杆菌和酿酒酵母被高频率地广泛使用。以微生物为基础，一些重要的生物活性物质，如抗生素、维生素、氨基酸和有机酸等被大量生产，并在相关行业中发挥了重要作用。

1. 微生物制药

人类很多疾病是由微生物引起的，而这类疾病的防治又主要依赖微生物产生的药物。自遗传工程开创以来，尽管基因工程所用的外源基因可来自各种动植物或人类，但微生物由于其生理代谢类型的特点，很自然地成了外源基因有效表达和高效表达的首选系统。昔日由动物才能产生的胰岛素、干扰素和白细胞介素等昂贵药物纷纷由人工构建的"微生物工程菌"来生产。与人类生殖、避孕等密切相关的甾体激素类药物已逐步从化工生产方式转向微生物生物转化方式来进行生产。

2. 微生物能源

微生物可以把自然界蕴藏量极其丰富的纤维素转化成乙醇；产甲烷菌能把自然界蕴藏量最丰富的可再生资源转化成甲烷；光合细菌、蓝细菌或厌氧梭菌等微生物可生产"清洁能源"——氢气等。

3. 微生物食品

除利用微生物进行食品发酵、利用微生物产生的活性物质作为食品添加剂外，很多微生物，如乳酸菌、双歧杆菌等本身可作为食品和保健品。微生物在食品行业中为人类做出了重要的贡献，是人类健康、生存和可持续发展所必需的。

4. 微生物采油

通过微生物发酵产气或其代谢产物来提高石油采收率。例如，微生物产生

的黄原胶可作为注水增稠剂，注入油层驱油；也可作为钻井黏滑剂，同时可脱去石油中的石蜡，改善成品的品质。又如，把好氧产表活剂菌与厌氧产气酸菌进行共培养，构建成多元复合功能菌群用于微生物采油技术中。

5. 微生物监测

用艾姆氏法（Ames test）检测环境中的"三致"物质，用亚甲蓝琼脂培养基（EMB）培养来检查饮用水中的肠道病原菌等。

6. 微生物环境保护

用微生物肥料、微生物杀虫剂或农用抗生素来取代会造成环境恶化的各种化学肥料或化学农药；用微生物发酵来生产环境友好的生物基化合物，如可生物降解的新材料——羟基烷酸（PHA）、聚羟基丁酸（PHB）和聚羟基戊酸（PHV）；用微生物来净化生活污水和有毒工业污水；利用微生物技术来监察环境的污染度等。总之，微生物在新兴的生物技术产业中扮演着极其重要的角色，为人类社会的生存发展做出了巨大的贡献，并创造了巨大的财富。

三、微生物学对社会生产力发展的重要贡献

我们肉眼看不见的绝大多数微生物在地球生态系统的平衡中发挥着主导作用，控制着地球生态系统的发生与发展。微生物像一把双刃剑，一方面有益于人类的生存和发展，另一方面却对人类造成巨大的危害甚至灾难。

有益微生物在人类健康和工农业生产中发挥了重要的作用。在今天，工业微生物技术已渗透到几乎所有的工业领域，如医药、农化、能源、精细化工、环境保护、食品加工等。微生物所产生的次级代谢产物是医药工业的重要原料来源。20 世纪 20 年代，青霉素的发现曾拯救了无数人的生命，是医药史上里程碑式的革命。随后在 40 年代，又发现了链霉素，开创了工业微生物产业的先河。从那时起，从微生物中筛选重要的次级代谢产物，尤其是抗生素等药物的研究蓬勃发展，方兴未艾；除抗生素外，微生物产生的氨基酸、有机酸、维生素、酶制剂、多糖、微生物农药等也是被研发的主要产物。由微生物产生的一系列新的产品和技术已形成了一个庞大的现代生物技术工业王国，而且在与时俱进地快速增长。微生物在环境保护方面具有至关重要的作用。人类社会经济的发展和社会活动，带来了许多生态环境问题，如工业"三废"、农药残留、生活垃圾等，使人类面临日益恶化的生存环境，而微生物可直接参与污水处理、土壤修复、环境净化。在改善人类生存环境、满足人类社会经济可持续发展的紧迫要求方面，微生物又以提供生物农药、生物肥料、生物可降解塑料等一批

环境友好产品来代替目前仍大量使用的化学合成农药、化肥以及源自石油化工的、难以自然降解的各类塑料制品，从而还给人类一个比较洁净的生存环境。

有害微生物对人类健康和工农业生产都会造成巨大的危害，而且影响社会生产力的正常发展。人类许多疾病是由微生物引起的，由病毒、细菌和真菌等引发的疾病迄今为止仍是困扰人类健康的主因。在 21 世纪，微生物引起的传染病仍然是世界范围内引起人类死亡的首因，而且在全球范围内面临着"老传染病持续存在、曾一度得到控制的传染病死灰复燃、新传染病不断出现、已知病原的耐药性急剧增加"等严峻挑战。例如，鼠疫、结核、痢疾和霍乱等老传染病仍严重威胁着人类的健康，而且病原微生物也在不断地产生变异，如 O157：H7 大肠杆菌、O139 霍乱弧菌和多重耐药结核杆菌等新基因型和耐药的致病菌株。病毒是严重威胁人类健康的病原体，一些病毒感染所引起的疾病，如艾滋病、肝炎、高致病性流感等已成为目前对人类健康威胁极大的传染性疾病，而且不断有新病毒引起的疾病的暴发和流行。此外，有害微生物还造成农产品、食品和某些工业产品的腐烂变质，微生物毒素对食品造成污染等，这些对人类健康和社会安定造成了巨大的威胁。从科学角度认识和防治有害微生物依然是人类所面临的重要问题。

因此，要通过加强微生物学领域的基础研究和系统生物学研究，重视微生物学与其他学科的交叉融合，推动相关生物技术产业的快速发展，使微生物学为社会生产力的发展做出更大的贡献。

第二节　微生物学的发展规律与发展态势

一、微生物学的发展简史

微生物学的发展经历了漫长的不同时期。从 1676 年荷兰人列文虎克（Anthony van Leeuwenhock）首次用显微镜观察到细菌起，直至 19 世纪中叶近 200 年，是微生物学发展的萌芽时期，人类对微生物的研究主要是形态的描述，而对其生理活动与人类健康和生产实践的重要性还没有认识。从 1861 年法国的巴斯德（Louis Pasteur）通过曲颈瓶实验推翻了生命的自然发生说（spontaneous generation），创立了胚种学说（germ theory）起，直至 19 世纪 90 年代，是微生物学的创建时期。在这段时间内，以巴斯德和科赫（Robert Koch）为代表的微生物学家们建立了诸如分离接种和纯培养等一系列的微生物学研究方法和技术，并由此开创了寻找病原微生物的黄金时期，把微生物学的研究从形态方面的描述提升到生理学研究的新水平。在这个时期，与微生物学相关的许多分支学科逐步产生，如细菌学、酿造学、土壤微生物学、植物病理学等。1897 年德国化学家布奇纳（Buchner）利用石英砂研磨酵母，发现其无细胞滤液能发酵葡萄糖产生乙醇和 CO_2，他把这种能发酵的物质称为"酒化酶"，标志着微生物学的研究进入了生化水平。在此期间，由微生物产生的一些重要产物，如抗生素、维生素等不断被发现，尤其是 1928 年弗莱明（Fleming）发现了青霉素，开创了工业微生物产业的先河，应用微生物学领域中出现了工业微生物学等分支学科。20 世纪 40 年代初，真菌学、细菌学、病毒学、工业微生物学、土壤微生物学、植物病理学、医学微生物学及免疫学等分支学科开始迅速发展。值得一提的是，对粗糙脉孢菌（*Neurospora crassa*）、大肠杆菌和噬菌体进行的大量遗传学研究表明，微生物，尤其是细菌在遗传变异本质上与高等动植物有着高度的一致性。一些有远见的科学家开始以微生物为实验材料研究生命现象的基本特征与规律。1953 年沃森（Watson）和克里克（Crick）提出了 DNA 双螺旋结构模型。1973 年美国科学家科恩（Cohen）将大肠杆菌抗四环素质粒（plasmid）与抗卡那霉素质粒，在体外进行限制性酶切和用噬菌体产生的连接酶连接后构建成了重组质粒，然后再转化到大肠杆菌中，得到了具有新的遗传特性的克隆（clone）。从而为分子生物学和基因工程的诞生奠定了基础，把微生物遗传学的研究推到分子水平的高度。在以微生物遗传学为主流的这面旗帜下，原来相对独立的各分支学科进行交叉融合，使微生物学一跃成为生命科学领域内一门发展最快、影响最大、体现生命科学发展水平的前沿学科。微生物作为研究生命现象最简单的模式，成为现代分子生物学研究中最频繁选用的实验材料；在应用研究方面，逐步朝着人为有效控制的方面深入发展。20 世纪 70 年代中期，在基因工程的带动下，传统的微生物发酵工业发生了质的变化，成为生物技术的重要组成部分。进入 90 年代之后，以微生物为基础的基因克隆和测序技术为基因组的测序提供了策略和技术指导。自 1995 年 7 月，美国第一个完成嗜血流感菌的全基因组测序以来，有 1159 株微生物的全基因组已完成测序并发表在相关的国际刊物上，另有 4876 株微生物的基因组测序正在进行中（GOLD 数据，截至 2010 年 4 月 15 日）。基因组学在微生物学发展中起关键作用。基因组学的迅速发展使人类可以从宏观和全局的角度观察构成生命的所有基本信息，从而极大地开拓了人类的视野。基因组还是其他现代生命科学与技术的研究基础，无论是转录组学、蛋白质组学、代谢组学、组合生物合成及调控网络，都极大地受惠于基因组学中得到的海量数据。运用"组学"技术阐明微生物生命活动的全貌已成为微生物学研究的重要发展趋势，微生物学的研究已率先从分子生物学时代进入了系统生物学（systems biology）时代。

　　我国微生物学的研究起步较晚，20 世纪初，我国的医学微生物学和工业微生物学的研究开始起步。30 年代，我国学者开始对医学微生物学有了较多的实验研究。同时期，实业部南京中央工业试验所和黄海化学工业社分别设立了酿造研究室和菌学研究室，在我国工业微生物学的早期发展中起到了非常重要的作用。不过，直到 40 年代后期，我国的微生物学研究和应用还只有零星的工作，未形成自己的研究队伍和体系。新中国成立后的第一个 10 年，微生物学在我国有了划时代的发展。一批主要进行微生物学研究的单位逐步被建立起来了，抗生素、酒精制造等现代微生物工业在我国的诞生向微生物学工作者提供了展示才能与贡献的机会。在这 10 年中，研究者们选育了一批优良菌种，促进了医药工业和发酵工业的发展，获得了一些新抗生素以防治人类疾病和动植物的病害，大量培植和推广了根瘤菌、好氧性固氮菌和分解有机磷细菌，同时把微生物应用到勘探石油的工作中。70 年代，根据国家科学发展规划，进行了许多基础性研究的初步工作，现代化的发酵工业、抗生素工业和农药、菌肥工业已经形成一定规模。特别是改革开放以来，我国的微生物学和其他学科一样，进入了一个全面发展的新时期。微生物资源的收集和系统分类、微生物基因组学、微生物次级代谢的分子调控、微生物与植物相互作用、微生物致病与免疫机制、病毒的结构、功能及与宿主关系的研究等方面都有了快速的发展。

二、微生物学的发展特点

随着国际上微生物学研究的不断深入和快速发展，我国的微生物学无论在基础研究还是在应用研究方面都取得了跨越式发展。总体来讲具有以下特点。

（一）应用基础为主导，基础研究上水平，应用研究在拓展

我国微生物学近些年主要以应用基础研究为主导，围绕有应用前景和社会需求的相关领域开展研究工作，进行应用前期的微生物资源收集、菌种改造、高产工程菌的构建及发酵条件的优化等工作。同时，基础研究主要围绕微生物生命现象的基本特征开展：分类与系统发育定位、生理生化与遗传特性、基因表达调控及其机制研究等。整体水平虽然与国际一流水平相比还有一定的距离，但有些工作有良好的积累，研究工作的新颖性和系统性已经达到了国际先进水平。例如，DNA 硫修饰的发现、次级代谢生物合成与分子调控、古菌的分子遗传学、病毒复制及其与宿主的相互作用等。为解决生产中的实际需要，服务于国家经济建设的需求，应用研究在我国发展很快，涉及面在不断拓展，如在微生物肥料、微生物农药、微生物酶工程、生物质能源、环境友好的生物质材料、污染物的微生物降解等方面都取得了突出的进展。

（二） 交叉融合促进学科发展

许多生命现象首先是在微生物中被发现的，随后被证实在其他高等生物中也存在。相反，也有些生命现象最先是在高等生物中发现的，后来在微生物中也被发现。例如，膜蛋白运送中的信号识别蛋白，首先是在骨髓瘤细胞中发现的，之后在嗜盐细菌、枯草芽孢杆菌和大肠杆菌中都发现了这种同源蛋白，而且在膜转运过程中，它们有相似的信号序列，细胞中都含有抗折叠蛋白和相同的"正极向内"规律。微生物学与其他学科的交叉结合，使彼此在理论和应用方面都产生了跨越式发展，如微生物学与经典医学的结合奠定了医学微生物学与免疫学的基础，同时产生了传染病学和消毒外科学；与化学的结合，使微生物生理学和微生物生物化学得到了空前发展，而化学本身也由于与生命科学的结合而获得了活力。20 世纪在生命科学发展史上最典型的例子是由微生物学、生物化学和遗传学这三门学科的紧密结合，产生了当代生物学的主流——分子生物学。学科之间交叉融合、相互促进、优势互补、相得益彰，是学科发展的必然结果。

（三） 微生物特有的生命现象日益受到重视

微生物无处不在，不同生境来源的微生物显示出丰富的生物多样性，许多微生物可在其他生物不能生存的极端环境下生存和繁殖，具有其他生物不具备的生理特征和代谢功能，如极端嗜热/冷/酸/碱/盐、高压和辐射环境、化能营养、厌氧生活、生物固氮和不释放氧的光合作用等。另外，在生物圈中，以微生物的生存范围为最广和最立体化，如几万米的高空、万米深的海底、几千米以下的地层等。现代微生物学的一个重要发展趋势是研究这些独特的功能，一方面可以阐明生命活动的发展历程（生物进化的过程）和物质运动的基本规律，另一方面那些特殊微生物产生的多样性生物活性物质具有十分诱人的应用前景。

（四） 可持续促进生物技术的发展

随着组学研究的快速发展，当前微生物学的研究向着目的性强、应用面广、可控性大和效率性高的方向发展。一批与微生物学有关的生物技术已经兴起，以微生物基因工程为对象，通过现代发酵工程生产贵重药物等已经创造了巨大的财富。由于微生物具有独特和高效的生物转化能力和产生多样性活性代谢产物的能力，当前对重要微生物的基因组进行测定和分析的工作正在活跃地开展，通过比较基因组学和生物信息学的集成，人类可按照其意愿构建或合成本来自然界中并不存在的工程微生物，生产出人类所需要的非天然的天然产物。同时，随着一些新方法和新技术的不断建立，微生物生物活性物质的筛选引入了高通量筛选方法，诱变育种引入了 PCR 技术，使目的产物的获得在时间上大大缩短，在效果上大大提高。迄今，在微生物种群中能进行培养的只是极少数（1%），绝大部分是未培养的微生物（99%）。元基因组文库的构建，为更多生物活性物质的筛选提供了可能。由于微生物发酵具有代谢产物种类多、原料来源广、能源消耗低、经济效益高和环境污染少等优点，它必将逐步取代目前需高温、高压、高能耗和"三废"严重的化学工业。另外微生物在金属矿藏资源的开发和利用上也有独特的作用。因此，微生物学在促进生物技术产业的发展中仍将发挥其独特的不可替代的重要作用。

三、微生物学的发展趋势

当前，我国微生物学发展的总趋势，一方面是广泛地采用了许多新技术，推动了微观研究的深入发展；另一方面是同其他生命类型研究以及生态系统研究相结合，探讨微生物之间以及与其他生物之间的相互关系，促进了宏观研究领域的拓宽。随着基因组测序工作的不断完成和序列信息的积累，微生物基因组学的研究重点正向功能基因组学转移，已形成一门包括微生物转录组学、蛋白质组学、代谢组学、进化组学等多个研究领域的新兴学科。其不仅要阐明微生物基因组内每个基因的作用或功能，而且通过研究基因的调节及表达谱，从整个基因组及全部蛋白质产物的结构、功能、机理等不同层面阐明微生物生命活动的全貌。微生物功能基因组的研究成果已在病原微生物的病理和进化研究、环境污染的生物修复技术、微生物采油技术、工业工程菌株改造和利用以及重要新基因资源的开发等多个领域发挥重要作用。从系统和综合的观念出发探索生命现象的本质规律，并迅速将其转化为生产力推进产业发展，已日益成为微生物学研究的主流。微生物学的研究将因此进入系统生物学时代。

第三节　我国微生物学的发展现状

随着国家的需求和科研经费投入的不断加强，近年来我国微生物学的研究得到了快速的发展，一些研究成果不断在本领域顶尖水平的国际刊物上发表，引起了世界同行的高度关注。学科主要特点是：基础研究瞄准国际前沿领域，应用研究面向国家重大需求，把资源收集与基础研究和应用研究紧密地相联系，系统地开展研究工作。

随着现代理论和技术的不断发展，微生物学的分支学科正在不断形成和建立。按研究对象划分，可分为细菌学、放线菌学、古细菌学、真菌学、病毒学等；按应用范围划分，可分为工业微生物学、农业微生物学、医学微生物学、兽医微生物学、食品微生物学等。按照微生物学衍生的分支学科划分难以概述我国微生物学的发展现状，因此以研究领域的方式划分更符合实际一些。

一、微生物学研究领域的发展状况

（一）微生物资源收集和系统分类

目前，我国微生物资源收集已从传统的陆地土壤采样向极端环境和海洋等区域延伸。分类技术和分类指标在传统分类（表型与形态观察，重要产物的生化测定，16S rRNA 或 18S rRNA 分析）的基础上引入了一些保守的基因作为分类鉴定的指标，进行多基因的共聚分析。Woes 等创立的 16S rRNA 核苷酸序列分析法，已成为当代微生物系统学研究的先进手段，并导致古细菌这一被称为"第三生物"的界级以上的分类单元的建立，从而使分子进化的研究和微生物的系统进化研究提高到一个新的水平，也为研究生命起源和进化提供了新的途径（Woes et al.，1977）。运用"组学"技术阐明微生物生命活动的全貌已成为微生物学的重要发展趋势。原核生物的分类鉴定已进入系统进化的研究时代，探讨原核生物亲缘关系和系统发育已成为当代基础微生物学的一个研究热点。20 世纪 80 年代出版的《伯杰氏系统细菌学手册》（*Bergey's Manual of Systematic Bacteriology*），2001 年又进行了第二版发行，该系统被公认为国际上最权威的原核生物分类系统（Garrity et al.，2001），同时新的《伯杰氏系统细菌学手册》正在写作和修订过程中，不久的将来就会面世，对细菌的分类标准将具有指导性作用。我国热带、亚热带地区是全球瞩目的真菌生物多样性热点地区之一。我国近年来在真菌学研究方面取得了突出成绩，对我国热带地区高等真菌资源的系统调查研究方面的成果已经以英文专著形式于 2001 年在美国出版。我国拥有研究能力很强的真菌学研究队伍，近年来在真菌资源生物多样性调查、分类和系统演化等方面取得了突出进展，已出版《真菌志》近 40 卷，尤其是自 2007 年以来的近两年多时间中就出版了 10 余卷，这些成果受到国际同行的高度关注。完成了接合菌部分类群的世界性专著研究，建立了新的分类系统。通过多基因序列分析，揭示了捕食线虫真菌捕食器官的演化途径和方向。未来重点是研究典型生境真菌多样性与系统演化，模式真菌、动植物病原真菌和我国特有食药用真菌的遗传和基因组学等；真菌次级代谢产物的高通量筛选、活性评价和代谢调控，以及人体深部真菌病及相关病原真菌的基础研究，建立完善的真菌感染监测系统和临床真菌菌种保藏设施等。微生物分类的总趋势是充分利用基因组信息数据库，开展微生物系统分类的研究。

（二）微生物基因组学研究

20世纪90年代末，我国开展了极端环境微生物腾冲嗜热厌氧杆菌（*Thermoanaerobacter tengcongensis*）的基因组全序列分析的研究。这是我国向国际上发布并率先在国内完成的第一个微生物基因组（Bao et al.，2002）。之后，痢疾杆菌福氏2a菌301株的全基因组序列测定，钩端螺旋体、野油菜黄单胞菌、鼠疫耶尔森菌、嗜热采油芽孢杆菌NG80-2和Q1蜡状芽孢杆菌、极端嗜酸甲烷氧化细菌等微生物的全基因组序列测定相继完成。其中，首次发现了维持钩端螺旋体生命活动的基因，鉴定了30多个致病相关基因和10多个潜在的、可发展为疫苗的新靶点。系统地研究了野油菜黄单胞菌参与黑腐病致病过程的基因，该研究利用基因突变技术从1万多个突变体中，通过实验证实至少有13类共70多个基因直接或间接地参与了该病害的发生和发展。在鼠疫耶尔森菌基因组中发现了大量可能与人类致病相关的基因，初步揭示了鼠疫菌自然种群中基因组微进化的规律，揭示了基因获得和缺失在鼠疫菌基因组微进化中的作用。在嗜热采油芽孢杆菌基因组的研究中，首次揭示了微生物降解重油主要组分——长链烷烃的代谢途径，并较深入地研究了编码降解长链烷烃的关键蛋白质——长链烷烃羟化酶基因（*ladA*）的功能。该成果是石油微生物研究领域的重大突破，对于石油污染的生物治理和微生物采油技术的革新具有重要科学意义和广泛的应用前景。通过极端嗜酸甲烷氧化细菌的基因组研究，证实甲烷可在极端酸性条件下被生物降解，发现了一个全新的甲烷氧化途径及进化机制，加深了人们对于甲烷利用细菌的种属、生态及遗传多样性的认识，为进一步控制和利用自然界中的甲烷提供了基础。此外，在病毒基因组研究方面，完成了对虾白斑杆状病毒基因组全序列测定，这是迄今为止世界上第一个被测得基因组遗传密码的海洋微生物DNA病毒，也是迄今为止已知的最大的DNA动物病毒（305千个碱基对）。基因组学在微生物学发展中起关键作用。基因组学第一次使人类可以从宏观的角度观察构成生命的所有基本信息，从而极大地开拓了人类的视野。基因组学还是其他现代生物技术的基础，无论是蛋白质组学还是调控网络，都极大地受惠于基因组学中得到的海量数据。病原微生物基因组学为进一步明确病原微生物的生长发育和致病机制提供了新的研究思路和技术手段。极端环境微生物是生命的奇迹，它们蕴涵着生命进化历程的丰富信息，代表着生命对于环境的极限适应能力，界定了生物圈的"边界"，是生物遗传和功能多样性非常丰富的宝藏。极端环境微生物的基因组学和功能基因组学研究，对于揭示环境微生物适应特殊环境的分子进化机制及生物起源的奥秘和发展规律、阐明生物多样性形成的机制和动力、认识生命与环境的相互作用等具有极为重要的意义，同时也将大大促进极端环境微生物资源在生物技术产业中的利用。

国内的微生物基因组学研究虽然还处于发展阶段，但是已经在国际上占有一席之地，许多研究成果都发表在 *Nature*、*PNAS*、*Genome Research* 等国际一流刊物上（Feng et al.，2007），得到了国际学术界的好评。随着新一代测序技术的发展，国内的菌种资源优势将会进一步呈现，同时国内多家测序中心也相继启动了宏基因组测序计划。这些将推动我国微生物基因组学研究的快速发展。

（三）微生物分子遗传学研究

微生物分子遗传学是在分子水平上研究微生物遗传和变异机制的遗传学分支学科。由于微生物具有生活周期短、繁殖速度快，遗传背景相对简单等特点，所以它是分子遗传学研究的良好材料。微生物分子遗传学自产生以来，在遗传密码、信使核糖核酸、转移核糖核酸的发现，DNA 复制以及基因表达调控等方面做出了巨大贡献。我国从 20 世纪 70 年代开展微生物分子遗传学研究以来，在微生物 DNA 复制机理、生长发育以及形态分化的分子机制、基因表达调控以及遗传转化系统的建立等方面取得了好的成绩。有关"转座子 Tn2 在大肠杆菌中的转座特性"的研究于 1980 年在国际著名期刊 *Cell* 上发表（Wang et al.，1980），整个研究工作都是在国内实验室完成的，也是国内生命科学领域在该期刊发表的第一篇论文；在微生物中首次发现了 DNA 分子的硫修饰（Zhou et al.，2005），对其结构和功能的阐明有重要的生物学意义；在古细菌生命体中建立了 DNA 复制起始和延伸两个关键过程之间的分子偶联机制；在蓝藻异型胞分化中的信号转导和基因表达调控，以及藻胆体吸收光能在两个光系统间的分配与调节方面取得了突出成绩；通过基因芯片等技术揭示了天蓝色链霉菌中参与孢子成熟基因 *whiI* 的调控机制；对链霉菌线型染色体和线型质粒尤其是端粒的功能进行了系统研究。同时，也建立起一批用于微生物分子遗传学操作的平台。总之，我国在原核微生物分子遗传学研究方面已进入到国际先进行列，但在真核微生物分子遗传学研究方面仍亟须加强和提高影响力，尤其是在丝状真菌的分子生物学研究领域还缺少相应的操作平台，也鲜有创新。未来应积极支持特殊环境微生物遗传操作系统的构建；在继续深入研究重要原核微生物遗传机制的同时，加强真菌分子生物学的研究。

（四）微生物代谢与调控

微生物种群多样性决定了代谢物的多样性，微生物初级代谢产物为次级代谢产物的生物合成提供了基础。微生物初级代谢产物包括氨基酸、维生素、有机酸以及核苷酸等，它们在医药、食品、化工等领域有广泛的用途。目前我国成为世界上最大的谷氨酸钠（味精）生产国，大量输液所需的结晶氨基酸也几乎全部国产化。我国微生物发酵生产的有机酸主要包括柠檬酸、L-乳酸、丙酮酸、苹果酸和乙醛酸等，柠檬酸产量居世界第二。但与发达国家相比，我国氨基酸发酵的产酸水平相对较低，核苷酸产业尚未达到大规模化生产，大量产品依赖进口。微生物次级代谢产物中最重要的是抗生素，在目前所知的 12 000 多种天然抗生素中，约 60％是由链霉菌产生的。最近的研究预测，目前人类已发现的抗生素只是链霉菌所产生的抗生素种类的 3％，可见链霉菌不仅重要，而且还有广泛的开发前景。由于抗生素的大量使用及一些菌株的抗性基因在环境中的平行转移等导致抗药性菌株越来越多，一些常用的抗生素在逐渐失去其应有的作用，这将给人类生存带来极大的威胁。如何获得新的微生物资源及其新型次级代谢产物，如何在现有微生物资源的基础上挖掘具有生物活性的新型化合物，以及如何将现有的天然化合物开发成为临床上可用的药物，是近年来医药微生物技术领域将要重点解决的问题。目前我国的研究主要集中在对一些有应用价值的农用和医用抗生素，如井冈霉素、尼可霉素、阿维菌素、多氧霉素、青霉素和头孢霉素等的生物合成基因簇的克隆、异源表达，基因在合成途径中作用的分子机制，揭示合成途径，获得产量提高的或新型组分的工程菌株。研究趋势是在微生物中寻找新的抗生素，阐明生物合成途径及其调控的分子机制，对途径进行定向改造获得新的有效组分，在此基础上进行组合生物合成研究，获得非天然的天然产物。近年来，有关次级代谢生物合成和分子调控方面的研究达到了国际一流水平，有关结果形成多篇研究论文发表在 *PNAS* 和微生物学领域的顶级期刊 *Molecular Microbiology* 上（Wang et al.，2009）。在抗肿瘤抗生素——杰多霉素的生物合成调控研究中，我国科学家首次发现非典型应答调控蛋白存在与双组分信号系统中调控蛋白磷酸化不同的替代机制，同时揭示了终产物介导的自调控系统可能在非典型应答调控蛋白所调控的次级代谢生物合成中广泛存在，这不仅回答了一个这类调控蛋白近 15 年来悬而未决的问题，而且对理性提高商业抗生素产量具有重要的理论指导意义。

（五）病原微生物学的研究

迄今为止，由微生物引起的疾病仍然是世界范围内引起人类死亡的首要原因。全球气候变化对传染病因子和传染病发生的影响、全球性人口流动与新发传染病的关系、病原微生物的快速变异与抗生素抗性以及跨地域跨物种传播等日益突出（Carruthers et al.，2007）。一些病毒感染所引起的疾病，如艾滋病、病毒性肝炎、高致病性流感等已成为对人类健康威胁极大的传染性疾病，而且不断有新的病毒引起的疾病的暴发和流行，对人类健康和社会安定提出了重大挑战。近年来，我国有关单位和实验室在病原微生物的基因组研究方面，进行了大量的投入，取得了有一定影响力的科研成果（Ren et al.，2003）。同时，我国政府十分重视传染病的预防与控制，设立了传染病重大专项基金，组织研究队伍合作攻关，在病毒性肝炎、结核病、艾滋病、猪链球菌病、幽门螺杆菌、禽流感、甲型流感以及传染性病原体的网络监测等多个领域取得了重要的进展。尤其是在针对新现或再现传染病的疫苗研究方面，成绩突出。乙型肝炎病毒、艾滋病病毒、结核病的多个预防性或治疗性疫苗进入了临床实验；抗出血热病毒单克隆抗体已完成Ⅲ期临床试验，进入申报国家新药证书程序。针对禽流感、甲型流感、幽门螺杆菌的疫苗已获得"国药准字"批文；针对甲型流感的疫苗已有批量生产，进入大规模临床应用，有些工作走在了世界前列。但与发达国家相比，我国的病原微生物学的研究工作还存在许多不足。例如，系统性的基础研究相对薄弱、有关环境对微生物与传染病影响的研究比较贫乏、病原微生物的快速检测落后于临床需要等。

未来 10 年，病原微生物学研究的主要发展趋势是：

1）利用基因组学和生物信息学开展致病菌的系统生物学研究；
2）病原微生物的代谢过程、传播途径以及系统调控；
3）病原微生物与宿主相互作用的分子机制；
4）病原微生物的编码基因在其复制、致病性等方面的作用；
5）病原微生物的宿主范围、流行病学等研究。

（六）农业微生物基础与应用研究

在我国，农业微生物学研究主要包括农用微生物资源、土壤微生物、植物营养、生物固氮、微生物农药、微生物肥料、发酵饲料、微生物修复、沼气发酵等方面。农业微生物学作为一门重要的分支学科，在应用基础和应用研究方面得到了较快的发展，取得了重要成果。有关污染土壤的微生物修复方面的研究取得了显著进展，以土壤微生物多样性与功能、重要微生物功能基因组为核心的研究已成为该学科的热点与前沿。在微生物农药，如农用抗生素和 Bt 杀虫剂等的基础性研究方面取得了突出的成绩，达到了国际领先水平。以微生物肥料和生防微生物制剂为主导的产业得到了规模化发展，这为发挥微生物在维持与提高土壤肥力、保持土壤质量及健康方面的作用，实现农业生产的持续稳定发展和农产品质量与安全提供了重要技术支撑。目前我国收集、保藏、鉴定的农业微生物各类种质资源的建设跨上一个新台阶。其中，根瘤菌资源库和农药残留微生物降解菌种资源库已成为世界最大的资源库。以假单胞菌的全基因组序列分析为代表的微生物转化调控机理、植物根际促生菌种类的挖掘及其作用机理方面的研究得到了快速的发展。生物固氮一直是农业微生物研究中重要的课题（Dixon and Kahn，2004；Cheng，2008）。生物固氮包括自生固氮（固氮微生物在土壤或培养基中生活时，可以自行固定空气中的分子态氮，对植物没有依存关系）、共生固氮（固氮微生物只有和植物互利共生时，才能固定空气中的分子态氮）和联合固氮（有些固氮微生物和共生的植物之间具有一定的专一性，但是不形成根瘤那样的特殊结构，它们的固氮特点介于自生固氮和共生固氮之间）。我国在这个领域有长期的工作积累，做出了有一定显示度的工作。除根瘤菌资源库外，我国还完成了施氏假单胞菌的全基因组测序分析，这是国际上第一例联合固氮微生物基因组的序列分析。但在固氮酶的催化机制，固氮微生物与植物的互作机制，有效地改造固氮微生物对氨、氧等因素的调控等方面尚需有更深入的研究工作。针对我国农业微生物资源丰富、产业基础基本形成、基础研究相对落后的特点，应该立足自主创新和产业化发展思路，建立完善的基于分子生物学的微生物资源筛选、鉴定、复配方法和技术体系，加强农业微生物资源与应用的研究，支持以农业微生物功能基因组学和蛋白质组学为核心的系统生物学的研究。

（七）环境微生物学的研究

环境微生物技术作为环境保护的最有力和最有效的技术手段，受到各国政府、科技界和产业界的广泛重视。微生物是自然界物质循环中的清道夫，在环境维护方面具有至关重要的作用（Copley，2009）。人类社会经济的发展和社会活动带来了许多生态环境问题，如工业"三废"、农药残留、生活垃圾等，使人类面临日益恶化的生存环境，而微生物可直接参与污水处理、环境净化、生物恢复，在改善人类生存环境、满足人类社会经济可持续发展的紧迫要求方面有利用价值。微生物还可以提供生物农药、生物肥料、生物可降解塑料等一批环境友好产品，可用来代替目前大量使用的化学合成农药以及源自石油化工的、难以自然降解的各类塑料制品，从而给人类创造一个比较洁净的生存环境（Gorbushina and Broughton，2009）。微生物研究开发将促进环境生物技术的进步，有利于环境的保护与改善。由于分子生物学新技术的快速发展，促进了环境微生物学的研究，使其从细胞水平进入到分子水平。研究领域从一般的土壤、大气、水环境拓宽到高温、强酸、强碱、严寒和高辐射的极端环境（Gorbushina，2007）。我国目前在环境微生物学基础和应用研究方面取得了可喜的成绩。但就整体而言，与国际先进水平相比，还存在较大的差距，原始性创新和技术集成不够，跟踪、重复或模仿性的研究较多。未来应重点加强如下的研究领域：①建立应用效果好的土壤微生物修复关键技术体系；②获得高效降解菌株及微生物修复的多种群和多基因组合等研究；③加快环境微生物基因组学和元基因组学的研究；④进一步从微生物中开发环境友好的生物基化合物，如可生物降解的新材料——羟基烷酸、聚羟基丁酸和聚羟基戊酸。

我国在极端环境微生物研究方面，尤其是在嗜热和嗜盐古菌基础研究方面做出了领先国际水平的工作，有关结果形成多篇研究论文在微生物学领域的顶级期刊 *Molecular Microbiology* 上发表。

未来的研究主要应集中在：

1）加强更多极端环境微生物资源的收集和更多特殊种群的基因组测序、遗传系统的建立以及与生长特性相关的重要基因的功能研究；

2）揭示极端环境微生物的分子进化机制；

3）阐明极端环境微生物特殊代谢过程及调控机制；

4）揭示特殊环境微生物的分子进化和生物多样性形成机制。

（八）工业微生物及其应用研究

由于资源、能源短缺，以生物可再生资源取代不可再生的化石资源，以环境友好的生物加工过程取代高污染的化学工艺，成为当代工业发展的必然趋势。而发展工业生物技术及其产业已经是世界各国实现社会经济可持续发展、维护国家利益与国家安全的战略途径。工业微生物技术是工业生物技术和产业发展的关键，是工业生物技术实现可持续发展的重要技术平台。工业微生物技术的主要产品有抗生素、氨基酸、有机酸、酶制剂等，我国是抗生素出口大国，谷氨酸钠产量位居世界第一，柠檬酸产量居世界第二。在生物催化方面，反应分离耦合技术及其在酶法合成手性化合物中得以应用，开发了具有自主知识产权的 L-苹果酸和 L-丙氨酸的生产工艺流程，实现了工业化生产，技术经济指标达到国际先进水平。

工业微生物技术已经渗透到包括医药、能源、精细化工、环境保护等几乎所有的工业领域，并且发挥越来越重要的作用。例如，由微生物产生的各种药物（抗生素、氨基酸、有机酸、维生素、酶制剂、多糖等）、微生物农药、微生物肥料等。目前，微生物制药、微生物采油、微生物冶金、微生物监测和微生物降解等一系列新的产品和技术已形成了一个庞大的现代生物技术工业王国，并且呈现出强劲的增长势头。但是我国在工业微生物技术的应用基础和应用研究方面与发达国家相比还存在较大的差距，缺乏具有自主知识产权的创新技术，科研成果的孵化与转化不畅，特别缺乏高水平的专门人才。一些传统的技术（如微生物发酵技术等）和设备需要升级换代，一些工业用的生产菌株在产量和质量上都需要优化改造。从微生物中筛选具有生物活性的新型化合物，并进行开发和应用显得尤为迫切。

（九）食品微生物及其安全监测

食品工业是国家经济发展水平和人民生活质量的重要标志，是国民经济支柱产业之一。微生物在现代食品工业中发挥了重要的作用，除利用微生物进行食品发酵，或利用微生物产生的活性物质作为食品添加剂外，很多微生物本身就可用作食品和保健品。近年来，分子生物学、微生物生态学及基因工程等研究领域的快速发展，有力推动了微生物在食品工业中的基础和应用研究的步伐。此外，食品安全是当今人类所关注的焦点问题之一。目前食品中出现的污染物对人类健康形成潜在性威胁，其中葡萄球菌肠毒素、伏马毒素等，被美国疾病控制中心列为生物战剂。对食品微生物开展深入研究，可为人类提供健康营养的食品，避免有害微生物的污染而保障食品安全；同时对提升食品工业的附加值、提高国际竞争力，具有十分重要的意义。

目前我国对食品微生物的研究和利用大多还处于工业水平，研究手段落后，基础研究薄弱。例如，对食品微生物发挥功能的作用机制缺乏深入了解；对食品中微生物多样性和菌群结构变化研究不够；对具有重要或新功能的食品微生物资源或其代谢功能产物的发掘、认识和利用有限；先进、快速、准确检测食品安全的手段亟须建立等。因此，未来的研究要加强食品微生物菌种资源库和产物资源库的建立，阐明食品或食品加工中微生物的生态学关系；要建立先进、快速、准确检测食品安全的技术手段和方法；要运用先进生物技术，包括基因组、蛋白质组、代谢组等组学分析技术、高通量筛选技术、分子生态学分析技术等，拓展研究思路，深化基础研究，全面提升食品微生物的研究水平。

（十）能源微生物学的研究

发展生物质资源是我国乃至全球以能源保障和环境保护为目标的经济可持续发展的需要和必由之路。随着能源危机和环境污染问题的日益突出，世界能源结构正在经历由化石能源为主向可再生能源为主的变革（Demain，2009）。虽然早在20世纪30年代我国已开始建造沼气发酵池，但到40年代后期能源微生物学的研究才开始开展。当时有科学工作者在实验室进行过研究，有几篇报告发表。50年代后期，通过农村沼气事业的发展，研究人员对沼气发酵过程有了一些初步的观察和研究。70年代后期，我国对沼气发酵微生物开始了较系统的研究，分离了一批产甲烷菌，对厌氧菌在厌氧消化过程中的微生物生态区系及某些功能菌的代谢也进行了一些零星的研究。当前的研究主要是从环境保护和能源两个方面开展厌氧消化的应用研究，厌氧消化的基础研究在本来就不兴旺的状况下已日益萎缩。随着能源危机的日益严峻，寻找可再生的、洁净的生物能源已成为世界各国所关注的热点。乙醇、丁醇（被认为是一种优于乙醇的生物燃料，因其腐蚀性更小，热量值更高，像乙醇那样可添加到汽油中，被称为第二代生物燃料）等被认为是替代或者节约汽油的最佳选择，但其主要原料是玉米和小麦。以粮食为原料的燃料生产产业的发展有可能引发粮食安全问题。当前，我国有些单位正在以纤维素、木质素等为材料，用微生物发酵来生产乙醇，虽然开展了多年的研究工作，取得了一些进展，但尚未取得重大突破。因此，在系统生物学研究平台上，利用基因组学及相关技术解析能源微生物的生理、代谢和调控机制，开发新型代谢工程策略和合成生物学技术，设计或改造微生物代谢途径，显著提高微生物生产生物能源的效率是发展的重要方向。

（十一）微生物酶工程

酶工程是现代生物技术的支柱产业之一。我国的微生物酶工程研究在20世纪80年代曾有较强的实力，"黑曲霉糖化酶酶活的提高及其在工业上的应用"的研究成果曾于1985年获得国家科技进步奖一等奖。具有强大经济实力的跨国大公司的竞争，使我国的酶工程研究落后于国际先进水平，加之经费的投入严重不足，从而导致我国酶工程的研发水平与国际研发水平的差距日益拉大。近年来，由于国家对酶制剂工业的重视和经费投入的加大，我国在酶工程研究方面出现了好的发展势头，取得了较大进步（段钢，2009）。目前已研究开发的较成熟的酶制剂有用于洗涤的酶类、食品加工助剂用酶、饲料用酶、纺织用酶、医药用酶、生物能源用酶、石油开采用酶和造纸用酶等多个品种，但与世界上著名的大公司相比，还存在很大差距，主要表现在以下几个方面：

1）产品结构不合理、剂型单一；

2）单酶为主，复合酶少；

3）固体粗酶多，精制、颗粒酶制剂少；

4）技术、工艺和装备水平相对落后；

5）国家对酶工程产业的经费投入不足，企业缺乏高水平的专门人才和先进的技术储备等。

　　未来发展的趋势是注重酶学基础研究、微生物新酶的发现与酶的工程化改造、新天然酶的开发与利用、酶促生物转化，如纤维素制乙醇的生物质转化等。

（十二）海洋微生物学的研究

　　我国是海洋大国，包括渤海、黄海、南海、东海四大海域。海岸线长达 1.8 万千米，拥有横跨热带、亚热带和温带的生态环境。海洋是一个复杂的生态系统，具有高盐、高压、低氧、低光照、寡营养等特点，海洋微生物因其特殊生态环境而进化出一些独特的代谢途径，能够产生大量结构新颖的活性次级代谢产物，成为开发新型天然活性产物的重要源泉（Uria and Piel，2009；König et al.，2006）。由于需要特殊的技术设备与研究手段，海洋微生物资源一直未被人类有效地开发，直到 20 世纪 90 年代海洋微生物的研究才受到高度重视。我国在海洋微生物技术和海洋微生物产品开发利用方面取得了明显的进步，有些研究和技术成果已接近发达国家水平。我国科学家分离得到了近万株海洋微生物，分别建立了中国东海和南海微生物菌种资源库；建立了高通量活性产物的筛选技术、高效活性产物规模化分离和制备技术、重要海洋微生物制品和新型药物研发技术平台。与美国、日本及欧洲的一些发达国家相比，我国海洋微生物的研究尚有很大差距。海洋微生物的培养、规模发酵方法、活性产物的分离纯化技术等有待优化、提高和建立；活性次级代谢产物通常只有少部分可以直接进入新药研发，大部分都存在活性较低或毒性大等问题，需要将它们作为先导化合物进行进一步的结构修饰与改造；同时许多活性次级代谢产物产量很低，结构相当复杂，化学全合成难度大、成本高，从而限制了临床研究和产业化的形成（易杨华和焦炳华，2006）。综上所述，我国未来 10 年海洋微生物研究领域的重要研究方向是建立我国海洋微生物物种和基因资源库、研究海洋微生物的物种多样性与环境的关系、阐明海洋微生物的生命活动过程及其变化规律、揭示活性产物的结构与功能等。

（十三）微生物生态学的研究

　　微生物生态学是研究微生物之间及微生物与环境相互作用的分支学科。在地球上，微生物无所不在，在整个生物圈中都可发现。除非最为极端的环境，它们在盐碱湖泊、深海、沙漠、强紫外辐射地区、地下层、干旱、冰冻和热泉等地方都能够生存。微生物在环境中一般以群落形式存在，并在生物圈的物质和能量的循环中发挥重要的转化作用，推动地球生物化学循环，影响土壤生产力、水质和全球气候（Konopka，2009；Falkowski et al.，2008）。近年来，我国科学家在微生物生态学研究领域已逐步建立了其独特的研究体系。新实验方法的不断引进和针对微生物生态学研究的技术改进，极大地促进了微生物生态学的研究。随着 DNA 测序技术的不断革新和新的生物信息工具和数据分析方法的引入，对微生物群落的研究正在不断深入。其中，关于人类肠道菌群的分子生态与代谢组学相关性的研究取得了突出的进展，无论在研究思路上还是在方法上都具有突出的创新性（Li et al.，2008）。由于复杂微生物群落在环境、能源、农业和健康等领域具有不可替代的重要作用，因此加强微生物生态学的基础研究以及该学科与其他研究领域的交叉和融合是非常重要的。

未来微生物生态学的发展趋势是：

1）利用基因组学、代谢组学、生物信息学等技术对重要微生物群落进行动力学监测，系统深入地研究微生物群落结构决定其功能的规律和机制；

2）挖掘群落中蕴藏的新的微生物菌种和基因资源；

3）优化调控群落功能、研究群落结构与功能间的内在联系，揭示微生物的多样性与生态系统的关系。

二、人才队伍建设状况

目前注册的中国微生物学会会员约 1.7 万名。加上交叉学科研究人员、在读研究生以及从事微生物技术应用方面的人员，中国内地现有各类从事微生物学研究的人员估计超过 5 万名。目前微生物及与微生物相关的国家重点实验室有 19 个，主要分布在教育部和中国科学院主管的下属单位。国家自然科学基金委员会支持的与微生物直接相关的创新团队有 2 个。目前在岗从事微生物学研究的中国科学院院士约 12 人，中国工程院院士 13 人。自 1994 年以来在微生物学科获得国家杰出青年科学基金资助的有 36 人。总体来说，近年来微生物学领域从基础研究到应用开发有一支较强的研发队伍，这得益于国家对人才队伍建设的高度重视，为人才引进和培养提供了必要的条件和平台，如中国科学院的"百人计划"和国家自然科学基金委员会的"国家杰出青年科学基金"，而且为适应学科发展的需要，这支队伍在不断扩大，整体学术水平在不断提升。但是与发达国家相比，微生物学科仍然缺乏高水平的顶尖人才和领军人物。

三、经费资助情况

微生物学之所以得到了快速的发展和长足的进步，与国家在科研经费、仪器设备和平台建设方面投入的力度是分不开的。在过去的 10 年中，与微生物学直接相关的获得资助的国家基础研究"973"计划项目有近 10 个，国家自然科学基金委员会资助的重点项目有 31 项左右，微生物学科受资助的面上项目有 1044 项，而且资助强度有了很大的提高，从 1999 年的每个项目平均 13 万元提高到了 2009 年的 32 万元。同时，微生物学科在中国科学院知识创新工程中得到了较大的经费支持。此外，鉴于微生物学的特点，研究人员在应用研究方面与企业建立了密切的合作，也得到了大量经费的支持。

四、重要成果

近 10 年来，由于国家对科研、人才队伍建设的重视和经费支持强度的大幅度提高，我国科学家在微生物学领域取得了突出的成绩，如在微生物 DNA 分子上首次发现了硫的修饰，对其机制的阐明具有重要的生物学意义；首次发现和证明了非典型应答调控蛋白存在与双组分信号系统中调控蛋白磷酸化不同的替代机制。微生物学领域的相关成果获得国家科学技术奖二等奖的有 10 项左右，一些研究论文发表在 *Nature*、*PNAS* 和 *Genome Research* 等高水平相关期刊上。尤其是近几年，我国科学家在微生物学领域顶级期刊（如 *Molecular Microbiology*）上发表的研究论文在逐渐增多，有几个实验室取得的研究成果已经达到了国际一流水平。

第四节　我国微生物学的发展布局

微生物是国民经济众多行业和生产部门进行生产活动的基础。这些行业和部门遍及工业、农业、医药和环境等众多领域，既有发酵和酿造这样的传统产业，也有生物医药、生物能源、生物材料等新兴产业。依靠微生物细胞的合成、转化和分解等代谢能力进行一些重要产品的生产，是所有微生物相关产业的共同特征。未来微生物学研究要注重新兴领域和新生长点的培植，基础研究要瞄准国际前沿领域，应用研究要面向国家重大战略需求；鼓励概念和技术创新，一方面要广泛采用新技术，推动微观研究的深入发展，另一方面要同其他学科交叉结合，探讨微生物之间以及微生物与其他生物之间的相互关系，促进宏观研究领域的拓宽。随着微生物基因组测序工作的不断完成和序列信息的不断积累，从整个基因组及全部蛋白质产物的结构和功能的不同层面阐明微生物生命活动的全貌是发展的必然，微生物学科力争在基础和应用研究方面都有大的突破。未来 10 年中，微生物学科对传统的研究领域（如微生物资源收集和系统分类）要稳定支持；对具有国际竞争力和良好工作基础的领域要优先支持；对国家需求的应用基础研究领域要重点支持；对一般领域要择优支持。同时，要继续加大人才经费的支持强度，对一些需要重点发展的学科及其优秀的科学家要给予强度较大的长期稳定性的支持，使他们把时间和精力投入到科研上来，不断做出系统性的高水平的科研成果。

第五节　我国微生物学优先发展领域及重大交叉领域

一、优先发展领域

遴选优先发展领域的基本原则是一方面广泛地采用新技术和新方法推动微观研究的深入发展；另一方面是同其他生命类型研究的交叉和结合，探讨微生物之间以及微生物与其他生物之间的相互关系，促进宏观研究领域的拓宽。要从组学水平去阐明微生物生命活动的全貌，从系统和综合的观念出发去探索生命现象的本质规律。未来 10 年优先发展领域如下。

（一）微生物资源及其功能多样性

微生物资源收集已从传统的陆地土壤采样向极端环境和海洋区域扩延，通过元基因组的文库构建获得未培养微生物的资源信息库，更系统地开展微生物的分类鉴定研究。微生物的种群多样性决定了其代谢物的多样性，为人类提供了宝贵的资源。微生物与其他生命及环境具有密切的关系，成为动植物正常功能不可缺少的部分。微生物是生态系统中生产力的重要贡献者，同时也是有机物质的主要降解者，在地球生物圈的演化、物质与能量循环、生态环境恢复中具有不可替代的作用。微生物是功能多样性最丰富的类群，可生活在其他生物无法生存的环境，如各类极端环境，行使其他生物没有的代谢功能，并且与其他生物之间有复杂的相互作用，如化能无机代谢和一碳物质循环（产甲烷和非光合的同化二氧化碳等）。海洋是一个复杂的生态系统，但目前我国已采集和分类的海洋微生物种类还非常有限，主要来自于沿海或近海，与我国巨大的海洋资源总量相差甚远。因此，开展海洋微生物的培养方法的研究、活性产物的分离提取和分析鉴定及功能多样性等研究将有助于揭示生命的未知潜能，为海洋微生物及其重要产物的开发应用提供依据。

重要研究方向：

1）特殊环境微生物的系统分类与演化；

2）微生物多样性与环境的相互作用；

3）微生物群落中物种间的相互作用；

4）建立重要微生物的种质资源库和基因资源库；

5）探索微生物采样和培养的新方法与新技术；

6）重要微生物的基因组学及元基因组学。

（二）微生物次级代谢与分子调控

微生物代谢物的种类多样，微生物初级代谢产物为次级代谢产物的生物合成提供了基础。次级代谢产物与人类的健康、生产和生活等息息相关，是医用和农用抗生素的重要来源。目前，如何获得新的微生物资源及其新型次级代谢产物，如何在现有微生物资源的基础上挖掘具有生物活性的新型化合物，以及如何将现有的天然化合物开发成为临床上可用的药物是近年来微生物次级代谢研究中要解决的极其重要的问题。尽管许多次级代谢产物具有应用价值，但目前有关其代谢途径、化学结构、调控机制及生物学功能方面的研究缺乏系统性。同时，已公布的基因组序列分析表明，次级代谢产物生物合成隐性基因簇大量存在，在现有条件下未能表达，因此对隐性基因簇的激活，将为新型天然产物的挖掘提供机会；对次级代谢产物生物合成途径的解析与调控的分子机制研究将为天然产物的有效开发和利用提供重要的理论依据。

重要研究方向：

1）微生物次级代谢途径及其生理功能；

2）途径特异性调控基因、多效调控基因及全局性调控基因作用的分子机制；

3）调节次级代谢生物合成的小分子信号物质及其作用机制；

4）隐性次级代谢产物生物合成基因簇的激活，新型天然产物的结构解析及活性分析；

5）代谢产物合成途径的重新设计、组合与改造，以期获得新颖的非天然的天然活性物质，并从中开发具有治疗作用的可能的新型药物。

（三）极端环境微生物的生命特征和进化机制

极端环境微生物适应了不同的苛刻条件，是自然界提供给我们的最后的尚未充分开发的生物遗传资源宝库。目前的研究主要是收集更多的微生物种群、建立适合的遗传操作系统、针对相关的种群（极端嗜热古菌、极端嗜盐菌、极端嗜热细菌等）进行 DNA 复制、基因表达调控以及特殊生理代谢和适应机制的基础性研究。我国在极端环境微生物的研究方面开展了腾冲嗜热厌氧杆菌的基因组全序列分析的研究，这是我国第一个向国际上发布并率先完成的微生物基因组。我国具有多种极端环境的地域，包括盐碱湖、热泉、海洋资源等，应该充分利用我国丰富的环境资源，积极开展极端环境微生物的培养技术（如稀释培养技术、凝胶微滴培养等寡营养培养技术等）和方法的研究。在研究对象与区域方面，从对嗜热、嗜冷、嗜酸、嗜碱、嗜盐等极端微生物多样性研究拓宽到对嗜压和抗辐射微生物多样性的研究，从本国领土研究拓展到大洋、深海、南北极。同时在研究层次方面，加强极端环境微生物多样性与环境因子的相关性研究。

重要研究方向：

1）特殊环境微生物的分子进化机制；
2）阐明生物多样性形成的机制和规律；
3）极端环境微生物遗传机制、基因组稳定机制的研究；
4）极端环境微生物特殊代谢过程及调控机制；
5）生理过程的分子基础、环境应答和生理适应机制。

（四）微生物中 DNA 修饰的分子机制

DNA 修饰是指通过 DNA 共价结合修饰基团使具有相同序列的等位基因处于不同的修饰状态。DNA 通过甲基化修饰决定基因的复制、转录和翻译以及基因的表达调控，DNA 修饰是表观遗传学中的重要内容。有关 DNA 甲基转移酶、DNA 甲基化机制以及甲基化的转录抑制机理的研究一直是该领域的研究热点。微生物中 DNA 甲基化的研究远不如动植物中研究得那样深入。我国科学家通过 DNA 降解在工业微生物链霉菌基因组中发现的天然 DNA 骨架上的硫（S）修饰，是继瑞士科学家沃纳·阿贝尔发现 DNA 甲基化修饰之后对 DNA 结构的又一新补充，进一步的研究解析出 DNA 硫修饰的精细化学结构为"R-构象"的磷硫酰。磷硫基团能赋予 DNA 对核酸酶的稳定性，使这类能切割 DNA 磷酸骨架的核酸酶钝化或失效。DNA 磷硫酰化的发现将产生分子生物学领域新的"信息"流，随着研究内容的不断延伸可能形成跨越不同学科的新的研究生长点。例如，透过 DNA 磷硫酰化修饰找到全新功能的核酸酶，用细菌来合成磷硫酰化寡核苷酸用于生物化学和基因治疗等，都将具有重要意义。

重要研究方向：

1）微生物 DNA 甲基化修饰对 DNA 复制和基因表达调控的影响；

2）微生物 DNA 甲基化修饰与调控因子协同作用的分子机制；

3）DNA 硫修饰的类别及其生理意义；

4）DNA 硫修饰的过程及其调控；

5）DNA 硫修饰对基因结构和功能的影响；

6）DNA 硫修饰作用的分子机制。

（五）细菌 sRNA 的功能及其作用机制

近年来，大量细菌核糖体开关（riboswitche）和小 RNA 功能的研究取得了突出进展，细菌调控 RNA 在细胞生命活动中起着重要作用，细菌的核糖体开关作为代谢传感器可调节或中止一些必需基因的表达。基因组、转录组、蛋白质组和代谢组等相关技术的突飞猛进，极大地推动了人类病原和共生微生物研究的快速发展。近期，首个调控元图谱在李斯特菌（Listeria）中被建立，这导致了与致病性相关的非编码 RNA 的研究迈进了一个崭新的时代。非编码 RNA 广泛存在于原核生物和真核生物并发挥各种调控功能，是目前生命科学的研究热点。原核生物的非编码 RNA（non-coding RNA，ncRNA）一般称为小 RNA（small RNA，sRNA），但目前原核生物 sRNA 的研究远远落后于真核生物。作为种类繁多的转录后调控因子，sRNA 不仅广泛存在、序列保守，而且功能多样，能够影响和调控细菌几乎所有的功能，因此 sRNA 的研究将对农业、工业、医学及环境微生物等领域产生深远的影响。目前 sRNA 的研究尚处于起步阶段，还有大量未知的 sRNA 有待挖掘。目前发现的 sRNA 绝大部分功能及其作用机制未知；即使对于已知功能的 sRNA，是否还可调控其他的靶基因，对不同的靶基因调控机制是否不同，是否存在其他新的调控机制，是否存在除 hfq 以外的其他伴侣蛋白辅助 sRNA 发挥调控作用，这些都有待于深入研究。对一些重要致病菌感染宿主后 sRNA 在抵抗宿主的免疫系统时发挥何种作用的研究目前尚处于空白状态。

重要研究方向：

1）采用高通量测序技术，从转录水平发现和鉴定重要细菌的 sRNA；

2）寻找 sRNA 新的作用靶基因；

3）sRNA 的生物学功能和作用的分子机制；

4）sRNA 在病原微生物与宿主相互作用中的功能。

（六）病原微生物与宿主的相互作用

病原微生物的致病性主要体现在其与宿主的相互作用当中。在病原微生物中，细菌和病毒对人类的危害最大。虽然目前临床所用的抗感染药物中大多数是针对细菌的，但随着抗生素的广泛使用以及病原细菌的快速变异导致抗药性和耐药性病原细菌增多，原有的抗感染药物逐渐失效，人类面临着无药可用的尴尬处境。病毒感染所引起的疾病，如艾滋病、病毒性肝炎、高致病性流感等已成为目前对人类健康威胁极大的传染性疾病，而且不断有新的病毒引起的疾病的暴发和流行，对人类健康和社会安定产生了重大挑战。除细菌和病毒之外，真菌（尤其是深部感染真菌）已经成为威胁患者生命的最常见病原之一。近年来，致病真菌种类尚有进一步增加的趋势，一些常见的环境真菌所引起的深部感染病例明显增加。由于诊断困难、临床可选抗真菌药物有限以及缺乏患者自身免疫能力的配合等因素，使深部真菌感染的致死率可达 $50\%\sim80\%$。除了直接感染而引起人类和动物疾病外，有些真菌还可以通过侵染食物或饲料，在其中产生真菌毒素从而间接损害人体健康。研究病原微生物同宿主的相互作用，可以发现新的特异性靶点，从而为新药筛选提供条件。此外，人体微环境存在种类繁多的微生物，这些微生物按一定的比例组合，并互相制约和互相依存，在质和量上形成一种生态平衡。当机体内外环境发生变化，引起菌群失调时，就会导致机体出现病症。总之，我国在病原微生物的基本生物学特性、遗传与突变研究、基因组学及功能基因组学研究、致病机制研究等方面还存在明显不足，机体内外环境对微生物致病性影响的研究比较匮乏。因此，建议加强对病原微生物的基础研究。

重要研究方向：

1）利用基因组学和生物信息学开展病原微生物的系统生物学研究；

2）病原微生物的种类分布、种群结构、传播途径和感染类型（宿主范围）及流行病学；

3）病原微生物的代谢过程与系统调控；

4）病原微生物的致病机制；

5）病原微生物与宿主相互作用的分子机制。

（七）微生物在物质转化中的作用机制

由于资源、能源短缺，以生物可再生资源取代不可再生的化石资源、以环境友好的生物加工过程取代高污染的化学工艺，成为当代工业制造、环境保护和能源发展的必然趋势。世界能源结构正在经历由化石能源为主向可再生能源为主的变革。当前，燃料乙醇、丁醇等被认为是替代或者节约汽油的最佳选择。目前乙醇、丁醇生产的主要原料是玉米和小麦。随着对燃料需求的快速发展，原料问题日益突出，以粮食作物为原料的燃料生产产业发展还有可能引发粮食安全问题。中国可利用的木质纤维素每年有几亿吨，这些丰富而廉价的自然资源主要来源于农林业废弃物、工业废弃物和城市废弃物。因此，开发纤维素来生产包括乙醇、丁醇、沼气等在内的能源是未来的重点发展方向。混合细菌培养物可以利用任何废弃物，将生物质转化为有价值的产物。此外，氢是公认的洁净能源，生物制氢技术在原料来源、能量消耗和环境保护方面具有较强的优势。我国的工业微生物研究总体而言还相对落后，尤其是在基础研究和技术创新方面相对薄弱，很多具有开发前景的生物活性物质，如抗生素、氨基酸、有机酸、酶制剂等尚未形成工业化生产的条件和规模。微生物在现代食品工业中起越来越重要的作用，除利用微生物进行食品发酵，或利用微生物产生的活性物质作为食品添加剂外，很多微生物本身就可用作食品和保健品。目前我国对食品微生物的研究和利用还大多处于工业水平，研究手段落后，基础研究薄弱。例如，对食品微生物发挥功能的作用机制缺乏深入系统的了解，对食品中微生物多样性和菌群结构变化研究不够，对具有重要或新功能的食品微生物资源或其代谢功能产物的发掘、认识和利用有限，先进、快速、准确检测食品安全的手段亟须建立等。此外，微生物在环境治理方面发挥了重要作用，目前的研究主要集中在建立农药降解菌种库，研究高效降解菌株的生物学特性与发酵参数、代谢途径与降解酶类、降解基因克隆与高效表达及其研究方法等方面。其发展趋势是建立应用效果好的土壤生物修复关键技术体系，获得高效降解菌株及微生物修复的多种群和多基因组合等研究。

重要研究方向：

1) 在系统生物学研究平台上，解析微生物的生理、代谢和调控机制；
2) 能源微生物的系统发育地位及生物质转化方式；
3) 工业微生物发酵工艺及调控机制；
4) 高效降解菌株在废水处理和土壤生物修复中的生物学特性及作用机制；
5) 食品微生物或其产物在食品加工和保藏过程中的作用机制；
6) 先进、快速、准确检测食品安全的技术手段和方法；
7) 酶催化特性与稳定特性的分子规律及新型酶制剂的研究。

（八）微生物与动植物相互作用的分子机制

在动物、植物体内或体外的微环境当中存在着种类繁多的微生物。除病原微生物外，绝大多数微生物是无害的，微生物像一把双刃剑，可有益于动植物的生存、生长和发育，也可对其造成巨大的危害。微生物在其宿主的微生态平衡中发挥重要作用。例如，人和动物肠道中存在的大量有益菌群，它们对于人和动物的正常代谢有重要的作用。而且这些微生物产生的重要生物活性因子是人和动物生命活动中必不可少的，同时人和动物的肌体或细胞为有益微生物的生长繁殖提供了必要的条件。微生物与宿主相互依存、相互制约，并与周围生态环境形成一种有序的动态平衡。微生物对植物的生长发育和分化也有重要的影响，病原微生物可以造成农作物的严重减产，甚至绝收，而一些共生或内生微生物则可以帮助植物抵抗病虫害以及抗旱等。虽然在过去十几年内，借助模式生物，人们对微生物与动物、植物相互作用有了较深刻的认识，但是尚不清楚有益微生物和病原微生物与动物、植物相互作用的分子机制。阐明微生物与动物、植物之间的相互作用，有利于促进人类健康、预防疾病的发生，有利于改善植物营养、促进植物生长、提高植物抗逆性、防御植物病虫害、保障农业生产。

重要研究方向：

1）共生微生物在其宿主中定殖的规律及其协同进化机制；

2）微生物与宿主相互作用中的信号传递机制；

3）益生微生物对宿主的影响及其作用机制；

4）植物对不同微生物的识别和免疫机制以及植物防卫反应中的调控机制；

5）植物根系与根际微生物的相互作用及协同进化机制；

6）内生真菌与植物相互作用的分子机制。

（九）微生物固氮的分子机制

根瘤菌与相应的豆科植物及少数非豆科植物根系共生形成根瘤，能将空气中的分子态氮还原为植物可利用的氨，对自然界的氮素循环有非常重要的作用。随着新方法的不断引入，特别是根瘤菌多相分类技术的应用，根瘤菌的系统分类得到了迅猛发展，新的属、种不断被发现。生物固氮一直是农业微生物研究中重要的课题，生物固氮包括自生固氮、共生固氮和联合固氮。其研究涉及固氮酶的催化机制、新型固氮微生物资源的挖掘、固氮微生物与植物相互作用的机制等。有效地改造固氮微生物对氨、氧等因素的调控，有利于节约氮肥用量，保持土壤结构、增加作物产量；深入研究固氮酶催化机理，有利于揭示生物固氮在常温、常压下进行的关键科学问题，也可为降低氮肥工业的能耗提供理论依据。我国在这个领域虽然有长期的工作积累，取得了一些成绩，但尚无重大突破。更多固氮微生物及其宿主基因组的序列分析和数据的积累，为系统深入研究固氮微生物与植物相互作用以及微生物固氮的分子机制提供了条件。

重要研究方向：

1）固氮微生物与植物相互作用的分子机制；

2）固氮酶催化的分子机制（包括固氮酶的结构、功能及活性调节）；

3) 固氮微生物对氨、氧等因素的调控；
4) 固氮微生物的遗传多样性；
5) 固氮微生物种内及中间固氮效果差异的比较基因组学研究；
6) 固氮微生物与宿主基因组之间的系统发育关系的研究。

二、重大交叉研究领域

我国微生物学重大交叉研究领域主要是微生物与环境相互作用及其应答机制。生物是构成自然生态系统的主体，生物与环境相互作用加速了地球生态系统和环境的演化。微生物是地球生态系统中数量最多、影响地球环境并响应环境变化最为迅速的类群。研究微生物与环境的相互作用及其应答机制，是认知自然生态系统演化规律的关键内容，也是人类定向干预环境演化、有效控制环境恶化的理论基础。长期持续的研究，形成了系统生物学、元基因组学、环境生物修复等技术方法和策略，推动了环境生物学、分子生态学、生物地理学、生物统计学等分支学科的发展，并促进了本学科与环境科学、地球科学、信息和管理科学等相关学科的交叉与结合。海洋、陆地、湿地、湖泊等生态系统，沙漠、高温热泉、极地等典型极端环境以及人为干预环境中生物与环境的相互作用及其应答机制，是当前世界性的热点研究课题。

重要研究方向：
1) 地球环境条件，如温度、大气成分等变迁与微生物进化的关系；
2) 模式微生物在受控（生态）环境中对环境变化的响应及其应答机制；
3) 典型环境微生物群落结构和代谢活动；
4) 微生物与环境相互作用的分子机制。

第六节　我国微生物学领域的国际合作与交流

随着国家对科研投入的不断增加和对技术支撑的重视，很多国内的微生物学研究平台已经达到甚至超过国际上先进实验室的条件，研究水平和影响力也在逐步提高，但科研产出，尤其是高水平的研究论文与国际一流实验室相比尚有一定差距。因此，在未来10年的微生物学国际交流中，应该更多地加强国际学术会议的交流，以提升国内微生物学研究的软件实力和扩大在国际上的影响力；合作的重点应该放在"人"上，尤其是高层次海外华人学者的引进与合作，促进国内有良好优势的研究领域与国际一流实验室的合作；鼓励国内高层次的微生物学科学术带头人积极加入一些学术性的国际组织，提升我国微生物学领域科学家的知名度。建议优先在以下研究领域开展国际合作与交流。

（一）微生物资源和功能多样性研究

微生物资源收集已从传统的陆地土壤采样向极端环境和海洋区域扩延，不同地域的相同微生物显示不同的功能多样性。因此，与国际相关实验室的合作，对于微生物功能多样性与环境关系的研究以及资源的开发和利用是非常重要的。

（二）病原微生物的防治及其致病机制

目前我国在病毒形态学研究和烈性病毒安全操作方面都有明显欠缺，同时在有关病原微生物的传播途径和致病机制方面都需加强国际合作。

（三）微生物重要代谢产物生物合成和调控机制

我国在此领域有良好的研究基础，但要进行更深入的研究，尤其是在基因组、转录组、蛋白质组和代谢组的系统生物学水平上的研究，在一些新的方法和技术，如 ChiP-on-Chip 等上尚需与国际一流实验室合作，如英国 John Innes 研究中心，使这个领域的工作更具有新颖性和系统性。

第七节　我国微生物学领域发展的保障措施

我国微生物学领域发展的保障措施包括以下几个方面。

（一）资源与平台建设

我国保藏有 3 万多株活的微生物菌种资源和近 40 万种真菌标本，这些宝贵的资源为科研、教学和工农业生产等做出了巨大的贡献。虽然这些菌种资源库得到了国家较多经费的支持，但缺乏长期的稳定性支持。同时从资源的战略储备考虑，应从国家层面设立专项基金，支持一些濒危物种和极端环境微生物的收集、分类和保藏。由于社会发展的需求和学科发展的需要，应加大对 P3（生物安全防护三级）和 P4（生物安全防护四级）实验室建设的支持，尤其是对其运转和维持所需费用的长期稳定性支持。

（二）人才队伍建设

人才是学科发展的关键，我国近 10 年来对人才的引进和培养十分重视，设立了专门的基金，如中国科学院的"百人计划"，国家自然科学基金委员会的"国家杰出青年科学基金"等，为人才队伍建设做出了积极的贡献。但在人才自主培养方面还存在不足，应加大博士后经费支持的强度，如每人每年给予 10 万元以上的经费支持。建议加大项目经费中人员费用支出的比例，如劳务费，为取得突破性成果提供人才队伍的保障。建议国家投入专项经费支持国内高层次（PI 级）的优秀学科带头人在海外著名实验室进行短期（3～6 个月）的合作研究，提升我国学术带头人的综合能力和国际知名度。同时人才队伍建设要与学科发展紧密联系，在培育前瞻性、战略性的新领域和新方向时，要避免过分追求长期稳定性而失去创新跨越的机遇。

（三）建立合理的评价体系

合理的评价体系对于科研发展、人才引进和培养具有重要的导向作用，要根据不同的学科特点进行分类评价，如基础研究要把强调前沿性和解决重要科学问题作为主要指标，应用基础研究要根据国家和社会需求中所解决的实际问题进行评价，而应用研究要根据产生的社会效益或经济效益进行评价。总之，要把研究结果的影响力、实际效益和研究工作的系统性作为评价的主要指标。

◇ 参 考 文 献 ◇

段钢 . 2009. 新型工业酶制剂的进步对生物化学品工业生产过程的影响 . 生物工程学报，25（12）：1808～1817

易杨华，焦炳华 . 2006. 现代海洋药物学 . 北京：科学出版社

Bao Q，Tian Y，Li W，et al. 2002. A complete sequence of the *T. tengcongensis* genome. Genome Res，12：689～700

Carruthers V，Cotter P，Kumamoto C. 2007. Microbial pathogenesis：Mechanisms of infectious disease. Cell Host & Microbe，2（4）：214～219

Cheng Q. 2008. Perspectives in biological nitrogen fixation research. J Integr Plant Biol，50（7）：786～798

Copley S. 2009. Evolution of efficient pathways for degradation of anthropogenic chemicals. Nat Chem Biol，5（8）：559～566

Demain A. 2009. Biosolutions to the energy problem. J Ind Microbiol Biotechnol，36：319～332

Dixon R，Kahn D. 2004. Genetic regulation of biological nitrogen fixation. Nat Rev Microbiol，2

（8）：621～631

Falkowski P，Fenchel T，Delong E. 2008. The microbial engines that drive Earth's biogeochemical cycles. Science，320 (5879)：1034～1039

Feng L，Wang W，Cheng J，et al. 2007. Genome and proteome of long-chain alkane degrading Geobacillus thermodenitrificans NG80-2 isolated from a deep-subsurface oil reservoir. Proc Natl Acad Sci USA，104：5602～5607

Garrity G，Staley J，Boone D，et al. 2001. Bergey's Manual of Systematic Bacteriology. 2nd. New York：Springer-Verlag

Gorbushina A，Broughton W. 2009. Microbiology of the atmosphere-rock interface：How biological interactions and physical stresses modulate a sophisticated microbial ecosystem. Annu Rev Microbiol，63：431～450

Gorbushina A. 2007. Life on the rocks. Environ Microbiol，9 (7)：1613～1631

Konopka A. 2009. What is microbial community ecology. Isme Journal，3：1223～1230

König G，Kehraus S，Seibert S，et al. 2006. Natural products from marine organisms and their associated microbes. Chembiochem，7 (2)：229～238

Li M，Wang B，Zhang M，et al. 2008. Symbiotic gut microbes modulate human metabolic phenotypes. Proc Natl Acad Sci USA，105 (6)：2117～2122

Moselio S. 2004. The Desk Encyclopedia of Microbiology. New York：Elsevier Ltd.

Ren S，Fu G，Jiang X，et al. 2003. Unique physiological and pathogenic features of Leptospira interrogans revealed by whole-genome sequencing. Nature，422：888～893

Uria A，Piel J. 2009. Cultivation-independent approaches to investigate the chemistry of marine symbiotic bacteria. Phytochem Rev，8：401～414

Wang A，Dai X，Lu D. 1980. The transposition properties of Tn2 in *E coli*. Cell，21 (1)：251～255

Wang L，Tian X，Wang J，et al. 2009. Autoregulation of antibiotic biosynthesis by binding of the end product to an atypical response regulator. Proc Natl Acad Sci USA，106 (21)：8617～8622

Woes C，Kandler O，Wleelis M. 1977. Phylogenetic structure of the prokaryotic domain：The primary kingdoms. Proc Natl Acad Sci USA，74：5088～5090

Zhou X，He X，Liang J，et al. 2005. A novel DNA modification by sulphur. Mol Microbiol，57 (5)：1428～1438

第五章

生　态　学

第一节　生态学的战略地位

　　生态学是研究生物与其生活环境（包括物理环境和生物环境）之间的相互关系，以及生态学系统的结构、功能与动态的一门学科。生态学本来属于生物学的一个基础分支学科，但近年来人类面临着环境、人口、资源、粮食、能源等关系到人类本身生存的许多重大问题，而这些重大问题的解决必须依赖于生态学的原理，因此生态学逐步成为一门令世人瞩目的学科。

　　生态学研究自然界中的生物在分布、多度和动态等方面所表现出来的模式（格局）（MacArthur，1972），模式意味着可重复的一致性。例如，很多自然群落的物种相对多度分布都表现为对数正态分布。生态学研究这些自然模式是怎样出现的，它们又怎样在时间和空间上发生改变，以及为什么一些模式比其他模式更稳健（robust）。生态科学的本质就是识别模式并理解这些自然模式是怎样产生的，同时这也是进行有效生态管理的关键（Levin，1992）。

　　作为宏观生物学的重要组成部分，生态学具有高度综合性和交叉性的特点，其主要任务是揭示生命系统在个体、种群、群落、生态系统、生物圈等水平上的时空变化规律，与系统分类学、遗传学、生理学、分子生物学、地质学、地理学、气象学、土壤学、大气科学、水文学、环境科学等众多学科有密切的交叉与联系。在长期的自然保护实践中人们已经意识到，要达到保护物种、基因等多样性的目的，必须保护生态系统及其生态过程；另外，物种及其所拥有的基因在生态系统中的功能作用是多种多样的，在生物多样性稳定维持中发挥着各自的作用。对不同层次生态学现象和规律的研究，将有助于消除宏观生物学和微观生物学两大领域之间的隔阂，促进生物学的整合，最终将为生物多样性的保育和环境问题的解决提供科学依据。

　　联合国及各国政府已把生态学的基本原理和基本思想看作社会可持续发展的理论基础，这无疑对当代生态学提出了更高的要求。1992 年各国首脑聚集在巴西，召开了著名的"环境与发展大会"，发表了《关于环境与发展的里约热内卢宣言》(http：//www.un.org/documents/ga/conf151/aconf15126-1annex1.htm)，庄严宣告："人类处于备受关注的可持续发展问题的中心。他们应享有以与自然相和谐的方式过健康而富有生产成果的生活的权利"。在可预见的未来，世界人口仍将增长，意味着人类对资源（包括非生物与生物资源）的需求与消费也将持续增加，对生态系统产品与服务的索取以及对地球环境的影响也必然进一步加剧。在我国，由于近年来经济的高速发展以及持续增大的人口压力，生态环境和生物多样性都面临着极严重的威胁；特别是掠夺式的资源开发，在我国的许多地区造成了森林破坏、土地荒漠化、水资源枯竭、旱涝灾害频繁、环境污染严重、生物多样性丧失、珍稀物种灭绝等严重问题。这些已经成为我国社会经济可持续发展的制约因素。

目前我国已签署了《联合国气候变化框架公约》、《联合国防治荒漠化公约》、《生物多样性公约》、《关于持久性有机污染物的斯德哥尔摩公约》等一系列国际公约。国家在这些生态与环境领域的国际活动和履约过程中迫切需要全面、翔实的科学数据和研究结论作为科技支撑，需要我国科学家提供准确的科学信息和对策方案，以维护我国的合法权益，树立我国的良好国际形象，为社会经济发展创造良好的外部环境。同时，履行国际环境公约也有助于提高我国生态学科学研究与环境管理的水平，促进国际合作。

第二节　生态学的发展规律与发展态势

生态学起源于博物学和人们对于进化问题的探索。但生态学一词是在 19 世纪后半叶才正式出现并被广泛使用的。致力于生态学研究的第一个学术团体和第一个学术期刊均出现在 20 世纪初期。从此生态学进入蓬勃发展和分支学科不断产生的阶段，到今天全世界从事生态学研究工作的专家已成千上万。如今，生态学已经形成庞大的知识体系，并在解决人类面临的生存危机的需求中得到快速发展。

一、生态学发展简史

达尔文是有史以来最伟大的生物学家、生态学家。达尔文不仅提出了自然选择理论，还奠定了现代生态学的基础（参见《物种起源》第三章）。达尔文的自然选择学说强调生物进化是生物与环境交互作用的产物，引起了人们对生物与环境相互关系的重视，促进了生态学的发展。自达尔文之后，生态学家开始关注生物是如何通过适应环境而生存、生长和进化的，使个体和群体水平上的生态学以及生物地理学得到蓬勃发展。丹麦哥本哈根大学的植物学家 Johannes Warming 撰写了第一本生态学教科书《植物群落：生态植物地理学导论》，系统总结了 19 世纪末以前植物生态学的研究成就，对于早期生态学科的发展产生了巨大影响。

19 世纪末到 20 世纪初，大量的工作集中在对于生物地理分布、自然植被的描述和植物群落性质的探讨上。美国生态学家 Frederic Clements 主张的群落有机体概念和演替理论在生态学（尤其是植物生态学）领域产生了很大影响，尤其是他所倡导的"整体大于部分之和"理念后来成为系统论的一个核心。Clements 认为植物群落可以比拟为有机体：物种相当于器官，演替相当于个体发育。这种观点在理论上与达尔文的自然选择学说矛盾（Tansley，1935），在数据上与实际植物群落不吻合。从达尔文进化论角度来看，我们不能把群落比拟为一个有机体。有机体各个细胞或者器官之间能够很好合作的基础是它们在遗传上的完全等同性。而群落中的各个物种却没有这种遗传等同性，因而不能期望它们像有机体中的细胞或器官那样为了共同目标而相互合作甚至做出自我牺牲。

20 世纪二三十年代是种群生态学得以迅速发展的时期。在此期间，Pearl 重新发现了比利时数学家 Verhulst 的单种群增长逻辑斯蒂模型；Lotka 和 Volterra 则分别独立地提出了种间竞争和捕食模型。这些理论研究的成果刺激了实验生态学工作的开展。由于所采用的实验生物通常可以在很小的容器内进行培养，这些实验研究被称为"奶瓶实验"。"奶瓶实验"工作与理论研究一起又进一步推动了野外生态学工作的开展（Kingsland，1985）。受 Lotka-Volterra 模型的启发，俄国微生物学家 Georgii Gause 首次明确提出了"竞争排除法则"。根据该法则，如果两个竞争种能共存于同一个生境中，那么一定是生态位分化的结果。如果没有这种分化，或者生境使这种分化不可能发生，那么一个竞争种将会消灭或排除另一竞争种。Robert MacArthur 在这个法则的基础上进一步提出了"极限相似性"概念，认为共存物种之间的生态学相似性存在一个上限，超过这个阈值，物种不能共存。建立在"竞争排除法则"和"极限相似性"基础上的生态位理论成为群落生态学的一个主要理论框架，直到进入 21 世纪才开始受到来自中性学说的有力挑战（Hubbell，2001）。

20 世纪中叶，三位该世纪最有影响的生态学家（C. S. Elton、R. H. MacArthur、E. P. Odum）不约而同地倡导"多样性导致稳定性"的观点，但在 70 年代受到了挑战：May（1973）的理论研究表明，简单系统比复杂系统更可能趋于稳定。这个结论在生态学界曾引起很大争议，并最终导致 90 年代中期

Tilman 等（2006）报道了他们在草地群落所开展的长期实验工作。实验结果表明，多样性虽然降低了草地植物种群的稳定性，但增加了整个群落的稳定性。这是因为在一个多样性较高的群落中，一些种群的数量激增往往更有可能伴随着其他种群数量的衰减，也就是说补偿效应在多样性高的群落中更显著。1967年，MacArthur 和 Wilson 的《岛屿生物地理学》一书出版，被 Robert May 评价为生态学的一次革命。从此，生态学从描述性工作为主的博物学成为真正现代意义上的自然科学。岛屿生物地理学理论仍在不断发展与完善进程中，这方面的进展在 2010 年出版的《岛屿生物地理学再探》（*The Theory of Island Biogeography Revisited*）一书中得到了全面反映（Losos and Ricklefs，2010）。

　　生态系统的概念是 20 世纪三四十年代提出的（Tansley，1935），但是没能引起人们的注意。到了 60 年代以后，由于人口增长带来一系列日益尖锐的环境问题，生态系统概念才得到高度的重视（Golley，1993）。Eugene Odum 的著名教科书《生态学基础》积极倡导"自上而下"的整体论研究途径，极大地推动了生态系统研究和环境保护运动的开展，产生了重大影响。生态系统的研究被认为是当代生态学发展的标志，是指导各种生产活动的理论基础。基于生态系统概念发展起来的生态系统生态学、景观生态学、区域（流域）生态学、全球生态学，与不同时空尺度的环境问题研究计划密切结合，促进了以生态系统生态学为核心的大尺度生态学的发展。与此同时，生态学家越来越强烈地意识到生态学和进化结合的必要性，而进化生物学也由于和生态学的紧密结合获得了新的活力。目前，这种结合还主要停留在个体及种群层次上，生态系统生态学与进化生物学之间的互动还不多见。21 世纪在生态化学计量学兴起之后这种境况有所改善（Elser，2006）。

　　国际生物学计划（IBP，1965～1974）开启了生态学家全球合作的新纪元，也是生态系统研究大规模开始的标志。虽然 IBP 最初设定的目标从未实现（Golley，1993），但它的执行使生态系统生态学成为生态学研究的前沿，并使生态学从生物学中的一个普通分支学科提升到具有举足轻重的地位的学科。生态系统途径在生态学研究中的地位已日显突出。由于人类已成为生态系统的重要组分之一，很多的生态学问题应该在人类活动的框架下来考虑，使得生态学和环境科学的界线日趋模糊。

二、生态学的发展规律和特点

（一）个体生态学仍然是学科发展的基石

　　对特定生物类群生物学特性（生理、行为和生活史）的了解是生态学研究的重要基础。早期的生态学也是基于昆虫学、动物行为学、发育和耐受生理学等方面的知识起步成长的。从生物个体角度进行的生态学研究(包括生理生态学、行为生态学、生活史等,主要探讨生物有机体对环境的适应)是研究更高层次生命组织形式,即种群、群落、生态系统、景观乃至整个生物圈的基础,它所关注的问题包括:个体的形态、生理和行为特征如何帮助个体在生存环境中存活?为什么不同类型的生物体只分布在特定的一些环境,而不出现在其他环境?为什么生活在不同环境中的生物体具有不同的表现特征?从个体角度研究生态学就是要寻求这些问题的答案。

适应是个体生态学研究的一个永恒主题。适应意味着形态结构、生理功能以及行为特征的修饰,它使生物体更适于生活在其生存环境中,如隐蔽色能使猎物避免被捕食,植物的花根据传粉者种类而修饰形状等。适应是经自然选择作用而形成的进化改变,是通过种群内一类个体替代另一类个体实现的,所以关于生物适应性的研究也就成为从个体角度和从种群角度研究生态学的重叠点。

从个体角度研究生态学与从种群、群落、生态系统乃至整个生物圈角度开展的研究均有不同程度的交叉,可以说个体生态学是生态系统、群落和种群不同层次研究的核心与纽带。例如,基于有机体的基础代谢率与其个体大小的依赖性关系(异速生长)而建立起来的生态学代谢理论(Brown et al.,2004)已经发展成为现代生态学的一个重要前沿,它把从个体一直到生物圈各个生物组织层次上的生态学过程贯穿在一起,有望成为生态学统一化理论框架的一部分。

(二) 种群和群落是生态学研究的核心

种群生态学关心个体数量及其随时间的变化,以及种群中的进化改变。数量变化反映种群中个体的出生和死亡,它们可能受物理环境条件的影响,也可能受其他生物,如食物、病原体和捕食者等的影响。在进化过程中,新的遗传突变可能改变个体的出生率和死亡率,造成整个种群的遗传结构发生变化。生活在同一地域的多个不同种类的种群构成了群落,这些种群以不同方式发生相互作用。群落生态学关心的是同一地区不同种类生物体的多样性和相对多度。不同种类之间的相互作用和协同以及制约关系是种群和群落生态学的共同研究领域。

种群和群落生态学属于生态学的经典内容。近年来,种群和群落生态学研究开始从原来较小的时空尺度拓展到更大尺度,如集合种群、集合群落(Holyoak et al.,2005),种群调节和群落内物种多样性的形成与维持等经典命题的尺度依赖关系受到人们的关注。同时,种间关系与协同进化研究得到高度重视，以前相对被忽视的种间正相互作用在群落组配中的地位也开始引起生态学家的兴趣（Callaway，2007）。与传统的进化思想相比，协同进化概念更加重视生物对其生物环境（而不仅仅是常规的物理环境）的适应，更加关注物种之间的相互作用（Ehrlich and Raven，1964；Thompson，1999），可以说它是进化论与生态学的一个重要交叉点。早期的协同进化理论强调两个或少数几个物种之间的相互适应，而新兴的弥散协同进化理论认为，群落中不同种类的相互作用非常密切，其中之一发生变化必然会影响许多其他种类发生变化。

美国国家科学基金会 2006 年 1 月召开的"生态学前沿"专家组会议把种群和群落生态学知识中一些空白作为生态学优先资助的方向，包括群落背景与物种相互作用的强度、多个生态学尺度上的反馈、物种共存机制等（Agrawal et al.，2007）。

（三）宏观生态学与解决环境问题关系密切，因而发展迅速

在 20 世纪 60 年代生态系统生态学得到发展以后，近年来景观生态学、全球变化生态学等关注大尺度上生态学过程与格局的分支学科蓬勃发展。这在很大程度上取决于全球尺度上环境问题的需求。这段时间生态学领域的许多国际研究计划都把研究集中在生态系统以上的空间尺度上。从 70 年代的人与生物圈计划（MAB）、80 年代的国际地圈-生物圈计划（IGBP）、90 年代的生物多样性计划（DIVERSITAS），到 2001 年启动的千年生态系统评估（MA），宏观生态学的研究从生物群区（biome）结构与功能发展到生态系统的服务功能，最近更是明确地把生态系统与人类福祉的相互作用关系作为研究计划的核心科学问题（Millennium Ecosystem Assessment，2005）。全球变化与陆地生态系统（global change and terrestrial ecosystem，GCTE）成为宏观生态学研究的主题。

20 世纪 90 年代，可持续发展（sustainable development）成为资源、环境、社会经济发展的研究主题，生态学家也开始将全球气候变化研究与生态系统研究紧密联系起来，促使生态系统与全球变化的相互作用关系问题成为当前生态学研究的一个重点，生态学研究逐步走向服务于可持续发展的新阶段。在这一新的历史阶段，人类与生态系统的相互作用关系被确定为研究的核心主题，不同尺度的生态、社会、经济系统的可持续发展、全球气候和环境变化、生物多样性维持与保护等成为生态学研究的热点领域。

（四）分子生物学技术开始广泛应用于生态学

如上所述，大尺度生态学的发展是过去几十年生态学领域的重要事件，它

对于解决人类社会面临的环境问题也最为关键。但值得注意的是，微观生态学的发展也是令人瞩目的，尤其是分子生态学的兴起（Freeland，2006）。1992 年 *Molecular Ecology* 的创刊标志着该学科开始得到普遍认可并广为实践。

分子生态学研究萌芽于 20 世纪 50 年代，其发展历史就是运用分子遗传标记研究宏观生物学问题的历史，也是分子生物学、群体遗传学、分子进化和基因组学交叉融合的历史。促成和不断加深这一融合的因素，一方面是分子生物学技术的不断突破，另一方面是分子进化理论、群体遗传理论和数据分析理论及方法的建立和逐步完善。分子生态学研究的突出特点是理论性强、学科跨度大、实验技术专业性高、数据分析难度大、揭示力强等。由于它可以检测最深层次（DNA 序列组成）上的遗传变异信息，具有很高的层次分辨率，即区分不同的个体，甚至同一个体的不同基因，因而具有很强的揭示能力（很多情况下是其他方法所难以比拟的）。

分子生态学通过近 40 年的实践形成了一个综合的理论、技术、分析体系，为 20 世纪 90 年代后的飞跃式发展奠定了稳固的基础。核心分子生物学（包括基因组学）技术的突破是推动分子生态学研究不断普及的关键，而理论方面的突破则是推动分子生态学研究向更深入层次进行的关键；支撑这两个关键的则是数据分析方法和技术的突破。例如，80 年代的两项划时代发明和发现（DNA 聚合酶链反应的发明和热稳定 DNA 聚合酶的发现）使得研究人员从此不必通过分子克隆就可以从微量样品出发，分离、制备大量用于后续操作的目的 DNA 样品，并在很短时间内进行大规模样本分析，因而分子生态学才能得以被广泛普及。

同样是 20 世纪 80 年代，溯祖理论在种群遗传学中的引入和建立使得分子生态学研究有了坚实和强大的理论后盾，极大地提高了分子生态学研究的揭示能力（Wakeley，2009）。伴随这些进展而产生的分子变异和谱系关系分析算法和技术的突破，则是 20 世纪 90 年代以来系统进化关系研究和生物地理演化研究得以空前兴盛的关键。

（五）应用生态学一直是研究热点

在基础生态学发展的同时，作为联结生态学与各应用、生产领域和人类生活环境与生活质量领域的桥梁和纽带的应用生态学也在平行地发展。过去 30 年以来生态学与其他若干学科结合形成门类众多的应用生态学分支。这一方面体现了生态学在学科建设中的重要地位，也体现了人们对生态学解决生产实际问题的期望。

生态学与环境问题研究相结合，是 20 世纪 90 年代后期应用生态学研究最重要的领域，不仅促进了污染生态学的发展，还促进了保护生物学、生态毒理学、生物监测、生态系统的恢复和重建、生物多样性的保护等方向的发展。生态学与经济学相结合，产生了生态经济学。虽然生态经济学是尚未成熟的学科，但在国内外都得到相当的重视，它研究各类生态系统、种群、群落、生物圈的过程与经济过程相互作用方式、调节机制及其经济价值的体现。生态工程是根据生态系统中物种共生、物质循环再生等原理设计的分层多级利用的生产工艺。我国在农业生态工程应用上广为群众接受，虽然其理论发展还落后于实践，但其创造了许多不同形式，已引起国际上的重视。应用生态学给生态学基础研究提出许多新的任务，而生态学基础理论研究成果的积累，无疑又可为应用生态学解决实际问题提供依据和帮助。

（六）与其他学科的交叉极大地推动了生态学的发展

早期的生态学与进化生物学是紧密相连的，这在达尔文的著作中表现得最为显著。其后生态学与遗传学的交流极大地促进了种群生物学的发展（Kingsland，1985）。以 Fisher、Wright 以及 Haldane 为代表的进化遗传学对孟德尔遗传机制的各种数量后果进行了深入分析，但对于生态学没有给予足够的重视。而后，"综合进化论"在这方面有所改进。生态学与进化生物学的全面整合发生在 20 世纪 60 年代后期，形成了一个新的分支学科——进化生态学。目前来说，这种结合还主要停留在个体及种群水平上，群落及生态系统生态学仍然缺乏进化思想，尽管人们意识到有机体的进化适应特征肯定会影响到生态系统过程。种群生物学越来越微观（向分子水平发展），而生态系统科学却越来越宏观（向全球方向发展）。因此两者之间相互交流的需求显得尤为迫切。毕竟，进化上的改变是在生态系统背景下发生的，而群落或生态系统水平上模式的产生也肯定受到有机体行为或生理特征的制约。

20 世纪中后期数学和物理学思想及研究途径的引入使得生态学开始注重机理探讨并变得更加定量化；对种群动态调节机制的研究达到了相当成熟的水平（May and McLean，2007）。关于自然种群的数量调节问题，在生态学中有两种观点：一种观点认为种群的数量调节是与种群密度紧密相关的过程，而另一种观点则认为种群的数量调节与种群密度基本没有关系。以前人们曾认为，如果是密度相关过程调节种群数量，那么种群动态应该具有规律性，如稳定平衡点或周期振荡等。然而实际观察到的自然种群并非如此，这使得相当一部分生态学家对密度相关学说产生了怀疑。然而 70 年代初开展的数学模型分析说明，简单的种群动态差分方程能够产生出非常复杂的动力学行为（混沌）。混沌现象外表上看似乎完全是随机波动的，但其实质仍是密度制约的结果。没有数学模型的帮助，仅靠生态学家的直觉是得不到"混沌"这个结论的。这个通过数学模型研究而得到的种群生态学成果大大加深了我们对种群调节机制的认识，同时也"反哺"物理学，促进了混沌学这门新科学的发展。

（七）生态学的研究对象具有复杂性和多尺度特点

生态学研究生物与环境之间的相互作用，其研究层次涉及个体、种群、群落、生态系统、景观、区域乃至全球生物圈；它需要在多个层次和多个尺度上对生命系统的结构、功能等一系列复杂问题进行研究。不同尺度上出现的模式往往是不同的，并且起主导作用的内在过程往往也并不一致（Levin，1992）。这种高度的复杂性曾经使得很多研究人员产生悲观情绪——他们甚至认为还原论的研究方法不适于生态学和生物学（Mayr，2005）。然而把生态学描述得高深莫测以及否认物理学等成熟学科发展出的研究方法对生态学的借鉴意义，这只会使得生态学离成熟科学的标准越来越远。生态学研究在目前恐怕还是要致力于"把复杂问题简单化"。

在较细微的空间和时间尺度上，随机现象（或确定性混沌）可能会使系统变得不可预测。但当描述的尺度放大后（如超出了单个扰动的空间尺度或者在更长时间尺度上的统计平均等），系统的变异性可能急剧下降，而可预测性却会相应增强。例如，一个森林群落的总体光合作用速率要比单个树木或单个叶片光合作用速率的变异低许多。通过变换观察的尺度，我们可以从不可预测的、无法重复的个别事例扩展到这些事例的集合，而这时系统整体行为却可表现出规律性，可作为一个"简单问题"加以研究。这就是近年来非常活跃的宏生态学（macroecology）研究领域的基本出发点（Blackburn and Gaston，2003）。宏生态学牺牲了局域尺度上的细节，却获得能力来研究在区域、大陆乃至全球尺度上所表现出来的从种群到生态系统各个层次上的生态学模式，如物种分布区大小与种群密度的正相关、局域物种丰富度与区域物种库大小的关系、种数-面积曲线的幂指数函数关系、生态系统能量输入与物种数量的关系、物种多样性的纬度梯度等。

（八）生态学尚未形成广泛接受的统一化理论框架

由于研究对象的复杂化，也由于生态学本身发展的限制，生态学目前还没有一个公认的统一化理论框架，或者说，生态学里的"牛顿定律"还没有形成，尽管生态学家们一直没有放弃这种努力。例如，20世纪五六十年代的"自疏定律"（又称-3/2定律），70年代系统生态学的"十分之一定律"，用热力学定律解释生态系统稳定性等，以及近年来的代谢生态学（Brown et al.，2004）。生态学界一直在争辩是否存在统一的生态学定律（Lawton，1999；Dodds，2009），然而对生态学过程的机理认识的不足，以及研究习惯上对经验而非理论的依赖，使得生态学的预测能力（尤其是定量预测能力）远远低于人们的期望。

目前生态学领域的很多研究工作是数据和问题驱动的，而非过程与机制驱动的。也就是说，生态学家观察到一个现象，进而针对这个现象研究其发生的过程与原因，基本上是就事论事的个案研究，而不是像物理学家那样试图去概括、推广、总结出一般规律，然后基于这个规律给出预测，继而进行检验。换言之，生态学家与物理学家在思考问题的方式上有很大的差异。生态学家这样做的理由往往是生物学系统的复杂性（complexity）、不定性（contingency）、变异性（variability）比物理学系统都高出很多，因而不可能存在或很难找到像物理学那样具体化的普遍成立的定律（law）和预测性理论。这种立场和观点在生态学家以及生物学家中似乎很流行（Lawton，1999；Mayr，2005；Enquist and Stark，2007），也许是限制生态学向类似于物理学那样的成熟科学方向发展的一个主要绊脚石，至少是不利于生态学家和物理学家之间的相互交流、相互学习。寻找生态学普遍规律不仅是生态学作为一门科学自身发展的需要（虽然尚存在不同看法），而且人类社会当前所面临的各种环境问题也需要生态学家能够根据生态学原理在第一时间给出解决方案（Enquist and Stark，2007）。

为了形成生态学的统一理论，生态学家首先应该研究那些具有广泛一般性的模式（Enquist and Stark，2007；Dodds，2009）。这不仅仅是由于这样的模式最明显、重复性最好、适用范围最广，而且还由于它们提供了一个框架，使得相对特殊一些的模式能够在这个框架内得到更有效的研究。每一生境和每个物种都有其各自的特性，那些在许多生境中或者在许多物种身上都能再现的模式不可能仅由生境或物种的特性加以解释，往往意味着存在一个共同的起因。根据对一般性模式的研究而建立起来的生态学理论，如生态位/中性理论（Hubbell，2001）和代谢生态学等（Brown et al.，2004），都具有成为生态学统一理论框架的潜能，应该引起我们的高度重视。即使对生态学最终是否可能有统一理论存在不同看法（Mayr，2005），适用范围越大的模式就越应该得到优先关注应该是无可争议的。

（九）生态学基础研究与应用之间存在着一定的矛盾

早期的生态学研究主要是兴趣驱动的，关注生态学现象与过程的发生机制。近年来人类活动导致地球环境向着不利于人类生存的方向迅速恶化。由于生态学的学科定位——研究生物与环境的相互关系，人们要求生态学家为解决诸多环境问题提出解决方案。这种需求使得生态学的发展越来越注重应用问题。对于生态学发展本身而言，这种趋势有其积极意义——我们可以在实践问题上检验理论知识的解释力、预测力；生态学尤其是生态系统生态学、全球变化生态学、入侵生物学等领域因此获得快速发展，但同时这也在一定程度上冲击了生态学基础研究的地位——尽管人们需要这样的研究为应用型研究提供理论支持。

我们不得不承认，生态学在现阶段还不像物理学、化学那样具有完善的理论体系。有人认为生态学是一门"软"科学——没有公认的统一化理论框架，也没有很强的定量预测能力。然而当人们面临着诸多严重的生态环境问题时，又迫切要求生态学给出解决途径（Enquist and Stark，2007）。人们需要智慧来避免这一趋势对生态学的发展产生不利的影响——有可能把生态学家过度地导向解决实际问题，而忽视发展生态学科学理论的境地。

三、生态学的发展趋势

（一）生物多样性及生态系统功能的保护更加受到重视

随着全球变暖的加剧和土地利用的持续增长，气候变暖、生境岛屿化以及外来生物入侵将是未来全球生物多样性和濒危物种面临的最大威胁。生态学家在未来10年所面临的最大现实挑战是：很多自然生态系统在还没来得及研究透彻之前可能就已经消失了。地球将会越来越多地被"山寨"生态系统所主宰，这些"山寨"生态系统当然也是值得研究的，但如果任由自然生态系统在被记录、理解之前就毁掉，意味着我们将付出实用、美学和道义上的巨大代价。因此当前生态学的一个重要任务就是预测并减少生物多样性的丧失和生态系统功能的退化。为达此目的，我们需要度量生态网络，如食物网的恢复能力，特别是承受干扰和物种丧失的能力，这将要求我们更多地利用稳定同位素和DNA条形码技术去清晰地展示群落中错综复杂的"捕食与被食"营养关系（Holt，2010）。

当前生物多样性保育的另一个重要发展方向是研究全球变化对物种分布格局、物种的繁殖和生活节律、行为和进化模式、种间关系以及对物种濒危和绝灭的影响，寻找和发展全球变化背景下濒危物种和生物多样性保护对策。同时，随着贸易的全球化，以人类作为传播媒介的外来种的入侵数量越来越大，传播途径日益多样化，传播速度越来越快，外来种对生物多样性和濒危物种的威胁日益增加，研究外来种对濒危物种和生物多样性影响的机制，特别是对当地种和外来种物种长期进化和适应潜力及遗传变异的影响，进而发展控制入侵和危害的途径成为当前世界各国研究的热点。

（二）微生物生态学将成为一个主流

美国哈佛大学著名生物学家 Edward O. Wilson 在其自传中这样写道，"如果我的人生能重来一遍，让我的视野在 21 世纪重生，我将会是一名微生物生态学者。1 克的寻常土壤……里头便栖息了 100 亿个细菌。它们代表了成千个物种，而且几乎全不为科学界所知。届时，我会在新潮显微镜检查法和分子分析技术的协助下，进入那个世界。"无独有偶，英国著名生态学家 John Lawton 在一篇写给研究生的建议文章中也提到："如果有机会再来一次的话，我想我将成为一名微生物生态学家。也许微生物看上去不像哺乳动物那样令人兴奋，但是，如果没有了野生哺乳动物，我们的地球很可能还可以继续行使其功能，而如果丢掉了很多微生物，恐怕就不再是一个适于居住的地方了；对于这些微生物中的大部分还没有科学描述，我们几乎一无所知。"*Nature* 期刊的 "2020 *Visions*" 一文中更是明确指出微生物生态学在未来 10 年将成为生态学的一个主流方向（Holt，2010）。

微生物广泛分布于自然环境，其中又以土壤最多，其次则为水域与生物个体当中，如牛胃与人大肠肠壁中协助食物分解的细菌菌群。微生物对生态系统功能的极端重要性决定了我们必须对微生物生态学给予足够的关注与支持。研究微生物生态学，可以使得我们对自然生态系统过程与功能的理解更加全面和深刻，只有具备了对生态系统过程主要环节的机制性认识我们才有可能发展出真正有预测力的生态系统生态学；也只有具备了这些知识，我们才能真正地运用生态学理论为农业、环境保护等领域的诸多实践问题（如重金属污染的治理、退化草场的恢复等）提供解决思路与方案。此外，从纯科学研究角度看，研究微生物生态学可以进一步丰富和发展生态学的理论知识体系。迄今为止，生态学已经积累的知识中绝大部分都是从"看得见"的动植物的研究中获得的。但是生态学家关心在各个空间和时间尺度上的格局与过程，很难以大型动植物为研究对象来开展较大时间和空间尺度上的工作（尤其是实验）。微生物的生活史特征使得它们可以为检验和进一步发展生态学理论提供良好的研究系统。

（三）宏微观生态学的整合愈加紧密

近 20 年来，从理论机制到实际应用等方面许多宏观生物学问题的研究都取得了长足的进展，这在一定程度上归功于分子生态学研究理念和方法的引入。分子生态学使宏观生物学由传统的以观察、测量、假设检验和推理为主的表象研究变为以从生物和种群的遗传构成的变化上检验、揭示机制和规律为主的机制性研究（解释性研究），因而使得对具有普遍意义的科学规律、进化过程和机制的探索成为可能（Freeland，2006；Beebee and Rowe，2008）。可以说，分子生态学的兴起给宏观生物学研究带来了若干深刻变化。例如，它允许我们从生命现象最深的层次上揭示生物的不同生理状态、个体、种群、物种以及更高阶元间的差别和共性，追溯和拟合导致这些变化的生理、生态、气候、地理地质、人类活动等因素及其所影响的时空尺度。分子生态学的众多研究实践和所取得的成果表明，我们对很多生态学过程的理解和了解还甚为肤浅，解决很多宏观生物学问题需要了解生物和生态系统的演化历史。

而且分子生态学多方面地促进了系统发育生物学、生物地理学、进化生物学、保护生物学众多学科间的交叉融合和发展，这一方面使得许多学科之间的界限变得模糊或消失，另一方面催生了新的交叉学科，如亲缘地理学，因而前所未有地改变了我们的视野、思维方式、研究理念和习惯。分子生态学已经成为宏观生物学不可或缺的整合性研究领域，在可以预见的将来仍将继续向所有与生态、种群和进化有关的宏观生物学研究领域全面渗透，并不断取得开拓性成果。这种结合使得人们在生物对其历史时期气候变化的响应、生物多样性的演化机制、物种形成和演化机制、种群遗传学、选择和适应、入侵种分子生态学、亲权和行为生态学、环境基因组学、谱系生物地理学、人类介导的演化、保护遗传学，以及理论、技术、分析方法、算法和软件等方面进行了大量系统性的研究工作。

（四）人们开始寻找和发展统一化理论，生态学研究正在从定性走向定量

在 20 世纪后期生态学家开始努力发展统一化的理论框架。虽然目前还没有一个能够被广泛接受，但是已经有一些颇有希望的备选（Dodds，2009）：生物多样性与生物地理学的中性理论（Hubbell，2001）、代谢生态学理论（Brown et al.，2004）、生态化学计量学理论（Sterner and Elser，2002；Elser，2006）等。这些理论分别基于不同的基本原理（first principles），针对不同的一般性自然模式，致力于发展出具有预测力的生态学理论。以中性理论为例，人们默认群落内生态学上足够相似的物种产生竞争排斥需要的时间很长，使得物种分化过程能够补偿竞争排斥所造成的物种多样性丧失。作为解释各个水平上生物多样性维持的一个统一机制，中性理论基于所有个体或基因型在竞争能力或适合度上的对等性，强调随机过程的重要性，在定量解释宏观群落生态学模式（物种相对多度分布以及种数与面积关系等）方面获得了巨大的成功。该理论以其简约性和成功例证正逐步成为群落多样性形成与维持的最重要理论之一（Hubbell，2001）。

遗传和进化生物学与生理、种群及群落生态学的大规模相互渗透已有很长的历史，而生态系统生态学却与生物学的其他分支（尤其是生物进化）联系甚少。生态系统生态学与生物学其他领域在观念上的统一，特别是为其引入进化的观点，是当今生物学整合研究中最重要的前沿。生态化学计量学（Sterner and Elser，2002）所关注的正是能量及各种化学元素在生命系统中的平衡关系，因此在整合中将起至关重要的作用。生态学家目前的一大任务就是整合这些理论并形成可以最大限度上解释和精确预测不同尺度上生态学现象和过程的一个统一化框架（Enquist and Stark，2007；Allen and Gillooly，2009）。生态学家也越来越重视理论预测能力的精确性，生态学理论的发展、研究方法的革新以及大量数据的积累使得人们定量预测生态系统属性与生态过程的能力大大加强。

（五）多尺度、多过程综合研究成为潮流

多个尺度上的生态学过程可以存在复杂的耦合关系，同时不同尺度上的生态过程之间也存在相互制约的关系。生态过程涉及的时间尺度包括几秒、几小时到几天、几年再到几十年、几百年甚至上千年，空间尺度也由几平方米的局地到几平方千米的流域、区域、几万平方千米的生物群区以及全球生物圈。生态系统中各因素、各种过程都不是孤立存在的，它们的变化也不是孤立进行的，具有错综复杂的耦合关系。例如，生物圈的水循环，碳循环和氮、磷循环等不仅受自然和人为因素的强烈干扰，它们之间还存在着明显的相互关联、耦合和反馈作用。生态系统碳循环过程中的光合与呼吸、凋落物的腐殖化、分解作用与水循环中的降水、蒸腾蒸发以及淋溶等过程有关，同时碳循环过程又受氮素的输入、固定、迁移以及释放等过程的影响。

传统上由于研究手段的限制，生态学研究工作主要针对单一过程，在短期、小尺度上开展。而解决若干实践问题需要我们理解区域甚至全球尺度上多个生态学过程的发生与后果。近年来，基于遥感技术和景观生态学的发展，人们对大尺度上的若干科学问题（如土地利用变化的后果、全球陆地生态系统生产力的分布及对全球变化的响应）进行了很有意义的研究。基于这些知识人们已经形成了综合多尺度、多过程的研究风格，并开始发展基于已有知识预测其他尺度上生态学过程的理论与方法。例如，代谢生态学理论根据代谢率与个体大小的基本关系预测了从个体一直到生物圈各个生物学组织层次上的生态学规律和过程。同样，生态化学计量学通过考察不同层次生命组分中重要化学元素的含量与比例关系提供了一个概括性的一般生物学原理，使生态系统生态学和进化生物学所关注的焦点有机地贯穿在一起，促进了多个研究领域的整合并对生物学的观念统一做出了贡献。

（六）生态学从认知自然规律逐步走向管理自然系统

日益拥挤的地球需要科学研究，这些研究应该将人类活动作为地球生态系统的一个内在组成部分，而不是外界因素。把生态学研究拓展出未受打扰的生态系统并承认人类在绝大多数生态系统中的作用，将有助于提高地球上生命的质量和多样性。因此更多的研究应集中到生态服务和生态的恢复与设计中。可以预见，未来的环境将更多地由人类影响和管理的生态系统组成，在这个系统中人类所依赖的自然服务将越来越难维持。生态学研究必须正视人类需求与生态系统功能稳定维持之间的紧张关系。

尽管目前生态学对人类社会面临的环境问题的解决所做出的贡献还远远不够，但是生态学已经为濒危物种保育、流行病学预测、转基因作物潜在风险评估、生物入侵预警和控制、退化生态系统恢复、生物资源管理等诸多问题的解决提供了知识基础和研究方法的支撑（May and McLean，2007）。而且生态学在这些问题上的应用也对生态学本身的发展产生有益的反馈作用。重要的是，尽管前面的道路还很漫长，生态学家已经适应于担负把生态学知识转变为调控和管理生态系统的实践活动的任务。

第三节　我国生态学的发展现状

一、我国生态学的发展简史

虽然我国劳动人民在长期的生活和生产实践中形成了一些朴素的生态学思想，但生态学作为一门科学在我国发展较晚，主要是结合新中国成立之后的国民经济发展需求而进行的。这种"以任务带学科"的方式极大地推动了我国各个生态学分支的发展（国家自然科学基金委员会，1997）。另外，我国幅员辽阔、自然生态系统多样，这也为进行生态学研究提供了一个得天独厚的良好条件。综观生态学在我国的发展，大体上可分为四个阶段：①生物与环境本底调查阶段；②个体和群落研究的初期阶段；③以生态系统结构和功能为主的定位研究阶段；④以生物多样性保育、全球变化和可持续发展为主线的现代生态学发展阶段。当然，这些阶段不是截然分开的，而是有很大尺度的交互重叠。

新中国成立以来，我国的生态学家结合国家建设任务和以中国科学院为主组织的各类综合考察队，系统地收集、整理我国的自然、社会和资源利用及区

域开发方面的资料，进行了大量的野外考察与研究。其中包括新中国成立初期
我国政府组织的热带橡胶林地和农垦的调查，中国科学院自然资源综合考察委
员会组织的一系列综合科学考察队，其范围包括了西藏、黄河中上游、黑龙江、
新疆、青海、甘肃、内蒙古、西南以及南方亚热带山地。同时，针对国家建设
的急需，对某些涉及生态的课题进行了专项调查研究，如橡胶、热带作物等。
此外，有关产业部门及其所属的调查和研究机构、高等院校也进行了大量资源
性和专题性的调查。这些资料对认识我国自然资源特征，分类指导规划农、林、
牧、渔各业的发展起到了重要作用。

20 世纪 50 年代，我国生态学家在森林和草原主要建群种的生态和生理特
性、植被类型划分与更新演替、农作物栽培生态学、种群与群落的经营管理生
态学、昆虫和兽类的生理生态学、对农业有害的东亚飞蝗、黏虫、棉铃虫、鼠
害防治等领域都取得了一些重要的研究成果。在植被生态学方面，具有代表性
的工作包括在东北地区对红松和落叶松的生态学特性、群落组成与结构、类型
的划分以及采伐更新的研究；西南地区植物群落的调查、西双版纳热带森林的
生物地理群落的研究和多层多种人工群落的创建研究；在华南地区对杉木和油
松人工林的栽培与抚育以及橡胶宜林地的调查和热带作物的引种栽培研究；华
北地区的荒山造林和农田防护林工作以及西北地区的沙漠化防治工作都是当时
重要的科技成果。在农业方面，对农作物栽培和管理，对昆虫和兽类的生理生
态学的研究和对农业有害的昆虫，如东亚飞蝗、黏虫、棉铃虫、鼠害等的防治
也取得了重要成果。在这一时期，我国生态学者对各类天然、人工生态系统的
结构和功能开始了定位观测研究。例如，中国科学院在云南西双版纳建立了我
国第一个"生物地理群落实验站"。同时，有关科研单位和高等学校结合科研、
教学和生产的需要，开展了小规模的定位研究。

20 世纪 70 年代后期，我国开展了动物生物能量学、昆虫性激素、大熊猫和
灵长类动物的行为生态学、经济鱼类、虾类、农业昆虫、有害动物种群生态学
研究，对于有害动物的种群数量控制、农业病虫害预报和防治等都产生了积极
影响。与此同时，由寒带至热带，从高山到滨海，对众多有代表性的天然森林、
草原、荒漠、海洋、农田、草地、绿洲、海湾以及一些复合经营的人工生态系
统都先后建立了生态定位观测研究站，并开展了生态系统结构、功能及演替等
方面的长期定位观测研究，至今已发展至相当规模。

1988 年中国生态系统研究网络（CERN）建立，在加强生态学研究的协调
性以及观测仪器和项目的规范性方面起积极作用。2004 年国家生态系统观测研
究网络（CNEN）的建立又把生态系统定位研究提高到了国家层次，为我国宏观
生态学研究的发展提供了一个优越的野外科学研究平台。中国生态系统研究网
络对我国各主要生态系统和环境状况进行了长期、全面的监测和研究，对生态

学发展的意义重大，并为改善我国生态系统管理状况、保证自然资源可持续利用、促进社会经济可持续发展提供了科技支撑。

进入20世纪90年代特别是21世纪以来，我国的生态学研究进入了一个全新的阶段，主要研究内容包括生物多样性保育、全球变化和可持续发展等。在这一时期，中国的生态学家先后参与了有关生物多样性保护相关法规、规划及机制等的编写，对《生物多样性公约》中的国家履行策略、影响和政策体系等进行了分析，初步明确了重要森林、草原、淡水和珊瑚礁生态系统的受损现状及其原因；通过种群生存力分析、分子标记等新方法评估了重要濒危物种的受威胁状态及其机制，为生物多样性保育特别是重要物种和生态系统的保育提供了科学依据。

我国的生态学家积极参与了以减缓和适应全球气候变化为核心任务的全球变化科学研究，其中包括生态系统对全球变化的响应和适应的陆地样带研究、生态系统碳储量、循环过程机制及其碳收支，生态系统的碳、氮、水及其他温室气体通量观测与模拟，人类活动对全球变化的影响研究计划（IHDP）等方面研究工作。同时我国生态学家还积极推动可持续发展战略实施并参与区域可持续发展的建设，所开展的生态工程、生态系统服务功能及其价值评估以及生态补偿等研究为区域可持续发展奠定了科学基础。

二、我国生态学领域近年来取得的一些重要进展

近年来，我国生态学研究取得了一系列重要成果，这些突出的新进展概述如下。

（一）在陆地碳收支和生物多样性大尺度格局研究领域

我国科学家对我国森林和草地的碳储量及其变化开展了系统研究；利用"自上而下"和"自下而上"的尺度转换方法，系统分析了中国陆地生态系统的碳收支，发现过去20余年中国陆地是一个重要碳汇；基于中国和美国木本植物分布资料的分析，发现生态学代谢理论在解释物种多样性大格局时存在显著的尺度效应。

（二）对草地与森林生态系统开展的长期定位观测和控制实验研究取得了若干重要突破

我国科学家对内蒙古草地生态系统长期定位研究发现：生态系统稳定性随

种类、功能群和群落多样性的增加而增加，群落水平的稳定性是由物种和功能群的补偿效应产生的；对鼎湖山成熟森林的土壤碳储量的研究表明，该森林是一个显著的土壤碳汇。此外，我国近年来在各地开展的森林群落大样方每木调查使生态学理论问题的检验与创新研究成为可能，并已经在种-面积关系等方面取得了一些重要成果。

（三）在全球气候变化生态学领域

我国科学家研究了过去 1000 年中国有关旱灾、涝灾和蝗灾的记录及根据树轮、石笋、花粉等代用数据重建的气温数据之间的关系，发现周期性气候变暖可减轻中国旱灾、涝灾和蝗灾。这说明温度间接效应引起的栖息地变化对蝗灾的影响比温度对蝗虫生长发育的直接效应更重要。

（四）在保护生物学领域

我国科学家根据自主建立的大熊猫种群数量调查方法，通过对我国重要保护区——王朗自然保护区的调查，发现该保护区野生大熊猫种群数量远远超过人们先前的估计，并仍然保持较高的遗传多样性。该研究结果表明，大熊猫这种牵动全球亿万人心的可爱动物，仍然具有长期续存的进化潜力，在中国政府强有力的保护管理下将拥有美好的未来。

（五）对于外来种入侵机制的认识不断深入

发现"非对称交配互作"行为机制能有效促进害虫入侵及其对土著生物的取代；利用同质种植园实验比较研究了我国恶性入侵杂草紫茎泽兰的入侵种群和原产地种群，支持了我国科学家在原有的"增强竞争能力进化假说"基础上细化提出的"氮分配进化假说"；对于一些具有克隆生长习性的入侵植物的种群遗传学研究表明，入侵地种群遗传多样性水平普遍较低，说明预适应而非入侵后进化可能是其主要的入侵机制。

（六）在植物繁殖生态学领域

我国的科学家近年来也做出了许多重大的发现，尤其是报道了若干新型传粉机制并初步阐明了它们的进化适应意义。传粉生态学在我国是较早开展研究的一个方向，最近关于雨水对花进化影响的工作不仅在学术界而且在社会上都引起了关注，如 BBC 地球新闻栏目对此曾给予好评。

（七）在理论生态学研究方面

我国科学家从近中性和非对称中性模型出发提出了新的生物多样性维持机制假说，并研究了资源竞争和促进作用对于植物种群生物量和密度关系的影响；近年来我国科学家开始了进化博弈论领域的工作，对惩罚在合作行为进化中的作用进行了有益的探索，结果发现在可重复囚徒困境博弈中有代价惩罚并不总是促进合作，与中西方不同的文化背景密切相关。这些工作一定程度上改变了我国生态学理论研究相对严重滞后的局面。

第四节　我国生态学的发展布局

生态学本身是一个快速发展的学科，该领域的学者面临着前所未有的机会与挑战；同时人类社会迫切需要生态学家为解决实际问题提供可行方案。在可预见的未来，生态学研究可能不得不继续分为界限明显的基础研究和应用基础研究两个部分，前者力图将生态学发展为有可靠理论基础和强大预测力的科学，而后者尽可能在第一时间服务于人类生产生活实践中遇到的问题。虽然从根本上讲这两者并不矛盾，但在近期还是有所区别的。

在我国，生态学家有两个方面的任务：一方面需要追踪和引领世界上生态学前沿科学问题的探索，另一方面也要致力于解决与国家、社会需求相关的重大问题，两者相互促进、相辅相成。考虑到当前国际上生态学发展的趋势和我国生态学已有的研究基础，建议设置五个科学问题驱动的优先研究领域：

1）物种多样性维持机制与大尺度分布格局；

2）利用分子标记揭示种群的历史和动态；

3）种间关系与进化；

4）陆地生态系统的地下生态过程；

5）微生物群落的生态格局、过程与功能。

生态学家应该为保证社会经济可持续发展出谋划策，考虑到这个问题的重要性和紧迫性，设置四个国家、社会需求驱动的优先研究领域：

1）物种及生态系统对全球变化的响应与适应；

2）外来种入侵的机制、途径及生态控制；

3）生境破碎化对生物多样性和生态系统功能的影响；

4）生态系统退化与恢复途径。此外，一些近年来新兴的交叉研究领域有着潜在的发展前景，无论在国际上还是在国内都只有相对薄弱的研究基础，我们建议选择一个生态学与化学的交叉领域——"生物相互作用和生态学过程中化学元素的平衡关系"作为优先资助的方向。

第五节　我国生态学优先发展领域与重大交叉研究领域

一、遴选优先发展领域的基本原则

根据生态学科的发展现状瞄准世界前沿，按照我国经济发展的需要选准课题，充分发挥我国有多种多样的自然条件和丰富生物多样性的有利条件，注重宏观生态学与微观生态学有机结合，扶持有潜力的新生长点和暂时处于弱势但很重要的领域，鼓励学科交叉和运用现代技术与手段，在重视已有科学积累的基础上加强理论创新，使我国生态学研究总体水平与世界同步。

二、优先发展领域

（一）物种多样性维持机制与大尺度分布格局

自然界为什么有如此多的物种共存在同一个群落？为什么有些群落物种数目比其他群落多？有没有物种丰富度的模式或梯度？如果有，产生这些模式的原因是什么？对这些问题生态学家已经提出不少可能的答案，但没有任何一个能够被人们广泛接受（Hutchinson，1959；Chesson，2000；Hubbell，2001）。几十年来，受 Gause 竞争排除法则的影响（Hardin，1960），不同物种间生态位分化的各种可能途径一直是群落生态学家最为关注的焦点。毋庸置疑，生态位分化理论对于理解物种多样性维持机制和物种在不同尺度上的群聚模式具有重要的意义。但迄今为止，我们仍然缺乏基于生态位的物种多度分布模式理论。从这一点来说，生态位理论只是后验理论，缺乏应有的预测能力。同时，生态位理论无法圆满地解释热带雨林和浮游植物等物种数量很多的群落中物种多样性的维持及多样性分布格局。在这样的植物群落中，数百种植物以大致类同的方式利用光照、水分、CO_2 及十几种必需的矿质养分，其物种共存机制难以在生态位分化的理论框架内得到全面的阐释。如今，在全球生物多样性快速丧失的背景下，生物多样性的维持更加成为生态学的重大课题。同时，生物多样性的大尺度格局（如物种数-面积关系、多样性的纬度梯度等）及其形成原因也一直是生态学家非常感兴趣的问题，是多样性维持机制理论预测力的试金石，而且也是预测全球变化后果的必要基础知识。

重要研究方向：

1）物种多样性维持机制的理论与实验研究；

2）不同尺度上物种多样性的分布格局及其成因；

3）进化过程对生物多样性形成与维持的影响；

4）多样性维持机制对生物多样性与生态系统功能关系的影响；

5）生物多样性与生态系统功能关系的联网实验研究。

（二）利用分子标记揭示种群的历史和动态

近20年来，许多宏观生物学问题的研究从理论机制到实际应用等方面都取得了长足的进展，这在很大程度上归功于分子生态学研究理念和方法的全面引入，虽然仍有呼吁希望在种群、群落和生态系统等传统生态学领域内进一步加强引入和借助分子工具的力度（Johnson et al.，2009）。分子生态学使宏观生物学由传统的以观察、测量和推理为主的描述性研究变为以从生物和种群的遗传构成的变化上检验、证明科学假设及揭示机制和规律为主的机制性研究，因而使得对具有普遍意义的科学规律、进化过程和机制的探索成为可能。利用分子标记手段进行生态学研究的工作呈现出如下发展趋势：第一，在分子生态学研究中，很快将以使用多套互补型分子标记为主，但是否分子标记越多越好尚是一个悬而未决的有争议的问题。第二，将由单物种研究体系过渡到以多个近缘物种、区域性研究系统为主。第三，将由简单的种群结构研究过渡到对种群进化和生态演化过程的研究，尤其是对"正在发生的"以及"已发生的化石DNA"的分子生态学研究。第四，需要超越简单的"种群"层次的研究，从而过渡到对物种、群落的演化机制的研究。第五，对更深层次的进化生物学问题的研究，如生态适应的分子群体遗传机制、适应性状的分子调控机制、环境基因组学和环境可塑性等，可能将备受关注。因此，转录和表达水平的多态性标记可能会逐步成为进行生态适应机制研究的分子标记，从而推动分子生态学向更高层次拓展。第六，为了进一步提高有限数据的可靠性，将更多地呈现实验研究与数学模拟（特别是溯祖模拟）的结合。

重要研究方向：

1）生态关键种和有害生物种的谱系地理学；

2）适用于自然种群的分子标记的确定；

3）种内遗传变异数据的分析方法；

4）种群生态适应的遗传基础。

（三）种间关系与进化

在漫长的进化过程中，物种间形成的相互作用关系是生物赖以生存的重要基础。认识和掌握物种间的相互关系及其协同进化规律（Thomson，1999），能够帮助人们理解群落与生态系统的构建，是生态科学研究领域的重要内容之一，也是实现生态系统可持续发展的需要。在自然界中，动物、植物、微生物之间相互作用、协同进化，共同维持着生态系统中生物多样性的稳定和功能。过去，这些种间相互作用关系的重要性未能引起人类足够重视。例如，化学农药的滥用导致害虫抗性增强、天敌被杀伤、新害虫暴发，外来种引入生态系统失衡等，对人类的粮食安全、生态安全、资源保护等造成威胁。种间关系主要包括三种类型，即"－ －"、"＋ －"和"＋ ＋"。传统上人们比较重视前两种种间关系的研究，但近年来种间正相互作用（互惠共生、相互促进）受到了很大关注，成为一个热点（Callaway，2007）。多数生物的繁殖与存活，乃至生态系统内的养分循环，都需要某种形式的种间互惠关系。某些生态系统服务功能（如种子扩散、传粉以及通过植物–微生物相互作用而产生的碳、氮、磷等养分循环）直接依赖于种间互惠共生关系，因而成为保护的优先对象。近40年来，研究物种间的协同进化关系，解决了生物学中诸如物种共形成、竞争与互惠、适应、群落稳定性维持等许多问题。它可以用来分析濒危物种发生的原因、群落结构的稳定性和生态系统的多样性变化等，深入研究动物与植物、微生物与寄主的协同进化行为以及种间关系联结强度的时空变异，将有助于人们明确物种进化的本质和过程，从而可以使之更好地为人类服务。

重要研究方向：

1）动物、微生物对植物和寄主选择的机制；

2）昆虫、脊椎动物（啮齿动物、鸟类）与植物的相互作用；

3）种间协同进化的地理斑块与基因流；

4）物种间配对协同进化和弥散协同进化机制；

5）种间正相互作用的生态学效应。

（四）陆地生态系统的地下生态过程

生态学的一项主要内容是研究生物多样性与生态系统功能的关系，而生物地球化学循环（如 C、N 等重要元素在生态系统的不同组分之间的转移和变化）

等是生态系统功能的一个最基本的功能。陆地生态系统因空间和介质的差异而自然的分为地上和地下两个部分，这两个部分的过程和格局相互关联、密不可分。植物通过其地上的光合器官，如叶片等将大气中的二氧化碳固定为碳水化合物并向其地下部分（如根系）输送，而根系则为地上部分提供必需的水分及养分。从地上部分向地下输送的碳水化合物最终通过根系分泌物和凋落物进入土壤，成为土壤系统中生物群落的主要能量来源，而这些生物群落又在为植物提供营养元素方面扮演重要角色。由此可见，地上-地下生态过程间的关系在很大程度上决定着生物群落的生存和生态系统的功能。然而，土壤系统由于其不透明的性质而难以直接观测，导致我们至今对地下生态过程和土壤生物群落的了解仍十分有限（Wardle et al.，2004）。不论是植物地下部分的生产力，土壤中有机质的质、量、动态，还是植物与土壤生物之间的关系，我们的认识都很肤浅，因此地下过程被认为是制约生态学家预测陆地生态系统未来变化的最大瓶颈。土壤系统的复杂性和科学家对其了解的有限性一方面给研究者带来了极大的挑战，另一方面给研究者提供了无限的机遇。也正是因为这个原因，近年来"土壤（地下）生态学"被作为一个新的科学前沿和重要领域而受到普遍关注和重视（Sugden et al.，2004）。

重要研究方向：

1）地上与地下生态过程的偶联及反馈调节机制；

2）不同土壤生物类群的生态系统功能；

3）土壤生物及生态过程对全球变化的响应与适应；

4）植物根系生产力及其周转机制；

5）土壤碳储存、周转过程及其稳定性调控机制。

（五）微生物群落的生态格局、过程与功能

微生物生态学作为一门学科出现在 20 世纪 60 年代早期，70 年代以后，随着人们对环境问题的日益关注，微生物生态学得到了迅速的发展。90 年代引入分子生物学技术之后，微生物生态学的研究更加深入。应用现代生物化学和分子生物学方法，克服了传统微生物生态学研究技术的局限性，获取更加丰富的微生物多样性信息，推动着当今微生物生态学研究的进一步发展。

虽然微生物生态学在过去十几年得到了快速发展，但是较之生态学其他领域还有很大差距。目前微生物生态学领域的大部分工作仍然停留在对微生物群落的描述上——可以说是针对微生物类群的"自然史"研究。对微生物群落结构、功能、动态的一般化规律的探讨还很薄弱。微生物生态学与传统的生态学各个研究领域仍然存在一定的隔离，人们更多的是强调微生物生态学与传统生

态学的不同之处，而不是共同之处。目前微生物生态学领域的研究成果还很少发表在传统的主流生态学期刊上，而更多地发表于本领域的专业期刊上。不过令人欣慰的是，过去几年间人们开始关注微生物群落与动植物的共同点——检验传统的生态学规律是否在微生物类群内也适用（Woodcock et al.，2007）。大尺度上的研究正在探讨微生物群落的生物地理学并与高等动植物进行比较。同时，使用微生物作为材料实验验证生态学与进化生物学理论的研究途径也在得到加强；有基于微生物的实验工作明确表明物种中性共存的发生；也有工作表明微生物系统内多样性与生态系统功能的关系更贴近"生态冗余"假说的预测（Wertz et al.，2006）。

重要研究方向：

1）微生物群落中养分代谢和能量流动途径及功能；

2）自然微生物群落多样性的维持机制与地理分布格局；

3）自然微生物群落的结构与功能的关系；

4）微生物群落对全球变化的响应及其对碳循环等过程的影响；

5）微生物与动植物之间的生态学关系及协同进化；

6）微生物的生物地理学；

7）功能微生物群落的开发与环境生物修复。

（六）物种及生态系统对全球变化的响应与适应

全球变化包括全球气候变化、大气成分的变化、土地利用和土地覆盖的变化、荒漠化、人口增长和生物多样性变化等，它已成为当今生命世界面临的最严峻的挑战（IPCC，2007）。气温、大气 CO_2 浓度、降雨格局、氮沉降和土地利用方式等的改变将会使得生物有机体的性状、种间关系、多样性、分布格局与演替进程发生改变，进而影响以生物有机体为主体的生态系统的结构和功能，从而改变地球表面的生物地球化学碳循环，对某些地区的环境和生态系统可能会产生非常严重的后果，最终影响全人类的生存和社会经济的可持续发展（The National Academy of Sciences，2009）。有关生物对全球变化的响应与适应的研究在过去 30 年里非常活跃，主要包括大气中 CO_2 含量升高、气候变暖、降雨格局变化、N 沉降、全球变化的模型等几个方面的内容，但也存在一些不足（Lucier et al.，2006）。具体来说，过去的全球变化生态学研究主要偏向于平均气候要素变化的研究，今后的研究将可能更重视生态系统对"极端气候"（冰雪灾害、极端干旱或降雨事件等）的响应过程及生态后果。在生态系统内，不同物种对环境变化所表现出来的反应不同。物种对气候变化反应的不同必然会对整个生态系统的结构与功能产生影响，但有什么样的影响，影响程度多大，人们并不清楚。从长远来看，任何生物种在全球变化面前只有两种命运：灭绝或者（进化）适应。理解全球变化情景下生物进化（尤其是适应性进化）事件发生的过程与后果，有助于我们更精确地预测未来生态系统的变化并提出应对措施。由于淡水生态系统中主要的生物类群具有生长速度快、世代周期短等特点，气候变化对淡水生系统的影响较陆地生态系统更为明显和迅速，这方面的研究工作需要加强。中国幅员辽阔、地域广大，不同区域的生态系统对全球变化因子的敏感性不同。针对不同区域，更有针对性地研究生物类群和生态系统对主导全球变化因子的敏感性和适应性，应是未来的一个重要方向。

重要研究方向：

1）全球变化敏感区（如青藏高原、干旱半干旱地区、高山林线、草线等）对全球变化主导因素的响应；

2）重要生物类群（模式生物以及一些微生物类群）和典型生态系统对全球变化的响应及敏感性；

3）生态系统对全球变化的适应性、反馈作用及与碳氮水循环过程耦合关系；

4）面对全球变化的生态系统管理的策略；

5）全球变化对种群动态（病虫害、外来种）和植物-动物-微生物等种间关系的影响；

6）全球变化与生态系统相互作用的实验研究：过程与机制；

7）生态系统对气候变化响应的数据集成、多尺度分析；

8）我国主要生物群区生态系统增汇机制与调控。

（七）外来种入侵的机理、途径与生态控制

全球化带来了许多生物物种分布格局的变化，从而导致了全球面临的生物入侵问题。生物入侵是指外来生物从其原产地直接或间接地经人为活动进入到另一个新的地理区域，并对入侵地的环境、经济以及人类健康造成明显危害的过程；造成生物入侵的少数外来种被称之为外来入侵种。生物入侵问题之所以能成为21世纪生态学研究的热点有两个方面的原因（Sax et al.，2005）。一方面，外来种所导致的生物入侵是全球性的生态学大实验，为许多重要的生态学基本问题的研究带来了机遇。在自然条件下，物种分布区的明显改变要么是地质事件造成的，要么需要地质时间才能完成；但是人类活动所引起的物种分布区重塑可发生在短期内，甚至数年之内，其重塑的速率和规模是任何自然力不可比拟的；所以，生态学家可以通过外来种研究"新物种"与环境相互作用的格局与过程，进化生物学家能跟踪物种的适应和快速进化过程。另一方面，生

物入侵作为全球性的重大问题之一，生态学必须为其管理提供科学支撑（Mooney et al.，2005）。随着全球化进程的加快，生物入侵的态势日趋严重；它仅次于生境破坏而成为威胁全球生物多样性的第二位因素，改变土著生态系统的结构和功能，造成生态系统退化，降低生态系统服务功能；生物入侵还给被入侵区域带来严重的经济后果，每年在全球造成的经济损失高达 1.4 万亿美元，我国也因入侵种而每年蒙受 2000 亿元的损失；此外，入侵种还会直接或间接威胁人类的健康和福祉。所以，控制生物入侵的蔓延是生态学家当前面临的重大任务之一。然而，由于有关生物入侵的许多科学问题尚未得到解决，所以目前的入侵物种控制难以奏效。

重要研究方向：

1）外来种成功入侵的遗传学和生态学机制；

2）外来种的多样性及其分布格局；

3）外来种入侵的生态系统效应；

4）全球变化与生物入侵的相互作用及其后果；

5）生物入侵的预测；

6）入侵种控制的生物、生态学基础。

（八）生境破碎化对生物多样性和生态系统功能的影响

由人类活动导致的自然生境破碎化是全球生物多样性下降和生态系统功能退化的主要因素之一。生境破碎化类似于岛屿化过程，大块生境破碎成数个面积较小的片段，每个断片周围被其他生境相隔离，断片上生物的命运与岛屿环境相似（Losos and Ricklefs，2010）。而人类建立的自然保护区已被广大的人类生境所包围，也成为"人类活动生境之海"中的岛屿。生境岛屿化不但导致适宜生境的丢失，而且引起适宜生境空间位置的变化，从而从不同空间尺度上影响物种的迁移、扩散和建群、生态系统的生态过程和景观结构。生境岛屿化产生面积效应和隔离效应，使破碎生境中的物种因适宜的生境斑块周围分布着不适宜的生境，个体的正常迁移和建群受到隔离或限制，又因适宜的生境斑块面积较小，物种的种群较小，近亲繁殖和遗传漂变增加，遗传多样性下降，影响物种的进化潜力和长期存活。生境岛屿化还引起斑块边缘的非生物环境（如光照、温度和湿度）和生物环境的剧烈变化，从而导致边缘效应，进一步减少了适宜的自然生境的面积，引起了大量的外来种入侵自然生境，改变了生境斑块的物种组成。伴随着生境破碎，景观中非适宜生境的种类和面积不断增加，各种斑块的相互作用影响着物种种群的兴衰和生态系统过程。随着人类活动的增加，自然生境破碎成大量的生境斑块。因此，研究生境破碎化对生物多样性保育和生态系统功能的影响不仅对发展生态学和生物进化理论有重要意义，而且对了解生物多样性下降的原因及自然保护区设计原理极为重要（Levin，2009）。

重要研究方向：

1) 我国关键生境类型破碎化的过程和格局；
2) 生境岛屿化过程对物种迁移扩散、基因流和存活的影响机制；
3) 种群对破碎景观中不同生境的利用模式及行为适应机制；
4) 岛屿与大陆种群生活史特征和遗传多样性的比较及影响因素；
5) 生境斑块中岛屿种群的存活策略；
6) 边缘效应对岛屿内生态系统结构和过程的影响。

（九）生态系统的退化与恢复途径

生态系统的退化，是指生态系统在自然或人为干扰下其结构和功能发生逆行演替，具体标志是生物多样性降低、系统稳定性减弱、生产力下降、土壤养分保持能力降低。近几十年来，人口急剧增长、社会经济高速发展以及资源的高强度开发等导致的生态系统退化成为一个全球性问题，它与生物多样性的丧失、环境污染、全球变化等一起被视为制约人类可持续发展的重要因素。生态系统的退化是一个复杂的、综合性的过程。退化生态系统的治理，一是恢复，即让一个生态系统回归到接近其受干扰前的状态，从而促使生态系统进入自然的正向演替过程；二是重建，完全采用人工设计的可持续的生态系统。后者已超越了将生态系统修复到过去状态的传统理念。退化生态系统的恢复与重建研究，在观念上目前已从静态的、单稳定态、基于生态系统结构以及着重于单个生态系统演变为动态的、多稳定态、以生态过程为中心、着重于生态系统的景观背景与功能，而在实践上则从单一变量的确定值演变到基于多个变量的自然变动范围内进行评估。

我国幅员辽阔，拥有全球最多的生态系统类型。由于各地区的自然和社会经济条件差异以及发展程度的不同，各类典型生态系统都存在不同程度的退化，而这已成为我国发生重大生态危机的隐患，进而影响到国民经济的持续发展，甚至国家安全。过去几十年来由于生态系统退化所导致的各种生态灾难，已使国家财产蒙受重大损失。由于各地区退化生态系统的类型不同，导致生态系统退化的原因也可能不同，所采用的退化生态系统的恢复或重建的技术方法也必然存在差异。特别在我国，分布有不同于国外的具有重要作用的多种类型的陆地和水体退化生态系统，包括退化的常绿阔叶林区、黄土高原水土流失区、长江流域江湖淤积和洪涝区、西南喀斯特石漠化区的生态系统等。如何在已有国内外研究工作基础上，针对我国各类退化生态系统的特征中所具有的共性与特殊性，在恢复生态学的理论与应用方面取得创新性的成果，是未来 10 年生态学家面临的重要任务之一。

重要研究方向：

1）人类活动频繁干扰下的生态系统稳定性及其变化；
2）生态系统健康评价的指标体系：环境随机性和多稳态的作用；
3）不同尺度上退化生态系统恢复与重建模式试验示范研究；
4）基于食物链的联合生物修复。

三、重大交叉研究领域

进入 21 世纪，生态学已经发展成为研究从分子尺度到全球尺度的多学科交叉的综合性科学，然而，如何将各个尺度的研究结合起来一直是一个难题。无论是分子、细胞、个体、种群、群落、生态系统、景观，还是生物圈，基本组成成分都是元素，都是不同的元素按照一定的比例组成的。生态化学计量学就是研究生态过程和生态相互作用中化学元素平衡的科学（Sterner and Elser，2002）。通过考察不同层次生命组分中重要化学元素的含量与比例关系，生态化学计量学把不同尺度、不同生物群区和不同研究领域的生态学研究结果有机地联系起来，成为生态学研究的有力工具和研究热点。

该领域最重要的研究成果包括内稳性的发现（生物在变化的环境中保持其身体化学组成相对恒定）与生长率假说的提出（生长率较高的生物因为需要大量的核糖体而含有较多的 P，具有较低的 C：P 值和 N：P 值）。生长率假说将细胞化学分配同个体生物功能乃至生态系统过程有效地联系起来，是生态化学计量学从分子尺度到生态系统尺度最好的应用。因此，化学计量理论提供了一个概括性的一般生物学原理，它能够使生态系统生态学和进化生物学所关注的焦点得到相互转换，促进多个研究领域的整合并对生物学的观念统一做出贡献（Elser，2006）。

目前生态化学计量学还存在预测力不够精确等问题，同时对于该理论的检验工作还不够全面，大部分工作集中在水生生态系统，陆地生态系统的研究相对较为薄弱，应该说该领域面临很多的机遇与挑战。我国科学家在该领域已经形成较强的研究队伍，已经完成一些有一定影响的工作。但是应当指出，我国基础生态系统研究，尤其是对具体生态系统的高营养级的生产力、具体元素生物地球化学循环的定量研究相对比较薄弱，整体对生态系统生态学的理解还有待进一步加强。

重要研究方向：

1）生物的 C：N：P 模式形成的原因及其与环境中元素丰度的关系；

2）元素比率对种群动态、生态系统生产力、食物网结构和不同营养级间相互作用的影响；

3）全球变化导致的环境化学平衡的改变对各个生命层次上化学元素比例有何影响；

4）生物生长速率与环境资源的化学平衡之间的关系；

5）营养限制与能量限制的相互作用；

6）结合分子、基因、同位素等手段揭示生物体内元素比率内稳性形成机理及进化轨迹。

第六节　我国生态学领域的国际合作与交流

我国生态学发展的历史较短，研究水平与世界先进水平尚存在较大差距，主要体现在以下几个方面：①整体研究水平落后，描述性工作居多，缺少深入的机理性探索；②技术手段落后，野外长期定位研究起步较晚，研究的时空尺度往往较小，研究对象过于狭窄；③优秀人才匮乏，具有重要国际影响的学术大师寥寥无几。因此通过与发达国家的同行进行科研上的平等合作以及各种形式的交流是很有必要的。其中的一个已经被证明行之有效的交流形式是在国内举办国际学术研讨会，邀请国际上顶尖水平的生态学家来访，举办系列讲座以培养青年学者和学生，使其能够掌握国际最先进的理论和技术方法，并应用到自己的科研工作中。另外，国际合作对于满足在研究材料（如分子亲缘地理学、生物入侵等领域）的获取和共享等方面的需求也是必要的。

（一）全球尺度上的生态学研究

顾名思义，全球尺度上的生态学问题需要世界各国科学家的合作，全球气候变化的后果、大尺度上物质交换与运输、生物入侵的防治等问题都需要国际合作。国际合作在凝练科学问题、获取数据或实验材料、实施研究工作、解决实践问题等方面都非常必要。

（二）生物入侵问题

在生物入侵的研究上，我们需要国际合作来研究入侵路径，需要获取入侵生物在原产地的样本来进行比较研究以揭示入侵机制，需要国际合作来进行防治策略的研究与尝试，如引入外来入侵种的天敌等。

（三）科学研究资助政策

针对若干领域若干地区设置允许他国科学家申请的基金，如非洲地区生态灾害事件的后果与应对措施，资助更多外国学生来华留学。以资助学术会议等方式促进各种生态学术团体与国外相关组织的联系与交流，并以此为平台促进中外科学家的交流与合作。

（四）设立国际合作专题，建立我国优秀学者与国际一流学者的合作平台

以生态学中的基础前沿科学问题为内容，设立专项国际合作课题，由我国优秀学者联合国际一流的科学家联合开展研究，推动我国基础生态学的发展和国际生态学的融合。

第七节 我国生态学发展的保障措施

我国生态学发展的保障措施包括以下几个方面。

（一）加强对生态学基础研究的支持力度

在一些国家和地区，需求驱动的应用生态学研究已经在经费支持上威胁到兴趣驱动的基础研究，很多科学家不得不改变研究方向来从事与全球变化、生物入侵等与应用生态学相关的研究工作。我们必须清醒地认识到，生态学仍然是一个处于快速发展阶段的年轻科学，其未来对人类社会的贡献在很大程度上取决于它能否成为真正有预测力的科学，而不仅仅是它现在能否为若干实践问题提供解决途径。因此在经费支持上应注意保证基础性研究不受到忽视。

（二）为中长期研究提供灵活的政策（尤其是评价政策）支持

生态学理论的发展和完善特别需要中长期研究工作，尤其是野外定位研究。这样的工作往往由于科研产出的滞后性而得不到研究人员的青睐。因此在科研

绩效评价方面（无论是对研究人员，还是对科研项目）需要进行灵活尝试，让研究人员愿意去进行长期工作，同时适度资助或建立完全开放的野外平台。

（三）为数据共享平台提供政策支持

大尺度生态学研究需要整合来自多个研究团队获得的数据，也许今后各个基金资助部门可以制定相应的政策甚至设置专门的机构来处理数据整合和共享涉及的经费、知识产权保护等一系列问题。

（四）人才队伍与野外台站建设

培养造就一批具有国际影响力的青年研究队伍可极大地提高我国生态学研究的总体水平，提升我国的国际学术地位。应采取有力措施对在生态学基础研究中已取得良好发展势头的实验室和研究团队予以长期稳定的支持。由于生态学研究本身所具备的特性，即往往依赖于野外长期定位研究，所以应重视生态学野外台站建设，对野外长期定位观测工作要给予保护性的稳定支持。进一步采取有效措施改善研究生和博士后的待遇，解决他们的后顾之忧，使之能够安心从事生态学创新科研工作。

◇ 参 考 文 献 ◇

国家自然科学基金委员会.1997.自然科学学科发展战略调研报告·生态学.北京：科学出版社

Agrawal A A，Ackerly D D，Adler F，et al. 2007. Filling key gaps in population and community ecology. Frontiers in Ecology and the Environment，5：145～152

Allen A P，Gilloolly J F. 2009. Towards an integration of ecological stoichiometry and the metabolic theory of ecology to better understand nutrient cycling. Ecology Letters，12：369 ～384

Beebee T，Rowe G. 2008. An Introduction to Molecular Ecology . 2nd ed. Oxford：Oxford University Press

Blackburn T M，Gaston K J. 2003. Macroecology：Concepts and Consequences. London：Black-well

Brown J H，Gilloolly J F，Allen A P，et al. 2004. Toward a metabolic theory of ecology. Ecology，85：1771～1789

Callaway R M. 2007. Positive Interactions and Interdependence in Plant Communities. Dordrecht，The Netherlands：Springer

Chesson P. 2000. Mechanisms of maintenance of species diversity. Annual Review of Ecology and Systematics，31：343～366

Dodds W K. 2009. Laws, Theories, and Patterns in Ecology. Berkley CA: University of California Press

Ehrlich P R, Raven P H. 1964. Butterflies and plants: A study in coevolution. Evolution, 18: 586~608

Elser J. 2006. Biological stoichiometry: A chemical bridge between ecosystem ecology and evolutionary biology. American Naturalist, 168: S25~S35

Enquist B J, Stark S C. 2007. Correspondence-Follow Thompson to make biology a capital-S science. Nature, 446: 611

Freeland J R. 2006. Molecular Ecology. New York: Wiley

Golley F B. 1993. A History of the Ecosystem Concept in Ecology. New York: Yale University Press

Hardin G. 1960. The competitive exclusion principle. Science, 131: 1292~1297

Holt R D. 2010. 2020 Visions-ecology. Nature, 463: 32

Holyoak M, Leibold M A, Holt R D. 2005. Metacommunities: Spatial Dynamics and Ecological Communities. Chicago: University of Chicago Press

Hubbell S P. 2001. The Unified Neutral Theory of Biodiversity and Biogeography. Princeton: Princeton University Press

Hutchinson G E. 1959. Homage to Santa Rosalia or why are there so many kinds of animals. American Naturalist, 93: 145~159

IPCC. 2007. Climate Change 2007: the physical science basis: Summary for policymakers. IPCC WGI Fourth Assessment Report

Johnson J B, Peat S M, Adams B J. 2009. Where's the ecology in molecular ecology. Oikos, 118: 1601~1609

Kingsland S E. 1985. Modeling Nature: Episodes in the History of Population Ecology. Chicago: The University of Chicago Press

Lawton J. 1999. Are there general laws in ecology. Oikos, 84: 177~192

Levin S. 1992. The problem of pattern and scale in ecology. Ecology, 73: 1943~1967

Levin S. 2009. The Princeton Guide to Ecology. Princeton, NJ: Princeton University Press

Losos J B, Ricklefs R. 2010. The theory of island biogeography revisited. Princeton, NJ: Princeton University Press

Lucier A, Palmer M, Mooney H, et al. 2006. Ecosystems and climate change: Research priorities for the U S climate change science program. Recommendations from the Scientific Community. Report on an Ecosystems Workshop. Special Series No. SS-92-06

MacArthur R H. 1972. Geographical Ecology. New York: Harper & Row

May R M, McLean A R. 2007. Theoretical Ecology: Principles and Applications. Oxford: Oxford University Press

May R M. 1973. Stability and Complexity in Model Ecosystem. Princeton: Princeton University Press

Mayr E. 2005. What Makes Biology Unique: Considerations on the Autonomy of a Scientific Discipline. Cambridge: Cambridge University Press

Millennium Ecosystem Assessment. 2005. Ecosystems and Human Well-being: General Synthesis. Washington DC: Island Press and World Resources Institute

Mooney H, Mack R N, McNeely J A, et al. 2005. Invasive Alien Species: A New Synthesis. Washington DC: Island Press

Sax D F, Stachowicz J J, Gaines S D. 2005. Species Invasions: Insights into Ecology, Evolution and Biogeography. Sunderland, MA: Sinauer Associates

Sterner R W, Elser J J. 2002. Ecological Stoichiometry: The Biology of Elements from Molecules to the Biosphere. Princeton NJ: Princeton University Press

Sugden A, Stone R, Ash C. 2004. Ecology in the underground. Science, 304: 1613

Tansley A G. 1935. The use and abuse of vegetational concepts and terms. Ecology, 16: 284~307

The National Academy of Sciences. 2009. Ecological impacts of climate change. www. nas. edu/climatechange [2010-8-2]

Thompson J N. 1999. The evolution of species interactions. Science, 284: 2116~2118

Tilman D, Reich P B, Knops J M H. 2006. Biodiversity and ecosystem stability in a decade-long grassland experiment. Nature, 441: 629~632

Wakeley J. 2009. Coalescent Theory: An Introduction. Greenwood Village, Colorado: Roberts & Company Publishers

Wardle D A, Bardgett R D, Klironomos J N, et al. 2004. Ecological linkages between aboveground and belowground biota. Science, 304: 1629~1633

Wertz S, Degrange V, Prosser J I, et al. 2006. Maintenance of soil functioning following erosion of microbial diversity. Environmental Microbiology, 8: 2162~2169

Woodcock S, van der Gast C J, Bell T, et al. 2007. Neutral assembly of bacterial communities. FEMS Microbiology Ecology, 62: 171~180

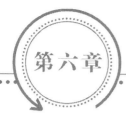

第六章

生物物理、生物化学与分子生物学

第一节　本学科的战略地位

生物物理学是一个利用物理科学的理论和方法来研究生命现象的学科。它关注生物体在不同层次的结构和组织，生物体中涉及的声、光、电、热、辐射等过程，生物体内的能量转换规律，并为研究生命现象提供前沿的物理仪器和手段等。

生物化学是一个利用化学原理和方法来研究生命现象的学科，它关注生物体的化学组成成分及其生成过程，涉及对生物组分的鉴定和定量测定、结构分析、合成和降解、独特功能、活性调节以及相关的能量转换等。分子生物学与生物化学密不可分，它更多地关注与遗传信息表达相关的像核酸和蛋白质这样的生物大分子的结构、功能、相互关联、合成及调控等方面。总之，生物化学与分子生物学研究的目的是在分子水平上认识生命现象的本质，进而促进人类的健康和提高生活质量。

生物化学是在 20 世纪初伴随着"活力论"（vitalism）（生命现象与非生命现象的规律是截然不同的，对生命现象的研究必须在维持完整生命形式的条件下开展）被推翻而诞生的。它为生物学研究带来了还原论（reductionism）的研究思路，即将生物学规律还原（简化）为分子运动规律，继而还原为物理-化学过程，如遗传过程被还原为化学相互作用过程等。毋庸置疑，这一切为近代生命科学的迅猛发展提供了关键动力，人类对生命的认识已经不再局限于肉眼的观察，而是进入到了微观的分子时代，生物学（biology）也相应地转变成了生物科学（biological sciences）。从此，我们知道了生物的遗传信息载体是核酸（DNA 或 RNA）分子、蛋白质是形形色色生命活动的直接执行者、生物膜的主要组分是磷脂类和蛋白质等。这些在达尔文和孟德尔所处时代都是难以想象的。换句话说，正是生物化学和生物物理学的出现，使人类对生命本质的认识发生了彻底改变，得以在分子水平上认识疾病的发生机制并设计药物，转基因动物和植物也随之出现了。人类迎来了现代医学和现代农业。

生物化学和生物物理学的最大特征就是学科的交叉。它们把化学和物理学带入了生物学，同时又反过来促进了化学、物理学及相关的数学、材料、计算机等学科的发展。生命体系是复杂体系，需要多学科的交叉才可能揭示其运行规律。对生命过程的研究，为其他学科的学者提出了大量极富挑战的新课题，需要他们建立新的理论和方法才能应对。因而有了大量的物理学、化学、数学、工程科学从业者以生命物质作为研究对象的现象。生物学领域海量信息的产生（如基因组序列、蛋白质序列和结构等）催生了计算机科学与生物学的融合，产生了"生物信息学"。化学生物学、物理生物学、数学生物学这样的术语已经陆续进入了科学家的视野。

生物化学与分子生物学、生物物理学都属于微观生物学的范畴。它们为我们在分子和亚分子水平上理解生命现象提供了理论和实验手段，并已经渗透了生命科学的几乎所有其他学科领域。生物化学与分子生物学、生物物理学学科的进步必将推动人类对生命本质的认识，也将推动物理学、化学和数学学科向前发展，反之亦然。

第二节 本学科领域的发展规律和研究特点

一、发展简史

（一）生物化学和分子生物学发展简史

生物化学的研究已有近400年的历史，但直到1882年"生物化学"这个词汇才首次被使用，而其内涵被准确的定义并被广泛接受则从德国化学家 Carl Neuberg 在1903年的提议开始。

生物化学的开端始于对"活力论"的争论。在那个时代，人们一直认为生命物质和非生命物质是泾渭分明的两种物质，只有生命体才能产生生命物质。1828年 Friedrich Wöhler 首次报道了尿素的人工合成，证明生命物质可以人工制造出来，由此开始了真正意义的生物化学研究。

早期的生物化学研究的热点之一是酶学的研究。人们早在18世纪和19世纪就知道食物会被胃的分泌物所消化，植物提取物和唾液可以将淀粉转化为糖，但一直不知道其中的机制。1897年 Eduard Buchner 在使用酵母提取物研究糖的发酵过程中，发现尽管其中没有活细胞，仍然能够促使糖发酵，他命名这种使糖发酵的物质为酶。他的实验第一次证实发酵就是一种化学过程，细胞内的酶和分泌出的酶之间没有本质区别。在知道酶可以脱离活细胞发挥活性之后，人们急切地想知道其物质的本质。大量的早期工作证实酶的活性与蛋白质有关，但对蛋白质是酶的全部还是酶的载体存在巨大争议。直到 1926 年 James B. Sumner 证实脲酶是纯蛋白质，1930 年 Northrop 和 Stanley 证实胃蛋白酶、胰蛋白酶、胰凝乳蛋白酶也是蛋白质，纯蛋白质可以是酶这个理论才被广泛接受。同一时期研究人员还发现蛋白质可以结晶，这为蛋白质结构的解析提供了基础，1965 年溶菌酶的结构首先被解析出来，开启了结构晶体学发展的序幕，同时也加快了在原子层面理解酶活性的进程。

早期生物化学的另一个研究热点是代谢的研究。在 20 世纪初期 Franz Knoop 和 Henry Dakin 提出了脂肪酸氧化的路线。1931 年 Han Krebs 在研究尿素的体内合成时发现了其代谢通路的循环特性。基于这部分工作的启发，1937 年他在大量细胞氧化反应工作的基础上提出了糖酵解的三羧酸循环途径。在继续研究糖酵解过程中，三磷酸腺苷（ATP）被发现为必需的辅助因子，之后 ATP 在诸多生命过程中都被报道有作用。1941 年 Fritz Lipmann 将 ATP 的这种必需的功能称为细胞的能量"货币"。在这一时期细胞呼吸链和光合成的步骤也被揭示出来。

从 20 世纪中叶开始，生物化学有了极大的发展，各种新的技术逐渐被广泛应用于生物化学的研究中，如色谱技术、X 射线衍射、核磁共振、同位素标记、电子显微镜、分子动态模拟等。这些技术的应用使得很多生物大分子被发现，一些细胞代谢途径得到细致的分析。1955 年 Fred Sanger 第一次测定了一个蛋白质——胰岛素的氨基酸序列，确立了蛋白质是氨基酸线性聚合链的理论。1958～1960 年，John Kendrew 和其同事测定了鲸鱼肌红蛋白的三维结构，证明了蛋白质的氨基酸链可以折叠成复杂的空间结构。20 世纪 50 年代早期，乙酰辅酶 A 被鉴定出来，丰富和完善了对丙酮酸氧化、脂肪酸氧化和柠檬酸循环的认识。1961 年 Peter Mitchell 提出了细胞呼吸链上氧化磷酸化产生 ATP 的化学渗透理论——依靠跨膜质子梯度和电势产生 ATP。受这个理论的影响，1972 年 Jonathon Singer 和 Garth Nicholson 提出了蛋白质镶嵌在流动的脂质双层中的"流体镶嵌模型"，从而初步解释了生物膜结构的问题。20 世纪 50 年代，Melvin Calvin 和 Andrew Benson 建立了 CO_2 的生物固定代谢通路，Daniel Arnon 展示了叶绿体中的电子传递链驱动 ATP 的光合成，他们的结果揭开了地球上最重要的生化过程之一——光合作用的面纱。生命的现代生物化学框架到这一时期被初步确定下来。

作为同一时期生物化学、生物物理学、遗传学、病毒学等蓬勃发展的结果，这些之前不相关的生物学科开始被共同的科学问题——从最基本的层次理解生命所汇聚，产生了分子生物学。分子生物学试图从承担生命现象的大分子物质的角度理解生命现象，这样核酸、蛋白质这两类生物大分子物质的结构、功能和相互关系就成为了分子生物学家研究的焦点。1940 年 George Beadle 和 Edward Tatum 证明了在蛋白质和基因之间存在确定的关系，他们的实验将遗传学和生物化学连接起来；1944 年 Oswald Avery 阐释了基因是由 DNA 编码的；1953 年，James Watson 和 Francis Crick 建立了 DNA 的双螺旋模型；1961 年 Francois Jacob 和 Jacques Monod 推测在 DNA 和其蛋白质产物之间存在一种他们称为信使 RNA 的中间层；1961～1965 年 DNA 编码的信息和蛋白质结构之间的关系——遗传密码被破译；同时期 Monod 和 Jacob 还展示了特异的蛋白质可以结合在 DNA 上从而调控基因的表达。作为分子生物学发展的产物，生物的基因组概念和基因组测序被发展起来。1977 年 Fred Sanger 测定了含有 5375 个碱基的细菌噬菌体的基因组序列，这一成果激发他在 1981 年测定了含有 16 000 个碱基的人类线粒体基因组序列。这些早期基因组测序的成果让研究者萌生了测定人类基因组的计划，并于 2001 年完成了其草图。与 DNA 测序平行的是限制性核酸内切酶的使用，限制性核酸内切酶使得 DNA 测序、重组 DNA、转基因技术等成为可能。基因组测序和限制性核酸内切酶极大地改变了当代生物学研究的面貌（Joseph，2005）。

今天，生物化学和分子生物学的触角涉及生物学的各个领域，各生物子学科之间的界限正逐渐模糊，任何生命现象的最终分子层次的解释都要以生物化学和分子生物学的语言书写。在过去的 100 多年里，大量生物化学和分子生物学成果的取得者被授予了诺贝尔奖，同时也改写了大量的生物学领域的教科书。更为重要的是这些成果使得生物学、医学和农学的发展焕然一新。

国际生物化学与分子生物学联盟（International Union of Biochemistry and Molecular Biology，IUBMB）成立于 1955 年。成立于 1949 年的中国生物化学学会也于 1979 年改名为中国生物化学与分子生物学会。

（二）生物物理学发展简史

生物物理学发端于 19 世纪，受当时占学术统治地位的牛顿物理学的影响，从使用物理仪器研究生命系统并且用物理和数学概念解释获得的结果开始逐步形成了生物物理学。其真正成为一门学科是从 20 世纪 20～40 年代开始的。

在生物物理学发展过程中，有几个重要阶段。在 19 世纪，一群现在被称为"生理学家的柏林学院"的科学家应用物理学和化学研究生命系统，开创了严谨的生理学研究。他们使用今天被称为还原论的方法，将复杂系统简化为简单的解释，认为研究生命体应该使用研究非生命物质同样的方法。他们的工作奠定了当时生理学研究的基础，其成就包括：证实神经传导的信号是电信号；说明腺体（如甲状腺）不仅是过滤器，而且与血液存在化学上的相互作用；发明了检眼镜，并用其发展了关于空间知觉、色彩视觉和运动视觉的理论。之后，"生理学家的柏林学院"还发起了早期的生物物理研究计划，但受限于当时的技术水平和认识水平并未取得预期的深入发展。

1920～1940 年，生物物理的主要研究内容转移到辐射生物物理学。在这期间开展了辐射对细胞有丝分裂影响的研究；展示了高频电磁场、光和电离辐射的生物学效应。在这一时期生物物理学在大学和科研院所中被正式建立起来。

1940～1970 年，生物物理学的发展超越了前 100 年的发展总和，从事这一学科研究的人员急剧增加，学科领域也不断扩展。1944 年的《医学物理》在介绍生物物理内容时，涉及面已相当广泛，包括听觉、色觉、肌肉、神经、皮肤等的结构与功能（电镜、荧光、X 射线衍射、电、光电、电位、温度调节等技术），并报道了应用电子回旋加速器研究生物对象的实验方法。这一时期同时发生了对生物物理学发展有很大影响的两个事件，第一个事件是薛定谔提出生命是什么的问题，试图应用热力学和量子力学理论解释生命的本质，并从类比其他物理现象的角度推测了有机体的物质结构、生命活动的维持和延续、遗传物质的特性；维纳提出生物控制论的论点，认为生物的控制过程包含信息的接收、变换、贮存和处理。他们论述了生命物质同样是物质世界的一个组成部分，应该遵循物质运动的共同规律。他们的思想沟通了生物学和物理学两个领域，并深刻地影响了同时代的物理学家，使其中很多人在第二次世界大战之后加入到生物学的研究中。第二个事件是这一时期出现了生物物理学研究中的一个标志性事件，Watson 和 Crick 提出的 DNA 双螺旋模型被 X 射线衍射实验所证实，从而展示了生物物理学在研究生命现象过程中的强大威力。

从 20 世纪 70 年代到现在是生物物理学真正腾飞的阶段，在从生物大分子、细胞、组织、器官、生命体的各个层次，发展出应用光、电、电磁、力学等多方面的研究手段，生物物理学正越来越成为生命现象研究的直接动力和柱石之一。

国际纯粹和应用生物物理学会（International Union of Pure and Applied Biophysics）成立于 1961 年。中国生物物理学会成立于 1979 年。

二、发展规律和特点

早期的物理学和化学大多以非生命物质作为研究对象。尽管物理学和化学都在 19 世纪就得到了飞速的发展，发现了很多规律，也建立了很多观察自然世界的方法和手段。但因为受到"活力论"观念的影响，这些理论和观念并没有太多地被移植到生物领域。直到 20 世纪初，随着生物化学学科的建立，"活力论"概念被彻底抛弃，这些化学和物理学的理论和方法才开始被用于研究生命现象。将复杂体系简化后再予以研究的还原论研究体系才开始被引入到生物学领域。随后，自由能、化学反应速率、信息、密码、程序、反馈、立体结构、催化等物理和化学的概念陆续被用于理解生命现象。显微镜、离心、电泳、层析、X 射线晶体学、光谱学、同位素标记等物理和化学领域的技术也被用于研究生命物质。

对生命物质的认识反过来也促进了对物理和化学概念理解的深化和完善。当众多的物理和化学概念被应用到生物世界后，其内涵和意义被大为深化。例如，自由能的概念，尽管是通过研究非生命物质而建立的，但其真正的价值是用于理解生命过程中的能量转换，这远胜于其在非生命体系中的价值；信息和密码的概念更是通过对核酸与蛋白质之间的编码关系的理解而得到了升华；立体结构的概念对于理解生命的特异性而言更是美丽无限；生物体内催化过程的特异性和高效性更是非生命过程的催化所无法比拟的；生物体内的反馈机制的灵敏性和准确性让研究非生命物质的人们叹为观止；如此等等。

对生命现象更加深刻的理解依赖于新的物理学和化学理论和方法的出现。尽管在生物化学、分子生物学和生物物理学等的促进下，我们对生命的认识进入到了分子水平，但我们对生命本质的认识仍很肤浅，对于很多问题还没有可行的研究手段。例如，像核酸和蛋白质这样的生物大分子是如何通过其动态结构变化而发挥其生物学功能的，生物分子在活细胞内的活性是如何被调节的，生物体内微量生物分子如何被检测，如何对活体内生物能量转换进行定量分析，活细胞内生物分子间如何发生动态相互作用等。物理学和化学等学科的进一步发展，必将提供更多的生物化学和生物物理理论和方法，进而促进我们在分子水平上对生命的认识。

从分子群体到单个分子、从单种分子到所有分子、从体外到体内、从定性到定量是本学科目前发展的国际趋势。随着大规模基因组学、蛋白质组学、超分辨率（单分子）成像技术、低温电子显微镜三维成像技术和生物信息网络分析等技术的发展日新月异，人们开始从生命现象深入到本质，整合各学科的各项技术，从不同的时空角度对生命现象的分子机制开展深入研究。在单个分子水平、单个通路的研究基础上向分子网络发展；从体外（*in vitro*）到体内（*in vivo*）；从研究单个蛋白质的结构和功能到明确该蛋白质在整个生物体的生理功能中的作用；从研究某一事件点到研究整个生命过程的不同时期中的作用，来挖掘整合生物体系的多种信息，从而了解生命过程的本质。

生物化学的未来任务在于，除了利用还原论方法体系在体外对生命分子和生命过程继续开展深入研究之外，还需要引入更为定量的体系，在活的生物体内对有关分子和过程进行研究。这依赖于新型高度灵敏的载体方法的建立，同时也期待能够跟踪生命分子动态结构变换的物理方法的发明。这一切都高度依赖物理学家和化学家为研究生命现象提供新的研究工具。

从一定意义上说，生命体是由生命分子组装而成的复杂机器，认识了个别分子的结构和特征，并不等于认识了其整合体的性质。如何将我们对生命体在分子水平上的认识上升到理解所观察到的生物在更高层次（如分子复合体、细胞器、细胞、组织、器官乃至个体）现象，是生物化学研究继续深入所面临的挑战。

第三节　我国本学科领域的研究现状和重要进展

一、研究现状

我国在牛胰岛素人工合成、酵母丙氨酸转移核糖核酸（tRNA）人工合成、蛋白质复合体结构测定、基因组 DNA 测序、蛋白质组学等方面取得了令国际同行瞩目的成绩。

我国老一辈生物化学家吴宪等早在 20 世纪 30 年代就在国际上率先提出了蛋白质变性的"非共价键破坏理论"；60～80 年代，我国生物化学和生物物理学家相继实现了人工合成有生物学活性的结晶牛胰岛素（蛋白质），解析了三方二锌猪胰岛素的晶体结构，采用有机合成与酶促相结合的方法完成了酵母丙氨酸 tRNA 的人工合成。总体而言，在酶学研究、蛋白质结构及生物膜结构与功能等方面都获得过举世瞩目的成就。

随着中国生化分子生物学和生物物理学的发展，该领域的国际权威学术会议陆续选择在中国召开。例如，三年一次的国际生物化学与分子生物学联盟（IUBMB）会员及学术大会于 2009 年 8 月在上海国际会议中心成功举办。国际生物物理大会也于 2011 年在中国北京召开。这些都标志着我国在该领域的研究已经融入国际主流，已经成为国际上不容忽视的重要基地。

近年，我国的生化分子生物学和生物物理学研究队伍得到了空前壮大。目前注册的中国生物化学与分子生物学会会员约 4000 人，中国生物物理学会会员约 2000 人。加上交叉学科研究人员、在读研究生以及各类生物化学、生物物理和分子生物学技术应用人员，中国内地现有各类从事生物化学、生物物理和分子生物学研究的人员估计超过 2 万名。目前国家自然科学基金委员会支持的直接相关创新团队有 10 个。目前在岗的中国科学院院士约 30 人,中国工程院院士 10 人。自 1994 年以来在生物化学等相关学科获得国家杰出青年科学基金资助的有 55 人。近 10 年内与生物物理、生物化学和分子生物学直接相关的获得资助的国家基础研究 "973" 计划项目有近 30 个。近 10 年内国家自然科学基金委员会资助的重点项目有 56 项。

从事生物物理学、生物化学与分子生物学研究的人员学科交叉性极强,分布于国内的大专院校和研究所的生命科学、医学、物理学、化学、工程学等专业人员队伍中。例如,中国科学院的物理研究所、化学研究所、有机化学研究所等都有大量开展本学科研究的科研人员。

近 10 年内从事生物化学、生物物理和分子生物学研究的人员从各种渠道获得的研究经费大幅提高,并且在生物化学、分子生物学和生物物理学研究平台建设方面也取得了重要进展。在国家的大力支持下,不少的高校和科研院所都实现了生物学研究基础平台的改进和完善。上海光源的建成,将推动我国结构生物学的发展。这些研究条件上的改善必将对我国生物学的发展起到长久的推动作用。

二、近年来的重要进展

(一) 基因组学研究在国际上占有一席之地

近年我国在基因组学领域,完成了首个中国人基因组的测序 (Wang et al.,2008)、大熊猫基因组测序 (Li et al.,2009),并且独立承担或参与了国际水稻、鸡等基因组的测序工作;此外,我国科学家还参加了 10% 的人基因组单核苷酸多态性图谱的制定工作。这些成果奠定了我国在国际基因组研究中的重要地位。

(二) 在人类肝脏蛋白质组学研究中起领军作用

我国的蛋白质组学研究在国际上占有一席之地。在国际人类蛋白质组组织 (HUPO) 计划的 "肝脏蛋白质组学研究" 中,我国科学家起领军作用,牵头组织实施了第一个人类组织/器官的蛋白质组计划,分别系统研究了中国人胎肝组织、法国人肝脏组织和中国成人肝脏组织的蛋白质组,并对肝脏生理功能进行了系统解读,取得了许多重要成果,中国科学家于 2002 年在国际上首先提出以 "两谱 (蛋白质表达谱、翻译后修饰谱)、两图 (蛋白质相互作用连锁图、蛋白质定位图) 和三库 (样本库、抗体库、数据库)" 为主要研究目标的人类组织/

器官蛋白质组的研究思路，这一总体思路在人类肝脏组织蛋白质组学的研究中得以充分实施，为国际上大多数同行所认可，并进一步被借鉴到其他人类组织器官的蛋白质组学研究和小鼠蛋白质组学的研究中。由我国科学家所提出的关于人类组织/器官蛋白质组学研究的技术策略、样本标准和数据格式也得到国际科技界的认可和推广。

（三）测定了多种功能重要的蛋白质复合体的三维结构

我国在结构生物学领域取得了多项重要成果。解析了线粒体呼吸膜蛋白质复合物 II 的晶体结构，为研究线粒体呼吸系统和相关疾病奠定了重要的结构基础；对菠菜主要捕光复合物 LHC-II 的晶体结构进行了测定，丰富了人们对光合作用中光能收集和能量转移过程的认识；系统性解析了传染性非典型肺炎（SARS）冠状病毒蛋白以及禽流感病毒聚合酶 PA、PB 亚基的晶体结构，为研究 SARS 冠状病毒和流感病毒的转录复制机制，以及设计广谱的抗病毒药物提供了结构基础；解析了神经营养因子-3 与 p75NTR 复合物的晶体结构，进一步明确了神经营养因子与受体相互作用的机制，为基于结构的以神经营养因子为标靶的神经退行性疾病的药物开发奠定了基础；解析了在细胞能量代谢中具有重要作用的 AMP 激活的蛋白激酶（AMPK）的晶体结构，提出了其活性调节机制的假说，为将 AMPK 作为肥胖症、2 型糖尿病等药物设计的靶标奠定了结构基础。除了上述重要的研究成果外，中国科学家还在病毒与宿主细胞的相互作用、信号转导通路、免疫等众多研究领域的结构生物学研究中取得了一批突出的研究成果，标志着我国已经成为国际上重要的结构生物学研究中心。

（四）非编码核酸研究取得多项成果

在核酸研究领域，也取得了一些前沿领先水平的成果。

1）在非编码 RNA 领域取得新进展。首次在单细胞绿藻莱茵衣藻和线虫中发现和鉴定了大批小分子非编码 RNA，揭示衣藻小分子非编码 RNA 分选的机制；解析了催化假尿嘧啶形成的 H/ACA RNA 蛋白质完整复合物的空间结构；发现特异性 miRNA—— miR-1 通过调节 GJA1 与 KCNJ2 而影响心律失常，揭示了致死性心律失常发生的重要机制；发明了一种植物介导的 RNA 干扰技术，可以有效、特异地抑制昆虫基因的表达，从而抑制害虫的生长；发现在模式植物拟南芥中，miRNA 5′端核苷酸对其进入不同的 Argonaute 蛋白复合体起决定作用；发现 miR-160 通过作用于生长素应答元件 ARF10 和 ARF16 控制拟南芥根冠的形成；在线虫中发现和鉴定了大批小分子非编码 RNA；发现 miRNA（如

let-7、miR-155、miR-151、miR-122 等）在乳腺癌、肝癌等癌症发生发展过程中的重要作用；发现血清中稳定存在的 miRNA 与疾病状态相关；发现 miRNA 调控原代红细胞生成；发现 miRNA 调控果蝇生殖干细胞分化发育；发现长的非编码 RNA 及其功能；揭示生殖系统表达 miRNA 及 piRNA 的功能和作用机制等。

2）在 DNA 复制、重组和损伤修复研究方面，发现新的 DNA 复制起始蛋白 Sap1；发现 DNA 复制叉倒转稳定的必需蛋白 Dna2 与 Chk2；发现 Sua5 蛋白刺激染色体端粒的复制；揭示一类双链 DNA 断裂修复机理；解析人 9-1-1 复合体的晶体结构等。

3）在 RNA 转录研究中，发现了 G 蛋白偶联受体（GPCR）信号转导途经参与基因组表达的表观遗传调控；发现了调控染色质高级结构的表观遗传新蛋白；发现了组蛋白修饰参与拟南芥根表皮细胞与开花发育调控；阐明了三苯氧胺诱发子宫内膜癌过程的转录调控机制；阐明了多类白血病发生的表观遗传转录调控机理；揭示了 DNA 去甲基化调控基因组转录机制；揭示了胰岛素信号途径通过转录中介体蛋白 MED23 调控脂肪细胞分化的基因组表达网络等。

4）在核酸修饰研究方面，发现了新的 DNA 硫化修饰方式；发现了主导 RNA 甲基化修饰的各类小分子核仁小分子 RNA（snoRNA）并揭示其功能机制；阐明了细胞多能性控制转录因子 *Oct*4 基因的 DNA 甲基化修饰沉默机制等。

5）在核酸与蛋白质的相互作用研究中，发现了一种非编码 RNA 如何帮助蛋白质寻找特异底物分子；发现了非编码 RNA 结合蛋白在介导非编码 RNA 调控中的作用机理；阐明了亮氨酰-tRNA 合成酶与底物精确识别的途径与机理等。

（五）脂质研究也取得了一定的成果

在脂质研究领域，近年来也取得了一些令人瞩目的研究成果。

1）在细胞脂质的动态变化与功能研究中，发现不同细胞定位脂滴的脂质组变化与密切相关的新蛋白组分；发现细胞膜微结构域脂筏（lipid raft）和小窝蛋白（caveolin）在细胞膜受体介导的内吞过程中发挥作用；发现化学诱变剂干扰细胞鞘酯类的代谢；发现菲律平和制霉菌素等药物影响人 FL 细胞鞘酯类代谢；揭示了响应低温胁迫的细胞膜脂质组变化等。

2）在胆固醇的代谢平衡与氧化修饰研究方面，发现 Ufd1 通过调节胆固醇合成代谢关键酶 HMGCR 的稳定性而在胆固醇代谢中发挥调控功能；发现膜蛋白 NPC1L1 通过小泡运输机制介导胆固醇吸收代谢并揭示了胆固醇吸收抑制剂 Ezetimibe 的作用机制；发现清道夫受体 SR-A 介导内吞与细胞非受体内吞在巨噬细胞吞噬脂质胆固醇中的重要作用，揭示了固醇类糖皮质激素地塞米松通过增强巨噬细胞合成大量胆固醇酯而促进动脉粥样硬化早期病变泡沫细胞形成机制；揭示了炎症因子——干扰素-γ 和肿瘤坏死因子增强人巨噬细胞合成大量胆固醇酯从而形成胆固醇酯堆积的泡沫细胞机制等。

3）在脂肪酸代谢调控研究中，发现脂肪酸过氧化途径调节钙内流过程而对急性胰腺炎的易感性产生影响等。

4）在对甘油三酯及其他脂质代谢物研究中，发现严重高甘油三酯血症通过脂质过氧化途径活化内皮细胞促进动脉硬化生成；发现细胞内调控甘油酯类脂质代谢的关键蛋白质；揭示了肝脏脂质合成的调控机制及其与肥胖症和糖尿病的关系；揭示了血管内环境对血液脂质组代谢变化的影响及其与动脉粥样硬化发生的关系等。

5）在脂质组学与代谢性疾病和药物研发中，我国该领域研究正在兴起，有关脂质组的质谱分析研究取得进展，如血液脂和细胞膜脂质组的分离与质谱分析技术系统；有关数据库包含近百种鞘酯类标准品的脂质数据库等。

（六）发现"超氧炫"和"钙闪烁"现象

在生物物理的研究中，近年取得了一系列令人瞩目的成果。首次发现一种新的细胞超氧生成事件，并命名为"超氧炫"（superoxide flashes），这对氧自由基（ROS）和线粒体研究领域有三个方面的意义：一是找到了新的 ROS 信号指示剂；二是超氧炫可作为氧化应激相关疾病的生物标记物；三是对生理和病理状况下 mPTP 和电子传递链功能有了新认识。超氧炫的发现将为认识氧化还原信号、细胞代谢、药物开发、衰老、健康与疾病过程中 mPTP 功能等开启新的研究方向。此外，运用共聚焦显微成像技术，发现"钙闪烁"现象（Weic et al.，2008），并证明"钙闪烁"起掌控细胞运动的"方向舵"作用。这一最新研究成果解决了困扰细胞迁移研究领域十几年的一个问题，提出了"钙闪烁引导细胞定向迁移"的新观点，并且进一步确定了"钙闪烁"产生的相关通道蛋白分子。这一发现为寻找干预细胞迁移的药理学和生物医学工程学手段提供了新的靶点和思路。

我国虽然在生物化学分子生物学领域取得了突出成绩，但与发达国家相比仍有相当大的差距。首先，需要增加原创性研究成果，由我国自主完成的、对所在领域有重要影响的成果较少，缺乏高引用的研究论文和有重大实际应用价值的原创性成果；其次，应培养更多具有国际前沿水平的学者；最后，要完善学术评价体系和资助机制。不仅要注重论文数量、杂志的影响因子，更要注重研究本身的创新性和对相关领域的贡献。在资助体系方面，制度化、科学化资助评估体系，加强顶层设计。获得的具有引领世界潮流的原创性科学发现是我国该领域科学家未来的目标和挑战。

第四节　本学科研究的发展布局

学科交叉是本学科的特征。本学科中的方法技术的发展主要依赖于从事物理学、化学和工程科学的科研人员，这些特征决定了该学科的如下发展布局。

传统的研究方向仍然需要保持均衡发展，如生物化学与分子生物学中对蛋白质、核酸、糖、脂、生物小分子和代谢的研究；生物物理中对生物分子和生命复合体结构的研究；对生物中有关的声光电和辐射等的研究仍旧需要维持。

生物物理学、生物化学与分子生物学的研究手段和内容已经渗入了生命科学的几乎所有其他学科。这也使得本学科面临如何调整自己重点研究方向的挑战。未来的重点可能需要侧重于从活体、定量、全局（即所谓的组学）、单分子、动态观察、微量检测等角度提出研究方向，同时强调与生命科学其他学科的融合。

从物理学和化学角度，应该更多地强调新方法、新技术的建立，同时也需要从新的理论角度来理解复杂生命现象，建立新的概念体系。

第五节　本学科研究的优先领域及交叉重点

本学科研究的优先领域及交叉重点主要为以下几个方面。

（一）蛋白质的修饰、相互作用及其活性调控

蛋白质是生命活动的直接执行者，几乎参与了所有的生命过程。生命现象的解释最终需要以蛋白质的"语言书写"。生物的基因组提供了能够使用的"文字集合"——所有编码的蛋白质，但是生命的篇章却是由"文字"构成的词、句、段写成的，其复杂、绚丽远超过"文字集合"的信息范畴。蛋白质在执行生命功能的时候会发生蛋白质的共价修饰、相互作用及活性调控等翻译后的动态变化，它们是蛋白质结构、功能和作用机制研究的重要内容。

大量的蛋白质分子可以在特异酶的催化下发生特异的可逆化学修饰，这样的修饰可以改变蛋白质的特性、活性或功能（Wold，1981），如组蛋白的动态乙酰化修饰在表观遗传中发挥关键作用（Berger，2007），蛋白质动态磷酸化在信号转导中发挥核心作用（Koshland，1981），蛋白质的糖基化修饰决定它在生物

体内的定位和存在时间等（Dennis et al.，2009）。近年来，科学家进一步认识到，多种类型的蛋白质修饰在时空上的关联和调控是蛋白质行使功能的重要基础。蛋白质修饰的普遍性、多样性、动态性，使得蛋白质能够比其编码基因产生更加丰富的内涵，同时也对生命活动中蛋白质功能的认识造成了巨大的挑战。

蛋白质在体内发挥功能往往不是孤立、符号化的，而是在细胞中特定位置与其他蛋白质特异、非共价的在不同时间尺度上相结合，从而共同完成的。甚至某些蛋白质会广泛的与不同的蛋白质发生蛋白质-蛋白质相互作用，从而将细胞中的所有蛋白质连接成一个网络，呈现一种整体的效应，这样我们认识蛋白质功能就不能仅逐个的研究，还必须放在这种相互作用的背景下。蛋白质-蛋白质之间的特异相互作用，进而导致特异识别是蛋白质发挥功能的重要方式（Pawson and Nash，2003；Robinson et al.，2007）。

蛋白质分子还能针对所处环境条件在结构和行为上做出灵敏而精确的调节。例如，各种转录调节因子会感受调控因素的水平而精细的调节其活性，胁迫蛋白会在胁迫条件下改变结构和活性，多种代谢过程中的酶会时时感受产物和底物的水平调整活性等。这种自动的调节机制不需要细胞内蛋白质表达水平发生变化，可以瞬时的改变功能，反应速度快。

深入的认识蛋白质修饰、相互作用和活性调控机制，及其在细胞生命活动和疾病发生中的作用，是生物学未来一段时间内研究的关键问题。

重要研究方向：

1）已经鉴定的和新型的蛋白质修饰类型的发生和调节机制；

2）蛋白质修饰及其动态变化所对应的蛋白质结构、性质和功能的变化；

3）蛋白质相互作用的特异性、动态性和网络特征的系统分析；

4）蛋白质特异相互识别的结构基础和预测；

5）蛋白质活性对环境条件的响应；

6）蛋白质修饰、识别和调控机制的进化。

（二）蛋白质复合物的结构、功能、作用机制及其调控

蛋白质在细胞中往往以蛋白质复合物的形式实现功能，大肠杆菌中约有80％的蛋白质与其他蛋白质相互作用，形成复合物，在高等生物中比例则更高。蛋白质复合物不仅普遍存在，而且具有非常重要的功能，众多重要生命活动都是蛋白质复合物承担的，如 mRNA 的转录、蛋白质的翻译、蛋白质的跨膜转运、细胞呼吸、ATP 生成、光合作用等。有些蛋白质复合物是以稳定的形式——蛋白质机器来发挥功能的，如 RNA 聚合酶、跨膜转运复合物、ATP 合酶、蛋白酶体等。有些蛋白质复合物则是暂态，或称动态的，只在其发挥特定

功能时短暂形成，功能行使完毕就解离，如有丝分裂检查点复合物（mitotic checkpoint complex）、染色体过客复合物（chromosomal passenger complex）等。蛋白质复合物在组成上既存在蛋白质与其他生物分子的复合物（如核糖体），也存在完全是蛋白质构成的复合物，既存在不同蛋白质分子形成的异源复合物，也存在由同一种蛋白质形成的同源复合物。

和单一蛋白质相比，蛋白质复合物不仅更大而且可以参与更多、更复杂的调节，更有利于整个生物体的协调。仅考虑蛋白质的同源复合物，其与单个蛋白质相比就可以增加变构协同和单体复合物动态切换两种瞬时调节机制。若考虑到蛋白质异源复合物，则其可接受调节的因素就更多。而且蛋白质复合物之间还可以通过蛋白质相互作用构成相互协调，相互依赖的网络关系。

因此，揭示蛋白质复合物的结构与功能，对了解生命活动具有极其重要的意义。依据蛋白质科学的研究热点和需求，十分有必要将蛋白质复合物结构与功能研究提到重要位置，以了解蛋白质功能为目标，应该选择在能量转换、细胞凋亡、自吞噬、细胞癌变、细胞通信、免疫应答、干细胞的诱导、细胞分化、表观遗传、非编码 RNA 的加工和作用等生命过程中发挥重要功能的蛋白质复合体为对象，进行结构和功能的研究。无论是从结构还是从功能出发，这类研究都将具有重要的理论意义和应用价值。

重要研究方向：

1）具有重要功能的稳定蛋白质复合物的组成、结构、作用及其调控；

2）活细胞内与特定生物学功能相关的动态蛋白质复合物的鉴定、发挥功能的分子机制及调节方式；

3）蛋白质复合物的组装机制及其质量控制；

4）蛋白质复合物结构和功能的演化。

（三）非编码核酸的结构与功能

哺乳动物等高等生物的基因组 DNA 中绝大部分的序列并不编码蛋白质，这样的 DNA 以及以其中的部分为模板转录产生的 RNA 统称为非编码核酸。根据已经测定的人类基因组的 DNA 序列分析，其中的非蛋白质编码序列高达95％以上。近年的研究表明，这些以前被认为是基因组中的垃圾 DNA 序列，可以通过转录产生大量不同类型的非编码 RNA（如 miRNA、siRNA 以及具有 polyA 尾的大分子非编码 RNA 等）（Storz et al.，2005）。

部分非编码 RNA 被发现在基因的转录和转录后加工、细胞分化和个体发育、遗传和表观遗传等一系列生物过程中发挥至关重要的作用。有关非编码 RNA 功能研究的文章数量在近年迅速递增，这些研究表明非编码 RNA 在动物、植物以及真菌中与转录调控和发育过程密切相关，包括同源异型基因、癌基因、代谢基因表达的调控，以及骨骼、眼的发育等。已有的研究表明，长的非编码RNA在真核和原核生物中既能上调也能下调基因的表达，并且在计量补偿作用、基因组印记、发育图式形成和分化以及应激反应等过程中都是必需的。而且很多长的非编码RNA都被加工成为小RNA或者调控其他RNA的加工。小的非编码RNA在很多种真核生物中，通过干涉转录或转录后过程使基因沉默，在诸如转座子、病毒抑制以及许多关键的发育过程中发挥至关重要的作用。

尽管已经识别了部分非编码核酸，但我们对于其调控机制的了解还是非常有限的，对这些影响数量形状、疾病易感性以及其他一些复杂形状的全基因组相关的神秘序列的识别，并且深入阐明这些非编码核酸的功能及其机制，已成为后基因组时代生命科学研究的热点和前沿。这些研究不仅能使我们从不同于编码蛋白质的角度来注释和阐明基因组的结构和功能，也将揭示一个全新的由RNA介导的遗传信息表达的调控网络，为重新认识一些重要疾病的发生机制和治疗途径提供新的思路。

重要研究方向：

1）具有特定功能的新型非编码核酸（DNA和RNA）的系统识别与鉴定；

2）基因组中非编码DNA的组织结构、表达调控与表观遗传；

3）非编码RNA-蛋白质复合物的组成鉴定与功能研究；

4）非编码RNA与蛋白质相互作用的结构基础和功能机制；

5）非编码核酸序列在基因组复制、表达及进化等过程中的功能机制；

6）非编码核酸在细胞、组织、器官和个体等不同层次的生命活动过程中的功能机制。

（四）核酸修饰

核酸修饰包括DNA与RNA甲基化、DNA硫化等各种修饰，是对核酸基本结构的进一步补充，在细胞中是一种非常普遍的生命现象，是生命体遗传过程不可或缺的，与细胞活动、组织发育及其与环境因素相互作用等直接偶联（Schaefer et al.，2007）。核酸修饰发生异常，必将影响染色体活性、染色质稳定性、DNA损伤修复以及基因表达，严重的可导致各种疾病。

目前已知大多数非编码RNA都是转录后修饰的，这些修饰通常会增强RNA的一些特殊三维结构的形成，从而促进它们的功能。目前针对rRNA和tRNA修饰的研究开展得比较多。特别是在tRNA中，其修饰不仅能够稳定其L型三维结构，而且通过促进其分子识别来改变其功能。tRNA的修饰对其本身的折叠和成熟是必不可少的，在这个过程中一些修饰酶作为RNA伴侣发挥作用。

已发现有超过 100 种核苷的修饰，并且许多在进化中是非常保守的。这些修饰在 tRNA 生理功能的实施中具有各种重要作用。最近的组学和后组学研究识别了一些新的编码非编码 RNA 修饰酶的基因，对于这些 RNA 修饰酶复合物的结构研究将为修饰酶特异性地识别靶 RNA，以及在化学修饰过程中如何在精确的位置上发挥作用提供结构基础，对于在原子水平了解核酸修饰机制非常重要，是目前该领域研究的一个热点。

在 DNA 修饰的研究中，DNA 甲基化和 DNA 硫化等修饰在基因的表达调控中具有重要的作用。哺乳动物基因组最独特的一个特征是在其非重复序列中含有许多组织依赖的、特异的甲基化修饰区域（T-DMR），包含了基因和其调控因子。甲基化修饰区域组成 DNA 甲基化的基因组范围内的分布图（Schöb and Grossniklaus，2006）。由于 DNA 甲基化的分布因不同的细胞和组织类型而异，更像是一个指纹，因此可以用作识别的手段。DNA 甲基化分布图的形成是哺乳动物细胞分化和发育的基础。每一个甲基化修饰区域的表观调控作用受到 DNA 甲基化酶、组蛋白修饰酶、组蛋白亚型、非组蛋白和蛋白质以及非编码 RNA 协同作用的影响。其中很多作用机制，如 DNA 甲基化修饰与组蛋白甲基化是如何在发育中协调发挥调控基因的作用，以及甲基化修饰在基因活化过程的某个阶段是如何被去除的等一系列问题还有待于深入研究。因此，明确 DNA 的甲基化修饰机制，揭示 DNA 甲基化修饰与组蛋白甲基化的相互作用关系，以及它们在体细胞重编程和肿瘤发生中的作用，是国际上该领域研究的另一热点。

综上所述，识别新的核酸修饰，阐明它们的调控作用机制，了解它们与疾病发生的关系，对于明确肿瘤等重大疾病的发生机制具有重要的生物学意义，也将为开发新的治疗途径提供思路。

重要研究方向：

1）核酸甲基化修饰对 DNA 复制与 RNA 转录调控机制的影响；

2）DNA 去甲基化酶结构及其功能；

3）DNA 去甲基化的氧化羟基化修饰机制；

4）新的 DNA 与 RNA 修饰碱基的鉴定、修饰机制及其生物学意义；

5）核酸修饰与植物生理病理的关系；

6）RNP 复合物等 RNA 修饰酶的结构测定和功能研究。

（五）寡糖、多糖的结构、功能、生物合成及调控

糖生物学是研究生物体内多糖及其衍生物的化学结构、生物合成及生物功能的科学。糖是一类生物大分子，作为结构和能量物质，是维持生命活动最重要的物质基础。随着生物化学和分子生物学的发展，糖的其他生物功能正不断

被揭示。糖不仅以游离寡糖和多糖的形式存在，而且与蛋白质或脂质分子形成糖缀合物（包括蛋白质多糖、糖蛋白及糖脂）参与重要的生命活动。目前，蛋白质和脂质的糖基化修饰规律、细胞黏附分子的作用机制、多糖药物的作用机理和糖组学是糖生物学研究的前沿领域。

糖基化是一种重要的蛋白质翻译后修饰，糖基化可影响蛋白质的折叠、转运、细胞定位、稳定性及功能，最终影响细胞、组织特异性及发育各阶段。因此，糖基化修饰对蛋白质的功能至关重要（Lau et al.，2007；Wells et al.，2001）。同时，糖蛋白和糖脂中的寡糖链包含重要的生物信息。糖缀合物中寡糖链与蛋白质（如细胞黏着分子）的相互作用介导细胞与细胞之间、细胞与各种分子之间及分子与分子之间的专一性识别，联系着细胞间及细胞与外界的能量、物质和信息传递，在免疫应答、感染和癌症发生等过程中起重要作用。例如，几乎所有与免疫相关的关键分子都是糖蛋白，在细胞免疫系统中，糖基化修饰与主要组织相容性抗原（MHC）和 T 淋巴细胞受体（TCR）复合物的折叠、质量控制和组装有关；糖基化是免疫球蛋白维持正常结构并发挥功能所必需的。已发现类风湿关节炎患者体内 IgG 发生异常糖基化。蛋白质糖基化修饰的复杂性决定了糖蛋白功能和调控的复杂性。其具体表现为：①很难预知某一特定糖修饰对蛋白质功能的影响；② 同一种修饰在生物体不同部位和不同发育阶段功能不同；③某些特殊的糖修饰也常是毒素和病原体的识别目标。研究糖基化修饰将为重大疾病的致病机理研究、诊断、新药开发提供重要的理论依据。

在细胞识别过程中，有一类能够识别寡糖链信息、参与细胞黏着的蛋白质，称之为细胞黏着分子。目前发现的细胞黏着分子可分为四类：钙黏蛋白、选择素、免疫球蛋白超家族及整联蛋白。细胞黏着分子通过识别细胞表面的寡糖链信息介导细胞迁移、信号转导等。阐明这些糖结合蛋白的识别特异性、对细胞行为的影响以及其寡糖链配体合成相关基因的分离和配体的表达调控机制，将深化我们对细胞识别与通信机制的认识与理解。

天然多糖或糖类化合物是中药的重要成分，对植物、微生物来源中药中的多糖及其类似物分离、纯化、结构鉴定、功能及作用靶位研究，将有助于认识中药的治病机理，推动中药现代化。

糖组学是继基因组学和蛋白质组学后的新兴研究领域，主要研究多糖结构与功能，它将整合基因组学、转录组学、蛋白质组学等多个研究领域，鉴定糖蛋白和糖基化位点。糖微阵列实验可对生物个体产生的全部蛋白质多糖结构进行鉴定，提高多糖分析通量。糖组学研究是从基因、蛋白质、糖的结构、功能、机制等不同层面阐明糖在生命活动中的重要功能，从而系统、全面地探索糖参与生命现象的本质及规律。

重要研究方向：

1）糖缀合物（包括蛋白质多糖、糖蛋白、糖脂等）、细胞黏着分子及天然多糖的分离纯化、结构鉴定及功能研究；

2）蛋白质和脂类被糖基化修饰的基本规律及糖基化修饰对蛋白质和脂类特性和功能的影响；

3）蛋白质和脂类的糖基修饰异常导致生命过程异常的机理；

4）与肿瘤等疾病相关的糖类标记分子的鉴定。

（六）具有重要生物活性脂类分子的鉴定、活性和调控

脂质是自然界中的一大类在化学成分及结构上非均一、可溶于有机溶剂的化合物，其多样性结构在维持生命体各种功能中起极其重要的作用。在生物体中，大部分脂质作为能量储存和生物膜中的重要组成物质，称为被动脂质。另一类脂质虽然在生物体内含量较少，却发挥重要生物功能，如激素、信号分子、电子载体等，称为主动脂质。脂肪酸是脂质的核心组分，它的代谢调控紊乱引起生命体内能量代谢异常，进而导致严重的代谢性疾病，如糖尿病等。与疾病相关的脂质代谢物，如甘油酯、甘油磷脂等，它们在脑、肝等器官组织富集并发挥重要的生物功能。它们的代谢调控出现异常与肥胖、脂肪肝和许多神经性疾病密切相关。近几年的研究发现，细胞可产生含甘油酯及蛋白质的脂滴，被看作是一个独立的亚细胞器。脂滴的定位及其组分变化会影响细胞功能，如细胞增殖、分化、迁移、凋亡等，其生成和积累与疾病发生密切相关（Martin and Parton，2006）。胆固醇是动物组织中的主要固醇，是细胞质膜重要组分之一，也是生物活性物质合成的前体分子，对哺乳类细胞生命过程不可或缺。胆固醇代谢平衡发生异常，将出现严重病变，如动脉粥样硬化病变，进而导致动脉硬化及其引起的冠心病、中风等心脑血管疾病。

研究表明，主动脂质参与调节生命活动过程（如能量转换，物质运输，信号转导，细胞增殖、分化、癌变与凋亡等），而且其生物活性的丧失与动脉硬化、糖尿病、肥胖症、阿尔茨海默病以及肿瘤等疾病的发生、发展密切相关。因此，对这类脂质分子进行结构鉴定及定量分析、研究其生物活性及调控规律，进而揭示生命体内的主动脂质的代谢调控机制，探索脂质与细胞、器官、生命体的生理、病理等过程之间的关联点（Ivanova et al.，2009）。

重要研究方向：

1）具有特定生物学活性的脂类分子的系统筛选和鉴定；

2）具有特定生物学活性脂类分子发挥功能的分子机制；

3）具有特定生物学活性脂类分子的生成机制；

4）具有特定生物学活性脂类分子的储存、释放和转运机制。

（七）具有重要生物功能的生物小分子的鉴定和作用机制

生命的主要组成物质和活动的承担者是蛋白质、核酸等大分子。但是生命是一个整体，需要各种生命活动、各种功能单位协调运作，这种协调在单个的细胞内要发生，在高等多细胞生物的细胞间，甚至相距遥远的器官之间就更要发生。而生物大分子由于本身的扩散速度，通透能力的限制，不能作为理想的协调生命活动的因子。沿这条思路，细胞内的小分子，如各类氨基酸、环鸟苷酸（cGMP）、环腺苷酸（cAMP）、乙酰辅酶A、二酰基甘油、三磷酸肌醇等相继被发现具有重要的功能，它们能够在整体水平上调节细胞内的代谢和合成活动，高等植物中也发现若干小分子作为激素参与细胞间的信息沟通和协调。它们共同构成了我们对主动生物功能小分子的经典认识。

上述对生物活性小分子的经典认识随着一氧化氮在哺乳动物中的功能和作用的揭示而发生了深刻的变化。一氧化氮（nitric oxide，NO）在人们的传统认识中只是一个造成空气污染的简单分子而已。后来却意外地发现一氧化氮广泛分布于生物体内的各组织中。当人们发现血管内皮舒张因子（EDRF）的化学本质就是一氧化氮，而口服硝酸甘油就是因为最终代谢成一氧化氮而产生降低血压的作用时，对生物功能小分子的认识产生了颠覆性的变化——如此简单的分子可以发挥如此重要、如此宏观的生物功能！此后的研究逐步揭示了一氧化氮可以松弛血管平滑肌，能够在神经细胞间起神经递质的作用，在学习、记忆、睡眠、感觉疼痛、精神压抑等神经活动和感觉中发挥重要功能（Bredt and Snyder，1994），因此一氧化氮成为一个重要而特殊的小分子。然而，近来的研究发现NO并不是一个特例，一氧化碳（CO）和硫化氢（H_2S）也陆续被发现具有同样重要的生物功能，这再次更新了人们的认识。一氧化碳在传统中被认为是造成煤气中毒的简单分子，现在却发现它具有与一氧化氮类似的作用，调节着从神经、心血管到免疫等众多系统的生理功能，它可以舒张血管，影响中枢神经元的活动。此前硫化氢给我们的印象只是具有臭鸡蛋味的气体，现在却被发现与上述两种分子类似，竟也可以在神经、心血管系统中发挥生理功能（Yang et al.，2008），甚至能够完全中断实验动物的新陈代谢，使其进入休眠，而且没有任何可检测到的副作用。在我们面前，具有生物功能的小分子的名单不断延长，对生物功能小分子的认识一次次被刷新，在生命体中到底还有多少简单的小分子发挥着重要功能尚不得而知。

生物小分子对生命活动具有普遍而重要的影响，具有很高的理论和应用价值，可能深刻影响生物学研究的版图，但它们在生命体中含量低、寿命短、检测困难，历来其鉴定和分子机制的解释都十分具有挑战性，把它作为未来的研究重点之一非常必要。

重要研究方向：

1）已知小分子新生物功能的发现；
2）具有特定生物功能新型小分子的鉴定；
3）具有生物功能生物小分子的作用靶标和机制；
4）具有特定生物功能小分子的生物合成、储存和转运机制。

（八）膜的生成、动态结构及生物学功能

细胞是生命活动的基本单位，是生物体结构和功能的基本元件。而细胞膜正是在空间上区分细胞和外环境的膜相结构，是微观上细胞定义的根本要素——没有细胞膜就没有细胞，也就没有了生命体。除细胞膜外，细胞中还存在进一步分隔内部环境的大量其他膜相结构，使得细胞更加结构化，各种生命活动得以限定在局部特殊化的环境中，更加有序、有效率的进行。细胞膜和细胞内其他膜相结构共同构成了生物膜系统。

生物膜是由脂质、膜蛋白和多糖等多种成分构成的连续封闭的薄层结构。其中脂质是构成生物膜的基础，脂质分子利用其亲水和亲脂的两种基团有序地排列成两层，使得生物膜可以在溶液中稳定存在，也使得膜两侧的大多数物质不能自由通透。脂质的成分在不同生物体、不同细胞、细胞的不同膜结构甚至膜的两层中都有种类组成上的差别，这与其生物学功能相适应。膜蛋白是插入或嵌入在"脂质海洋"中的蛋白质，是生物膜各种生命功能的主要承担者（Sachs and Engelman，2006）。各类物质的转运、环境信号的感受、消耗氧气的电子传递和能量释放过程（即细胞呼吸作用）、裂解水产生氧气的光能捕获过程、细胞能量货币——ATP分子的合成等发生在生物膜上的生命关键事件都是通过膜蛋白完成的。生物膜上还存在多糖成分，大部分以糖脂或糖蛋白的形式存在。由于参与多糖组成的单糖彼此间连接方式复杂多样，使得多糖的种类繁多。这些多糖在结构上可以给生物膜提供额外的强度和通透选择性，更重要的是它可以充当"天线"参与细胞和周围环境的相互作用（如细胞间识别，激素识别等）。

生物膜是一种高度动态的结构体系，其主要组成成分脂质和膜蛋白时刻都以不同的速度进行着移动、转动、摆动，有的质膜分子甚至还会进行翻转运动。同时生物膜又是一种不对称的结构，膜蛋白在生物膜上分布具有区域性，甚至不同种类的脂质在膜上的分布都会具有不均一性（如脂筏）（Lingwood and Simons，2010）。生物膜的形态还处于不断的变化之中，细胞膜会随着细胞的生长、分裂，发生明显的大小、形状变化（McMahonm and Gallop，2005）。伴随

生物膜形态的变化，其组成也在不断的更新之中，不断有脂质插入生物膜，不断有膜蛋白在生物膜上合成、插膜、折叠、组装。

生物膜在结构和功能上都对细胞至关重要，但是其组成的复杂性、结构的不对称性、高度的动态性和其与溶液迥异的物理化学性质使得对其分子层次上的研究在深度和广度上都非常欠缺。细胞中膜蛋白占细胞总蛋白的 $1/4 \sim 1/3$，基因组中编码的膜蛋白也可占所有编码蛋白的 $1/5$，但只有很少比例的膜蛋白被测定出静态的结构。膜蛋白发挥功能及在膜上的折叠组装都与膜上脂质的积极参与密切相关，但其分子机制也知之甚少（Dowhan and Bogdanov，2009；Phillips et al.，2009）。生物膜的生成涉及膜蛋白、脂质、多糖等多种分子的合成、转运和它们之间的协调。因此，对生物膜的研究任重而道远。

重要研究方向：

1）膜蛋白（受体、离子通道、力敏感通道、分泌调控蛋白等）结构及发挥功能的分子机理；

2）脂质对膜蛋白发挥功能的调节及其分子机制；

3）膜蛋白生成（包括转运、运输、插膜、膜上折叠和组装等）的普遍机制；

4）具有特定功能的膜蛋白复合体的鉴定和结构解析；

5）生物膜生成过程及其与细胞生长分裂的协调机制。

（九）重大交叉领域

1. 新概念、新技术和新方法

新概念、新技术和新方法是生命科学重大发现和发明的驱动力。人们对生命本质的认识依赖于相关新概念的产生及新方法、新技术的建立与应用，如转基因技术、核酸及多肽测序与合成技术、生物信息学、基因与蛋白质组学、干细胞技术、荧光蛋白的使用与拓展等。生物体实际上是一个由成千上万种核酸、蛋白质、多糖和其他化学小分子相互作用构成的复杂系统，除了分子层面的复杂行为外，还有着细胞、组织和器官等不同层面的复杂活动，生命活动是这样一种复杂系统的整体行为。人们期望看到单个分子在体内是如何发挥作用的，能够高灵敏度、实时、动态的检测生物大分子和生物小分子，发现、鉴定与功能密切相关的有关信息，开发在亚细胞水平和极短时间内进行定量测量的新仪器、新方法和试剂，开发比现有成像探针要强 1000 倍的高灵敏度和高专一性的探针，在定量的角度分析生命过程，如"多少"、"多大"、"多快"等问题，最终能够运用现代生命科学新技术、新方法，从细胞、分子、基因、调控因子和生命信号调控网络来揭示生命的起源、发育、成熟、病理、衰老机制，从根本上认识生命的奥秘，阐明生命科学机制，发现疾病治疗的新方法，进而改造生命，为健康生活服务。

生物化学和分子生物学研究最关键的就是高度灵敏地鉴定生物体内的活性分子并阐释它们在体内的作用机制。经典的生物学实验手段显然难以满足人们对微量、实时、动态检测的需求，开发新技术和新方法成为生命科学发展的必然趋势。在今后的 5～10 年时间内，应注重和物理学、数学、化学以及信息科学、材料科学、自动化科学等多个学科的交叉。应在生物大分子和生物小分子超微量检测新方法，实时、动态检测，结构的动态变化测定，高时间分辨率、高空间分辨率的检测、示踪，活细胞观察技术，系统生物学技术和生物信息学分析技术，高通量与高内涵的细胞筛选方法、基因与基因组从头合成技术等方面优先布局。

重要研究方向：

1）生物大分子和生物小分子的实时微量检测；
2）新的高分辨的显微成像技术、新型荧光探针；
3）新型的生物探针、非荧光标记方法与体内示踪；
4）高通量的实验技术和高效的系统生物学方法；
5）高灵敏度的质谱实时动态检测技术；
6）体内活细胞成像技术；
7）创新的多糖结构测定技术和核酸测序技术；
8）生物分子相互作用网络分析技术；
9）蛋白质体内动态修饰检测与活性结构示踪技术；
10）系统合成生物学技术；
11）非编码核酸研究中的新概念、新技术、新方法和新的模式系统。

2. 蛋白质结构的模拟与设计

蛋白质的结构决定蛋白质的功能。随着后基因组时代的到来，蛋白质序列数据库的数据积累飞速增加。尽管近年来蛋白质结构测定技术有了长足的发展，蛋白质结构的解析大大加快，但是通过实验方法确定蛋白质结构的过程仍然非常复杂，代价较高，这直接导致了已知序列的蛋白质数量和已测定结构的蛋白质数量的差距越来越大。要缩小两者的差距就需要发展理论分析方法。目前，在以蛋白质分子质量较小、有高同源性结构为模版时，结构预测准确度比较高，但对于高分子质量的蛋白质以及新的蛋白质折叠的预测还不尽如人意。人工智能、专家系统、统计学习方法等与基于第一原理的算法的整合应用有可能架起一条桥梁。这需要计算机科学、统计学与物理学、计算化学等方面的交叉研究。

　　生物分子在行使功能时，往往需要与其他许多分子共同作用，形成复杂的分子机器和分子网络。复杂分子机器的动态行为决定了它们的功能。对这些动态过程的精细研究是从分子水平上对蛋白质功能和生物反应进行操作、干预的关键，也是药物设计的基础。因此，发展高效和高准确度模拟复杂分子机器的结构和动态变化以及预测复杂分子机器功能的算法是今后蛋白质科学和生物物理学领域的一个重大挑战。对复杂分子网络、系统的结构、功能、动态行为和调控的研究，也是传统的生化和结构生物学难以解决的。对分子网络的计算模拟是系统生物学的必备武器，对当今生命科学研究的各个方面都有重要的理论意义，同时对"基于系统的药物设计"这一全新的制药发展方向具有重要的应用意义（Kiel et al.，2008）。这些计算一方面需要在现有理论和算法的基础上通过大规模并行计算等工程方法进行探索研究，另一方面需要发展全新的理论和算法。特别是后一方面，有很多问题还没有成熟的理论和算法，或者目前的算法在解决较大规模计算时不具有实用性。最近发展的一些领域对这些复杂问题的计算可能有突破性的作用，如遗传算法、进化算法、DNA 计算、量子计算等。

　　同时，对蛋白质的三维结构和蛋白质结构与功能相互关系的深入了解，使得对已有蛋白质的分子改造和新蛋白质的从头合成成为可能。毋庸置疑，这个领域还有许多具有挑战性的问题，如 β 折叠蛋白质、αβ 交替蛋白质的设计还有困难，即使对 α 螺旋蛋白质而言，要设计各种性能都和天然蛋白质一样或全面超越天然蛋白质的人工蛋白质仍然是个难题。虽然目前成功的实例还有限，但无论如何，在过去十多年里，人们已经从一个只能从天然有机体中获取蛋白质，以及通过基因操作获得重组蛋白质的时代走到了一个蛋白质从头设计，尝试全新合成蛋白质的时代（Jäckel et al.，2008；Smock and Gierasch，2005）。而且，随着蛋白质结构预测和分子动力学模拟的进展，按人们要求通过从头设计进而折叠成新蛋白质的目标已非遥不可及。蛋白质的从头设计对当前的合成生物学是一个极大的促进，使合成生物学不仅可以在系统层面进行设计，而且能够在组件层面进行全新设计。这将极大地丰富合成生物学工程设计的装备库。

　　综上所述，利用计算方法进行蛋白质三维结构的预测和对生物反应的分子动力学模拟，以及基于已有的结构对蛋白质进行分子设计和从头合成，已成为当前生物化学和生物物理学的研究热点，也代表着蛋白质研究在后基因组时代的发展方向。它汇集了当代分子生物学的一些前沿领域的最新成就，同时需要数学、物理学、计算机科学等学科的共同参与。它将蛋白质研究推进到一个崭新的时代，开创了按照人类意愿改造、创造符合人类需要的蛋白质的新时期。

重要研究方向：

1）高精度和高效率的大分子蛋白质的结构预测，以及基于结构的功能预测，相互作用预测等；

2）构建复杂生物系统的分子数学模型，对复杂分子机器的动态行为进行分子动力学模拟；

3）蛋白质计算、模拟以及和传统的结构生物学方法手段的整合；

4）基于蛋白质结构和计算生物学的药物筛选和设计；

5）基于系统的药物筛选和设计；

6）蛋白质的分子设计和从头合成，通过对于已知的天然生物系统进行再设计，创造人类所需要的物质。

第六节　本学科开展国际合作交流的需求

本学科目前开展国际合作主要涉及基因组测序、肝脏蛋白质组学测定、DNA 单核苷酸多态性测定等"大科学"领域，取得了突出的成绩，大大提高了我国在这些领域的水平。部分成果已经以合作论文形式发表。

基于目前已经开展的这些国际合作的经验，在下一阶段，我们应该重点加强开展实质性的国际合作交流，包括以下四个方面。第一，积极参与国际性的重大合作项目，特别是国际前沿项目。建议国家自然科学基金委员会增加组织力度和支持强度，促进我国更多的科学家参与诸如欧盟研究框架，美国国立卫生研究院（NIH）、Howard Hughes 医学研究会（HHMI）等政府机构和基金会的对外合作项目等。争取能够参与更多的在新的学科生长点上的国际项目，如系统生物学、合成生物学等。通过争取参与这些合作项目的机会，可以使我国在"大科学"方面与国际保持同步。第二，着重鼓励和推动我国科学家发起的国际合作项目，在管理机制和资金上给予充分支持。这些国际项目绝大多数不是国际性的重大项目，但研究覆盖面更广，能够执行的项目更多，同时能够促进我国科学家主动地走出去积极参与国际合作，增加我国科学家国际合作的经验，提高我国科学家进行国际合作项目的能力，使我国的科学家具有国际视野。通过这些"小科学"项目与国际的合作，特别是我国科学家主动发起的合作，我国的科研能够在更广泛的方面与国际研究前沿接轨，这是"大科学"国际合作的必要补充，具有更重要、更广泛和更深远的影响。通过这种"小科学"国际合作项目的开展，在未来，我国的科学家将能够有能力和经验发起"大科学"国际合作项目，改变目前"被动参与"

的局面。第三，在管理机制和资金上加强支持国际合作项目中科学家的实质性的研究互访活动，使国外的科学家能够到我国进行较长时间的实质性的研究工作，同时也使我国的科学家能够到国外的实验室开展较长时间的实质性的研究工作。这种实质性的研究互访交流活动将能真正地促进科学研究的国际交流合作，使合作双方能够互相学习，互相了解，使国外科学界能够更好地了解我国的研究，把我国的科学研究推向国际舞台。第四，建立"国际合作交流改革试验"机制和相应的执行管理机构。科学研究的国际合作交流是一个复杂的系统工程，形势瞬息万变，机会稍纵即逝，开展国际合作交流的机制要有充分的灵活性和创新能力。目前制定的项目、体制、机制、战略规划等在执行过程中有可能会不适应届时的发展形势。我们要反应迅速，要有一套机制保证创新的国际合作交流形式的开展、成熟和推广完善。相应的执行管理机构要能够随时接受新的建议和动议，并积极迅速地开展相应的"改革试验"，抓住国际合作机会，并在执行过程中总结经验。

我们应加强对国际前沿和热点问题的关注，举办和参与高水平、多层次、学科交叉的学术研讨会，支持源头创新和鼓励具有我国优势和特色的研究领域。不仅要注意引进先进的技术和设备，及时把握其他国家的最新学术成果，更要注意适时地推荐我国科学家在相关领域获得的学术成果，向全球公开并共享数据。

建议国家自然科学基金委员会建立专项基金，资助以我国为主体的国际水平的、高层次的研讨会，每年以不同领域的热点研究为主题，特别是新技术、新方法方面，邀请国内外高水平的科学家进行专题讲座，以培养青年学者和学生，使其能够掌握国际先进技术和方法，并应用到自己的科研工作中。同时，以此为契机，更多地开展国际交流与合作，并使我国成为本学科在亚洲的研究中心。

建议国家自然科学基金委员会建立专项基金和灵活的管理机制，资助举办具有国际水平的暑期学校、短期强化学术课程。使我们能够邀请到国际一流的科学家，并在时间安排、生活保障等各方面方便他们到我国讲学，传授最新的研究经验和技术，同时使我国年轻的科学研究人员和学生能够免费参加这些学术培训，提升他们的研究水平。这些"软实力"的引进比设备引进、技术引进等硬件引进具有更长远的意义，能够真正提升我国科学研究的水平和源头性创新能力。

加强支持学术团体的国际交流。我们开展过中国生物化学与分子生物学协会与美国生物化学与分子生物学协会的国际交流活动。根据我们的经验，这种学术团体的交流和双方互访活动极大地促进了我国科学家和外国科学家之间的相互了解，为实质性的科学研究合作奠定了良好的基础，对了解最新国际研究动态、提高我国科学研究水平、提高我国科学教育水平、乃至提高我国学术期刊水平和国际影响等诸多方面有着重要的作用。

第七节　本学科领域研究的保障措施

为保障我国生物物理、生物化学与分子生物学研究的快速发展，建议采取以下措施。

1）培养造就一批具有国际竞争力的研究队伍，大力培养人才，特别是领军人才和青年人才，进一步提升我国生命科学基础研究的水平。

2）建设一流的共享研究平台是生物学持续、快速发展的重要保障。应加强研究平台的建设，建立健全科学的平台管理制度，促进研究平台的全面共享。

3）加强数据整合和共享，建立具有我国自主知识产权的数据库。

4）在基础研究方面，加大经费投入，大力加强关键技术和方法的创新。目前包括蛋白质研究计划在内的四大"基础研究计划"均在国家"973"计划框架下管理，未纳入国家财政专项，与2008年相继启动的16个"重大专项"相比，投入力度明显不足，造成主要基地和重点人才队伍资助强度不够，部分重要领域和研究任务不能得到及时部署等问题。而以"核心前沿技术突破和资源集成"为目标的"重大专项"在项目部署时并未考虑涉及的基础科学内容，如果"基础研究计划"得不到足够的重视，科技创新就有可能成为无源之水、无本之木。在新技术、新方法研究领域我国已经汇聚了一流的科学家和核心研究团队，形成了优势单位。因此，在"十二五"期间，希望建立若干蛋白质科学的创新技术研究基地，凝聚具有创新能力的研究力量和团队，应用"基地"＋"网络"的研究模式，开展长期稳定的新技术新方法的基础性研究，为我国蛋白质研究取得国际领先地位提供原创性的关键技术、方法和仪器装置。

5）在人才队伍方面，引导项目内部课题的实质性合作。如何发挥项目整合、引导、深化共同研究的作用在当今生命科学大科学发展趋势下显得特别重要。目前解决重大生物学问题越来越依赖于多手段联合，多兵种集团军协同作战，"十二五"期间必须考虑更有效的组织形式。可以考虑建立若干基地，使得多学科、多手段的研究人员可以在同一基地进行研究，针对重大科学问题进行集团作战，促进系统性、原创性、战略性重大成果的产出。

◇ 参 考 文 献 ◇

Berger S L. 2007. The complex language of chromatin regulation during transcription. Nature，
447：407～412

Bredt D S，Snyder S H. 1994. Nitric oxide：A physiologic messenger molecule. Annu Rev
Biochem，63：175～195

Dennis J W，Nabi I R，Demetriou M. 2009. Metabolism cell surface organization，and disease.
Cell，139：1229～1241

Dowhan W ，Bogdanov M. 2009. Lipid-dependent membrane protein topogenesis. Annu Rev
Biochem，78：515～540

Ivanova P T，Milne S B，Myers D S，et al. 2009. Lipidomics：A mass spectrometry based
systems level analysis of cellular lipids. Curr Opin Chem Biol，13：526～531

Jäckel C，Kast P ，Hilvert D. 2008. Protein design by directed evolution. Annu Rev Biophys，37：
153～173

Joseph SF. 2005. 蛋白质、酶和基因——化学与生物学的交互作用. 昌增益译. 北京：清华大
学出版社

Kiel C，Beltrao P ，Serrano L. 2008. Analyzing protein interaction networks using structural in-
formation. Annu Rev Biochem，77：415～441

Koshland D E Jr. 1981. Biochemistry of sensing and adaptation in a simple bacterial
system. Annu Rev Biochem，50：765～782

Lau K S，Partridge E A，Grigorian A，et al. 2007. Complex N-glycan number and degree of
branching cooperate to regulate cell proliferation and differentiation. Cell，129：123～134

Li R，Fan W. Tian G，et al. 2009. The sequence and de novo assembly of tle giant panda
genome. Nature，463：311～317

Lingwood D ，Simons K. 2010. Lipid rafts as a membrane-organizing principle. Science，327：
4 6～50

Martin S，Parton R G. 2006. Lipid droplets：A unified view of a dynamic organelle. Nat Rev Mol
Cell Biol，7：373～378

McMahonm H T ，Gallop J L. 2005. Membrane curvature and mechanisms of dynamic cell
membrane remodelling. Nature，438：590～596

Pawson T ，Nash P. 2003. Assembly of cell regulatory systems through protein interaction
domains. Science，300：445～452

Phillips R，Ursell T，Wiggins P，et al. 2009. Emerging roles for lipids in shaping membrane-
protein function. Nature，459：379～385

Robinson C V，Sali A ，Baumeister W. 2007. The molecular sociology of the cell. Nature，450：
973～982

Sachs J N，Engelman D M. 2006. Introduction to the membrane protein reviews：The interplay
of structure，dynamics，and environment in membrane protein function. Annu Rev Biochem，
75：707～712

Schaefer B C，Ooi S K，Bestor T H，et al. 2007. Epigenetic decisions in mammalian germ cells. Science，316：398～399.

Schöb H，Grossniklaus U. 2006. The first high-resolution DNA "methylome". Cell，126：1025～1028

Smock R G ，Gierasch L M. 2005. Finding the fittest fold：Using the evolutionary record to design new proteins. Cell，122：832～834

Storz G，Altuvia S ，Wassarman K M. 2005. An abundance of RNA regulators. Annu Rev Biochem，74：199～217

Wang J，Wang W，Li R，et al. 2008. The diploid genome seqwence of an Asiam individual. Nature，456：60～65

Wells L，Vosseller K ，Hart G W. 2001. Glycosylation of nucleocytoplasmic proteins：signal transduction and O-GlcNAc. Science，291：2376～2378

Wei C，Wang X，Chen M，et al. 2008. Calcium flicker steer cell migration. Nature，457：901～905

Wold F. 1981. In vivo chemical modification of proteins (post-translational modification). Annu Rev Biochem，50：783～814

Yang G，Wu L，Jiang B，et al. 2008. H_2S as a physiologic vasorelaxant：Hypertension in mice with deletion of cystathionine gamma-lyase. Science，322：587～590

第七章

细胞生物学

第一节　细胞生物学的战略地位

细胞生物学是研究细胞生命活动规律及其分子机制的科学，它包含的主要内容为在显微、亚显微和分子水平上研究细胞结构与功能，细胞增殖、分化、衰老与凋亡，细胞运动，细胞信号传递，细胞基因表达与调控，细胞起源与进化等生命活动。生命体是多层次的复杂结构体系，而细胞是生命体的结构与生命活动的基本单位。在整个生命科学研究体系中，细胞生物学起承上启下的关键作用。细胞生物学的研究是发育生物学、免疫学、生理与整合生物学等学科的基础和重要支柱，同时也是生物物理学、生物化学与分子生物学等学科研究对象的提升。正如1925年生物学大师 Edmund Beecher Wilson 所提出的那样："一切生命的关键问题都要到细胞中去寻找。"

细胞生物学是一门历史悠久的学科。从1839年 Matthias Jakob Schleiden 和 Theodor Schwann 提出细胞理论至今，细胞生物学取得了革命性的进步，并对人类认识和改造生命做出了巨大贡献。近年来，随着现代生物学技术的全面发展，细胞生物学研究不断取得重大突破，为解决人类社会发展面临的健康、食物、生态、环境等重大问题提供了强有力的手段，开辟了崭新的途径。下面从细胞生物学的几个主要领域来阐述其重要性。

增殖是细胞最基本的生命活动之一。细胞增殖是通过细胞周期来完成的，而细胞周期是一个非常复杂和精细调节的过程，它与细胞的分化、生长和死亡有着紧密的联系。新增殖的细胞可以通过细胞分化的复杂过程转变成有特定形态和功能的细胞，并在复杂的生物体内形成各式各样的组织和器官。细胞分化包括细胞的大小、形状、细胞极性的形成、特异代谢性能、细胞黏附和运动的结构特征、对胞内外信号的反应或信号转导机制相关分子的变化及其所涉及的蛋白质修饰和基因表达等的改变。细胞增殖与死亡的平衡对于多细胞器官的动态平衡至关重要。细胞增殖和细胞死亡这两种过程都受到严格的调控，这使得在不同的组织和器官中细胞数目控制在一个合适的范围。细胞增殖和死亡的失调将导致很多人类疾病，包括癌症、自身免疫失调、神经退化失调（阿尔茨海默病、帕金森病、亨廷顿症）和获得性免疫缺陷综合征（艾滋病）等（Hipfner and Cohen，2004）。

运动是细胞的另一个基本生命活动的体现，是细胞发挥生物学效应的基础。细胞运动在时间和空间上均受到严格的调控，涉及多种信号通路及不同细胞骨架间的协同作用，包括从细胞接收外界信号，到细胞黏附、极性形成、定向迁移等一系列动态变化的过程。细胞运动在胚胎发育、神经系统形成、免疫系统功能、血管发生、创伤愈合等生理过程中发挥关键的作用，细胞运动的异常与许多人类重大疾病的发生发展有紧密的联系。例如，神经细胞定向迁移的缺陷，会导致脑结构和功能的异常；肿瘤的恶变，即浸润和转移，也与细胞的异常运动有关（Sheetz，2001；Ridley et al.，2003）。因此，细胞运动是关乎生命体能否正常运作的重大生命活动。对细胞运动的分子调控机制及功能进行系统深入的研究是细胞生物学科中阐释细胞的生物学功能的主要部分，可以加深人们对细胞乃至生物体生命活动基本规律的理解，具有重要的科学意义。

生物膜构成了细胞及细胞器之间的天然屏障，使得一些重要的生命活动能在相对独立的空间内进行，从而产生了细胞与细胞之间、细胞器与细胞器之间的物质、能量和信息的交换。细胞内的物质运输主要通过囊泡包裹的膜转运系统完成。囊泡的运输是生命活动的基本过程，是一个极其复杂的动态化过程，曾经被 Science 期刊列为未来几十年需要重点解决的科学问题之一。囊泡的运输参与机体细胞多项重要的生命活动，如神经递质的释放及信息传递、激素分泌、天然免疫、植物生长素的极性运输等，其运输障碍会导致多种细胞器发生缺陷和细胞功能紊乱，并与许多重大疾病，如神经退行性疾病、精神分裂症、糖尿病等代谢性疾病、感染与免疫缺陷等的发生发展有关（Sudha et al.，2010）。研究细胞的囊泡运输，不仅会对细胞生物学的基础理论研究产生积极的推进作用，也将为揭示一些影响人类健康的重大疾病机制提供新的依据和靶点，同时有助于植物生长和发育调控机制的进一步了解和改善植物的农艺性状。

细胞与外界环境以及细胞与细胞之间需要相互通信，这种通信主要由信号分子介导。目前已经发现很多种信号分子，包括小分子物质（如氨基酸、脂类衍生物、乙酰胆碱等）、多肽、蛋白质等，它们通常与位于细胞表面的受体结合，经过细胞内一系列的信号传递，最终引起一定的生物学效应，这个过程通常被称为细胞信号转导。其中，细胞内包括蛋白质、RNA、糖、脂和化学小分子在内均参与了信号转导。信号转导控制着生物体从蛋白质合成和分泌、细胞运动、细胞内代谢到组织的生长和分化等各个过程。信号转导的异常可以导致多种人类疾病，如肿瘤、心血管疾病、糖尿病等。细胞信号转导的研究，不但有助于了解生物自身生长发育的机制，而且可以揭示肿瘤、心血管疾病、糖尿病等疾病的机理，进而寻找治疗的药物靶点（Kholodenko，2006）。

代谢是由多个代谢通路构成的高度协调的细胞生命活动。细胞代谢涵盖了所有物质代谢，如生物大分子的合成和降解及能量代谢过程。根据内部或者外部环境的改变来调控细胞代谢速率的能力，是活细胞所不可或缺的能力，该能力是维持细胞内环境稳定（稳态）所必需的，也是细胞得以实现其功能的基础。细胞糖脂代谢异常会导致全身的代谢紊乱，产生如糖尿病、动脉粥样硬化等代谢性疾病。脂质是生命过程不可缺少的物质，其动态变化的网络代谢和功能调控影响生命体或细胞活动的生理性功能与病理性紊乱。氨基酸的代谢涉及氨基酸的合成、分解、吸收与转运。某些酶的缺乏和氨基酸的吸收障碍会引起氨基酸代谢病（Alisdair et al.，2004）。因此，细胞代谢是细胞最基本和重要的活动，与细胞的繁殖、分化、凋亡、运动、信号转导及多种重要疾病的发生密切相关，是细胞生物学研究甚至生物科学的一个重要领域。

干细胞（stem cell）是指具有自我更新能力和具备分化多潜能性的细胞。干细胞研究为生命科学研究带来了理论的突破，如全能性、去分化或重编程等。基于去分化理论产生了一些革命性的新技术，如体细胞核移植技术和iPS细胞技术。体细胞核移植技术可以用于大量扩增优良的家畜、用于濒危动物的保护等；iPS细胞技术因其可以避免移植治疗中的免疫排斥而备受青睐，而且源自疾病患者成体细胞的iPS细胞可以建立疾病细胞模型，对药物筛选及人类疾病的发生发展机制研究具有特殊意义。基于干细胞的无限增殖及分化能力，干细胞为移植治疗提供了很好的细胞来源，将会改变现有的医疗模式。这些关键的理论、材料和技术为生命科学以及其他相关学科发展带来了深远的影响（Rossi et al.，2008）。干细胞的研究是我国提升自主创新能力和建设创新型国家的重大需求，具有十分重大的社会和经济效益。

第二节　细胞生物学的发展规律和发展态势

一、细胞生物学的发展规律和研究特点

（一）细胞生物学的发展规律

细胞生物学的发展同生命科学的其他学科一样也遵循了从宏观向微观、从现象到本质、从单一向多层次多方面发展的规律。纵观近年来细胞生物学的发

展规律，有如下几个特点：

1）从单纯的生物现象描述发展到分子机制的研究。每一种生物现象背后都存在着相应的机制来决定这一现象的发生，阐明这些分子机制有利于人类对生物现象的理解和操控。

2）从单个分子相互作用、单通路水平的阐明发展到分子网络的构建。系统生物学的兴起改变了研究者的思路，随着大规模基因组学、蛋白质组学、超分辨率（单分子）成像技术、低温电子显微镜三维成像技术和生物信息网络分析技术的成熟，越来越多的研究团队开始从不同的时空角度挖掘同一个生物体系的多种信息，并将各种信息整合到一个完整的多维模型之中。定量、多层次和多维数据的产生，大大推进了我们对细胞生物学问题本质的全面认识。

3）从定性到定量，从体外到体内、到活细胞内生物分子和细胞器的实时观察的深入。

4）从单个细胞水平上升到细胞群体水平。过去的细胞生物学研究主要停留在细胞水平的探讨，即研究一个发生在个别或者一类细胞内的生物学过程。而近年来的研究不光着眼于个别或一类细胞，而是把范围拓展到了整个器官内的多种不同细胞，研究它们的相互影响过程。

5）从基础研究发展到基础与应用并重。过去的细胞生物学研究主要停留在基础理论方面，而近年来人们开始把目光投向了细胞生物学在发育和疾病发生中的应用基础研究方面。细胞生物学与解决人类健康和农牧业实际问题结合日益紧密。肿瘤细胞和干细胞定向分化的研究对于改善人类健康和治疗疾病都有着实际的意义。

6）细胞生物学作为一门以实验为基础的学科，其快速发展很大程度上依赖于新技术的不断出现和应用以及与多学科的交叉。

（二）细胞生物学的研究特点

细胞生物学科中的一些具体研究领域具有相似的发展规律但又有着各自的研究特点。分别认识各个领域的发展特点对于了解整个学科的研究特点很有帮助。

细胞的增殖、分化、衰老与死亡的过程和具体机制的深入研究在方法学上的特点是高度综合性，使用分子遗传学手段，对新的结构成分、信号或调节因子的基因分离、克隆和测序，经改造和重组后，将基因（或蛋白质产物）导入细胞内，再用细胞生物学方法，如激光共聚焦显微镜、电镜、免疫细胞化学和原位杂交等，研究这些基因表达情况或蛋白质在活细胞或离体系统内的作用。

分子遗传学方法、生物化学方法和细胞生物学的形态定位方法紧密结合，已成为目前细胞的增殖、分化与死亡研究方法学上的显著特点。另外，用分子遗传学和基因工程方法，如重组 DNA 技术、聚合酶链反应（PCR）、同源重组和转基因动植物等，对高等生物细胞的增殖、分化与死亡的研究也取得了惊人进展。

细胞骨架与细胞运动的研究特点包括：从以整个细胞作为研究对象的行为学分析到以细胞内的分子作为研究对象的分子水平分析；从采用体外培养技术（二维、三维培养）到进行体内细胞运动实时观测；从细胞运动过程中监测单个分子的变化到同时检测复合物和信号通路的变化。当前，在生理或病理过程中，对细胞运动进行实时、精细并基于时空动态性的分析，已成为本领域研究的重要特点。

生物膜与膜运输需要多种不同的蛋白质、调控因子及蛋白质复合物的协同参与，且这些过程具有运输货物种类和组织的特异性。由于囊泡转运过程的复杂性，其分子机制的阐明需要多种研究方法和技术手段的参与，每一次新技术和新方法的成功应用都会推动囊泡运输研究取得新的进展。本领域的发展代表了细胞生物学的典型发展规律，由经典的形态观察描述到分子机制研究、活体成像验证。因此，囊泡运输的研究具有以下特点：重视新技术和新方法的应用，如活细胞超分辨率荧光显微成像技术；注重多学科的交叉，应用遗传学、生物化学、分子生物学、电生理、荧光成像技术、自动化操控技术以及电镜技术等来解决特定的科学问题；强调多个水平的协同研究，从单分子、细胞器、细胞再到机体整体水平研究动态的连续过程，揭示囊泡运输过程中特定蛋白质在时间和空间上的位置与功能的关系。

近年来细胞通信与信号转导的研究逐渐从原来的在细胞水平上对单一通路进行研究，过渡到从多个角度，在细胞和个体水平上研究各个信号通路之间的交叉和整合，建立疾病模型；从单个蛋白质-蛋白质相互作用到多蛋白质复合体的研究；从体外生化分析到体内动态验证；从简单的定性研究，过渡到更为精确的定量和复杂的系统生物学研究。同时对于与疾病发生及其治疗相关的信号通路的研究投入越来越多，如与肿瘤、心血管疾病、神经退行性疾病等有关的信号通路。信号转导的传统研究方法主要是生物化学手段，而今后的研究趋势是多学科的交叉渗透，如生物化学、遗传学、组学和计算生物学的综合应用。

细胞代谢的研究在方法学上需要有高度综合性，只集中于单个细胞器以及单个蛋白质和孤立生物的事件，脱离了各个节点之间的时空联系，不可能最终揭示细胞能量代谢复杂的分子机制的全貌和本质，需要使用生物化学、分子生物学、结构生物学、细胞生物学，尤其是系统生物学的方法紧密结合才能取得新的进展。细胞代谢几十年来一直以研究代谢途径及其参与的酶为主题，属于经典的生物化学范围。近几十年来分子生物学的显著进展多少遮掩了包括蛋白质化学、酶学以及代谢调控等方面的传统生物化学的光芒。然而，随着人类基因组测序的完成，分析基因产物（蛋白质）的表达和功能，从而更系统地阐明细胞代谢的调控机制及其与疾病的发生发展是当今生命科学研究人员面对的最大的挑战之一。细胞代谢牵涉到所有的细胞内代谢途径、细胞与外界信号及刺激的应答和相互作用、各亚细胞器的功能等，具有以下特点和规律。

1. 生化一致性

从整体上来看，对于大多数细胞而言，底物、辅底物、辅因子、燃料的种类以及代谢通路的种类是共同的。这就是细胞代谢的生化一致性。一般地，生化一致性概念也适用于代谢调节和代谢控制。比较生物化学已经揭示，不同物种之间的代谢控制机制的类型是相似的。

2. 复杂和多样性

细胞代谢是由多种物质代谢，如糖、脂以及氨基酸代谢等不同的代谢途径构成的，细胞内每个代谢途径又都有许多不同的酶促反应构成，代谢产物存在合成、吸收、运输、贮存等多个步骤，代谢反应发生于多种细胞器，如线粒体、内质网、高尔基体、脂滴等，是一个复杂的细胞器及蛋白质网络调控系统，这些代谢控制机制的执行，即调控细节，不仅在物种之间千差万别，而且对于相似的代谢途径，在同一个物种的不同细胞类型，甚至在同一个细胞的不同细胞器内都迥然不同。

3. 分隔和协调

调控不同代谢途径的酶和蛋白质定位于细胞中特定的区室，如 RNA 聚合酶存在于进行 DNA 转录的细胞核和核仁中，而参与柠檬酸循环的酶存在于线粒体中。区室分隔增强了细胞活动的效率并具有重要的调节功能。这个功能主要来自于膜结构对不同代谢物的选择性通透，从而控制了中间产物从一个区室进入到另一个区室。

4. 稳态和调控

根据内部或者外部环境的改变，细胞能够调控代谢速率，保持细胞内部环境稳定是细胞得以实现其功能的基础。例如，类固醇和相关的激素可以通过调节细胞内蛋白质水平来控制代谢，而胰岛素、肾上腺素等可通过合成细胞内第二信使，如 cAMP 来调控代谢反应。目前，已知的绝大多数激素或外源信号在细胞内的信号转导，最终都会导致相应的代谢应答，而激素调控系统所引发的代谢反应在不同组织和细胞中又不一样。

近 30 年来，干细胞领域的发展历史全面地反映了干细胞研究的规律和特点：在理论指导下获得新材料，新材料催生新技术，新材料和新技术进一步推动理论和应用新的突破，并进一步产生新的技术和材料，推动生物学向前发展。干细胞研究中某一环节的技术革新会为整个领域带来新的思路和进步，会给细胞生物学乃至生命科学带来震撼性的影响。1981 年第一个小鼠胚胎干细胞建系成功。基于对小鼠胚胎干细胞的研究，诞生了基因打靶技术，带动了发育生物学和基因功能研究的推广。1997 年世界上第一只克隆羊"多利"在英国诞生，证明体细胞可以被重编程到全能的状态。1998 年美国 James A. Thomson 建立第一支人类胚胎干细胞，为再生医学研究和治疗提供了关键材料。基于对小鼠、人类胚胎干细胞及许多基因敲除小鼠的研究，与胚胎干细胞的自我更新及多能性密切相关的若干基因被相继发掘，其中最为明确的就是 $Oct4$、$Nanog$ 及 $Sox2$。2006 年，日本的 Shinya Yamanaka 实验室利用转录因子的过表达迫使小鼠成纤维细胞"重编程"，逆转至诱导性多能干细胞状态。2007 年，Yamanaka 实验室利用 Oct4、Sox2、c-Myc 和 Klf4 转录因子的组合，Thomson 实验室利用 Oct4、Sox2、Nanog 和 Lin28 转录因子的组合，成功使人类成体细胞重编程为多能干细胞状态。iPS 技术也在多物种上取得成功，目前已经发展到猴、大鼠、猪和其他在疾病模型及移植供体研究上比较重要的动物模型上。2008 年，世界上首支大鼠的胚胎干细胞（ES）系也成功建立。细胞重编程是一个复杂的过程，以往根据核移植和细胞融合的基础所进行的研究很大程度上处于一个黑箱中，通过转录因子来获得重编程的 iPS 细胞技术无疑将条件清晰化，故而针对这些特定的转录因子，对于探讨体细胞重编程的机理也提供了帮助。可见，干细胞作为生物学研究的强有力工具不断推动着生物学领域的技术革新，催生了一个又一个具有划时代意义的新技术，而技术的革新又为干细胞研究领域创造出更多的新工具，进而又带来新的技术革新，并不断推动细胞生物学研究的进步。

二、细胞生物学的发展态势

近年来细胞生物学的发展迅速，建立了一些具有重要影响的新技术和新方法，获取了一些重要的科学概念和科学结论。下面将分六个方面对各个领域具体的发展态势进行总结。

（一）细胞增殖、分化、衰老和死亡

细胞增殖、分化、衰老和死亡的平衡对于多细胞器官的动态平衡和功能执行是至关重要的，了解这些过程能为治疗许多疾病提供思路。遗憾的是目前人

们仍然只找到和认识参与细胞增殖、分化和死亡的部分基因和蛋白质，对参与这些复杂过程的全部基因和蛋白质的相互作用还不清楚。同时，对于参与这些过程的蛋白质修饰的研究，如磷酸化修饰、乙酰化修饰、泛素化修饰也只在零散水平。以蛋白质的磷酸化修饰为例，最为理想的情况是，我们能够确定关键蛋白质的磷酸化位点、参与磷酸化的蛋白激酶和去磷酸酶，以及在活体细胞里不同蛋白质分子的修饰的变化是如何随着细胞增殖、分化、衰老和死亡的不同时期和状态而变化的。

细胞的增殖通过细胞周期来完成。在细胞周期研究领域，目前的研究重点仍然集中在以下几个方面：①细胞分裂间期细胞周期蛋白依赖性激酶（cyclin-dependent kinases，CDK）如何行使它们的功能来推动特殊类型的细胞分裂，而这些功能并非分裂期CDK的功能能够替代的，细胞分裂间期CDK可能参与磷酸化细胞类型特异的蛋白质底物。②细胞有丝分裂后期促进复合体（anaphase-promoting complex，APC）的工作机制。③微管的组装和微管组装检验点的工作机制。④着丝点的成分分析和动态组装。⑤细胞周期检验点与肿瘤的关系。此方面已受到重视，尽管如此，通过抑制或恢复细胞周期检验点是否是有效的肿瘤治疗方法目前还有很多争议。⑥细胞周期调控与相关疾病发生的关系也是一个研究热点，除了细胞周期的异常使细胞进入失控性生长状态，从而使细胞出现癌变性生长外，将细胞周期蛋白作为治疗和预防心血管疾病、老年性疾病以及肾脏疾病的可能靶点的研究也日益受到重视。⑦减数分裂调控机制的研究，以酵母以及非洲爪蟾为模式系统的研究近年来有许多突破性的进展。

除了细胞增殖之外，细胞转分化（transdifferentiation）及其生物学意义也日益被重视。转分化是指一个非干细胞分化成另一种特异的细胞。人们认为转分化可能有组织修复等方面的功能，它也可能在组织癌变过程中起作用。例如，从上皮向间充质细胞的转分化（epithelial-mesenchymal transition，EMT）和反方向的MET，在发育和疾病的发生中起重要作用，其发生机制也是目前细胞生物学的热点问题之一（Thiery et al.，2009）。

衰老是生物有机体的必然过程，细胞作为生物有机体的基本单位，也在不断地新生、衰老和死亡。细胞衰老随细胞种类而不同，其过程也受环境条件的调控。高等动物的体细胞不能无限分裂，都有最大分裂次数，各种动物的细胞最大分裂数各不相同，如人细胞为50～60次。细胞分裂一旦达到最大次数就要死亡。一般说来，细胞最大分裂数与动物的平均寿命成正比。衰老时细胞形态会发生变化，一些细胞器的功能异常，出现酶活性降低、代谢速率变慢等一系列变化。细胞衰老机制还不清楚，虽然有不少假说，如遗传因素学说、细胞损伤学说、生物大分子衰老学说等，但都不能圆满地解释细胞衰老。因此，细胞衰老相关分子机制的研究是目前细胞生物学的研究热点之一（Campisi and

Fagagna，2007；Collado and Serrano1，2010）。细胞衰老的研究对认识人体衰老和最终找到延缓人体衰老的方法都有重要意义。

细胞程序化死亡或细胞凋亡的研究在过去十多年来受到广泛关注。迄今为止，细胞死亡的研究主要集中在半胱氨酸蛋白酶（caspase）和线粒体依赖的细胞凋亡，以及细胞在 DNA 损伤后是否进行死亡的分子机制等方面。在分子水平上理解细胞凋亡的机制仍然是现在细胞凋亡研究的重点。例如，发现和鉴定新的参与凋亡的分子；研究 Bcl-2 家族等成员诱导细胞色素 c 和 caspases 活化的详细分子机制；Bcl-2 家族等成员在肿瘤发生中的作用；凋亡细胞的吞噬过程和凋亡细胞的清除机制等。另外，人们也在研究细胞凋亡各个途径中关键蛋白质在体内各组织器官的特定作用和各成员响应的特定细胞信号通路。例如，检验点激酶及其信号通路在 DNA 损伤刺激后进行细胞死亡中的作用是研究的热点之一，同时设计和发展针对细胞凋亡调控蛋白的新型癌症治疗药物，以及直接激活肿瘤细胞中的细胞凋亡分子体系，以杀死肿瘤细胞。近年来，其他形式的细胞死亡，如非 caspase 依赖的细胞死亡、自吞噬程序化死亡和细胞坏死日益受到关注。

（二）细胞骨架与细胞运动

细胞运动是一复杂而精细调控的过程，一直是细胞生物学的热点领域之一。细胞骨架是指真核细胞中的蛋白质纤维网络结构，它对细胞的形态建成及运动方式有决定性的作用。下面将从细胞对运动信号的感知、细胞黏附、细胞极性形成、细胞骨架动态性和协调性、细胞运动的动力系统、细胞所处微环境对细胞运动的影响和生理、病理过程中的细胞运动等几个方面对其发展态势进行总结。

1. 细胞对运动信号的感知机制

细胞运动通常起始于外界信号的刺激，包括细胞外环境中的各种化学趋化因子、激素和神经递质等。细胞外液中的各种运动信号，一般并不需要自身进入细胞后才能起作用，而多数是选择性地同细胞膜上的特异受体相结合，通过跨膜信号传递，引起细胞的运动行为。细胞运动与细胞表面受体分子和环境中信号分子的相互作用密切相关。趋化因子及其受体，像 G 蛋白偶联受体（GPCR）、酪氨酸激酶受体等，一直是细胞运动过程的接收刺激信号步骤中研究最为广泛和充分的。近年来在趋化因子与受体的选择性结合方面研究较多，研究者们逐渐关注什么样的分子机制决定趋化因子受体在细胞表面的选择性表达，以及受体如何影响趋化因子细胞外浓度梯度的形成，从而决定细胞何时以及如何运动。特别值得注意的是，许多其他类型的细胞运动调控因子，尤其是在不同组织器官中发挥不同细胞运动调控功能的信号分子，也日益受到研究者的重视。例如，神经迁移蛋白 Slit 与其受体 Robo，最初是被发现在神经发育过程中参与调控神经细胞运动的分子，但后续研究陆续揭示其在血管内皮细胞运动以及中性粒细胞迁移中也发挥重要调控作用，这为进一步揭示 Slit-Robo 信号通路在肿瘤和炎症等疾病过程中的作用奠定了基础。

2. 细胞黏附的调控机制

细胞表面的受体分子可以感应胞外的相关刺激，进而通过激活细胞表面黏附分子与其配基的相互作用，调控细胞运动。细胞黏附分子通常包括选凝素、整合素和钙黏素等，分别介导细胞黏附的不同阶段和不同形式。细胞黏附分子对配基的识别受自身活性状态的调控，包括分子的构象变化、膜上分布的成簇化、在细胞不同部位间的动态转运以及影响其黏附活性的调节性结合分子等，近年来对这些方面的研究较为深入细致。同时，以往这些细胞黏附分子间的相互联系研究并不多，但近来随着更多精细的信号调控通路的发现，不同细胞黏附分子间的相互活性调节已成为此方面的研究热点。例如，研究人员发现选凝素对整合素活性的直接调控在炎症发生中起重要作用。细胞黏附分子已不能再被简单视为介导细胞间物理黏附的分子骨架，而更应被作为具有复杂功能的膜受体来进行研究。

细胞在确定运动方向后，会伸出伪足在基质上进行固定，并发展为黏着斑。黏着斑提供摩擦力，能够稳固细胞。黏着斑的聚合和解聚受到细胞骨架和细胞外物质的影响，同时也影响细胞的行进。黏着斑由整合素和附在上面的适配器蛋白，以及纤维结合蛋白共同构成。适配器蛋白可看作是应力纤维连接整合蛋白的接口。而整合素则是跨膜蛋白，可以将其视为沟通胞内外的一个桥梁，它一方面可以与胞外基质或其他细胞表面的受体结合行使其黏附分子的功能，另一方面可以通过其胞内区与胞内的细胞骨架和信号分子结合进行信号的双向跨膜传递。细胞的极性变化和迁移与整合素对配体亲和性的动态调节及其所介导的信号转导密切相关。整合素等细胞黏附分子与配体结合的精细机制、黏着斑的初始化和调控机制以及细胞黏附分子介导的信号转导在细胞运动中的作用机制都是目前细胞生物学研究的热点，并有待人们开展更深入的研究。

3. 细胞极性形成的调控机制

细胞极性的形成是细胞定向运动的基础，其建立、维持和分解与多种生理和病理过程密切相关。细胞极性调控因子可大致被分为 Crumbs 复合物、Par 复合物和 Scribble 复合物，它们通常是在上皮和内皮细胞组织结构形成过程中建立细胞的顶端-基底层极性，但不同细胞极性蛋白质复合物如何影响并参与不同类型细胞的运动仍未被充分阐明，这是目前此部分的研究重点之一。脂类对细胞定向迁移至关重要，细胞内磷脂酰肌醇三磷酸（PIP_3）会形成与细胞外化学趋化信号一致的浓度梯度，而磷脂酰肌醇二磷酸（PIP_2）则会形成相反的梯度，由此决定了细胞迁移的方向。Rho 家族小 G 蛋白已发现对 PIP_3 等的产生和细胞内定位起关键调控作用，对脂类和小 G 蛋白在细胞极性形成中的作用研究仍将是此部分的研究重点。同时，小 G 蛋白的活性又受鸟苷酸交换因子（GEF）、GTP 酶活化蛋白（GAP）及 GDP 解离抑制因子（GDI）等调节蛋白的调控，目前对调控细胞定向迁移的 GEF 及 GAP 了解其少，这些蛋白质的功能既有不同之处又有许多相似处，它们在一些重要的生物功能上互相补充，亟须展开深入研究。

细胞与细胞间或细胞与细胞外基质的联结结构称为细胞连接（cell junction）。细胞连接可分为三大类，即封闭连接、锚定连接和通信连接。细胞连接在保持细胞极性、维持细胞间通信和调节细胞运动性等方面发挥重要作用。无论是对动物细胞还是植物细胞，细胞连接的研究一直都集中在各类结构的组成和动态变化上，并取得了丰富进展。但近年来随着对 Wnt 等信号通路的不断深入研究，对钙黏素、黏着斑蛋白、结蛋白等连接蛋白的细胞内动态分布和蛋白质稳定性调控机制也不断有新的认识，特别是对细胞连接蛋白在肿瘤细胞恶变和迁移中的作用有较多发现。而化学突触等通信连接相关蛋白对如神经细胞的迁移、轴突生长、导向和缩聚等方面的影响也有较多研究进展。

4. 细胞骨架动态性和协调性

细胞骨架由微丝、微管和中间纤维构成，它们不仅在维持细胞形态、承受外力、保持细胞内部结构的有序性方面起重要作用，而且还参与许多重要的生命活动，如细胞的物质运输、细胞分裂等，并且在细胞运动中也发挥关键作用。细胞运动过程中需要内、外许多因素的配合，外部的信号分子能为细胞运动提供指示，内部的信号转导系统将运动信息进一步传给执行机构——细胞骨架，以完成细胞运动主体过程，因此细胞骨架和相关的结合蛋白是细胞运动的重要物质基础。从细胞运动方向的确定、细胞的极化到细胞完成整个运动过程，细胞骨架的作用贯穿细胞运动的始终。更为重要的是，各种细胞骨架之间存在井然有序的协调机制，而且可以与多种信号转导通路相互作用，保证细胞运动的有效进行。深入探讨相关的分子机制是目前国际上研究的前沿，对于理解细胞运动的基本规律具有重要的意义。同时，有关细胞骨架的成分组成和动态组装调控机制，像细胞骨架蛋白的乙酰化和去乙酰化修饰等，也一直是细胞骨架方面的研究重点和热点。另外，对运动过程中细胞骨架的动态变化进行定量分析是细胞运动研究的难点，在国内外都是刚刚起步，具有很大的研究和发展空间。细胞骨架中的微管、微丝在细胞内的物质运输以及细胞整体运动中都发挥重要的作用，虽然我们已经清楚微管和微丝在组成结构、动态变化、作用特征等方面都迥然不同，但研究显示这两种细胞骨架之间存在着相互作用，这种紧密的相互作用对于细胞运动至关重要。现有的研究表明微管和微丝之间存在结构性和调节性的相互作用方式，即微管和微丝之间不仅存在直接的物理性联系，在这两个系统间还存在另外的间接调控体系，通过信号的级联效应相互调控。鉴别介导微管和微丝之间结构性相互作用的分子是未来的一个重大挑战，有一些候选蛋白质含有相同的微丝和微管结合模序，或者是在一定条件下定位于同一个纤维网络中，但对于它们的微管微丝交联活性的精确分析还没有完成。

5. 细胞运动的动力系统

细胞运动过程涉及细胞内 RNA 和蛋白质等大量生物大分子的不均等分布，这些物质的运输、囊泡的运输以及细胞器的运动是依靠细胞运动的动力系统——马达蛋白来完成的。马达蛋白（motor protein）是一类分子马达，它们可以沿着合适底物的表面进行移动。马达蛋白分为三类：肌球蛋白（myosin）、驱动蛋白（kinesin）和动力蛋白（dynein）。这三类马达蛋白都以细胞骨架为路径来运输物质，肌球蛋白在微丝上运输物质，而驱动蛋白和动力蛋白则在微管上运输物质。马达蛋白把 ATP 水解所产生的化学能量转化为自身的运动，马达蛋白的构象会随着与 ATP 和 ADP 的交替结合而改变，ATP 水解可以将化学能转化为机械能，引起马达蛋白的构象改变，使它带动所结合的蛋白质运动。例如，肌肉中的肌球蛋白会拉动粗肌丝向中板移动，引起肌肉收缩，而驱动蛋白和动力蛋白能够运载膜泡、细胞器和蛋白质复合体，在由微管构成的高速公路上行驶。因此，对马达蛋白本身的性质和功能的了解，以及它们对"货物"的识别、装载、运输和下卸机制的认识，是正确认识细胞运动的重要方面。在大多数动物细胞中，单个细胞器不断地在顺行（微管正端走向）和逆行（负端走向）移动中变化，这两种走向的运动所花的时间决定了细胞器的整个稳态分布，但对双向运动的调节和协调却相对知之甚少。利用研究马达蛋白协调作用较好的系统鞭毛和轴突，近年来对细胞内物质长距离运输中驱动蛋白和动力蛋白的活性协调机制，以及处理运到物质和改变"往返"区域马达方向的机制已逐渐有所揭示。研究发现，抑制驱动蛋白或动力蛋白功能后，两个方向的运输均受到损伤，但两个相反极性马达间的通信分子基础仍不清楚，研究动力蛋白激活蛋白在其中所起的作用是热点之一。

6. 细胞所处微环境对细胞运动的影响机制

细胞的微环境，包括生长因子、激素、细胞因子在内的信号分子、细胞外基质蛋白以及细胞间质，给予细胞复杂的生物化学和生物物理的信号刺激，进而调控细胞骨架的重排等过程。细胞外基质和间质的物理组成和结构，直接影响细胞的黏附能力和迁移空间，同时，细胞外基质蛋白可通过与其细胞表面受体的结合开启多条细胞内信号转导通路。例如，细胞外基质蛋白与整合素受体的结合招募多种接头蛋白和信号分子，形成黏着斑，并调控了细胞骨架的动态变化。而且细胞外基质蛋白的表达表现出极强的组织及时空特异性，通过细胞骨架极大地影响了细胞的行为。例如，胶原蛋白的过量沉积促进了细胞的恶性转化，并增强了细胞的运动、侵袭能力，这一过程伴随着显著的细胞骨架重排和应力纤维的产生。虽然细胞外基质蛋白在细胞骨架调控中的作用得到了相当的重视，但仍有多个问题亟待回答，包括时空特异性表达的细胞外基质蛋白在诱导细胞骨架重排及调控细胞增殖、细胞凋亡、细胞迁移的分子机制；细胞外基质信号与生长因子信号在细胞增殖及细胞骨架重排中的协同作用机制；细胞骨架相关信号分子在调控细胞外基质组成及组织结构中的作用（反向信号转导）等。

7. 生理、病理过程中的细胞运动

以上各种影响细胞运动的因素在神经等组织器官发育的生理状态下对细胞运动起重要调控作用，同时在炎症和肿瘤等病理状态下对细胞的生命活动也起非常重要的作用。神经发育过程中，神经细胞通过有序的迁移形成非常规则的细胞排列，为后续的神经轴树突生长并建立正确的神经连接奠定基础。神经元迁移机理及其与疾病的相关性研究近年来取得了飞速进展。大量研究表明一些与神经元迁移相关的基因突变导致神经元迁移紊乱和脑结构发育异常，相关患者通常会表现出先天性智障、癫痫、自闭症等神经系统疾病。作为一种高度极化的特殊形态细胞，神经元迁移的调控机制与其他类型细胞相比存在其特殊性，主要表现为细胞长距离间隔的各部分之间的动态协同机制。影响神经元迁移的胞外信号主要是调节细胞黏附的细胞外基质蛋白、提供迁移方向的导向因子、刺激细胞运动的生长因子等，这些胞外因子所激活的细胞内信号传递网络通过调节微管动力蛋白复合物和 Myosin-II 微丝肌球蛋白驱动神经元定向运动。这些马达蛋白系统的调控和相互协同机制，目前并不清楚，因此将成为未来该领域需重点攻克的问题。此外，在脑组织中神经细胞如何被信号控制进行长距离的定向迁移也是近几年来的研究热点。

病理相关的细胞运动研究中，炎症是一个重要方面。炎症在恶性肿瘤、心脑血管疾病、哮喘、类风湿性关节炎和全身炎症反应综合征等重大疾病的发生发展中都发挥着重要作用。炎症反应的发生从本质上讲就是各种炎症细胞在致炎/抗炎因子等作用下，通过不同的信号转导机制发生相互作用的过程，包括了

从炎症细胞识别炎症信号与其他细胞或胞外基质发生黏附，到炎症细胞形成极性并响应炎症信号发生运动迁移，以及最终炎症细胞发挥生物学效应，既有明确的阶段和步骤，又是相互间密切联系和时空有序的完整事件。针对炎症过程中细胞的识别、黏附、极性形成、迁移等细胞运动的不同步骤，近年来已发现了许多新的关键信号调控分子和信号转导机制，系统研究炎症细胞及其所处环境间相互作用的信号机制和时空动态调控规律已成为当今炎症领域研究的前沿热点。

此外，肿瘤转移本身也是一个细胞运动的过程，肿瘤细胞需要挣脱周围微环境的束缚，迁移进血管或淋巴管，最终侵入靶器官生长。近年来的研究在揭示肿瘤细胞本身如何发生恶变，如何获得更强的浸润和迁移能力的方面已取得许多成果。例如，抑癌基因 $LKB1$ 主要是通过下调 HEF1 的表达水平来影响肿瘤转移，而 HEF1 的表达会影响 Rac 及 FAK 等蛋白质的活性，从而参与调控细胞骨架分子。这些研究结果显示，很多重要的癌基因和抑癌基因在调控细胞生长增殖过程中，也参与了细胞骨架的调控。细胞骨架可塑性在肿瘤发生、发展，尤其是肿瘤浸润转移过程中的调控机制也是研究的热点之一。同样，细胞运动在其他生理病理过程中也发挥重要作用，像造血干细胞的动员机制、小肠隐窝祖细胞的迁移和成熟机制等方面在近些年都已取得重要进展。

（三）生物膜与膜运输

细胞由复杂的膜系统区分细胞内外，构成功能特化的细胞器，生物膜参加物质运输、能量转化和信号转导，而膜蛋白是主要的药物靶点。因此，了解生物膜的动态变化和囊泡介导的物质运输是细胞生物学的核心问题之一。过去生物化学和遗传学方法为本领域的研究提供了大量的数据和结果，但是还有许多重要问题有待解决。

1. 囊泡的生成、转运、融合和回收利用

细胞内膜系统各个部分之间的物质传递大部分通过囊泡运输的方式进行。待运送的物质首先在供体中与特定的包被蛋白（coat protein）发生作用而被分选和富集，接着包被蛋白募集特定的接头蛋白（adaptor protein）和小 G 蛋白在供体膜上出芽并生成囊泡。大多数运输囊泡是在膜的特定区域内以出芽的方式产生的。不同的囊泡有不同的包被蛋白，其出芽和修剪过程所需要的效应蛋白也有很大差异。囊泡沿着细胞内的微管被运输到各个靶细胞器，马达蛋白水解 ATP 提供运输的动力。各类运输囊泡之所以能够被准确地运到靶细胞器，主要取决于囊泡表面的标记性蛋白质分子，其中涉及识别过程的两类关键蛋白质是

SNARE 和 Rab。SNARE 决定囊泡与靶膜的特异性融合，Rab 蛋白介导囊泡运送到靶膜。包被蛋白在囊泡与靶膜融合之前解体，并被回收利用。虽然囊泡运输的大体过程基本清楚，但还有许多细节需要进一步的完善，其分子机制有待进一步阐明。

2. 囊泡货物的分选与靶向运输

出芽生成的成熟囊泡会在特定的 Rab 蛋白的作用下，被不同马达蛋白驱动在由微管蛋白和肌动蛋白组成的细胞内轨道上运动，最后被转运到正确的地方。Rab 属于小分子 GTP 酶，促进和调节运输囊泡的停泊和融合。不同膜上具有不同的 Rab 蛋白，每种细胞器至少含有一种以上的 Rab 蛋白，它们起到了分子开关的作用。当 Rab 结合 GTP 时被激活并招募一系列的效应因子，帮助运输囊泡转运和靠近特定的靶膜。之后，Rab 上结合的 GTP 水解为 GDP，使 Rab 失活并从囊泡膜上解离。高等哺乳动物细胞内的 Rab 蛋白比低等动物增长了很多倍，推测这是高等哺乳动物细胞内进化出了复杂的囊泡转运系统的原因。在人类细胞中存在 63 种不同的 Rab 蛋白，这些蛋白质如何调控不同类型囊泡的转运或同类囊泡的不同转运方式等过程尚不清楚，其生理功能有待进一步阐述。应用先进的光学技术和系统生物学的方法在活细胞上研究 Rab 蛋白网络调控不同囊泡的实时转运过程是当前研究的重要方向。

3. 囊泡与细胞骨架的动态相互作用

前面提到的三种马达蛋白都与囊泡运输有关：动力蛋白可使囊泡向微管的负端移动；驱动蛋白可牵引物质向微管的正端移动；肌球蛋白可使物质向微丝的正极运动。在马达蛋白的作用下，可将囊泡转运到特定的区域。动力蛋白是一个大的蛋白质复合体，可将化学能转化为机械力，负责沿着微管产生推拉力量或运送各种"货物"。驱动蛋白携带囊泡、细胞器和其他成分沿着微管网架运动，但这种运动并不需要网架本身，驱动蛋白沿微管节节向上运动，通过水解ATP 提供运动所需能量，一步消耗一分子的 ATP。

4. 生物膜形态的维持

流动镶嵌模型明确了生物膜的双分子层中的基质是脂质，蛋白质靠静电作用镶嵌在膜上。生物膜具有相当大的流动性，在细胞内吞和外吐的过程中细胞膜的面积不断变化。内吞时，转运囊泡将质膜带入细胞内；外吐时，质膜的面积也随之扩大。但细胞的体积和表面积却不会因此而增大或减小，说明内吞和外吐的过程是两个相辅相成的过程，有一定数量的质膜经内吞而减少，就会有相应数量的质膜经外吐而得以补充，以保持细胞质膜面积的恒定，从而维持细胞膜的动态平衡。另外，各种细胞器的形态也通过一定的机制得以维持，使得膜上的蛋白质能够正常发挥各种功能。目前对于生物膜如何保持形态的机制了解并不多，需要更深入的研究。

5. 核膜动态变化与跨核膜物质的运输

电镜下的核膜由内外两层平行的膜组成，两层膜之间的空隙里充满着液态物质。在核膜表面，由于核膜内外层彼此融合，形成许多核膜孔，孔径为50～70纳米，它们是细胞核和细胞质间的重要通道，核膜之间的物质交换依赖于这些核孔。此外，核膜是高度变化的，随细胞周期发生解散和重组装。近年来，核膜及核骨架的研究取得很大进展，成为细胞生物学研究的一个新的生长点，它与DNA的复制、RNA的转录和加工、染色体的组装、病毒感染以及肿瘤的发生等一系列重要的细胞生命活动密切相关。

6. 细胞内吞

执行细胞外吐的囊泡与细胞膜融合后，囊泡膜上的蛋白质必须经过胞吞来回收利用。胞饮作用（pinocytosis）是细胞摄入溶质或液体的过程。细胞胞饮时局部质膜下陷形成小窝包围液体物质，然后小窝离开质膜形成小泡并进入细胞。吞噬作用（phagaocytosis）是细胞在摄入颗粒物质时，细胞部分变形使质膜凹陷将颗粒包裹摄入细胞。吞噬作用发生于特定的细胞，主要是巨噬细胞和白细胞。例如，人体免疫细胞中的巨噬细胞能吞噬入侵的细菌，骨髓网状细胞吞噬衰老、损坏的红细胞并释放它的血红蛋白供成熟的红细胞吸收。与胞饮作用不同，吞噬作用有一个主动包围的过程。受体介导的内吞是细胞依靠细胞表面的受体特异性地摄取细胞外蛋白质或其他物质的过程。细胞表面的受体具有高度特异性，与相应配体结合形成复合物，继而此部分质膜凹陷形成有被小窝，小窝与质膜脱离形成有被小泡，将胞外物质摄入细胞内。胞吞作为囊泡分泌后进入新一轮循环的起点，在时空关系上与囊泡胞吐严格协调，它对胞吐后质膜的回收、高效维持囊泡的动态循环及确保足够数量的突触囊泡具有重要的意义。另外，胞吞作用还调控细胞信号转导，如精细调控细胞表面的信号分子受体的量和受体的分布。

7. 细胞自噬作用

自噬作用（autophagy）是普遍存在于真核细胞中的现象，是溶酶体对自身结构的吞噬降解，是细胞内的再循环系统。自噬作用清除降解细胞内受损伤的细胞结构、衰老的细胞器以及不再需要的生物大分子等。自噬作用在消化的同时，也为细胞提供营养、为细胞器的构建提供原料，即细胞结构的再循环，它既可以抵御病原体的入侵，又可保卫细胞免受细胞内毒物的损伤。在机体的免疫、感染、炎症、肿瘤、心血管疾病、神经退行性病的发病中具有十分重要的作用。对自噬作用的调控、自噬体的生成机制的了解才刚刚开始。

（四）细胞器的发生、结构与功能

细胞器的发生、结构与功能研究是当前生命科学研究的热点领域。细胞器使得各种复杂的生理活动相互独立开来。例如，内质网是由膜连接而成的网状结构，是细胞内蛋白质的合成和加工场所；溶酶体分解衰老和损伤的细胞器，吞噬并杀死入侵的病毒或细菌；线粒体是细胞进行有氧呼吸的主要场所，是能量代谢的核心。关于线粒体形成的机制较普遍的看法是线粒体依靠分裂而进行增殖，而线粒体的融合与细胞凋亡密切相关。

1. 细胞器的发生

细胞器的生成是进化的产物，细胞器的存在使得各种复杂的生理活动相互独立开来，如植物细胞中的叶绿体可能起源于古代蓝藻。某些古代真核生物靠吞噬其他生物维生，它们吞下的某些蓝藻没有被消化，反而依靠吞噬者的生活废物制造营养物质。在长期共生过程中，古代蓝藻形成叶绿体，植物也由此产生。类似地，细胞内的线粒体最早可能也来源于细菌，即细菌被真核生物吞噬后，在长期的共生过程中演变成了线粒体。而目前细胞内的线粒体主要依靠分裂而进行增殖，线粒体的形成与细胞代谢和凋亡等过程密切相关。

2. 细胞器新功能的研究

随着细胞生物学学科的发展，人们对于细胞器功能的认识也在逐渐加深。特别是近年来高分辨率亚细胞成像系统和活细胞观测技术的完善，使得人们对于细胞器功能认识有了突飞猛进的发展。以高尔基体为例，过去认为高尔基体的主要功能是将内质网合成的蛋白质进行加工、分类和包装，然后分门别类地送到细胞特定的部位或分泌到细胞外。而近年来发现高尔基体上有信号分子蛋白，有可能特化一些信号转导。最新的成果还揭示高尔基体在细胞分裂过程中协助中心体完成对细胞核周围细胞骨架的调节。总之，细胞器的新功能的鉴定和研究已经成为相关领域的热点之一。

3. 细胞器的结构变化与功能的关系

细胞器有各自的典型结构，其结构往往是与其功能相适应的。例如，线粒体是双层膜结构，内膜向内腔折叠形成嵴，嵴的形成增加了细胞内的膜面积。

内膜和嵴上有基粒，基粒线粒体中有合成 ATP 的结构。线粒体中嵴的数量与折叠结构是一个受调控的生物学现象。线粒体是与细胞能量代谢有关的细胞器，所以在能量代谢旺盛的细胞中，线粒体的数量就比较多，相应的嵴的数量也比较多。目前研究不同生物学过程中线粒体数量和超微结构的动态变化是细胞生物学领域的一个热点。另一个结构受紧密调控的细胞器是内质网。内质网是细胞质中由膜围成的管状或近乎囊状的结构，互相连通成网，构成细胞质中的扁平囊状系统。内质网形成正确的管状结构对于其行使功能非常重要，而这一管状结构主要受内质网膜曲度的影响，而内质网膜上一些脚手架蛋白对于内质网膜曲度的调控起关键作用。

（五）细胞通信与细胞信号转导

近年来，细胞信号转导的研究已经取得了很大的进展，越来越多的信号通路以及参与信号转导的蛋白质分子被发现，对信号通路的调控方式、各个通路之间的交叉和生理功能在个体水平上的作用以及信号通路异常与疾病的关系等的研究也取得了很多进展。

1. 信号分子复合体的分离、信号分子的修饰和稳定性

信号通路的许多信号分子并不是相互独立的，而是通过支架蛋白形成蛋白质复合体，这使得信号分子之间相互接近，提高了信号的转导效率和调控效率。例如，Wnt 通路中有 CK1、GSK3β、Axin 和 APC 的复合体，其中 CK1 和 GSK3β 是两个激酶，它们先后磷酸化 β-catenin，使之被标识而通过泛素化途径降解，而 Axin 和 APC 作为两个支架蛋白把这些信号分子聚集到一起形成 APC 复合体，使得 β-catenin 高效地降解，并且被有效调控。为了研究信号通路，人们利用复合体分离、纯化、组分分析的方法鉴定了大量的信号分子及调控蛋白，也发现了很多信号通路之间的交叉网络，对信号通路的了解越来越完整。信号通路的很多信号分子存在多种化学修饰，如磷酸化、甲基化、泛素化、糖基化、乙酰化等，这些化学修饰调节着信号分子的活性、细胞内定位、稳定性及与其他信号分子的相互作用等，在信号转导的过程中发挥着至关重要的作用，因此也一直是信号转导领域研究的热点。这其中，对磷酸化修饰研究得最为广泛，它是许多信号通路传递信号的主要方式，而且许多信号分子本身就是激酶。例如，在 Ras-MAPK 信号通路中，Raf 被 Ras 激活后通过磷酸化激活 MEK，MEK 再磷酸化 MAPK 而使之激活，MAPK 接着去磷酸化许多下游因子。人们对于泛素化也进行了大量的研究，一般蛋白质被多泛素化后可以通过蛋白酶体降解。此外泛素化还可以影响蛋白质的定位及与其他蛋白质的相互作用等。人

们对于糖基化的了解相对较少，但是越来越多的证据表明，糖基化对于信号的传递也非常重要，这也是以后信号转导研究的一个重要方面。

2. 信号通路之间的交叉——信号网络

细胞是一个有机整体，细胞内的各种生物学过程不是相互分离，而是彼此相互影响的。激活一种受体，经常会引起多种下游信号传递，导致多种不同的生物学效用。同时，某一种生物学效应的产生也往往是由几个信号转导通路协同介导的。因此信号通路之间不是相互独立的，而是相互交叉在一起的。例如，NF-kB 通路与 MAPK 通路多层次的交叉、mTOR 通路与 Wnt 通路的交叉、TGF-β 通路与 MAPK 通路及 Wnt 通路的交叉等。过去对单一信号通路的研究取得了辉煌的成绩，许多通路被发现，无数的信号分子被鉴定。细胞是由许多信号分子组成的一个复杂网络，网络中各个通路的组合和相互作用一起决定了细胞的行为。近年来，一些高通量的实验和大规模数据库的出现使我们建立这个网络成为可能，也让我们从不同的方面重新认识了信号通路。通过组合和比较，传统的信号通路可以被整合成一个大的信号网络。研究并绘制这样一个网络对于从整体上了解控制生物体生长、发育等各个生理过程的机制非常重要，同时也有助于特异药物的开发。

3. 信号转导研究中活体观察技术以及单分子荧光成像技术的应用

过去对于细胞信号行为的观察主要是通过生物化学研究或利用各种显微镜观察静态的、固定的细胞和组织切片。由于这些固定的细胞、组织样品已经没有生物活性，因此观察的范围和效果受到很大限制。近年来，由于针对活体样品的观测技术的不断发展，使在活体中观察信号分子的动态变化、复合体的形成等成为可能。尤其是活体动物体的光学成像技术的出现，更是推动了信号转导研究的发展。活体动物体内光学成像主要采用生物发光与荧光两种技术。生物发光是用荧光素酶标记的，而荧光技术则采用荧光报告基团（绿色荧光蛋白、红色荧光蛋白等）进行标记。灵敏的光学检测仪器，使研究人员能够直接监控活体动物体内的细胞活动和基因行为，观测活体动物体内肿瘤的生长及转移、感染性疾病发展过程、特定基因的表达等生物学过程。活体动物体光学成像技术有助于从生物个体水平研究信号转导对生物体生长、发育和疾病发生、发展的作用及揭示其生理意义。这将成为今后细胞信号转导研究的主流。近年来随着单分子荧光成像技术的发展，单分子研究已经在从分子生物学到细胞生物学等许多生命科学领域迅速发展和应用。单分子荧光成像技术不同于常规的成像技术，它可以观察到单个分子的个体行为，而不是大量分子的综合平均效应。利用单分子成像系统，人们可以观察到信号通路中单个分子之间如何相互作用进而传递信号，如信号通路受体在细胞膜表面的二聚化，下游信号分子之间的相互作用和运动等。在单分子水平研究信号转导有助于对信号转导进行定量研究（Donoghue et al，2010）。

4. 与生理功能的有机结合——生物个体水平的研究和病理模型的建立

生物体是非常复杂的，它一般由多种细胞、组织和器官构成，它们之间不是相互独立的，而是相互影响、相互制约的。因此过去主要在细胞水平上进行的信号转导研究有着很大的局限性。目前，生物个体水平上的研究和以病理模型为基础的研究发展得非常迅速。例如，利用基因敲除和转基因的小鼠来研究某一信号分子及信号通路对个体生长、发育和病理状态的作用。目前人们已经建立了很多疾病的动物模型，如针对心血管系统的小鼠病理模型、针对神经退行性疾病的小鼠病理模型、小鼠肿瘤转移模型等。它们的建立和应用有助于深入研究信号转导的机制和生理功能，以及在各种病理状态下的作用。通过在个体水平研究和建立病理模型来探索信号转导的生理功能将一直是信号转导领域研究的重点。

（六）细胞代谢研究

生命科学在 20 世纪末进入了一个全新的飞速发展阶段，大量的信息、新技术和方法的出现，促使了细胞代谢研究的快速发展。人们已经不再单纯的研究某一步具体代谢反应，而是针对代谢中的代谢物、关键转录因子、参与代谢调控的信号途径，膜蛋白及其复合物，细胞内各亚细胞器开展系统性研究。主要进展反映在以下几个方面。

1. 调控细胞代谢的蛋白质和酶的生物化学、结构和功能研究

研究参与细胞代谢的各个途径的酶和主要蛋白质的结构、功能及其生物化学特点是生物化学和生物物理学领域的主要方向，也取得了非常重要的进展。该方向的研究包含在生化和生物物理学范畴，在此不详加叙述。

2. 亚细胞器与细胞代谢

根据其特殊的功能和形态，细胞可划分为多个区域，细胞代谢发生在细胞内的各个区域及亚细胞器，如脂肪酸氧化发生在线粒体，脂肪酸合成在细胞质，胆固醇合成在内质网等。

1）线粒体氧化磷酸化与能量代谢研究。线粒体是细胞内氧化磷酸化和形成 ATP 的主要场所，有细胞"动力工厂"之称，线粒体中的糖脂代谢产生约 90%

细胞实现其功能所需的 ATP。近年对线粒体在细胞代谢的研究主要集中于线粒体自身的合成与氧化磷酸化的关系，其合成主要受转录共激活因子 PGC1 及一些核编码的转录因子的调控。另外一些线粒体的定位蛋白，如解偶联蛋白（UCP1-3）等与线粒体氧化磷酸化及活性氧基团（ROS）的产生有关系。另外，多条信号转导途径对细胞代谢的调控，如 Bcl-2 家族蛋白调控细胞凋亡及 p53 调控癌细胞增殖也直接连接到线粒体的能量代谢网络。

2）脂滴形成、融合及脂代谢。脂滴存在于所有细胞中，是细胞内能量储存的主要细胞器，其在脂肪细胞和肝细胞中的功能尤其重要，但人类对脂滴的认识还处于初级阶段。近年来，人们认为新生脂滴是由内质网形成的，在细胞质内可经过融合等过程形成大的脂滴。这种现象在脂肪细胞中尤其重要，因为脂肪细胞是能量存储的主要器官。另外，脂滴的大小也与细胞内脂代谢的调控密切相关。但对于影响脂滴形成的调控因子以及与细胞及动物生理功能的关系，人们的认识还非常有限。

3. 核受体及其他转录因子的代谢调节机制

核受体作为代谢感应器，能够通过诱导相应代谢途径中的基因表达和激活信号通路，使得组织器官迅速适应环境的变化，在能量代谢、糖代谢、脂代谢、胆汁酸代谢及胆固醇的吸收等多个代谢调控通路中发挥着重要的作用。例如，PPARγ 在脂肪、肌肉、肝脏等多种与胰岛素作用有关的组织中表达，激活后可调控与葡萄糖的产生、转运、利用及脂肪代谢的调节相关的基因的表达，调控着机体的能量代谢及糖脂代谢。PPARα、PPARβ、PPARδ 和 PPARγ 能够调节脂肪酸、三酰甘油及脂蛋白的代谢。通过感受脂肪酸及衍生物水平的变化，调节与脂代谢有关的酶和运输蛋白的表达，进而调节脂肪酸的氧化和促进脂蛋白的代谢。细胞内胆固醇的含量是受到严格控制的，过量的胆固醇会被转化成氧甾酮，而氧甾酮是核受体 LXR 的配体。LXR 通过启动一些基因的表达，能够促进胆固醇的反向运输并且抑制小肠对胆固醇的吸收，从而限制胆固醇在体内的积累。胆汁酸是 FXR 的配体，胆汁酸与 FXR 结合能够启动细胞核内多种蛋白质表达的调控过程，其中在肝细胞内可抑制胆固醇合成的限速酶——$Cyp7\alpha$ 基因的表达，在回肠上皮细胞内可增加胆汁酸回吸收蛋白——回肠胆汁酸结合蛋白的基因表达，能调控胆汁酸的合成及肝肠代谢。PXR/SXR 是机体对有毒物质适应性防卫机制的一个重要组成部分，PXR 被大量的外源性和内源性化学物质激活，这些物质包括类固醇、抗生素、抗真菌的物质和胆汁酸等。PXR 被激活后，能调节下游靶基因的表达，在药物代谢酶和转运体的调节中起重要作用，在维持胆汁酸内环境的稳态、保护机体免受毒性胆汁酸的损害起关键作用，能帮助机体适应外界环境，抵抗有毒物质侵袭。近年来已陆续发现了好几种重要的共激活因子，PGC-1α 就是其中的一个典型代表。PGC-1α 是 PGC-1 家族的第一个成员，它最初被鉴定为一个能与核受体 PPARγ 共同作用的蛋白质。到目前为止，PGC-1α 和它的同源蛋白 PGC-1β 以及 PRC 陆续被发现，构成了一个小的共激活因子家族。PGC-1α 能与许多不同的转录因子结合，在不同组织和生物反应过程中发挥多样的功能，如促进线粒体的生成及氧化磷酸化的效率，在肝糖异生和生酮作用及慢快肌转换等生理过程中发挥重大的调节作用。另外，C/EBP 转录因子家族是脂肪细胞分化、尿素循环相关酶基因的主要调控因子。SirT1/2 及生物钟调控因子也与细胞代谢水平及调控密切相关。

4. 信号转导途径和细胞代谢

如上所述，由细胞外激素或其他信号引起的细胞代谢变化是细胞代谢领域最活跃的研究之一。胰岛素、胰高血糖素、糖皮质激素等可通过信号转导途径激活多条代谢途径，如糖代谢和脂代谢，协调细胞内各种代谢产物的分解、合成、存储及运输。细胞内还存在另一条由 AMP 依赖的蛋白激酶（AMPK）调控的途径。AMPK 是一种在真核生物中广泛存在的丝氨酸/苏氨酸蛋白激酶，能够感知细胞内 AMP/ATP 值的变化，当细胞处于能量供应不足的状态时，AMP 则会激活 AMPK，进而通过蛋白质磷酸化水平及转录水平的变化，开启合成 ATP 的代谢途径，关闭消耗 ATP 的代谢途径。AMPK 可调控众多的下游底物，和脂类代谢、糖类代谢、蛋白质代谢都有着密切的关系。AMPK 还可通过抑制 mTOR 通路，调节蛋白质合成。

5. 细胞代谢的系统生物学研究

在脂代谢研究上，尤其利用系统生物学思想和方法，详细研究了细胞脂质的合成、吸收、运输、贮存等多个方面的动态变化，在分子、细胞和动物整体水平分析脂质代谢物、关键蛋白质的生理功能和病理作用。特别重要的是，在细胞脂质代谢物的研究方面，利用脂质组学方法，系统大量分析脂质代谢小分子，发现新的代谢形式及其生理病理功能；同时深入研究与脂质代谢密切相关的关键蛋白质功能的调控机制，鉴定其复合物的新蛋白因子，分析各组分的相互作用、修饰、转运、降解等过程的分子机制，进而探索在生理和病理条件下代谢关键蛋白质的功能机制，并迅速将相关的研究成果向应用和药物研发转化。目前，国际上已有多个组织或研究机构在联合开展脂质代谢的研究工作，其中影响力最大的是美国 NIH 的 LIPID MAPS（Lipid Metabolites and Pathways Strategy）、欧盟的 LipidomicNet 包含早期的 ELIfe（European Lipidomics Initiative）以及日本的 Japanese Pendant LipidBank。这些组织包含多个国家的从事脂质研究的单位（包括大学、研究所及公司等），主要针对脂质代谢物的标记、分析，试剂合成，生物信息学研究，小鼠模型临床和伦理学研究等进行了分工合作。在我国，虽然没有一个完整的脂代谢研究机构，已有一些专家在进行有关脂类代谢和脂质组学，如脂质代谢物分析鉴定、脂质代谢调控与生物功能等方面的研究，并取得了较大的进展，为在我国发展脂质组学目标意义上的规模性、整体性系统研究打下了一定的基础。

（七）干细胞多能性维持和定向分化

基于对小鼠及人类胚胎干细胞及基因敲除小鼠的研究，与胚胎干细胞的自我更新及多能性密切相关的若干基因被相继发掘，其中最为明确的就是 $Oct4$、$Nanog$ 及 $Sox2$ 等。科学家们试图将这几个基因与胚胎干细胞的"干性"（stemness）建立联系，同时也在探索成体细胞是否也能够被关键的基因调控重新编程而逆转至胚胎早期的干细胞阶段或直接转分化成另一种细胞类型。以往根据核移植和细胞融合的基础无法了解细胞重编程的分子机制，iPS 细胞技术的建立将大大地促进细胞重编程分子机制研究。

1. 干细胞自我更新及多能性维持的机制及新物种多能干细胞的建系

干细胞的自我更新及多能性的维持是干细胞源源不断扩增，维持干细胞"干性"的基础。干细胞的命运受复杂的分子网络调控，这是科学家们一直以来都在探究的问题。借助非编码 RNA、微阵列、已知作用的小分子化合物、染色质修饰等手段，目前已发现有以下几条信号通路与干细胞"干性"的维持密切相关：TGF-β/Activin/Nodal 和 FGF 信号通路已经被证明有助于维持人类胚胎干细胞的"干性"；Wnt 信号通路可以刺激人类和小鼠胚胎干细胞的增殖，并能在短时间内维持人类胚胎干细胞的分化潜能；BMP 信号通路可以促使人类胚胎干细胞向滋胚层分化，但却有助于维持小鼠胚胎干细胞的"干性"。只有在了解干细胞分化命运逐步决定的分子机制的基础上，才有可能对干细胞进行人为的操控，根据需求得到不同分化阶段的细胞，真正实现干细胞的定向分化。同时，研究干细胞命运决定的分子网络调控机制，对于人们正确认识动物体的正常发育也具有重要意义。

基于对胚胎干细胞维持多能性机理的研究，人们逐渐摸索出适宜胚胎干细胞体外培养的环境。目前已经建立起公认的胚胎干细胞包括小鼠、恒河猴、人类及大鼠，这期间跨越了近 30 年。因此，对胚胎干细胞全能性维持机理的研究有助于寻找适合的体外培养环境，建立新物种的胚胎干细胞。而 iPS 细胞的诞生也为新物种多能干细胞的建系提供了替代方案，采用安全的方法建立新物种的多能干细胞系可以用来弥补很多物种缺少胚胎干细胞的不足，同时还有助于揭示干细胞维持多能性的机理。

2. 干细胞定向分化的机理研究

胚胎干细胞、iPS 细胞及成体干细胞具有多种分化潜能,能够在特定条件下定向分化为特定类型的细胞。如果我们掌握了使之向某一特定细胞类型分化的条件,就有可能得到足够的细胞数量,进而有可能通过将其导入患者体内实现细胞替代治疗。由于干细胞定向分化研究的巨大临床应用前景,已成为国际竞相追逐的前沿焦点,代替干细胞全能性的维持研究成为干细胞相关研究的重中之重。目前已经证明胚胎干细胞、iPS 细胞及成体干细胞在体外特定培养条件下,可以定向分化为胰腺细胞、神经细胞和心肌细胞等。有些分化细胞已被证明可在疾病动物模型中发挥"补救"功能。随着 iPS 细胞的建系成功,建立疾病特异的 iPS 细胞、并以此作为模型诱导其向特定细胞类型分化从而研究相关疾病的发生发展成为可能。但是,干细胞定向分化还面临着诸多瓶颈,如分化效率尚不够理想、所获得的组织特异性细胞的治疗性和安全性还远不能达到要求等。对干细胞分化过程中有关细胞分裂、代谢、信号转导等分子水平上的细胞生理的研究可以使我们优化诱导方案从而得到更多适用于移植的分化细胞。研究干细胞定向分化的转录因子和调控网络,发现和鉴定诱导干细胞在模拟人体的条件下定向分化的细胞因子和小分子化合物,是提高干细胞定向分化效率的必经之路。

3. 成体干细胞与微环境的相互作用

成体干细胞分化、增殖的现象为人们所熟知,但其机制却不甚明了。人们从细胞因子、细胞间的相互作用、细胞外基质等方面研究成体干细胞分化、增殖的机制,认为不仅受到细胞内遗传因素的严格调控,也受到细胞外的微环境,即"niche"的共同调控。这些"niche"由细胞或非细胞的组分构成,并通过与成体干细胞的相互作用来调节成体干细胞的自我更新与定向分化。在正常情况下,多数成体干细胞在细胞外微环境中处于静止期。在特定的条件下,如组织损伤或感染时,静止的成体干细胞会快速进入细胞周期,进行增殖与分化,从而补充与修复损伤后的组织。通过近几年的研究发现,不同的干细胞有不同的细胞外微环境结构,细胞外微环境通过不同信号途径调控着干细胞的行为,使干细胞的自我更新和分化处于平衡状态。尤其是成体干细胞的横向分化和逆分化的发现,更使人们意识到微环境是干细胞分化、增殖的决定因素之一。它给人的启示是:可模拟体内环境,在体外实现干细胞的定向诱导分化,即使不能模拟体内的微环境,用适当的干细胞,让它定位到靶组织,在体内微环境的作用下,使其分化成所需的组织细胞。围绕着成体干细胞与细胞外微环境的相互作用,未来的研究将着重于成体干细胞增殖分化的理论及体内外诱导分化、信号调节及维持所在组织与器官及损伤后修复的机制。另外，干细胞通过可塑性分化成的其他组织细胞其结构与功能是否与正常的组织细胞相同，成体干细胞应用的安全性，诱导分化的细胞是否具有正常的结构与功能，它能否归巢到相应的组织中以及移植的相容性如何，这些都将是未来需要解决的问题。

4. 成体细胞的转分化

一般认为，胚胎干细胞具有全能性，能分化为体内所有的组织和器官；而成体细胞仅具有增殖能力，不具有分化的能力。但目前的研究发现：成体细胞在特定条件下还能分化成其他组织类型的细胞，这种跨系或跨胚层分化现象称为转分化，转分化还具有相当的组织类型普遍性。现在已证明：人的骨髓细胞可以分化为肝脏细胞、肌肉细胞、神经细胞等。所以，基于横向分化，可以利用患者自身的健康组织成体细胞，诱导分化病损组织的功能细胞，从而达到治疗各种组织损伤性疾病的目的。这种方法的优点是可克服异体细胞移植的免疫排斥。目前横向分化已为成体细胞的研究和临床应用（包括组织器官损伤的修复）提供了新的思路和应用前景。同时一些成熟的成体细胞也能在特定条件下通过细胞重编程从一种细胞类型转变为另一种细胞类型。目前研究者已成功地在小鼠体内将胰腺外分泌细胞转分化为分泌胰岛素的 β 细胞。此外，科学家们还发现了成体干细胞甚至可以逆分化为更原始的干细胞。现在虽然有不少关于成体干细胞横向分化的研究报道，但这些研究基本上都是实验现象的观察，对其机制还缺乏了解，更不用说在体外进行完全的横向分化。因此如何高效的诱导横向分化，诱导多种组织间的横向分化，如何调控成体干细胞的逆分化并探究其中的分子机制也是未来干细胞研究的重点之一。

5. iPS 细胞及其应用的基础研究

诱导性多能干细胞诞生于 2006 年，由日本的 Yamanaka 实验室将外源的 4 种转录因子（Oct4、Sox2、c-Myc 和 Klf4）导入小鼠成纤维细胞，使之逆转至多能干细胞状态。2007 年这一技术分别被 Yamanaka 和美国的 Thomson 研究室在人类的体细胞实现。从此，干细胞研究进入了一个新的纪元。随后，从猕猴、大鼠及猪的体细胞都得到了 iPS 细胞。实验证明这类细胞虽然不是真正意义的胚胎干细胞，但是它们不仅具有胚胎干细胞的形态、可无限增殖、有端粒酶活性、具有三胚层发育潜能，而且可以获得生殖系嵌合的转基因动物。科学家们还通过改进转录因子的组合、采用不同的体细胞类型、加入小分子化合物等方法来提高 iPS 细胞的生成效率；通过减少转录因子组合剔除原癌基因，利用腺病毒替代整合的慢病毒和逆转录病毒，利用多顺反子减少插入位点、应用质粒转染来替代病毒的使用；利用可诱导及可清除系统诱导 iPS 细胞生成以提高其安全性。直至 2009 年 Thomson 研究室用一种非整合型附着体载体（episomal vectors）的方法获得了人类 iPS 细胞，在去除掉附着体后，这些 iPS 细胞就成为没有外来 DNA 的 iPS 细胞，从而解决了 iPS 细胞的安全性问题。最近用表达的蛋白质诱导小鼠和人的 iPS 细胞也获得了成功。然而，iPS 细胞仍然存在着很多未知领域：iPS 细胞中诱导重编程的机制是什么？因为效率低等原因，机制上的探讨仍停留在表面阶段。iPS 细胞是否真的能够取代胚胎干细胞？如何进一步提高现有的安全产生 iPS 细胞的效率？利用动物模型验证 iPS 细胞的安全性等问题，都在等待着科学家们去逐一解决。

（八）活细胞成像研究的新技术、新方法

分子影像一般定义为活体状态下在分子和细胞水平上对生物过程进行表征和测量。它的核心是对生物体内分子水平上的变化进行成像。以细胞为研究对象的分子影像技术，其特点是要反映细胞生理、病理过程相关的分子变化。成像技术被认为是今后 30 年生物学研究中的常用技术，其地位如同过去 30 年中基因重组和 DNA 测序技术一样重要。显微成像技术长期以来被用于研究各种生物医学问题，是相关领域使用最为重要、最为普遍的技术手段。以单分子、单细胞及细胞组织为主要研究对象的显微成像技术近年来不断取得新的突破，其发展趋势是更高的空间分辨率（100 纳米以下）、更快的速度、更高的灵敏度（单个分子）、实时动态成像及图像数据的定量化和标准化等。

1. 超分辨显微镜

在细胞成像技术方面，显微镜具有不可替代的优势。当今生命科学中的显微成像研究大约 80% 仍然使用光学显微镜。但是由于光学衍射的限制，传统光学显微镜只能达到波长量级的空间分辨率（一般为 250 纳米至 1 微米），远大于蛋白质等生物分子的尺寸。近几年各国研究人员提出了多种突破衍射极限的新方法，如 4Pi 显微镜、受激辐射耗尽显微镜（STED）、光活化定位显微镜（PALM）、随机光学重构显微镜（STORM）等，其空间分辨率已达到 10～40 纳米。随着这些显微镜的发展，具有分子尺度分辨率的 "nanoscopy" 将得以确立，并得到广泛应用。

2. 单分子成像

运用传统的生命科学研究手段和分析方法往往都是对大量分子在一段时间内的平均行为的描述，分子结构（如构象）的多样性、生化反应的非同步性和

所处环境的非均相性等使得生物分子通常具有显著的非均一性，在集群研究中单个分子的行为被平均化和掩盖，阻碍了对其结构和功能的深入认识。因此实现生命体系中的单分子检测，在单分子水平上研究生物分子的物理化学性质和生物学功能的分子机制，将为人们认识生命带来新的突破。目前在离体状态下研究单个生物分子结构和生化反应过程的单分子技术日趋成熟，而生命体系中的单分子检测成像，即要在生理条件下（活细胞或活体中）对单个生物分子（主要是蛋白质、核酸等生物大分子）的动态变化和生化反应的动力学过程进行定量研究的成像技术，仍具有一定的挑战性。通过活细胞单分子成像，不仅要了解单个生物分子在细胞这一异质微环境中的分布和动态行为，还要了解单个生物分子是如何与其他分子一起在细胞中工作从而实现某种生物学功能的，这将成为生物学研究中的一个重要发展领域。

3. 非荧光成像技术

荧光成像一直被认为是"认识细胞的窗口"，但由于需要对生物分子进行荧光标记，荧光成像具有一定的局限性，如因光漂白造成成像观测时间较短等。发展非荧光标记的显微成像技术也是目前细胞水平分子成像的重点领域之一，如相干反斯托克斯拉曼散射（CARS）显微镜，能获得很强的分子振动光谱信号，检测到分子化学组成的变化。目前活细胞 CARS 成像已实现，将尖端场增强技术引入 CARS 成像技术之中，空间分辨率可到 35 纳米；利用高电压电子显微镜可以对较厚的细胞切片成像，研究细胞的结构，切片的厚度最大可达 1 微米，相当于普通 TEM 样品厚度的 10 倍；利用同步辐射（软 X 射线），可对细胞的结构和动态过程进行实时的三维成像，无须对样品进行固定和染色，空间分辨率已达 50 纳米，该技术将在今后几年得到更快速的发展。

4. 分子探针与标记

对细胞中的特定组分进行成像离不开特异性的分子探针，发展适合于活细胞观测、高特异性的分子探针（尤其是活细胞状态下要求对待测组分能进行无须分离的成像，即结合后能引起信号变化）是分子成像领域的一项关键技术。目前已有许多如钙离子试剂等性能优异的离子探针，但对于蛋白质、RNA 等重要大分子的活细胞探针还较缺乏，针对蛋白质的核酸适体（aptamer，适配子）、针对 DNA/RNA 的分子信标（molecular beacon）等新型探针，将得到更多的发展和应用。用来标记生物分子的标记物，如荧光标记，应具有高的信号，如荧光转换效率、小的体积、不影响被标记分子的性质、对所处细胞微环境敏感等特点。性能优异的新型荧光标记主要有两类：一类是荧光蛋白，另一类是量子点。前者已在活细胞内蛋白质分子的动态行为及相互作用的研究中得到广泛应用，后者也表现出突出的优越性，如荧光强度高、光谱宽度窄、荧光谱峰位置可通过改变其物理尺寸进行控制等。进一步对这些标记物进行改进，发展红外区激发和发射的荧光蛋白，发展碳点、硅点、纳米金等毒性更小、尺寸更小的荧光/拉曼标记用纳米颗粒等，此项技术将在分子影像中发挥重要的作用。

5. 图像的数据处理与图像库

除了成像技术本身外，图像的数据处理也受到越来越多的关注。一方面，需要解决如何从大量图像中有效、全面地提取相关的生物学信息的问题，另一方面，不恰当的图像处理往往导致错误的结论，一些国际期刊已要求从提供的图像中应能获得原始的实验数据。什么样的图像处理才不会失真，如何使图像成为一种更定量的方法，这可能需要建立统一或标准的数据处理方法。同时，建立国际的原始图像数据库，也是将来发展的一个方向。

第三节　我国细胞生物学的发展现状

我国的细胞生物学研究具有较为悠久的历史和良好的学科传承。早在 20 世纪 60 年代，童第周等就成功地将囊胚细胞核移入卵细胞内并获得核移植鱼，在科学史上首次证明了动物细胞具有全能性（童第周等，1963）；朱洗等成功地将离体的无膜卵球诱导成雌蟾蜍，而且该雌蟾蜍性成熟后可产卵，从而首次证明了人工单性生殖的子裔可以传宗接代（王春元，1979）；陈瑞铭等建立了历史上第一株人肝癌细胞株 BEL-16，为肝癌的防治研究提供了理想的实验模型（陈瑞铭，1962）。近 20 年来，随着我国对科学研究的重视和科研投入的不断增长，我国的细胞生物学研究总体水平上有飞速发展和显著进步。表现之一就是高水平论文的不断涌现，越来越多的科研论文发表在顶尖水平的期刊上，而且研究成果也被多次引用。部分领域的研究已经达到了国际领先水平，获得了国际同行的广泛关注。以下举例说明近年来各领域具有代表性的突出成就。

在细胞信号转导的研究方面，我国科学家完成了若干重要的工作，突出的是针对 β-arrestin 的研究。β-arrestin 是一个多功能的蛋白质因子，过去的研究一直认为是细胞质内的信号蛋白，而我国科学家发现它能调控细胞核内的基因转录。最近，利用细胞和斑马鱼个体作为研究模型，进一步在分子机制和生理意义上对该蛋白质展开研究，发现 β-arrestin 能调节细胞内的 cdx4-hox 通路，从而影响造血系统的正常功能。此外，还发现 β-arrestin 跟包括炎症、癌变和糖尿病在内的一系列疾病的发病机制有关系，成果发表在 *Nature · Immunology*、*Cell*、*Nature* 等期刊上。转化生长因子（TGF-β）是细胞内的一条重要信号转导通路。我国科学家在 TGF-β 信号通路方面完成了一系列的工作，鉴定了包括 Dapper 在内的若干调控通路的蛋白质和小分子 RNA，找到了 TGF-β 通路下游的关键靶基因，发现了 TGF-β 影响细胞转分化和干细胞自我更新的分子机制，成果发表在 *Science*、*Blood*、*PNAS*、*Genome Research* 等期刊上。自适应性是细胞内复杂信号系统所具有的一个特点，目前尚不清楚细胞如何产生出这种遭遇外界刺激后自我调节的能力。我国科学家用计算生物学方法找到了执行自适应性的细胞代谢网络拓扑结构。这一发现对于人们在系统水平上理解细胞自适应性的产生机制有很大的帮助，成果发表在 *Cell* 等期刊上。

线粒体是细胞内提供活性氧（ROS）的主要场所。我国科学家利用一种新的追踪方法成功地捕捉到了线粒体瞬间产生超氧化物的过程，即"超氧火花"，发现这一过程与线粒体通透孔的开放有关。他们还发现在生理条件下，超氧火花的产生与缺氧相关疾病可能有密切联系。此外，还发现了细胞内的"钙火花"可以调节神经细胞及其他细胞的迁移（*Nature*、*Cell* 等期刊）。细胞在自噬过程中如何降解蛋白质积聚体是一个未知的谜题。我国科学家发现 SEPA-1 蛋白能结合自噬相关蛋白 Atg8 来帮助线虫细胞通过自噬降解一种 P 颗粒，证明了选择性自体吞噬在动物体发育过程中的生理意义，成果发表在 *Cell* 期刊上。

在细胞的增殖和死亡调控方面，p53 是众所周知的核心蛋白，然而对 p53 功能的负调控机制目前知之不多。我国科学家发现锌指蛋白 Apak 能通过 ATM 负调控 p53 的功能，成果发表在 *Nature Cell Biology* 等期刊上。肿瘤坏死因子 TNF 相关信号通路既能引起细胞坏死也能引起细胞凋亡，这两种死亡方式的选择机制之前并不清楚。我国科学家发现 RIP3 蛋白能调节 TNF 产生活性氧的能力，使得细胞进入坏死而非凋亡程序。这一成果说明细胞的能量代谢对于其死亡方式的选择很关键，成果发表在 *Science*、*Cell* 等期刊上。细胞凋亡后，被吞噬细胞清理，吞噬细胞如何识别这些细胞并不清楚。我国科学家最近的一项工作发现在线虫凋亡的细胞内存在一个称为 retromer 的复合物，它能够以介导囊泡内吞和循环的方式调节细胞表膜上 CED-1 受体的水平，而 CED-1 受体在表膜上的水平对于一个凋亡细胞被吞噬细胞识别是很重要的，这项成果发表在近期的 *Science* 期刊上。在细胞行为的表观遗传调控方面，我国科学家发现 LSD1 蛋白能作为细胞核内 NuRD 复合体的一个重要组分参与染色体结构的调控，LSD1/NuRD 复合物能调节包括 TGF-β 通路在内的多条细胞信号转导途径，从而对细胞增殖、生存和转分化产生重要影响，LSD1 的失调对乳腺癌细胞的转移有决定性的作用，成果发表在 *Cell* 等期刊上。

在细胞骨架与运动研究领域，我国科学家也有一系列的系统研究工作。我国科学家发现一个称为 Nudel 的蛋白，能通过精细调节 Cdc42 的活性从而影响细胞的运动。进一步的研究发现 Nudel 蛋白的功能并不限于调节细胞运动，它还能与胞质动力蛋白协作，在纺锤体基质组装中发挥重要的作用，进而调控有丝分裂纺锤体的正确形成，成果发表在 *Nature·Cell Biology*、*PLoS Biology*、*Dev Cell* 等期刊上。

脱落酸（ABA）是调节植物细胞生理活动的重要信号分子。过去由于没有找到 ABA 分子的受体，人们对于细胞如何感知 ABA 信号一直不清楚。我国科学家成功地鉴定出一个称为 CHLH 的蛋白质，它具有结合 ABA 并促进信号转导的功能，因此被认为是 ABA 信号的跨膜受体，相关成果发表在 *Nature* 上。在植物细胞信号转导方面另外一项代表性的工作是光照介导的信号通路研究。过去知道光照能通过抑制细胞伸长影响植物种子发育，而我国科学家近期的工作揭示了光照除了抑制细胞伸长以外，还能抑制细胞分裂。而这条抑制细胞分裂的光照信号通路是由一个称为 OsHAL3 的蛋白质介导的。这项成果发表在近期的 *Nature·Cell Biology* 上。

钾离子是植物生长发育所必需的矿物质。对于钾离子如何通过植物细胞膜上被转运到胞内这一过程，还有许多问题尚待解决。我国科学家发现 CIPK23 蛋白对这一转运过程起关键的调节作用，它能帮助植物细胞在低钾条件下对钾的摄入，成果发表在 *Cell* 等期刊上。此外，我国科学家还发现一个钠离子的转运因子 SKC1，该因子对于调节植物细胞内的钠/钾离子平衡起关键的作用。这项研究成果发表在 *Nature·Genetics* 期刊上，它对于人们理解农作物抵御高盐的分子机制有很大的帮助。

在干细胞研究领域，我国科学工作者有一系列的开创性工作，成功地用 iPS 细胞克隆出了有生殖能力的小鼠，证明了 iPS 细胞的全能性。此外，我国科学家成功地诱导除了大鼠、猪、猴和人的多能干细胞，分离出了人的生殖干细胞，为干细胞的应用研究打下了基础（裴钢，2009）。这些成果发表在 *Nature*、*Cell·Stem Cell* 等期刊上。

过去几年中，我国在细胞生物学领域取得的大量进展与国家在支持力度、仪器设备及配套设施建设方面的投入是密不可分的。以国家自然科学基金为例，1999～2009 年的 10 年间，细胞生物学领域共获得面上项目 626 项，重点项目 35 项，重大项目 2 项，重大研究计划（重点支持）3 项，国家杰出青年科学基金项目 30 项，创新群体 12 个。另外，目前国家自然科学基金委员会启动了两个与细胞生物学有关的重大研究计划——"细胞编程和重编程的表观遗

传机制"和"基于化学小分子探针的信号转导过程研究"（参见"2005～2009
年度国家自然科学基金资助项目统计资料"[①]）。在国家的大力支持下，众多的
高校和科研院所都实现了细胞生物学研究基础平台的改进和完善，人才聚集
和交流也取得了显著成果。

　　虽然我国在细胞生物学领域已经取得了突出的成绩和长足的进步，但是与
美国、欧洲乃至日本等国家和地区的科研相比仍然有一定的差距。这些差距不
光存在于细胞生物学研究领域，也存在于生命科学的其他领域。主要表现为：
虽然在细胞生物学研究领域有多个点的突破，但是系统性的原创性成果较少，
顶尖的研究人员和研究群体较少。

第四节　我国细胞生物学的发展布局

　　细胞生物学的研究范围相对广泛，既涉及针对重大科学问题的基础性研究，
也涉及直接针对农业、健康和环境的应用基础研究。而且，随着学科知识体系
的完善和技术的不断创新，细胞生物学今后的发展必将呈现多样化的趋势。在
未来 10 年，我国细胞生物学科可考虑按"全面支持、重点突出"的原则进行发
展布局。既要发展细胞生物学的传统领域，更要重点发展我国的优势领域和国
际上的热点前沿领域；既深入到单分子、单细胞水平去了解细胞生命活动的细
节，又要上升到细胞群体、组织乃至器官水平去认识细胞生命活动的意义，要
把细胞生命活动与分子机制结合起来。此外，还要着力推进学科交叉与融合，
包括与其他生命科学领域的交叉和与非生命科学领域的交叉，加强国际交流与
合作。

　　一个学科的发展需要完成概念和理论上的创新。目前我国细胞生物学学科
已经在某些国际热点和前沿领域取得了重大成果，然而在重大科学理论体系的
原始创新和工作的系统性方面与一些欧美国家相比仍有明显不足。因此，要强
调工作的系统性和创新性。

　　一个学科的发展离不开技术方法的革新。目前细胞生物学的研究在技术方
法的创新突破方面尚有提升的空间。因此，在未来 10 年内，一方面要加强对新
型技术方法的引用，包括利用数学、物理学科的方法来研究细胞生物学问题；
另一方面，要向日本、欧美等先进国家和地区学习，重视和支持包括活细胞成

---

① 　国家自然科学基金委员会 . 2005～2009 年度国家自然科学基金资助项目统计资料 . http：//
www. nsfc. gov. cn/nsfc/cen/xmtj/index. html

像技术在内的方法学研究。

　　生命科学应该以国家需求为目标开展基础研究，力争解决一系列与国计民生相关的基础科学问题。因此，细胞生物学今后要结合应用基础研究，努力探索人类重要疾病发病的细胞机制、农业生物生长发育的细胞机制、环境和生态安全相关的细胞生命活动等。

　　另外，我国细胞生物学的人才队伍有待加强，在未来 10 年内要注意研究队伍的培植和引进，鼓励他们积极投入国际竞争。

第五节　　细胞生物学优先发展领域与重大交叉研究领域

一、遴选优先发展领域的基本原则

　　在选择优先发展领域时，关注国际前沿热点问题和重大的基本科学问题；关注在今后 10 年中有望取得突破的领域；同时注重已有的科学积累，持续推动我国优势领域和特色领域的发展；特别关注与国民经济发展相关的重要科学问题；重视细胞生物学与其他学科的交叉；重视细胞生物学研究技术方法的创新。

二、优先发展领域

（一）细胞增殖、分化、衰老与死亡

　　细胞增殖是生物体的重要生命特征，细胞以分裂的方式进行增殖。由一个或一种细胞增殖产生的后代，在形态结构和生理功能上发生稳定性差异的过程为细胞分化。细胞在正常环境条件下发生功能减退，逐渐趋向死亡的现象为细胞衰老。最终，细胞不可避免地呈现代谢停止、结构破坏和功能丧失等不可逆性变化，此即细胞死亡。本领域的研究内容概括起来仍然是两个基本问题：一个是基因与基因产物如何控制细胞的增殖、分化与衰老死亡等重要生命活动，在此要涉及细胞内外信号如何传递；另一个是基因产物-蛋白质分子与其他生物分子如何构建与装配成细胞的结构，并在细胞的增殖、分化、衰老与死亡过程中行使其功能。细胞的增殖、分化衰老和死亡的失调将导致很多人类疾病，包括癌症、自身免疫失调、神经退化失调（阿尔茨海默病、帕金森病、亨廷顿病）和获得性免疫缺陷综合征（艾滋病）等。另外，细胞的程序性死亡在组织重塑、

炎症抑制和免疫应答调控中也起重要的作用。

重要研究方向：

1）细胞周期调控中更多的周期蛋白和周期蛋白依赖性激酶复合物及其作用底物的鉴定；

2）检验点调控在应激反应调控细胞周期的作用；

3）着丝粒的新成分及其动态组装在细胞正常分裂中的作用；

4）诱导和控制细胞分化的各种因子的鉴定及机制研究；

5）细胞衰老与细胞程序化死亡的分子机制；

6）新的细胞死亡途径的鉴定；

7）细胞代谢（包括糖代谢、脂代谢和氨基酸代谢）在细胞增殖、分化、衰老和死亡过程中的作用；

8）细胞的增殖、分化衰老与死亡过程中关键步骤的人工装配或重建。

（二）细胞骨架与细胞运动

细胞骨架是指真核细胞中的蛋白质纤维网络结构。该网络结构在维持细胞形态、承受外力、保持细胞内部结构的有序性方面起重要作用，而且还参与包括细胞运动在内的许多重要的生命活动。细胞在空间环境中的运动对于细胞正常功能的发挥至关重要。本领域的研究方向主要包括引起细胞运动的信号接收和转导机制、细胞黏附与去黏附的调控机理、细胞极性形成和细胞骨架动态变化的时空调节以及细胞迁移协调性的分子和细胞学机制等，同时强调把各个步骤进行有机综合，开展系统深入的细胞运动分子机理研究。本领域优先要求结合胚胎发育、神经等组织器官发育，研究调控胚胎发育过程中细胞和神经元运动的分子调控机理和协同作用机制；结合炎症相关重大疾病，研究炎症细胞与其所处环境之间相互作用所引起的炎症细胞运动的时空动态病理生理变化过程；结合我国高发性的恶性肿瘤类型，并利用临床标本和动物模型研究肿瘤细胞转移的分子细胞机制以及调节机理。

重要研究方向：

1）不同细胞黏附分子相互间的调节机制和信号转导；

2）细胞极性蛋白质复合物如何影响并参与不同类型细胞的运动；

3）脂类和小 G 蛋白及其调控蛋白在细胞极性形成和定向迁移中的作用研究；

4）马达蛋白复合体的动态组成及其对"货物"运输的分子调控机制；

5）细胞所处微环境对细胞骨架重排及细胞迁移的影响机制研究；

6）胚胎发育过程中，细胞定向运动的分子机制及运动细胞与周围环境相互作用对胚胎发育的影响；

7）炎症细胞及其所处环境间相互作用的信号机制和时空动态调控规律；

8）肿瘤细胞浸润与迁移能力的分子机制；

9）驱动神经元定向运动的调控和相互协同机制。

（三）生物膜的结构与功能和膜运输的机制

生物膜构成了细胞及细胞器之间的天然屏障，使得一些重要的生命活动能在相对独立的空间内进行，从而产生了细胞与细胞之间、细胞器与细胞器之间的物质、能量和信息交换的过程。细胞内的物质运输主要是通过囊泡包裹的膜转运系统完成的。细胞内的物质包裹在囊泡膜内或定位于囊泡膜上，借助囊泡的运输及其与生物膜的融合来实现胞内或跨膜运输。囊泡的运输是生命活动的基本过程，是一个极其复杂的动态化过程，在高等真核生物中尤其如此，涉及许多种类的蛋白质和调控因子。本领域主要涉及利用细胞和多种模式生物（线虫、果蝇、小鼠、拟南芥等）研究生物膜与物质运输。细胞的囊泡运输研究的开展，不仅会对生物膜的基础理论研究产生积极的推进作用，也将为揭示一些影响人类健康的重大疾病机理提供新的依据和靶点，同时有助于植物生长和发育调控机制的进一步了解和改善植物的农艺性状。

重要研究方向：

1）囊泡的生成、靶向运输、与靶膜的融合和回收利用；囊泡运输过程的实时动态观测；

2）囊泡与细胞骨架的作用；膜蛋白和细胞骨架的相互作用关系；

3）自噬的分子机制和调节机理以及其在生理病理过程中的作用；

4）胞吞的分子机制及生理功能；

5）囊泡上的膜蛋白或膜相关蛋白的动态分布；

6）膜蛋白与膜脂的相互作用；

7）重要膜蛋白及其复合物的三维结构解析。

（四）细胞器的发生、结构与功能

细胞器是细胞内各种膜包被的功能性结构，是真核细胞的典型结构特征之一，包括线粒体、叶绿体、内质网、高尔基体、溶酶体、细胞壁、液泡和脂滴等。不同的细胞器在细胞内执行各自的生物学功能，同时又存在密切的相互作用。其中，线粒体是细胞进行有氧呼吸的主要场所。叶绿体是绿色植物能进行光合作用的细胞含有的细胞器，是植物细胞的"养料制造车间"和"能量转换站"。内质网是由膜连接而成的网状结构，是细胞内蛋白质的合成、加工以及脂质合成的"车间"。高尔基体是对来自内质网的蛋白质加工、分类和包装的"车间"及"发送站"。溶酶体分解衰老、损伤的细胞器，吞噬并杀死入侵的病毒或细菌。液泡在植物细胞里，行使溶酶体的功能，调节细胞内的环境。细胞器使得各种复杂的生理活动相互独立开来。研究不同细胞器发生的机理对于理解细胞器的功能有重要帮助。细胞器的结构也与其功能有密切的联系，尤其是内质网、线粒体等具有复杂结构的细胞器，其空间上的弯曲与折叠都是受蛋白质分子的精密调控。细胞器的功能也异常复杂，一种细胞器常常在不同生物学过程中发挥特定的作用。虽然对细胞器有长久的研究，但它们的生成、衰老、降解等仍有许多问题，对一特定的细胞器，不断有新功能被发现。

重要研究方向：

1）细胞器的数量、尺寸、形态及结构与其功能的相关性和调控机制；

2）生物学过程中细胞器形态及结构的动态变化规律；

3）线粒体、叶绿体、内质网和细胞质膜等不同细胞器之间功能的协调和偶联关系；

4）细胞器基因组与核内基因组之间的协调关系；

5）细胞器生成、衰老、降解等过程的动态蛋白质组学分析；

6）细胞器分离纯化技术和高分辨率成像技术。

（五）细胞通信与细胞信号转导的机制

细胞通信与信号转导控制着生物体从蛋白质合成和分泌、细胞运动、细胞内代谢到组织的生长和分化等各个过程。信号转导通路的研究一直是富有挑战性的。首先，细胞内存在很多条信号通路，如 MAPK 信号通路、胰岛素信号通路、JAK-STAT 信号通路、Wnt 信号通路、TGF-β 信号通路等，而每一条通路又有许多种蛋白质因子参与。尽管如此，仍不断地有新的信号通路和信号组分被发现。其次，信号转导及其调控机制非常复杂。每个信号通路都有其独特的信号转导方式，而且往往存在具有促进作用的正反馈环路和具有抑制作用的负反馈环路。最后，各个信号通路之间不是彼此独立，而是相互交叉的，信号转导通常是通过多条信号通路的分支和汇聚来实现的。一种信号分子经常会引起多种下游信号传递，导致多种不同的生物学效用。同时，某一种生物学效应的产生也往往是由几个信号转导通路协同介导的，这就使细胞信号转导形成了一个复杂的网络，而对于整个网络的整体研究要远比对单个通路的研究困难得多，也重要得多。细胞信号转导的研究，不但有助于了解生物自身生长发育的机制，而且可以揭示肿瘤、心血管疾病、糖尿病等疾病的机制，进而寻找治疗的药物靶点。

重要研究方向:

1) 信号通路新组分的鉴定;

2) 信号转导过程中蛋白质修饰的研究;脂类、脂修饰和糖修饰对信号转导的调控;

3) 信号分子的时空动态观察、单分子动态变化;活细胞内蛋白质构象变化与功能关系;

4) 参与信号转导的小分子代谢物鉴定和功能研究;

5) 不同信号通路之间的交叉调控、基于蛋白质网络的信号转导系统分析;

6) 信号通路的定量分析和模型建立;

7) 逆境和病理下的信号转导;

8) 合成生物学–人工合成分子对信号转导的操纵。

(六) 细胞代谢的机制和调控

细胞代谢是由多个代谢途径组成的高度协调的细胞生命活动。代谢途径可以被分成两类,一类是分解代谢途径,通常是指生物大分子,如蛋白质、核酸、脂类等的分解过程,这些反应通常都是放热的,除了少量能量以热能的形式散发外,大部分能量被捕获用来合成 ATP。另一类是合成代谢途径,通常是指生物大分子的合成过程,这些反应通常都是吸热的,需要 ATP 提供能量。根据内部或者外部环境的改变来调控细胞代谢速率的能力,是活细胞所不可或缺的属性,该能力是维持细胞内环境稳定(稳态)所必需的,也是细胞得以实现其功能的基础。细胞内的代谢可分为糖代谢、脂代谢、氨基酸代谢、核酸及其衍生物代谢等。细胞代谢是目前关于细胞代谢相关的酶和蛋白质的生物化学、结构与功能及其代谢途径的研究,已经能够给予一幅比较清晰、准确的图画。但是,在不同的细胞中,在不同的生理和病理生理状态下,与细胞代谢相关的酶和蛋白质的表达调控,线粒体及其他细胞器功能异常与代谢途径异常,信号通路的变化及细胞代谢功能异常的分子机制还远远未被了解。

重要研究方向:

1) 参与代谢调控的新型蛋白质、代谢底物(糖、脂、氨基酸)、氧化还原环境对细胞内代谢途径的调控及这些因素间的相互关系;

2) 研究代谢尤其是脂质代谢及其底物功能分析和分类(合成、贮存、转运、分配等);

3) 研究激素、细胞外因子及其他信号分子对细胞代谢的调控;

4) 细胞代谢在细胞增殖、分化及凋亡中的作用;

5) 研究代谢变化的生理、病理学功能及其与重要疾病的关系;

6）细胞代谢的系统生物学研究。

（七）干细胞全能性维持和分化的分子基础

干细胞是一类具有自我更新能力的多潜能细胞，在一定条件下，它可以分化成多种功能细胞。按来源来分，干细胞包括成体干细胞、胚胎干细胞、iPS细胞和肿瘤干细胞等。干细胞的增殖和分化是受细胞内外因素紧密调控的，在特定因子条件下，它可以向着指定的方向分化。这些调控因子可能是内在的，如那些调节细胞不对称分裂的蛋白质，控制基因表达的转录因子等；也可能是外在的，如周围组织和细胞外基质中的各种分泌因子以及细胞-细胞、细胞-基质之间的相互作用等。一些细胞器，如线粒体在干细胞的命运决定中具有直接的调控作用。成体干细胞也可以横向转分化成另一种细胞。成体干细胞的横向分化与其周围的微环境密切相关。化学小分子等体外手段为人们对干细胞全能性维持和定性分化机制研究及应用操作提供了简便方法。目前，关于干细胞的生物学特性、体外培养及诱导条件等科学问题，还有很多的基础研究工作要完成。干细胞研究为生命科学研究提供了宝贵的研究工具和技术的革新，为医学带来新概念，为早日实现干细胞临床应用打下了坚实基础。

重要研究方向：
1）干细胞自我更新及多能性维持的机制；
2）寻找和发现诱导干细胞定向分化的信号通路和细胞外因子；
3）细胞内因子在干细胞定向分化中的作用；
4）重要细胞器（如线粒体）在干细胞功能维持中的作用；
5）成体干细胞横向分化研究；
6）iPS细胞多能性获得的分子机制；
7）基于多能干细胞的疾病治疗的基础研究及动物模型的建立；
8）调控干细胞命运的小分子化合物的筛选及其作用机制。

（八）活细胞成像研究的新技术、新方法

细胞成像是指在分子和活体细胞水平上对生物过程进行表征和测量。它的核心是对生物体内分子水平的变化进行成像。由于主要是活体状态下的成像，包括在模型动物上的核素成像（PET、SPECT）、MRI、超声、光学成像等。而活体细胞成像技术的研究对象主要是活体培养的细胞，其特点也是要反映与细胞生理、病理过程相关的分子变化。显微成像技术长期以来被用于研究各种生物医学问题，是相关领域使用最为重要、最为普遍的技术手段。通过活细胞单

分子成像，可以了解单个生物分子在细胞内的分布和动态行为，以及它们如何与其他分子一起在细胞中工作从而实现某种生物学功能。以单分子、单细胞及细胞组织为主要研究对象的显微成像技术近年来不断取得新的突破，其发展趋势是更高的空间分辨率、更快的速度、更高的灵敏度（单个分子）、实时动态成像及图像数据的定量化和标准化等。

重要研究方向：

1）超分辨显微镜的开发及其在细胞水平上的应用；

2）针对核酸、蛋白质等生物大分子在活细胞内单分子成像技术的开发和应用；

3）非荧光成像技术的开发与应用；

4）包括荧光蛋白和量子点在内的活细胞分子标记的开发；

5）细胞生物学图像信息的存储、检索和提取技术的改进。

三、重大交叉研究领域

细胞生物学不仅与许多生命科学相关的学科（如遗传学、结构生物学、计算生物学和生物信息学等）有密切的联系，而且还与物理学、化学等自然科学有许多交叉的领域。遗传学能帮助人们研究细胞生命活动过程中 DNA 和染色质蛋白的作用，并鉴定与细胞生命活动相关的基因及其功能。而最近兴起的表观遗传学、小分子 RNA 等领域也参与许多细胞生命活动的调控过程。

细胞生命活动往往是多种复杂因素共同调控的一个系统过程，计算生物学和生物信息学能帮助人们研究整个复杂系统的特性。目前和今后的分析方法包括用计算方法对信号转导建模和预测，结合基因表达谱对细胞生命过程进行定量计算分析，研究细胞生命活动的相关网络。

动态细胞成分分析一直是细胞生物学研究中的一个重点和难点，基于大分子质谱方法能帮助人们鉴定细胞中的未知蛋白质；基于化学生物学的方法能帮助人们设计和筛选化学小分子来阐明细胞生命活动及其机制；基于 X 射线结晶学、电子显微镜等技术手段的结构生物学能帮助人们解析蛋白质的结构以及研究细胞活动时蛋白质结构与功能的关系；物理学和材料学还能帮助人们设计特殊的细胞培养条件和信号探测方法，从而推进细胞生物学学科的发展。

细胞的显微成像涉及生物学、医学、化学、物理、材料、信息学、纳米科学等诸多学科领域，应大力支持和鼓励跨学科的合作。尤其是长期以来我国的科研仪器设备研制一直是一个薄弱环节，显微成像也不例外。应加大对显微成像仪器研制的支持，尤其是将仪器的研制与生物科学问题的解决相结合。细胞的生命活动往往是一个连续的动态的过程，对其研究需要不断提高光学成像的空间和时间分辨率以及在体检测的能力，因此需要设计出新型的荧光探针，并改进检测的仪器和实验方法。另外，光学成像会产生出海量的数据，从中提取出有意义的信息是实验的重要环节，自动化、高通量的分析技术将为该问题的解决提供重要的保证。应进一步关注与结构生物学、生物物理学、有机化学、工程学甚至数学等学科进行广泛深入的合作，开发出实时、定量、精细和高通量的研究系统，不断促进细胞生物学的研究技术和分析手段的进步。

第六节　细胞生物学领域的国际合作与交流

随着细胞生物学不断向微观世界的深入和多学科的研究特性，需要整合和发挥各国的知识、技术、人才和资源优势。从我国细胞生物学研究发展的自身能力来看，推动国际合作、战略性提升我国在国际上地位的时机已经成熟。开展重大国际合作研究计划，能有效地提高我国自主科技创新能力和国际科技竞争力。

在具体操作时，我们应加强对国际前沿和热点问题的关注，举办和参与高水平、多层次、学科交叉的学术研讨会。鼓励并推动青年学者和学生的访问交流，提高其研究的技能和思维水平，同时学习国外先进的管理经验和运作机制。应该努力与国外该领域顶尖实验室建立良好的关系和合作基础。国外的顶尖实验室多数有丰富的技术资源，而我国拥有丰富的物种和疾病资源，在这个基础上与国外进行合作，可以更加有效地推动细胞生物学发展。除了与国外学术界交流以外，还可与国际大公司合作，建立国际标准的知识产权管理体系，开展成果转化、合同研究等。

在确定优先领域时我们应该遵循以下原则：

1）关注国际前沿和热点问题，支持源头创新和鼓励具有我国优势和特色的研究领域；

2）体现基础研究特点，只规划领域，不涉及具体课题；

3）开展多学科交叉的综合研究；

4）注重对研究技术和方法创新的支持；

5）将支持项目同培养人才结合起来；

6）重视科学积累；

7）注意与国家其他部门和其他研究项目的分工和衔接。

具体建议优先合作的领域及方向包括：

1）细胞器的动态变化与物质交换研究；

2）自吞噬机制的研究；

3）干细胞重编程的研究；

4）模式生物在细胞生物学中的应用；

5）细胞内分子实时示踪技术、超分辨率显微镜、单分子成像、非荧光成像技术、图像数据库等领域。

第七节　细胞生物学领域发展的保障措施

为了不断提高我国细胞生物学学科的科研水平，我们要加强资金重点投入以及人才队伍建设，加强实验室软硬件建设，引进和发展具有国际先进水平的仪器设备和技术方法，提高测试分析能力和实验技术水平。以先进集中的仪器设备、完善的配套设施等科研条件为基础，凝聚优秀的科学研究和实验技术人才队伍。建议国家自然科学基金委员会部署较大规模的资助项目，如重点和重大项目，特别是加大重点基金的支持强度，设立专项基金资助具有创新性、战略性、前瞻性的研究项目，以期快速跟进并赶超国际前沿，确立我国的研究特色和地位。还应该建立行之有效的大跨度的多学科交叉的保障机制，充分调动参与研究的交叉学科人员的积极性，促进实质性学科交叉的实现，为本领域的研究发展提供尽可能多的技术保证和智力支持。坚持竞争激励与崇尚合作相结合，促进人才的有序流动，发挥老、中、青人员各自的优势与积极性，实现基础研究人才队伍的"生态"平衡。此外，事实证明现代科学越来越重视学科间的交叉和集成，科学的重要进展不仅要依靠高层次领军人才，还需要从事不同领域研究的人才来共同完成，所以，还要采取措施，构建起科学家群体、创新团队。

具体保障措施包括：第一，充分发挥现有科研人员的积极性；第二，在支撑环境方面，要根据不同岗位的特点，加强对高技能研究辅助人员的支持，加快培养高素质的具有战略眼光的科研管理人才，确保研究人员能够集中精力开展工作；第三，在人才队伍培养和建设方面，首先要保证基础研究队伍的源头供给，改革研究生培养机制，加强和改进博士后制度，切实提高研究生和博士后待遇，加强各层次青年人才培养；第四，整合和优化国家层面各类杰出人才培养和选拔计划，着力加大对年轻科研人员的培养力度，造就一批具有世界影响力的一流的科学家和优秀的学术带头人；第五，大力吸引海外的信号转导研究领域专家学者，特别是年轻学者归国服务；第六，对基础研究的稳定支持；第七，建立科学、合理、有效的科研人员评价、激励机制，加强对各类新技术和新方法研发的支持力度，通过一系列的技术创新推动原创性科研成果的产出，从而引导科研人员潜心科研，实实在在做学问。

◇ 参 考 文 献 ◇

陈瑞铭.1962.一株人体肝癌细胞的建立和一些初步的观察.见：中国医学科学院.肿瘤研究
　　论文集.上海：上海科学技术出版社：39～47

裴钢.2009.中国干细胞研究大有希望——干细胞研究专刊序言.生命科学，21：1

童第周，吴尚勤，叶毓芬.1963.鱼类细胞核的移植.科学通报，7：60～61

王春元.1979.三十年来我国动物遗传学的成就.遗传，1：1～5

Alisdair R，Fernie R，Trethewey A，et al. 2004. Metabolite profiling：From diagnostics to
　　systems biology. Nat Rev Mol Cell Biol，5：763～769

Campisi J，Fagagna F. 2007. Cellular senescence：When bad things happen to good cells. Nat
　　Rev Mol Cell Biol，8：729～740

Collado M，Serranol M. 2010. Senescence in tumours：Evidence from mice and humans. Nat
　　Rev Cancer，10：51～57

Donoghue S，Gavin A C，Gehlenborg N，et al. 2010. Visualizing biological data：Now and in the
　　future. Nat Methods，7：S2～S4

Hipfner D，Cohen S. 2004. Connecting proliferation and apoptosis in development and
　　disease. Nat Rev Mol Cell Biol，5：805～815

Kholodenko B. 2006. Cell-signalling dynamics in time and space. Nat Rev Mol Cell Biol，7：165～176

Kennedy D，Norman C. 2005. What don't we know. Science，309：78～102

Ridley A，Schwartz M，Burridge K，et al. 2003. Cell migration：Integrating signals from front to
　　back. Science，5：1704～1709

Rossi D，Jamieson C，Weissman I. 2008. Stems cells and the pathways to aging and
　　cancer. Cell，22：681～696

Sheetz M. 2001. Cell control by membrane－cytoskeleton adhesion. Nat Rev Mol Cell Biol，2：
　　392～396

Sudha K，Swetha M G，Satyajit M. 2010. Endocytosis unplugged：Multiple ways to enter the
　　cell. Cell Res，20：256～175

Thiery J P，Acloque H，Huang R，et al. 2009. Epithelial-mesenchymal transitions in
　　development and disease. Cell，25：871～890

第八章

遗 传 学

第一节　遗传学的战略地位

　　遗传学是研究生物体遗传和变异的科学，现代遗传学是研究基因和基因组的结构与功能、传递与变异规律的一门科学。就其发展历史而言，遗传学包括经典遗传学、分子遗传学、整合（合成）遗传学等不同阶段。根据其研究对象和内容的不同，遗传学又可分为基因组学、比较基因组学、分子细胞遗传学、表观遗传学、群体遗传学、进化遗传学等诸多分支学科。如今，我们已进入了高通量 DNA 测序的时代。虽然我们可以为已知基因组序列的生物编纂其"蛋白质元件"的索引，但是对大多数物种中存在的基因的功能及其相互作用仍不甚了解。我们面临的挑战已经不再是获得遗传密码，而是了解这些遗传密码信息如何控制生物性状的发生和传递规律。要解析基因组所蕴含的基因表达程序与生命现象之间的关系，遗传学研究依然是必不可少的手段。众多物种基因组序列的解码赋予遗传学新的使命和发展机遇，同时也给遗传学家带来新的重大挑战。

　　遗传学，特别是分子遗传学的诞生和发展催生了传统生物学向现代生命科学的转变。在生命科学飞速发展的今天，该学科业已成为现代生命科学的基础和核心学科之一。事实上，传统遗传学的基础理论为现代生命科学提供研究的基本策略和突变体材料，而以基因和基因组为研究对象的现代遗传学正在从系统动态的角度揭示染色体和基因组的结构、功能与演化以及动植物重要性状的调控机制、人类疾病发生机制等生命现象的基本规律，依然引领着现代生命科学各个学科的发展方向，并为以转基因技术为核心的现代生物技术的发展提供基石。另外，现代生命科学和生物技术的进步更加丰富和发展了遗传学的研究内容，如非编码 RNA 对传统基因概念的拓展，表观遗传学和整合遗传学等新兴分支学科的出现等。

　　近年来，基因组学在解码不同物种的 DNA 序列时，比较基因组学应运而生。不同物种基因组序列的比较，为探索新遗传元件的起源和进化规律奠定了重要基础。遗传学家面对这些浩瀚的序列数据，需要借鉴计算生物学、进化遗传学、群体遗传学等方法，以期找出与重要生命现象相关的遗传规律。目前人们除了对染色体和基因组的物理解剖结构相对了解外，对其功能的理解还很粗浅。最近几年，对表观遗传学现象的认识是现代遗传学对生命科学体系的又一重大贡献。它不仅增加了对基因表达调控复杂性的认识，也加深了对表型性状表达的认识。其中非编码RNA，是目前表观遗传学研究最活跃的领域之一。正是由于这种复杂性的存在，人们从而提出用整合（合成）遗传学的方法来研究和解释许多疾病或性状的遗传学规律，尤其是对复杂性状分子遗传规律的解析。基因组学、进化遗传学、发育遗传学、数量遗传学、表观遗传学、分子细胞遗传学、细胞质遗传学、群体遗传学和整合遗传学等诸遗传学多分支学科在生命科学和社会发展中都有着非常重要的战略地位，它们的发展无疑将为人类健康、农业发展不断做出重要贡献。

一、基因组学

基因组学以测定和解析物种的基因组序列组成和结构为主要研究内容，揭示DNA序列中蕴含的影响生命活动的各类信息，是从最根本的层次研究生命科学基本理论的学科之一。

基因组中蕴含着个体发育、形态发生、生理功能，乃至接受外界影响后的表观遗传可塑性等各种信息。长期以来，由于测定物种全基因组序列费用昂贵和周期长的原因，遗传学家不得不局限于只对少数几个模式物种的基因组进行分析。单纯基于这几个少数、而且往往进化关系十分遥远的基因组数据，实际上很难全面理解如同天书的碱基排列顺序所蕴含信息的微言大义。近年来，新一代测序技术的涌现将汇聚成日新月异的基因组学数据的滚滚洪流，据统计，截止到2010年4月，已经完成近4000个物种的全基因组测序。新一代测序技术的发展将任何一个物种基因组数据的测定变得简便易行，在近缘物种中进行深入仔细的比较将能在前所未有的广度和深度上理解各种表型和性状的遗传基础，辅以转基因技术的飞速发展，事实上已到了把任何物种变成模式物种进行研究的前夜。如果我们不能敏锐捕捉到这个革命性变化的潮流，就有可能在新一轮科学与技术革命中落伍。令人欣喜的是，我国在基因组学研究方面已有了较为深厚的基础和较为全面的布局，如果能在未来数年中抓住机遇，则有望在这一新兴的遗传学领域走在世界前沿。

各类物种的基因组编码信息的大量获取，将有助于研究这些重要的科学问题：基因组中大致有多少基因，它们的功能是什么、参与了哪些细胞生命活动、基因表达的调控、基因与基因产物之间的相互作用以及相同基因在不同细胞内或者疾病、生理和治疗状态下的差异表达等。在这一层次上，转录组学就是在基因组学之后诞生的一门新兴学科，即研究器官、组织和细胞在某一功能状态下所含 mRNA 的类型、拷贝数及其变化规律。因此，转录组学的研究也将大量依赖于高速廉价的测序技术。此外，新测序技术为直接从环境来源的生物种群（主要是微生物）的基因组，即宏基因组（metagenome）的研究奠定了基础，必将大大推动生物多样性机理研究和重要功能基因的发掘。

随着蛋白质组概念的提出，蛋白质组学也应运而生。蛋白质组学是通过大规模高通量蛋白质分离鉴定技术研究生物个体基因组编码的全部蛋白质的种类及在某一状态下这些蛋白质的表达、修饰及其变化规律的学科。以往对于非模式物种，我们即便产出大量蛋白质组数据，也很难注释这些海量的琐碎蛋白质碎片。在有标准基因组序列之后，将对质谱分析产出的蛋白质组学数据分析和解释带来极大的推进作用。就像深刻理解转录组数据那样，我们很快也将能迅速注释质谱产生的小肽数据，快速推进蛋白质组学的发展，从而从整体角度分析细胞内动态变化的蛋白质组成成分、表达水平与修饰状态，以及蛋白质之间的相互作用与联系。

从 1910 年遗传学家摩尔根发现基因的存在到 20 世纪 90 年代，人们对基因产物的研究主要集中在蛋白质方面，认为编码蛋白质的基因序列是基因组上的功能元件，而其他大量不编码蛋白质的 DNA 序列则被称为非编码核酸。一直以来，除基因转录调控元件、少量内含子和 tRNA、rRNA、snoRNA（small nuleolar RNA）等几类非编码 RNA 的序列外，大多数非编码核酸都被认为是没有功能的。然而，随着大量物种全基因组测序工作的完成和各种组学研究方法的广泛应用，越来越多的证据表明基因组中的功能元件并不局限于蛋白质编码基因，其种类和功能多样性大大超出我们的预期，许多非编码核酸序列都具有非常重要的调控功能，特别值得一提的是，非编码 RNA 的研究加速了表观遗传学领域的发展。比较基因组学研究表明，一些非编码 DNA 序列在进化上是高度保守的，提示它们可能具有重要的功能。目前对启动子、增强子、转录因子结合位点等基因表达顺式作用元件的组成和功能的认识正逐步深入。调节蛋白质编码基因转录的顺式作用元件不仅仅限于转录起始区域的启动子和远距离的增强子，还可以存在于内含子、非翻译区或相近的基因及转座子中。另外，部分假基因也可以表达或具有调控功能，转座子在决定基因组大小、基因结构和基因表达中的作用也不容忽视。此外，中心粒和端粒除维持染色体结构外，其重复序列的组成和拷贝数目的变化均可导致一些生长发育的异常。

大量组学数据的产生已经改变了传统的针对单个基因或单个信号通路开展研究的模式，使得全基因组范围进行研究的概念渗透到遗传学研究的各个层面，也使得生物信息学成为遗传学研究密不可分的伙伴。针对和利用各种高通量的组学数据，应用生物信息学的方法和手段，开发新的算法、软件，进行未知基因、新的调控元件与机制以及新的基因功能的预测与发现，开展调控网络构建和生物建模等工作，已经并将继续有力地推动遗传学研究的快速发展，并为实验生物学提供越来越多的线索和指导作用。

二、进化遗传学

进化遗传学是用遗传学方法研究基因和基因组变化及其与物种起源演化关系的学科，是遗传学与达尔文进化论的结合。丰富多彩的生物多样性是千百万年来遗传变异经自然选择优胜劣汰进化而来的结果。自达尔文发表《物种起源》150 年来，生物学家一直试图解开物种形成和进化的遗传机制的奥秘（Crow，2008）。孟德尔和摩尔根的经典遗传学为达尔文的进化理论提供了一个坚实的宏观遗传学基础。但是各种生物性状进化的具体分子遗传机制，如哪些基因发生了改变，有无新的基因产生，基因产生后又是怎样参与到调节通路中具体行使功能而展示出新的形态或生理、生化特征，这些新特征又是怎样赋予物种进化的适应性，哪些基因作为驱动力促进了生物的进化（如从猿猴到人类的进化）等，这些问题依然有待阐明。基因组学的发展为进化遗传学注入了新的血液，进化基因组学、比较基因组学、进化发育遗传学等新的学科领域应运而生。这些新的学科为研究新基因的起源和进化、基因组的功能和进化规律以及物种的起源和演化提供了全新的视角和研究方法，为回答遗传进化是如何形成今天自然界的生物多样性的这一生命科学的核心问题提供了新的机遇。

三、发育遗传学

发育遗传学或发生遗传学是研究基因对性状发育的调控作用的一门遗传学分支学科（Barreiro et al.，2008）。它的目的是阐明性状发生的遗传基础与分子机理，也就是阐明基因决定性状的过程与机制。

发育遗传学始终是遗传学的前沿领域之一。发育遗传学最初是遗传学与组织胚胎学相结合的产物，它既可以说是用发育的观点解读遗传学，也可以说是用遗传学手段研究发育现象（Moody，2007）。我国遗传学奠基人之一李汝祺先生早在 1985 年就撰写了《发生遗传学》的专著，高瞻远瞩地提出遗传学与胚胎学的结合是最终解决基因决定性状之谜的必然途径。由于分子生物学、细胞生物学、基因组学的飞速发展，当代的发育遗传学早已不再是传统遗传学与胚胎学的简单结合，而是产生了脱胎换骨式的变化，展现出高度的综合性与交叉性。发育遗传学可以从分子调控、细胞分化、组织器官发生和形态建成等不同层次上开展性状发生机制的研究。性状发育在分子层次上是基因表达调控的结果，在细胞层次上是细胞增殖、分化与凋亡的结果，而在遗传学本质上则是基因之间以及基因与环境之间复杂相互作用的结果，是基因功能的最终体现。因此，今天的发育遗传学研究在学科内涉及基因组学、表观遗传调控、非编码核酸、进化遗传学等，在学科外则和分子生物学、细胞生物学、组织胚胎学、发育生物学等多个学科形成了密切的交叉（De Robertis，2008）。

推进发育遗传学领域的研究对于我国的国计民生具有重要的战略意义。在人口与健康领域，提高我国的人口质量和健康水平需要从控制人口出生缺陷和提高常见多发疾病的预防、诊断与治疗水平入手。人类出生缺陷与疾病都可视为因机体发育失调导致的性状突变，而这正是发育遗传学的主要研究内容。发育遗传学既关注生物体正常的生理性发育过程，同时也研究生物体在病理状态下异常发育的机制。同时，发育遗传学的研究结果可以为遗传咨询、疾病模型建立、病理研究、药物靶标、小分子药物筛选等提供必要的理论依据与参照。在农、林、牧、渔产业领域，农作物与家禽家畜的品种选育与性状改良都离不开对其遗传基础与分子机制的认识；同时，在发育遗传学研究过程中发展起来的新技术和新方法往往可直接应用于生产实践，在家禽家畜以及作物的品种选育与性状改良中大显身手。

基因组学以及DNA高通量测序技术的发展为发育遗传学研究带来了革命性的发展，使其进入了一个新时代，可以通过诸如功能基因组研究、比较基因组研究等手段在全基因组范围、在更高的层次上研究更复杂的发育现象。近几年动物克隆与干细胞研究技术日新月异的发展，也为发育遗传学研究打开了新的局面。目前，我国在基因组学研究、高通量测序以及干细胞研究领域已经与国际前沿接近。抓住这个历史机遇，选择符合我国战略需求、对我国国民经济与人民健康具有重要意义的组织器官、选择合适的研究模式对我国的发育遗传学研究进行战略布局刻不容缓。

四、数量遗传学

数量遗传学是研究数量性状遗传变异规律的遗传学分支学科。复杂性状呈现连续的表型变异，是由多个基因的相互作用、相互累积以及与环境因素的互作所引起的。复杂性状是由许多效应可加的微效基因控制的，其遗传行为符合遗传的基本规律，但是带有这些差异的个体表型没有质的差别，只有量的不同（Hamilton，2009；Truelsen，2010）。大多数人类遗传病多属数量性状，而动物、植物中大多数重要的经济性状和农艺性状，如产量、品质、抗病、抗逆性等都是复杂数量性状。

数量性状的遗传学解析可以通过两个主要的方法实现：关联和连锁分析，但是这些传统数量性状的遗传学的研究方法不能对数量性状的遗传结构（genetic architecture）进行系统的遗传剖析，也不能对各数量性状位点/基因座（QTL）上的基因进行克隆分离和功能效应分析。人类常见疾病研究的难点在于既有遗传因素也有环境因素的作用，而且遗传因素的作用也不是单基因，而是多个基因或者基因产物相互作用的结果。多基因疾病涉及的基因通常达到 3～20 个之多，而且常常受表观遗传因素的影响。这就对科学研究提出了严峻的挑战，需要选择合适的人群，整合不同的技术平台，需要遗传学、医学、统计学和生物信息学等多学科的交叉和共同努力。

随着分子生物技术的快速发展和分子标记的大量开发、应用，数量性状的遗传结构和功能的解析开始成为可望亦可及的现实。通过 QTL 定位和遗传效应分析甚至基因克隆，把一个复杂的多基因系统分解成单个的孟德尔因子，使人们对数量性状有了更深刻的认识，也大大增强了人们对数量性状的遗传操纵能力。复杂生物学性状的遗传学研究不仅对了解包括肿瘤与心脑血管等重大复杂疾病的病因学、疾病谱和药物反应性的群体差异和促进疾病群体预防和个体化治疗，有着重大的现实意义，同时，也带来了作物育种领域的重要发展机遇。

五、表观遗传学

表观遗传学是研究不涉及 DNA 序列变化的遗传现象的规律的学科。这种变化在有丝分裂和（或）减数分裂中是可以遗传的。与经典遗传学不同的是，表观遗传学所研究的基因不存在 DNA 序列上的改变。表观遗传控制基因功能主要包括以下三个方面：基因本身的 DNA 甲基化、基因所在的核小体上的组蛋白的修饰以及小分子 RNA 介导的染色质重塑。它们之间相互作用，完成异染色质的形成以及调控功能基因沉默过程。表观遗传与胚胎发育、器官发育等正常生理过程、癌症的形成和发展等病理过程以及生物对外部环境的适应性等直接相关。研究表明表观遗传机制在生物的正常发育生长中起着与遗传机制同等重要的作用（Graf and Enver，2009）。

1953 年 DNA 双螺旋结构的解析，掀起了在 RNA 转录和翻译水平解读遗传信息的高潮，导致 mRNA、tRNA 与 rRNA 的发现以及遗传密码和"中心法则"的建立。随着人类基因组计划和大批物种全基因组测序的顺利完成，大量的实验数据表明在染色质层面上存在着 DNA 甲基化、组蛋白的修饰和非编码 RNA 等精细调控机制，因此，表观遗传学不仅是经典遗传学的深入，也是对"中心法则"的完善和补充。不论在传统的基因水平，还是在表观基因组（epigenome）水平上的表观遗传学研究都已完全确立了它在国际生命科学前沿研究中的重要地位。

组蛋白和DNA的修饰是表观遗传的重要组成成分，研究其组成和动态变化，特别是解析复杂性状形成的分子机制，在未来相当长的一段时间内对表观遗传密码的动态解析都将成为各国生物科学家竞争的热点。组蛋白是一类重要的蛋白质，是真核细胞染色质的主要组成成分，它包括组成核小体的4种组蛋白质（H2A、H2B、H3和H4）和连接核小体的组蛋白H1。每个组蛋白都有进化上保守的N端拖尾伸出核小体外，这些拖尾是许多信号转导通路的靶位点，通过修饰可以调节包括转录和基因沉默在内的细胞功能，从而影响胚胎发育、器官生成等正常生理过程，以及癌症的形成和发展等病理过程。组蛋白的翻译后修饰与迄今为止在DNA上发现的甲基化修饰共同作用，实现对基因组功能的调控。组蛋白修饰的研究起始于半个多世纪以前，但直到最近十几年才被广泛关注。利用精密的质谱技术，人们已经鉴定到数十种不同种类的组蛋白修饰方式，然而到目前为止，只有组蛋白乙酰化、甲基化、泛素化、磷酸化等少数几种修饰被研究和认识。更令人惊奇的是，负责组蛋白修饰（如乙酰化、甲基化）的竟然是一个又一个庞大的蛋白质家族，组成组蛋白密码（histone code）。除了组蛋白去甲基化酶之外，几乎所有的修饰酶都存在于大的蛋白质复合物之中。基于这些因素，我们完全有理由相信，目前组蛋白修饰研究还只是处于起步阶段，蕴藏于组蛋白中的密码远比我们所认识的复杂得多。而且，作为遗传物质DNA最紧密的伴侣，组蛋白的任何一种修饰都会在不同层面对DNA的行为产生影响。因此，我们应该抓住这一大好契机，从基础水平鉴定并证实新的组蛋白修饰（如丙酰化、丁酰化等）和相对应的修饰酶，这样将有利于我们占领该领域的制高点。

此外，多种重要转录因子，如p53蛋白受到翻译后修饰调节并在染色质水平上发挥功能。目前已发现的蛋白质翻译后修饰形式已经多达100种以上。主要的翻译后修饰包括蛋白质的磷酸化、甲基化、乙酰化、泛素化、糖基化等。蛋白质通过不同的翻译后修饰调节其在生物体内不同的生物学功能，通过参与基因的转录、转录后蛋白质定位、转移、结构与活性变化、蛋白质的表达及降解、核酸-蛋白质间互作、蛋白质-蛋白质互作及蛋白质间信号转导等来发挥蛋白质的功能，从而影响着包括人类在内的几乎所有动植物细胞生长发育的相关研究，具有重要的应用价值。

针对调节性非编码RNA的研究是生命科学领域的一个非常活跃的新热点。大量具有调控功能的非编码RNA的发现，并证明RNA分子可以作为独立的功能单位在生命调控活动中行使关键的调节作用，改变了人们对传统的"中心法则"的认识。采用高通量技术对转录组进行研究的一系列结果揭示，90％以上的人类基因组序列被转录成 RNA，但其中只有不到 5％编码蛋白质，这意味着转录组中存在着大量的非编码 RNA（Genocker，2010；Mattick，2009；Wang et al.，2009；Zaratiegui et al.，2007）。因此，单单针对蛋白质编码基因的研究无法全面理解真核生物生长发育调控机制以及从根本上认识生命起源的本质。以 miRNA（microRNA）、siRNA（small interfering RNA）、piRNA（piwi-interacting RNA）等为代表的具有调节功能的非编码 RNA 的发现，证明 RNA 分子除作为遗传信息的载体和参与蛋白质的合成外，还在真核生物基因表达调控、个体发育及疾病发生中发挥重要的作用。已知 miRNA 参与调控的疾病包括多种癌症、心脏病、阿尔茨海默病等神经系统疾病、HIV 等病毒引起的疾病等。此外，越来越多的证据表明，反义 RNA 和 snoRNA 等较长的非编码 RNA，甚至包括被认为只参与蛋白质合成的 tRNA 和 rRNA，也在一些生理状态下发挥调控作用。而人、小鼠、拟南芥等高等生物中都尚有数百万或更多的来自非蛋白质编码区的未知类型与功能的转录本等待我们去研究（Mattick，2009；Wang et al.，2009）。

由此可见，非编码核酸种类多样、功能复杂，对它的研究是一个新兴的领域（Zuckerkandl and Cavalli，2007）。国际上许多国家都在加强这一领域的研究力度。从非编码核酸的分类、结构、进化与功能等方面深入研究非编码核酸在生命调控过程中的作用，已经并将继续成为未来一个时期有望产生重要突破的研究热点之一。

六、分子细胞遗传学

分子细胞遗传学是从 DNA、RNA 和蛋白质三个方面揭示染色体的结构、重组、分离等动态变化规律的学科。它是在细胞遗传学基础上发展起来的。传统的细胞遗传学是遗传学与细胞学的交叉学科，主要研究染色体结构、功能、染色体行为、染色体组构成及染色体操作等规律。20 世纪 90 年代发展起来的原位杂交技术及近年来分子生物学和基因组学的快速发展使分子细胞遗传学逐步成为一个新兴的遗传学分支学科。

目前的研究发现，我们对染色体的认识还十分有限，特别是减数分裂过程中同源染色体是如何识别、配对而形成联会复合体，具体哪些基因或蛋白质参与这一精细过程而使生物体的遗传信息准确传递给下一代还不十分清楚。染色体相关的黏合蛋白（cohesin）及其复合体（cohesion）为什么会有步骤的被分离酶特异性裂解，而分离下来的黏合蛋白一直保留至后期。我们知道细胞分裂中后期染色体必须形成正确的取向才能使染色单体准确分向两极。为什么第一次减数分裂中后期形成单取向而有丝分裂形成双取向？组蛋白是染色体和染色质的重要组成部分，组蛋白修饰与染色体的结构与功能密切相关。例如，着丝粒的 CENPA（植物为 CENH3）是如何组装到染色体上的还有待深入研究。着丝粒的失活与恢复活性的分子机制将为人工染色体的建立与应用提供支撑。由此可见，染色体的配对、取向和分离正在形成一个新兴的研究领域。

随着全基因组测序和转录组的研究结果的诞生，高等生物含有大量的重复序列和非编码的 RNA，虽然我们发现重复序列和非编码的 RNA 分布在染色体的特定区域，如着丝粒区等，但其真正的染色体生物学功能和意义还有待进一步深入研究。近年来，国际上的许多研究利用不同的材料对染色体的配对、取向和分离以及非编码 RNA 的研究已经取得了一些重要进展，许多研究热点将对遗传学乃至生物学发展起重要的推动作用，同时将对遗传育种和染色体病的进一步认识起重要作用。

七、细胞质遗传学

细胞质遗传学是研究细胞核外（线粒体与叶绿体）基因组的遗传规律的学科。研究内容包括细胞质基因组遗传方式的分子调控规律、与细胞核基因组之间的相互作用规律、细胞器分裂增殖的调控规律以及核外基因工程等。早在孟德尔遗传规律再发现后不久的 1909 年，德国科学家 Baur 和 Correns 便发现了一些特别的表型在有性杂交过程中呈现非孟德尔遗传。20 世纪 60 年代，线粒体和叶绿体 DNA 的发现为细胞质遗传学的发展提供了必要的物质基础。

人类的线粒体基因组编码 13 种蛋白质，它们编码基因的突变导致脑坏死、心肌病、肿瘤、不育、帕金森病等近 100 多种线粒体遗传病。对这些疾病的机制研究发现了一个共同的分子特征，即线粒体基因组突变引起核质冲突，造成线粒体功能异常，通常呈现母系遗传的特征。植物的线粒体编码 100 多种蛋白质，这些编码基因突变引起的病变不详。我国学者近期解析的水稻细胞质雄性不育是一种典型的线粒体病变。该病变为作物的杂交育种提供了很好的便利，是我国作物优质高产育种的主要技术平台之一。此外，叶绿体基因组还为药物生产、转基因安全等基因工程应用提供了高效、安全的载体。可见，细胞质遗传学的深入研究不仅有益于阐述真核生命起源于进化过程中诸多复杂的核质关系问题，同时也将对医学和农学的发展与应用形成重要的促进作用。

除了核质关系以外，非孟德尔遗传方式的分子调控机制是细胞质遗传学领域的另一个重要的难点课题。传统的观念认为线粒体和叶绿体基因组均遗传于母亲，即母系遗传。同时，精细胞的小型化被认定为母系遗传的决定性机制。但近些年的研究发现，叶绿体基因组在相当一部分植物中以两系、甚至父系的方式遗传。这一发现说明细胞器的遗传与雌性和雄性配子的相对大小无直接关系，而是受到未知的分子和细胞机制的调控。但在非孟德尔遗传规律发现已有100年历史的今天，人们对该遗传规律背后的分子调控机制的认识仍然是一个空白。由于细胞质基因组在真核生物的生命活动和基因遗传中不可或缺，对其调控机制的认识已成为后基因组时代全面了解生命并利用其规律的必需因素。

八、群体遗传学

群体遗传学是在群体水平上研究植物、动物和人类等的遗传结构和变化规律的遗传学分支学科。研究物种内以及物种之间遗传构成多样性，关注在自然选择下物种的进化、分化以及在自然环境下耐受性等生物学特征，探讨物种过去的分化和演化过程，预测其将来的变化趋势（Hamilton，2009；Truelsen，2010；Wang et al.，2009）。

群体遗传学的方法主要采用基因多样性分型和数学统计方式结合的手段，建立与遗传多样性表现相关的进化模型。它解决的问题包括物种多样性的评估，物种延续和基因纯合度以及杂合度等对于物种延续的影响，对于相同物种的过去、现在和将来进化以及微进化趋势的认知等。同时群体遗传学研究对于了解气候变化、工业污染等环境因素对生物群体遗传构成和适应性的影响至关重要。

人类群体遗传研究是通过基因多样性的确定和数学模型的建立，对不同年代、不同地域、不同族群，包括正常和疾病人群进行统计学比对，获得重要的遗传学信息，为现代人类起源，蒙古、高加索以及黑人群体的分离年代、形成、迁徙、微进化、流行病及其他疾病的分布、发生及演变提供了科学依据（Barreiro et al.，2008）。围绕人类疾病展开的群体遗传研究是在群体水平上探讨基因变异与人类健康和疾病的关系，寻找一个或多个可能与某种疾病相关的未知基因以及风险组合；了解疾病谱和药物反应性的群体差异，促进疾病群体预防和个体化治疗。进入21世纪以来，随着基因组测序和分型（genotyping）技术以及基于大量人类单核苷酸多态（SNPs）关联分析群体遗传理论和模型的发展，为人口健康研究带来了空前的机遇，提供了强有力的科技支撑。在大量突变基因信息基础上，我们有望诠释不同复杂疾病可能的分子遗传机制，从而在药物研发、靶标寻找、个性化给药和诊疗方面得到革命性的发展。同时新一代廉价高通量测序技术的发展，基于大量个体的基因组变异扫描不仅可以迅速锁定影响疾病的基因组变异，也可以锁定由于DNA甲基化等表观遗传学差异导致的病变，也为个性化医学的发展提供了前所未有的可能。

动物、植物群体遗传研究是利用分子标记技术和DNA序列数据探讨动物、植物群体的遗传多样性和遗传结构、连锁不平衡水平和影响因素及其种群的变迁历史、基因进化的遗传学动力等重要的科学问题。深入了解栽培/驯化物种及其近缘野生种以及珍稀濒危动植物的 DNA 多态性及分布方式及其进化机制，为物种保护、野生物种的驯化栽培、动植物濒危的机制、重要基因的挖掘、分子育种以及动植物资源的可持续利用等提供理论指导和基本策略。

九、整合遗传学

整合遗传学是在组学水平上通过多学科交叉方法研究基因功能与性状和生命系统特征的新兴学科。基因是决定生物体所有生命功能的分子基础，表型是生物体生命活动的最终表现形式。整合遗传学要求联系基因型和表型的过程与分子机制之间的整合、多角度实验方法的整合、大规模实验数据与各个层次生命调控网络的整合、实验研究与理论探索之间的整合、功能研究与生物建模之间的整合、遗传学与系统生物学、数学、统计学等学科间的整合等。其目标是通过计算生物学整合模拟来揭示复杂生命现象的遗传规律，在尽可能接近真正生命复杂系统的基础上，最终建立对遗传变异与性状之间的因果关系的预测和解释的理论基础（Bhalerao，2009；Cucca et al.，2009；Kaznessis，2007；Sagoo et al.，2009）。

20 世纪分子遗传学的研究主要集中在模式生物个体发育重要性状、农作物重要农艺性状和人类疾病相关基因的分离、克隆与功能等方面的研究，在认识单基因性状的分子遗传基础方面有了重大突破。然而，许多遗传性状和疾病机制是通过多个基因，甚至多个基因与环境的协同作用控制的，从单个基因入手进行研究很难得以解决。以人类基因组为代表的多个物种基因组测序工作的完成和生物芯片等高通量研究手段的广泛应用为遗传学的研究开拓了新纪元。目前，近百种真核生物、千余种微生物的全基因组序列测序工作已经或接近完成。以焦磷酸测序技术为代表的新一代测序技术的产生和广泛应用使得低成本、快速、高通量的测序方法成为可能并得以推广，从而产生了大量基因组、转录组、甲基化组等数据，并且推动了代谢组、蛋白质组、相互作用组和表型组等组学研究的迅速发展。这些全基因组数据的产生使人类对遗传规律的认识上升到了一个全新的水平——从全基因组学水平来认识单个基因的功能和多基因之间的互作网络，也就是要从细胞生命活动和生命系统出发来认识基因功能和表型之间的关系（Sauer et al.，2007），这是整合遗传学产生的基础。另外，对于以遗传学为基础的分子育种研究，改变单个基因的表达或功能往往不能满足对一个复杂农艺性状的改良和优化。因此，对整个性状全面系统的考虑是今后分子育种的关键所在。基因组层面上的工作涉及对多个基因、多个重要农艺性状的全面分析，可将多个育种分子模块合理组装，建立以分子育种模块体系为基础的分子育种体系，以此提高育种效率，在动植物新品种培育领域取得突破性进展。相对于经典遗传学和分子遗传学，整合遗传学不仅是研究方法的进步，更是人类认知水平的飞跃。整合遗传学的发展，将在观念上改变人类对基因型与表型之间的因果关系的认识，对人类健康和农业生产将产生极大的促进作用。

近年来，国际上一些遗传学研究利用系统（system）研究的手段在发现重要功能基因、研究物种进化规律、构建基因调控网络等方面都取得了一些突破性的成功。由此可见，整合遗传学已经展现出了强大的优势，可以更好地认识生命活动规律，将成为现代生命科学的中心和动力。尽管我国的生物学家在整合遗传学研究方面也取得了一定成绩，但我国整合遗传学研究才刚刚起步，整体研究队伍还非常薄弱。由于整合遗传学在现代遗传学研究中占据越来越重要的地位，不加强整合遗传学的研究，我国遗传学就会脱离现代生命科学发展的主流。

综上所述，整合遗传学在生命科学中具有极其重要的战略地位，在我国生命科学学科发展中的地位亟待加强。

第二节　遗传学的发展规律与发展态势

从孟德尔 1866 年发表《植物杂交试验》一文，明确提出植物性状的遗传规律——分离规律和自由组合规律，到 1900 年这两个重要规律的再发现，为遗传学的诞生和发展奠定了基础；从 1910 年摩尔根提出染色体是基因载体的概念，到 1953 年 DNA 双螺旋结构的发现；从 20 世纪 60 年代单个基因的克隆，到 2000 年模式植物拟南芥和 2003 年人类基因组序列的完成；从单个基因表型的分析到系统生物学的兴起，过去 140 多年里遗传学研究经历了不平凡的发展历程，取得了巨大的进步。特别是当代各种组学手段的应用，生物信息学和计算生物学的发展，遗传学已从对单个性状遗传规律的研究发展到在全基因组水平上对细胞生命单位和生物个体遗传规律的探索。

传统遗传学的研究主要基于孟德尔遗传规律来描述某种特定性状或疾病的发生方式，并从基因水平进一步阐明。一个基因、一个蛋白质和一个性状的研究模式已经不能适应现代遗传学发展的需要。各种组学方法的建立正是受基因组学发展的驱动。高通量、系统性、交叉性是现代遗传学研究方法的特征。就研究策略而言，一般分为"自上而下"或"自下而上"两种。前者是针对某一表型，通过正向遗传学方法探究其分子机制；后者是针对某一感兴趣的基因，利用反向遗传学方法，进一步了解其功能与表型的关系。由于生命现象的复杂性，往往需要采取简化的研究策略，但正确认识生命现象又需要整合遗传学的思路和实验体系。归纳起来，遗传学发展呈现以下特点和规律。

（一）基因组结构与功能的研究是遗传学发展的基础

在人类基因组计划完成之后的几年中，后基因组时代已经越来越显现出规模化、系统化的特点。自 1982 年以来，世界上最大的生物数据库——美国的 NCBI（National Center for Biotechnology Information）的数据量每 18 个月就要增加一倍。大规模、高通量已经越来越成为生命科学研究手段的一大趋势，由此产生了基因组学、转录组学、蛋白质组学等组学研究领域，并决定了本领域研究需要将生物技术、信息技术、数学建模充分结合的交叉学科特点。生物信息学、计算生物学等衍生学科的发展，为基因组学数据的研究提供了大量方法和工具。与刚刚兴起时相比，得益于技术的不断突破和方法学的逐渐成熟，当今的组学研究已经基本覆盖整个系统生物学的研究体系，涵盖了"中心法则"的各个层次，包括新物种的序列鉴定、基因组注释及比较基因组；多个体重测序为基础的群体基因组学分析；转录组学；表观组学；宏基因组学；蛋白质相互作用网络构建等。

以大规模数据产出为特点的模式，改变了传统生物学研究方法中由点及面的研究方式，从关注于某个具体问题发展为从更整体的角度进行研究，从假说导向转为了数据导向，同时也决定了其大科学、大平台的发展路线。在"十五"、"十一五"计划期间，得益于我国在该领域的大力投入，依托一批大型科研项目的开展，在国内已建立起一批具有国际水平的基因组学、蛋白质组学研究平台，培养出一批优秀的科研工作者，并启动或完成了一些有重大国际影响力和科学意义的大型项目，如第一个亚洲人二倍体基因组"炎黄一号"，水稻、家蚕、血吸虫、熊猫、黄瓜等动植物基因组测序和人类肝脏蛋白质组计划等。

（二）表观遗传调控是遗传机制研究的新兴领域

表观遗传学研究不涉及 DNA 序列改变的、稳定且可遗传的基因表达变化或表型变化，其主要研究对象包括：DNA 修饰（DNA 甲基化）、组蛋白修饰（组蛋白甲基化、乙酰化、磷酸化、泛素化等）、染色体重塑和非编码 RNA 等。

由于核酸修饰和蛋白质的翻译后修饰广泛的存在于生物体内，因此这一领域的发展规律与研究特点是"由大到小，由粗到细"，即先利用先进的生物信息学技术、基因组学、蛋白质组学技术完成核酸和蛋白质修饰位点的预测和鉴定工作，再通过现代分子生物学技术和遗传学技术对具体修饰位点进行功能分析，进而逐步解析组蛋白和 DNA 修饰在染色体上的动态调控规律及生物学功能，并深入研究表观遗传调控规律在有丝分裂和减数分裂中的遗传机制，以及（干）细胞增殖与分化的作用机制。

（三）解密非编码 RNA 是遗传学研究的新方向和新挑战

回顾 RNA 研究的历史，每当 DNA 研究取得重大突破后，都会出现一个 RNA 研究的高潮。1953 年 DNA 双螺旋结构的解析掀起了在 RNA 转录和翻译水平解读遗传信息的高潮；1977 年断裂基因的发现促进了 RNA 转录后加工的研究；20 世纪 90 年代 RNA 可以单独具有酶活功能的发现展示了一个十分诱人的"RNA 世界"（RNA world）。特别是 2001 年人类基因组计划的完成推动了转录组的研究，使人们认识到在高等生物细胞中有一个巨大的尚未被完全发现的"RNA 世界"，从而使 RNA 组学研究成为后基因组时代的科学前沿。

因此，我们可以归纳出以下几个发展规律、研究特点和研究趋势：①以高通量基因组测序为引导的各种类型新非编码 RNA 的系统发现和鉴定；②以研究 miRNA 和 siRNA 等小非编码 RNA 的生物合成和功能为主导的各种类型非编码 RNA 新功能的发现；③以筛选和鉴定非编码 RNA 基因表达调控和发挥其功能的蛋白质为热点的研究发展趋势；④以开发和完善更有效的生物信息学方法为手段的，研究蛋白质与编码 RNA/非编码 RNA 相互作用调控网络为目标的系统整合生物学研究的出现和快速发展（Genocker，2010；Mattick，2009；Wang et al.，2009；Zaratiegui et al.，2007）。

由此我们可以看出，高等生物细胞中"RNA 世界"的再发现，将从一定程度上进一步完善传统的基因概念和"中心法则"。绝大部分的基因组转录产物是非编码 RNA，非编码 RNA 的种类和数量远超过蛋白质，在细胞中与 DNA 和蛋白质一起形成高度复杂的生物大分子调控网络。尽管非编码 RNA 分子不翻译成蛋白质而以 RNA 的形式发挥其生物学功能，但是非编码 RNA 从产生、加工、成熟、发挥功能乃至质控降解等代谢的各个环节都离不开与其相结合的蛋白质的参与。因此，要解读非编码 RNA 的功能需要找到它的结合蛋白。最终，能够解析出细胞内由 RNA/DNA 和蛋白质共同参与的信息调控网络。

（四）分子细胞遗传学透视 DNA 到染色体的行为

染色体是基因的载体，对基因和基因组结构与功能的全面认识离不开对染色体的研究。细胞遗传学研究的核心是染色体，旨在揭示：①染色体结构和变异的规律；②染色体结构变异对生物性状表达和生物正常生长与发育影响的机制；③染色体在营养和生殖生长过程中复制和传递的规律；④外界不良环境（如射线和有毒物质）对染色体结构和功能的影响机制；⑤染色体数目、结构和功能在不同物种或同一物种不同生态型间的演化规律。

传统细胞遗传学研究主要依赖染色体染色和分带技术来识别染色体和判断其结构状况。但随着分子生物学和基因组学的发展，新的细胞遗传学技术，如荧光原位杂交、基因组荧光原位杂交、比较基因组杂交以及微阵列比较基因组杂交应运而生，并得到了很好的应用，从而使细胞遗传学研究的精度上升到单个基因、局部或整条染色体以及整个基因组水平，催生了分子细胞遗传学。目前，分子细胞遗传学与基因组学研究相互交叉和渗透，在全面揭示基因-染色体-基因组系统关系中发挥了必不可少的作用。分子细胞遗传学技术的发展和应用也极大地促进了人类和动物遗传疾病的诊断以及动植物染色体工程研究的进展。

临床（医学）细胞遗传学是研究染色体的解剖结构、病理变化与相关疾病的一门细胞遗传学分支学科，是人类细胞遗传学在产前和产后遗传诊断的主要组成部分。尤其是近年来快速发展起来的肿瘤细胞遗传学，已经广泛应用于肿瘤的诊断、治疗和预后评估。从1953年建立细胞低渗处理技术到1956年人类正常体细胞46条染色体的确定，奠定了临床遗传学的基础。此后逐步发展的不同染色体显带技术使得染色体核型分析逐步成为染色体病诊断的常规技术。随着分子生物学技术在细胞遗传学领域的应用，建立了荧光原位杂交技术、光谱核型分析、微阵列比较基因组杂交等技术，并广泛应用于染色体微小缺失综合征、肿瘤细胞DNA拷贝数变异的诊断，大大扩展了临床遗传学的应用范围。临床细胞遗传学是现代实验诊断学的重要组成部分。此外，临床细胞遗传学与定位克隆技术、深度测序技术等的结合，为新的致病基因的发现提供了更快捷的手段。

进入21世纪，分子细胞遗传学研究已呈现出以下特点。

1）与基因组学、细胞生物学研究的渗透交叉日益深入，互相促进的力度日益加强；

2）分子细胞遗传学手段的应用将进一步促进人类和动物遗传疾病诊断以及动植物染色体工程技术的完善；

3）对染色体结构和变异机制的认识日益深入，人为操作染色体的能力逐渐加强；

4）对染色体数目、结构和功能在不同物种或同一物种不同生态型间演化规律的研究日益深入，推动人类对物种起源和演化规律的认识。

（五）细胞质遗传学是一个传统和具有挑战性的研究领域

细胞质遗传学归属于非孟德尔遗传学，其基本现象发现于一个世纪前的1909年。随着线粒体和叶绿体 DNA 的发现和基因测序的完成，线粒体和叶绿体的内共生起源学说得到了强有力的支持，同时人们对线粒体和叶绿体基因组在真核细胞生命活动中的作用形成了飞跃性的认识。虽然线粒体和叶绿体基因组只编码少数的线粒体和叶绿体蛋白质，但这些蛋白质均以亚基的形式与细胞核编码的其他亚基组成酶蛋白复合物。这个现象说明线粒体和叶绿体在进化过程中将它们原始基因组的绝大部分转移至细胞核，继而与细胞核形成了一个共进化和互作的关系。从这些知识中可以看出，细胞质遗传学并不是一个独立发展的学科。它的进步受到了近代的基因组学、蛋白质化学、蛋白质组学和分子遗传学等领域研究的大力推动。

细胞质遗传学在 20 世纪及 21 世纪初得到了重要的发展，但其基本现象的分子调控机制尚未得到诠释。例如，人类目前还没有获得调控母系遗传的相关基因。在以往的实验研究中，人们始终没有得到线粒体和叶绿体母系遗传的突变体，说明非孟德尔遗传调控机制的复杂性。因此，细胞器基因组遗传方式的调控机制不仅是细胞器遗传学领域的核心课题，也是一个具有难度和挑战性的课题。目前，两系遗传物种的基因组测序已获得进展，高通量的基因表达分析技术也趋于成熟。在这些重要的生物信息和实验技术平台的支持下，细胞器遗传的调控机制研究将可能在近期内获得重要的突破。

（六）发育遗传学阐释基因如何决定性状

发育是遗传信息（基因型）与内外环境因子相互作用，并逐步转化为表型效应的过程。生物体的任何性状都要通过发育才得以表现。一般而言，多细胞生物的发育是从单细胞受精卵经过细胞增殖与分化逐步成长为多细胞成熟个体的过程。狭义的发育主要是指胚胎发育，广义的发育则还包括胚后发育，即涵盖生物体从"生"（受精）到"死"的所有阶段。发育遗传学以基因或性状为切入点逐步揭示从基因到性状的发生过程与机理，本质上就是从基因的结构与功能出发阐释个体的组织器官形态发生的动态过程与机制（Bhalerao，2009）。由于发育遗传学研究领域的综合性和学科交叉的鲜明特点，合适的实验材料和研究方法成为推动这一领域发展的关键力量。

个体的遗传属性决定其性状发育的模式。个体通过发育逐步表现出它的物种属性与个体特征。从遗传学角度来说，发育是基因按照特定的时间与空间进行程序化、选择性表达的过程。基因的有序表达使细胞得以有序分裂与分化，进而使个体得以生长与成熟。"程序化的发育"受控于"发育的程序"。性状产生的根本原因是基因之间以及基因与环境之间的相互作用。细胞是基因发挥作用的基本单位，也是性状发育的基本单位，发育体现为细胞的增殖、分化与死亡。基因通过决定细胞的"性状"来实现对个体性状的控制，遗传与发育在细胞水平上得到统一。从分子、细胞、组织、器官到个体多层次、综合性解读发育现象将是未来发育遗传学的一大趋势。

正向遗传学与反向遗传学研究手段是发育遗传学研究的有力工具，发育机制研究借此取得了一个又一个重要突破。果蝇和线虫的大规模化学诱变筛选技术、小鼠和果蝇的基因定点打靶技术、RNAi等都已成为发育遗传学领域的常规研究技术。如果没有这些遗传学手段，很难想象今天我们对性状发育机制的认识会是什么情况。目前直至未来，遗传学作为一种研究工具依然会发挥其不可替代的作用，同时，随着人们对发育机制认识的加深，还会不断有新的技术创新。近两年发展起来的人工锌指核酸酶介导的基因定点突变等新的基因组操作技术大大扩展了基因打靶技术的应用范围，必将再一次打开发育遗传学研究的新局面。

虽然不同的模式生物之间在大小、形态、生活习性等方面相差悬殊，但是它们的发育机制存在很大的保守性，即它们在基本的遗传学基础方面具有可比性。每一种模式生物各具特色，从不同的角度丰富了人们对发育机制的认识。果蝇是最早用于发育遗传学研究的经典模式动物，它在阐明形态发生因子、早期胚胎体轴决定、体节发育、同源异型转换、基因转录的层级调控等方面显示了惊人的优势；小鼠由于是哺乳动物，并且具有完善的基因敲除与条件性基因敲除技术，令其他模式动物望尘莫及；线虫在细胞谱系追踪、细胞凋亡等方面的贡献功不可没；斑马鱼由于结合胚胎学与遗传学研究的独特优势越来越受到人们的青睐；拟南芥则开创了植物发育机制研究的先河。随着新技术的出现与研究的不断深入，这些模式生物将在未来继续为发育遗传学研究带来更多新的认识。同时，各种模式生物之间相互借鉴、取长补短也将是未来发育遗传学研究的另一个发展趋势。

发育的遗传机制既存在相当程度的保守性（共性），同时也表现出鲜明的特异性（个性），这不仅体现在不同的物种之间，而且也体现在同一个物种内不同的个体之间，以及同一个个体内不同的组织器官之间。在 DNA 测序技术飞速发展的今天，多个物种甚至同一个物种内多个个体都已完成基因组测序，而且越来越多的不同物种和同一个物种的不同个体的基因组信息将会被加速破解，这为人们在全基因组范围内全面分析、比较不同层次的发育机制的保守性与特异性提供了全新的研究平台。因此，通过全基因组序列与时空表达谱的比较与分析，在组织、器官、个体、物种等不同层次上研究发育机制的保守性与特异性成为新时代发育遗传学研究的又一个发展趋势（De Robertis，2008）。这些研究包括以下层次。

1）同一个物种内发育机制的保守性与特异性。相似的组织器官（起源相似、位置相邻、结构相近、功能相关）的发育机制比较，正常发育（生理性发育）与异常发育（病理性发生）机制的比较，胚胎期组织器官的从头生成与成体组织器官的更新、修复与再生机制的比较，不同个体的个性化发育机制比较；

2）不同物种之间发育机制的保守性与特异性。不同物种共有组织器官发育机制的比较，特有组织器官的发育机制研究等。

此外，动物克隆与干细胞研究技术近几年得到了惊人的发展，这使得人们有可能将体内组织器官发育机制与体外模拟的组织分化与器官形成过程相互参照，从而实现对细胞命运的主动干预，这将对组织工程与器官移植带来深远的影响。

（七）进化遗传学揭示物种起源与进化的奥秘

传统的进化生物学与现代基因组学相结合是现代进化遗传学研究的突出特点。随着现代基因组学的发展，进化基因组学、比较基因组学和进化发育遗传学（Evo-Devo）等新兴学科应运而生。达尔文《物种起源》中"动物和植物在家养下的变异"一章所涉及的人工驯化问题近年在动植物中都取得了令人瞩目的进展。特别是随着新一代测序技术的发展，利用重测序技术从全基因组学水平上研究人工驯化成为趋势。新基因的起源和进化从研究单个基因深化到了对整个基因组和新基因功能的研究（De Robertis，2008；Zhou and Wang，2008）。比较基因组学从对少数物种、个别基因组区域的比较分析发展到选择具有较为清晰的系统进化关系的多个物种（如整个果蝇属或者稻属）进行全基因组序列比较，从而开展动植物基因组进化的研究。进化生物学和发育生物学的结合催生了进化发育遗传学这一新兴学科，该学科在近年也取得了长足的进步（Hamilton，2009）。另外，基因组学和传统的生态学、群体遗传学的结合也将为进化遗传学开辟新的研究领域和研究方法。进化基因组学、比较基因组学等新兴学科赋予了进化遗传学新的内涵。

进化基因组学通过处于不同环境下相近物种的基因组内涵的变化来揭示基因组与环境的相互作用。目前的研究手段往往是通过芯片为基础的比较基因组杂交、嵌合芯片杂交或者基因组测序等对相近或相同物种不同个体的基因组进行比较，发现基因组中哪些基因发生了改变，并试图把这种改变与环境适应性相连接，从而阐明物种起源和演化的基因组机制。此类研究将从对模式生物的研究扩展为对处于不同生物地理近缘物种的研究，也可作为揭示濒危物种濒危机制的一种研究方法。

（八）群体遗传学是研究种群遗传行为的基础

群体遗传学是从时间和空间上去考察遗传及环境对于动植物种群和人群等的影响。它应用数学和统计学的方法研究群体的基因频率和基因型频率变化、影响这些变化的选择效应和突变作用以及迁移和遗传漂变与遗传结构的关系，以此来再现生物进化的机制，为动植物育种、人类疾病等研究领域提供重要的科学依据。群体遗传学研究遵循 Hardy-Weinberg 平衡理论对相对稳定的物种进行生物特性评估和监测，对于偏移平衡的现象受环境、疾病、融合、迁移以及其他自然选择压力的影响进行科学监控和提示。

随着分子生物学技术手段的不断升级和群体检测位点的增加，特别是芯片技术和高通量测序技术的应用，使人类对物种群体细微结构的比较成为可能。同时，古代 DNA 和现代 DNA 的研究并举，使直接、准确而科学地描述物种间遗传关系以及进化的时空变化，重现祖先物种的演化历史成为现实。近年来的研究方法已经从过去简单的血型、酶和蛋白质多态性检测升级为分子序列的直接比对，不仅功能基因、还有重复序列以及大量的病毒感染造成的差异序列的比对都对人群的重要群体迁移和进化特征予以了精确定性。

从分子生物学技术的发展规律讲，群体遗传学也同样在今后会有更多更简便、经济和精确的检测方式，取代过去的检测方式。可以预期，随着新一代测序技术在群体遗传学研究的应用，比较基因组研究方法的进一步深入开展；基因组重测序与转录组、数字化表达谱、小 RNA 和甲基化等测序技术相结合，将会带来革命性的突破，推动整个群体遗传学研究向前发展。基于不同物种群体遗传学研究结果的比较，结合个体识别和进化生物学证据，可以预期将有一个崭新的分类学科——分子分类学诞生。人们对物种的分类鉴定不再基于过去形态学的分类，而是从分子进化和分化的近缘关系中确定物种的关系，为物种的认知和分类提供一个更加精确的方式。

随着新一代基因组测序技术的发展，全基因组测序成本大幅下降，使得应用测序技术在基因组水平上比较种间和亚种间变异、现代物种和古代物种间的差异以及生物个体间差异成为可能。例如，对不同物种和个体基因组序列差异的比较，有利于从群体遗传学水平阐明物种个体差异的遗传基础及相关性状基因的鉴定。个体基因组测序将产生大量的序列数据，如何实现基因组序列的组装和有效鉴定个体基因组的变异，并发现基因组变异与特定性状的关系，将是未来群体遗传学面临的重要课题之一。

全基因组水平关联分析（GWAS）是近年来利用群体遗传学方法发掘常见复杂疾病致病基因的重要方法（Cucca et al.，2009；Sagoo et al.，2009；Sauer et al.，2007；Weiss，2010）。危害人们健康的主要是那些发病率高、致病性严重的复杂疾病，如糖尿病、高血压、冠心病、肿瘤、帕金森病、阿尔茨海默病等。这些疾病的致病基因的发掘中，要保证统计学要求的可信度所需的最小群体；其次需要在全基因组水平进行关联分析，寻找高风险的基因型或等位基因。类似项目的实施中，通常是利用 SNP 基因芯片，测试大样本，获得海量数据，利用群体遗传学方法发现与疾病相关的基因，再进行功能研究。

物种的起源、演化、动植物的人工驯化历史经历了一个从古到今的长期的时空演变过程。以往的群体进化关系的研究是基于现代物种间的遗传结构横向比较推论古代物种的遗传结构、进化过程，而缺少纵向的、不同进化年代上的比较。分子生物技术的不断发展把化石也变成了群体遗传学研究的材料。直接对不同历史年代、不同地域的物种进行研究，并与现代物种进行时间和空间上的系统比较，将能更直接、准确而科学地描述物种间遗传关系以及进化的时空变化，进而重现祖先物种的演化历史。因此，现代物种和古代物种的遗传特性研究具有互补性，对人类跨越"时代的鸿沟"，直接探索人类及动物过去的遗传特性二者均是不可或缺的。这一研究使得人类将进化的"残片缺环"用分子生物学的手段"焊接"起来，让人们在当代生物学原点上既可看到过去，又能展望未来。这项科学研究在人类更加关心我们从何而来、向何处发展的重要问题方面，予以科学家一个不可多得的研究利器。

动植物重要经济性状相关基因的筛选将是今后相当长一段时间内的主要战略任务，其研究方法和研究规模都与过去有了很大的不同。从比较基因组的层面筛选与性状紧密关联的基因，分析其在选择过程中的基因/基因型频率的变化对于认识基因的选择和进化过程，进而建立基因与性状的关联，业已成为一种主要的研究方法。在动植物群体遗传学领域引入高通量的基因分型手段和先进的统计分析方法的时期，锁定引起变异的主效基因，构建性状分子辅助选择的理论技术体系将逐渐成为主流研究。

在未来几年，围绕人类疾病展开的群体遗传学研究，集约化建设高通量基因组分析（包括测序和信息分析）平台将是一个我国面临的必然任务，在理论上如何处理和分析海量数据也提出了新的挑战，需要新的人才、新的理论、新的项目和基金组织的支持方式，需要摈弃生物学中传统的单一课题组的研究模式，建立大型的协作研究机制。我国庞大的医学样本和研究队伍有望使我国在未来的健康医学研究中取得国际领先地位。在理论研究方面，需要大量精通统计学和生物学的复合型人才，突破传统的小数据量的群体遗传学研究模式，创立崭新的、有效的群体基因组学理论模型，从而有效地锁定致病基因。在大量突变基因信息基础上，我们有望全面诠释各个复杂疾病所有可能的分子遗传机制，从而在药物研发、靶标寻找、个性化给药和诊疗方面得到革命性的发展，使医学得到全面革新。

（九）复杂性状遗传基础的阐明是遗传学研究的热点和难点

在物种的自然（或人工选择）群体中，复杂生物性状通常呈现连续变异，而且这些变异还会因生存环境的改变而发生更为丰富的变化。人类多基因复杂性状疾病是最常见的疾病，发生率通常占人口数的2%～10%，并且有着高死亡率和高致残率，如常见的心血管疾病、肿瘤、糖尿病等。神经系统疾病和精神疾病造成的危害也非常严重。据统计，我国一年自杀的案例超过20万例，实际上其中有许多是心理和精神性疾病导致的。生命现象虽然复杂，但其认识过程往往是因繁就简的研究策略，即通过建立简单的实验体系来解析复杂现象的发生规律。就细胞而言，需要对细胞各组成部件逐一解析其组成成分、组装方式，然后了解其动态变化，从而在整体水平了解细胞的功能，这也是合成生物学的研究基础。复杂性状也是如此，简化的策略可以通过在相对简单的模式生物中去研究，如酵母、线虫、果蝇等；也可以通过研究某种性状的极端情况的家系，以单基因性状的模式来研究。例如，身高是一种复杂性状，如果某一家系出现极端个矮，即侏儒症的家系，通常符合孟德尔遗传规律，可以通过定位候选克隆策略来发现与身高相关的基因。人乳腺癌基因 *BRCA1* 和 *BRCA2* 基因的发现正是这一研究策略的成功范例。基因组学的发展也为复杂性状的研究提供了新的手段，全基因组关联分析是目前研究复杂性状的一种常用方法。

（十）整合遗传学是遗传学发展的必然趋势

整合遗传学是随着"后基因组时代"的到来而产生的。其核心是利用系统研究的方法，从整体的角度发现重要功能基因，阐明基因表达调控、代谢调节、蛋白质相互作用等网络的组成和动态变化情况，发现决定重要性状的关键基因，解释物种进化规律，构建电脑模拟的细胞或生命体模型等（Cucca et al.，2009；Sauer et al.，2007）。整合遗传学主要包括以下特点。

整合遗传学注重整体性研究。传统的遗传学研究大多仅针对细胞内的个别基因、代谢产物或蛋白质，而整合遗传学的研究对象则是细胞内某一时期表达的全部基因、代谢组或蛋白质组及其互作网络等对某一生命活动的动态调控规律。

整合遗传学的产生和发展离不开各种新的研究手段的应用。测序技术的发展推动遗传学研究进入了"后基因组时代",并且产生了生物芯片技术;生物芯片技术的普遍应用又推动了基因组学、转录组学、蛋白质组学的发展;新一代测序技术的诞生又为各种组学研究提供了新的平台,从而大大提高了数据产生的速度;基因敲除和 RNA 干扰技术的发现使准确、快速地研究基因功能成为可能;基于全基因组的关联分析可以比传统的图位克隆方法更加快速、有效地发现控制复杂性状的重要功能基因;生物学信息学和系统生物学的产生与发展提供了分析各种组学数据的方法与手段,并使从整体和网络的角度研究遗传现象成为可能。

整合遗传学的主要技术平台为模式生物及其饱和突变体库、基因组学、转录组学、蛋白质组学、代谢组学、相互作用组学和表型组学等。基因组学、转录组学、蛋白质组学、代谢组学分别在 DNA、RNA、蛋白质和代谢产物水平检测和鉴别各种基因变异对生命复杂系统的调控。相互作用组学系统地研究各种分子间的相互作用,发现和鉴别分子机器、途径和网络,构建类似集成电路的生物学模块,并在研究模块的相互作用基础上绘制生物体的相互作用图谱。表型组学是生物体基因型和表型的桥梁。

理论或假说的提出和建模过程是整合遗传学研究的两个重要阶段。因此,整合遗传学是建立在经典遗传学、分子遗传学、组学、系统科学和计算数学等基础上的一门交叉科学。整合遗传学研究的核心就是两种"整合":一是研究单个基因与性状关系的经典遗传学与基于生命系统复杂性的现代系统生物学之间的整合,二是基于模式生物的实验生物学与理论科学,如数学、系统科学和计算科学的整合。整合遗传学是在细胞、组织和生物个体水平研究基因及其互作网络与表型的关系,是一个逐步整合的过程,由单个基因或分子的鉴别到多基因相互作用的研究,到途径、网络、模块及它们之间的动态关系的发现,以及生物学验证,最终完成对整个生命活动遗传规律的认识。

计算生物学是实现"整合"的必要手段。计算生物学在整合遗传学中的应用主要可分为知识发现和模拟分析两部分。知识发现也可称为数据挖掘,是从实验生物学包括各个组学实验平台产生的大量数据和信息中发现隐含在里面的规律并形成假设。近年来大量新型实验数据的出现也对计算生物学提出了新的挑战。因此,开发实用、高效的计算方法和软件来分析遗传学相关数据也是整合遗传学研究的一个重要方向。模拟分析是基于实验或计算挖掘所获得的数据信息及基因、蛋白质等的相互作用关系,用计算机构建基因表达调控和蛋白质相互作用等的网络模型,从而对某些生物元件的功能做出预测,对实验设计提供一定的指导作用。并在此基础上,进行细胞、组织、器官甚至生物体的计算机模拟和模型构建,研究模型在不同条件下的动态变化情况,最终形成可用于各种生物学研究和预测的虚拟系统。

总而言之，整合遗传学是基于经典遗传学、分子遗传学和组学，结合数学、系统科学和计算科学而形成的综合交叉学科，其特点就是整合，其目标是从整体和系统水平认识生命活动，并实现对生命基本单位——细胞和生物个体的分子改良和工业设计。

第三节　我国遗传学的发展现状

现代遗传学受到基因组学发展的驱动，在多个方面都取得了许多重要的突破性成果。近年来，随着大量海外杰出人才的引进和我国在遗传学传统优势领域的人才队伍建设，国家科技投入的逐年增加，推动了我国遗传学多个领域的发展，取得了许多具有原创性和重大国际影响的研究成果，为现代遗传学的发展做出了贡献。我国遗传学研究在人才队伍和基因组解析等方面形成了相当的规模，在基因组学和功能基因克隆等领域处于世界领先水平。

一、基因组和功能基因研究

近年来，基因组技术与科学研究成果在遗传学、医学领域内的应用不断推广和加深。例如，人类基因组计划、人类基因组单体型计划（HapMap）的实施，很大程度上帮助人们认识了人群之间差异、各类疾病的遗传基础，也为从分子水平解决这些科学问题和实际问题提供了新的思路。随着 HapMap Ⅱ 期和 Ⅲ 期数据的公布，基于基因芯片技术的全基因组关联分析对复杂疾病相关位点的研究与过去的 20 年相比取得了非常大的进展，但其局限性也十分明显。随着新一代测序技术的广泛应用，大量物种的基因组数据将会在未来几年中被测定，形成海量的基因组数据。如何从科学意义和国家需求出发，有效选定测序的物种并解读海量基因组数据，阐明各种生命过程中的一系列重要问题，成为未来10 年中生命科学所面临的一项重大任务。2008 年，第一份完整的亚洲人二倍体基因组的发表，标志着以东亚人群（中国人群）为主要研究对象的群体遗传学研究的全面展开。同年，堪比当年人类基因组计划的"国际千人基因组计划"宣布启动，将根据测序和分析结果绘制一份迄今为止最详尽的、最有医学应用价值的人类基因组遗传多态性图谱。这一图谱以其前所未有的高分辨率，极大地降低了复杂疾病，如糖尿病、高血压等疾病研究的门槛，将革命性地推动医学基因组学研究的进步，在可以预期的将来全面提高人民生活健康水平。

随着新一代测序技术的应用和海量数据的整合分析技术的提高，通过对患病个体基因组的测序，已成功鉴定出一些新的致病基因，开辟了疾病基因发现的新途径，从而有别于以往常用的图位克隆、全基因组关联分析等方法，也在一定程度上克服了小家系或患病个体少的家系不便于连锁分析的缺陷。由于多数致病基因位于编码基因的外显子区域，而外显子序列约占全基因组的 2%，对患病个体的外显子俘获后进行测序，将进一步减少测序和数据整合分析的工作量。该方法也已成功鉴定出致病基因。这是目前疾病基因组学的重要进展和发展趋势。

人体生理代谢和生长发育除受自身基因控制外，人体里共生的大量微生物的遗传信息对人体的免疫、营养和代谢等也起至关重要的作用，菌群结构的改变与失衡也与各种疾病的发生有紧密联系。人类共生微生物的研究已经成为国际科学研究力争取得重大突破的重要领域之一，欧盟、美国、日本以及我国的科研人员相继启动了宏基因组方向的大型国际合作，如 MetaHIT，人类宏基因组计划，通过对人体内所有共生的微生物群落进行测序和功能分析，最终在新药研发、药物毒性控制和个体化用药等方面实现突破性进展。从整体来讲，我国的宏基因组研究还处于起步阶段。如何充分利用我国的特有优势参与国际竞争，加快人类、动物和环境宏基因组研究步伐，是需要我们认真思考的问题。

蛋白质组研究进展十分迅速，不论基础理论还是技术方法，都在不断进步和完善。在基础研究方面，近两年来蛋白质组研究技术已被应用到各种生命科学领域，如细胞生物学、神经生物学等。在研究对象上，覆盖了原核微生物、真核微生物、植物和动物等，涉及各种重要的生物学现象，如信号转导、细胞分化、蛋白质折叠等。在应用研究方面，蛋白质组学将成为寻找疾病分子标记和药物靶标最有效的方法之一。在癌症、阿尔茨海默病等人类重大疾病的临床诊断和治疗方面蛋白质组技术也有十分诱人的前景，目前国际上许多大型药物公司正投入大量的人力和物力进行蛋白质组学方面的应用性研究。在技术发展方面，蛋白质组学的研究方法将出现多种技术并存的特点。除了发展新方法外，更强调各种方法间的整合和互补，以适应不同蛋白质的不同特征。

另外，以上组学技术与其他学科的交叉也将日益显著和重要。特别是，蛋白质组学与其他大规模科学，如基因组学、转录组学、生物信息学等领域的交叉，所呈现出的系统生物学（system biology）研究模式，将成为未来生命科学最令人激动的新前沿。

在基因组学和功能基因研究方面，我国科学家继参与完成 1% 的人类基因组测序以来，相继完成了水稻、黄瓜、家蚕、血吸虫、熊猫等基因组的测序，并承担 10% 国际人类基因组单体型图（HapMap 图）的绘制，"炎黄一号"计划的完成标志着我国基因组学研究进入个体基因组测序的时代。同时，利用图位克隆方法发现了一批控制重要农艺性状和人类遗传疾病的关键功能基因。在人类遗传学方面，克隆了人短指（趾）症基因、斑秃基因、白内障基因等。在植物遗传学研究方面，继水稻分蘖基因 MOC1 被克隆以来，我国科学家在植物功能基因研究方面取得了重要进展。克隆了多个控制水稻株型和穗粒发育的基因；在植物育性调控方面先后克隆了控制配子型自交不亲和反应的花粉因子、水稻细胞质雄性不育基因和恢复基因、广亲和基因、杂种不育基因和配子体发育关键基因；在作物抗逆遗传机制方面，克隆了重要的抗盐、抗稻飞虱基因；另外在水稻家养驯化遗传方面，克隆了多个与水稻生长习性、生理代谢及籽粒发育有关的基因等。这些原创性研究结果，受到了国内外同行的高度关注。特别是水稻功能基因组研究，自交不亲和和性分子遗传机制、水稻细胞质雄性不育与恢复的分子遗传机制的阐述，为人类深入认识这些遗传现象提供了科学的解释。

二、表观遗传调控的分子机制

由于染色质修饰显著地影响组蛋白的细胞功能和生物学功能，寻找和鉴定组蛋白修饰方式和位点的研究工作成为表观遗传研究的一个重点，以致于 Brian Strahl 和 David Allis 于 2000 年提出了与 DNA 系列密码相对应的"组蛋白密码"学说。该学说认为组蛋白修饰可以构成比 DNA 系列更丰富的信息，调节染色体功能，从而决定表观遗传现象。

DNA 甲基化修饰也是重要的表观遗传信息，可以调节基因印迹、基因沉默、异染色质形成、基因转录等重要细胞功能，参与动植物正常发育以及疾病和产量等复杂性状的形成和发展。最近发现 DNA 甲基化可以受到氧化成为氧化的 DNA 甲基化修饰，推测 DNA 可能受到不同的修饰。

要揭示染色质修饰的生物学意义，就需要研究其修饰酶和效果因子的作用，因此，染色质修饰的表观遗传学的研究内容主要是：组蛋白密码的组成、组蛋白密码的建立和维持、组蛋白密码的识别、DNA 修饰的组成、DNA 修饰的建立和维持以及组蛋白修饰、DNA 修饰以及小分子 RNA 代谢在肿瘤和重要作物农艺性状形成中的作用，同时，基于质谱和生物信息学的组学研究也是重点发展方向之一。

在表观遗传学领域，我国学者进行了多项开创性探索。研究了 DNA 复制过程中核小体的分配模式，证明了常规组蛋白 H3-H4 四聚体以全保留方式分配，结束了近年来在此领域的争论。并且首次发现含组蛋白变体 H3.3 的 H3-H4 四聚体的部分半保留分配模式。该项工作对于理解表观修饰的继承性有重要意义；在干细胞研究领域，我国科学家将 iPS 细胞转入四倍体囊胚，成功获得完全由 iPS 细胞分化而来的小鼠，证明了 iPS 细胞的全能性；发现 Wnt 信号通路对果蝇肠道干细胞自我更新的意义；发现重要的表观遗传抑制复合物 Nurd 和 Lsd1 之间的相互作用，并证明 Lsd1 在乳腺癌发生过程中有重要作用；在植物中阐明了小分子 RNA 分拣的规律，受到了国内外同行的关注；此外，鉴定了多项包括组蛋白甲基转移酶和去甲基化酶等表观遗传调控中重要的修饰因子和识别因子，阐明了它们对动物、植物生长发育和基因组稳定性调控的机制；相继完成了包括全基因组 DNA 甲基化分析等多项表观组学研究；阐明了 DNA 甲基化在影响动物、植物发育和人类疾病发生中的作用。

三、非编码核酸的结构与功能

尽管近年来国内外研究者在非编码核酸的系统发现方面做了大量工作，发现了 miRNA、piRNA、hsRNA 等一些新的非编码 RNA 种类，但是目前我们能够鉴定的非编码核酸仍仅为其总数的冰山一角，对大部分非编码核酸的种类和功能仍一无所知。继续采用生物信息学和实验生物学相结合的方法系统识别和注释各种生物中的功能非编码核酸仍然是未来几年内遗传学研究的主要内容之一。

对非编码核酸结构的解析是了解其表达调控机制的前提。目前的研究热点包括：在对功能非编码核酸进行基因组定位的基础上，进一步分析其结构及其与基因组中邻近的其他基因（包括编码基因和非编码基因）之间的功能关系；对于和宿主基因一起转录的非编码 RNA，重点分析它们与宿主基因的共表达及加工成熟机制（包括选择性剪接等）；对于独立转录的非编码 RNA 基因，分析其基因组成及与蛋白质编码基因的相似性，包括启动子序列、转录起始位点、是否含有内含子序列、加工成熟过程及机制等，寻找非编码 RNA 基因特异的上游调控元件，为非编码 RNA 基因的表达调控机理研究提供线索和思路；此外，围绕非编码 RNA 代谢的关键点，着重研究它们的加工与成熟、转运与定位、质控与降解等的分子机制，取得成果既可推进基因组 DNA 转录及其产物功能的深入研究，又将促进相关的细胞生命活动规律及重大疾病机理等研究。

非编码核酸的调控包括两个方面的内容：对非编码核酸自身的调控和非编码核酸对其作用对象的调控。对非编码核酸自身的调控包括转录因子结合位点的暴露与隐藏、不同顺式作用元件在参与基因表达调控时的选择原则、非编码 RNA 的转录调控等。非编码核酸对其作用对象的调控可以在 DNA、RNA 或蛋白质水平，通过非编码核酸自身的序列、二级或三级结构、或介导其他核酸或蛋白质起作用。很多非编码 RNA 是通过与各种蛋白质形成复合物而发挥作用的，因此寻找和鉴定非编码 RNA 的结合蛋白并研究其功能是阐明非编码 RNA 作用机理的前提。筛选鉴定非编码 RNA 结合蛋白，有助于探讨非编码 RNA 与蛋白质相互作用的分子机理及生物学功能，最终有望构建细胞内由 RNA 和蛋白质共同参与的信息调控网络。鉴于非编码核酸在控制基因组稳定性、关键基因表达、细胞分化与个体发育以及疾病发生等方面的重要功能，解析非编码核酸自身的调控机理和发现其调控对象已经成为遗传学研究的一个热点。

在非编码核酸研究方面，我国科学家也做了很多重要的原创性工作。例如，在线虫和水稻等物种中发现了大量长的非编码 RNA，在多个原核、真核生物和病毒中系统地进行了 miRNA、siRNA、piRNA、snoRNA 和反义 RNA 等非编码核酸的预测和发现，阐明了一些物种中参与非编码 RNA 产生的关键蛋白质的功能，研究了一些非编码 RNA 的功能，并阐明了 let-7 等非编码 RNA 在影响个体发育和肿瘤发生中的作用，构建了非编码核酸数据库和植物 miRNA 数据库等数据资源，发现了着丝粒特异组蛋白的新功能，以及将 miRNA 干扰技术应用于棉铃虫防治等。

四、发育的遗传基础

发育遗传学涵盖的研究领域非常广泛，在此仅就近年来几个突出的新领域的研究进展与动向扼要概述。首先，动物克隆与干细胞研究如火如荼。通过体外添加关键因子诱导体细胞实现重编程，回到干细胞的未分化状态，进而再对其进行定向诱导分化。iPS 细胞的诱导成功引发了干细胞研究的"旋风"（Mattick，2009；Graf and Enver，2009）。这些成果不仅对发育遗传学研究具有重要的理论意义，而且对于药物筛选、疾病治疗、组织器官再生、组织工程、器官移植等方面具有不可估量的应用价值。在这一领域，人们不仅发现了新的因子，更耐人寻味的是，人们还陆续发掘出为人所熟知的一些因子在其中扮演重要角色。未来这一领域的发展方向之一将集中在提高重编程的效率与扩大可诱导分化的组织范围。其次，出现了一些新的生长点：蛋白质稳定性的调控给发育机制研究增添了新的视角；一些看家基因也会对发育过程产生特异的作用；衰老与长寿的调控因子再次受到关注；性别决定的分子机制不断有新发现；植物发育的机制研究逐渐崛起；胞外基质与细胞微环境的作用越来越受到重视。上述种种进展都与模式生物的贡献密不可分，斑马鱼的研究更为用遗传学手段研究早期胚胎发育的分子调控机制与细胞增殖与分化增添了新的可能性。此外，近几年传统的组织器官发育机制研究进一步确认了同一个信号通路能够参与不同的发育过程，不同的发育事件采用相似的信号通路；同时，多个信号通路参与调控同一个发育过程，形成复杂的基因表达调控与信号网络（如胞内调控因子与胞外信号分子协同作用）。这些调控因子之间的相互作用，以及信号通路之间的相互作用将依然是发育遗传学研究的主流之一。最后，新技术与新方法的建立也依然对发育遗传学产生至关重要的促进作用：通过锌指核酸酶（ZFN）技术得到基因敲除的大鼠令人鼓舞，通过深度测序在单细胞水平分析 ES 细胞以及小鼠早期胚胎的基因表达谱必然会对发育遗传学的研究带来深远的影响。

在发育遗传学领域，我国学者近几年在诸多方面取得了原创性的成果。改进了小鼠以及人类胚胎干细胞、人类 iPS 细胞自我更新与定向诱导分化的方法与效率，鉴定到脊椎动物早期胚胎发育的重要调控因子及其作用机制，发现了肿瘤发生的新的遗传因子与分子调控机制，揭示了最早、最简单的细胞分化形式——蓝藻的异型胞分化与图式形成机制，系统阐述了水稻花药发育和花粉形成的关键基因及其网络调控机制，揭示了脊椎动物造血细胞分化、血管新生以及胰腺与神经等组织器官发育的一些关键因子与作用机制，初步建立了多种模式生物（拟南芥、线虫、果蝇、斑马鱼、小鼠）资源库与研究技术平台，进行了几种模式生物的大规模遗传诱变与筛选，为后续可持续发展奠定了良好的基础。

除此之外，我国在遗传操作技术，如叶绿体转化，多基因组装，无标记遗传转化，猪、牛、羊的遗传转化等方面取得了明显进步，利用 PB 转座因子在世界上首次创立的高效实用的哺乳动物转座基因系统，大大加快了哺乳动物包括人类基因功能的研究进程。

五、核质互作的分子机制

由于线粒体和叶绿体编码的基因数量于细胞核相比十分有限，人们在遗传学飞速发展的 20 世纪的主要关注点在于孟德尔遗传学。从事细胞质遗传学研究的实验室和研究人员屈指可数。进入 21 世纪后，细胞器基因组在真核细胞生命活动中的作用逐渐得到了认识。除了上面的知识以外，不断出现新的重要研究成果的报道。

细胞质雄性不育是一个广泛用于作物育种的细胞质遗传性状。由于具有重要的实用价值，其遗传学背景的研究自 20 世纪 80 年代起引起了国际遗传学界的关注。我国学者于 2006 年首次成功地破解了水稻 Boro II 型细胞质雄性不育及恢复的分子机制，在细胞器和细胞质遗传学研究领域实现了重要的突破（Wang et al.，2006）。动物线粒体的母系遗传取决于受精时雌雄配子线粒体 DNA 的比率。同时，实验发现精细胞线粒体内膜上的抑制素发生特异性的泛素化，推测该泛素化为受精卵进一步识别并消除来自父方的线粒体提供了识别的靶点。

叶绿体基因组在被子植物中呈现较高比率的两系遗传。实验发现该两系遗传出现于被子植物系统发生的中后期，而早期的被子植物和单细胞植物衣藻均呈现叶绿体基因组的母系遗传。该结果显示非孟德尔遗传方式由两系到母系的进化可能发生于真核生命形成的初期，而被子植物中的两系遗传则可能是一种新的反向适应性进化（Zhang and Sodmergen，2010）。

以往人们认为母系遗传杜绝父系细胞器基因组在有性生殖过程中的传递。以拟南芥和烟草为材料的实验结果表明，父系叶绿体基因组在母系遗传植物中以较低的频率遗漏到子代。这一结果为叶绿体基因组基因工程操作的环境安全性评估提供了必要的信息。在线粒体母系遗传的被子植物中，实验发现精细胞的线粒体 DNA 数量下调至不足一个拷贝；而线粒体两系遗传植物的精细胞的线粒体 DNA 数量则上调至数百个拷贝。该结果显示被子植物的线粒体基因组母系遗传很可能受到雄配子线粒体 DNA 数量的决定性调控（Wang et al.，2010）。

六、物种演化的遗传机制

基于生物形态特征的达尔文进化论告诉我们，所有生物都有一个共同的祖先，生物进化是变异与自然选择的结果，但仍有许多问题有待回答，如决定形态特征的遗传发育途径及其进化规律是什么？在进化过程中基因组发生了怎样的变化？基因组进化与个体形态特征进化的关系又是怎样的？生物界形态的多样性或适应性进化的遗传规律又是什么？遗传发育途径/基因网络的保守性和生物多样性之间是如何协同进化的？代谢途径的进化与环境适应之间的关系怎样？家养驯化等人工选择对动植物进化的作用如何？这些都是进化生物学中重点研究的演化-发育问题。比较基因组学的研究是回答这些问题的关键。近年比较基因组学研究发现，一方面，一些基本的遗传发育途径是非常保守的，如 Hox 基因决定动物体节发育的遗传调控途径是非常保守的。同时，基因丢失可能是动物形态特征快速进化的遗传学基础。例如，在脊索动物和鞭毛虫中都普遍存在的 Wnt 抑制因子 Dkk、sFRP 和 BMP 拮抗分子 Noggin 在线虫和果蝇基因组中不存在，说明它们在进化过程中丢失了。另一方面，自然选择的前提是基因突变的存在，影响生物发育进化的主要有以下几种突变：①调控基因时空表达模式的顺式调控元件（包括增强子、启动子等）的丢失、获得和突变；②改变蛋白质结构和功能的结构性突变；③基因重复；④基因缺失等。现代分子遗传学技术的发展，有可能对不同门纲的代表物种进行全基因组测序，同时可以在全基因组水平来检测物种的基因突变和变异，这就为研究发育进化的遗传规律奠定了基础。可以想象，人们对演化-发育的认识将会有一个大的飞跃。

新一代基因测序技术的发展，使得在基因组水平上比较种间和亚种间变异、现代物种和古代物种间差异以及生物个体间差异成为可能。例如，水稻品种间、亚种间、种间和基因组类型间基因组序列的比较，将有利于揭示基因组进化的规律，也有利于优异农艺性状相关基因的挖掘。同样，对不同人群和个体基因组序列差异的比较，有利于从整合遗传学水平阐明人类个体差异的遗传基础及鉴定复杂疾病基因。不同地域、不同历史年代人类群体遗传结构的异同点的比较，为进一步研究古代及现代人类遗传结构、进化过程及迁徙模式提供分子生物学依据，同时还为现代人类起源的研究提供重要依据。

多年来一直认为物种中新遗传元件特别是新基因的产生作为一种较大的突变应该是生物新功能、新表型起源进化的一种重要方式。从生物进化的纵向看，新基因的不断产生是生物进化中的一个普遍事件，如支原体只有570多个基因，大肠杆菌有4000多个基因，而人有2万多个基因。显而易见，生物复杂度的增加和新功能的出现往往伴随着新基因的产生。关于新基因起源的机制，通过分析大量基因特别是年轻基因，目前已基本阐明了新基因起源进化的各种分子机制和一般模式，包括基因重复及后续分化、逆转座、水平转移、外显子洗牌和从头起源等（Weiss，2010）。

但是，新的基因和其他新遗传元件出现后，如何实现有适应性进化的功能特征并导致物种的形成和分化目前还知之甚少。在未来的几年，进化遗传研究的一个重要方向就是把遗传、发育和进化有效地整合起来，即阐明遗传的改变如何参与有机体内部的通路，影响个体发育并付诸长期的自然选择而形成新的生理和表型性状，并最终导致新物种的形成。这其中，自然也包括了生殖隔离形成和维持的遗传和分子基础。可以说，今后几年将是比较彻底地解决物种形成和进化遗传分子机制的重要机遇期，有望把达尔文以来生命科学的研究推到新的高度。

在进化遗传学方面，我国近两年在家养动物的人工驯化、生物遗传突变机制、动植物的适应性进化、新基因的起源和进化、植物的比较基因组学和基因组进化、水稻杂种不育/亲和性的分子基础、水稻驯化相关基因的分离以及中国人群起源等研究方面都取得了重要的进展。我国科学家根据家蚕和野桑蚕的大规模重测序数据，成功获得驯化对家蚕生物学影响的基因组印记，分析出354个蛋白质编码基因在家蚕驯化过程中起到重要作用。通过生物信息学技术对人、黑猩猩、恒河猴、小鼠、果蝇、水稻和酿酒酵母等不同类别生物的基因组序列进行的比对分析，学者提出了"Indel诱导自发突变机制假说"（Tian et al.，2008）。我国科技工作者在新基因的起源和进化的分子机制研究中取得了突出的成绩。在动植物的适应性进化的研究中，在南极鱼适应极端寒冷环境的分子机制、蝙蝠视觉进化的新机制、植物 F-box 基因序列分化的多种模式等研究中均取得了可喜的进展。在植物的比较基因组学研究方面，如在稻属的比较基因组学和基因组进化以及葫芦科基因组着丝粒进化研究方面也取得了重要的进展。我国学者成功克隆了控制水稻的杂种不育/亲和性的基因。

七、群体遗传学研究

我国是世界上人口最多的国家，充分、准确、深入地了解我国各民族、各人群的遗传结构以及与疾病发生，发展相关的遗传学信息，对于中国人群特有疾病的防治、人民体质的提高、深入了解中华民族的源与流以及现代人的起源等各个方面，都有十分重要的意义。随着我国人均寿命的延长，近20年来许多非传染性的、多发的慢性疾病已经十分常见，严重威胁人们生命健康，成为迫切需要解决的重大问题。困扰人类的常见疾病，如心血管病、代谢性疾病和神经退行性疾病等往往是多基因病，要确定引发这些疾病的遗传原因并最终找出有效的治疗方法，往往要基于大样本量的人类群体遗传学分析。传统上，为增强寻找突变基因的分辨率，往往得基于庞大家系的分析。但是很多疾病很可能是个体特异的突变所致，突变的基因也很可能是不同的基因甚至不同的通路，而且家系的资源毕竟有限。令人鼓舞的是，近年来，随着基因组测序和分型技术以及基于大量人类单核苷酸多态关联分析群体遗传理论和模型的发展，基于无关人群的疾病基因鉴定工作正在如火如荼地进行。在未来几年，新一代廉价高通量测序技术将会得到更大发展，基于大量个体的基因组变异扫描不仅可以迅速锁定影响疾病的基因组变异，也可以锁定由于 DNA 甲基化等表观遗传学差异导致的病变，也为个性化医学的发展提供了前所未有的可能。

我国是世界上植物种类最丰富的国家之一，也是全球很多重要农作物和经济作物的起源及驯化中心之一，充分、准确、深入地了解栽培物种及其近缘野生物种的遗传结构以及相互关系的遗传学信息，将为我国的种质资源保护、重要基因的挖掘、野生物种的驯化栽培、分子育种和植物资源的可持续利用等提供理论指导。随着拟南芥、水稻、杨树等物种的全基因组测序的完成，以及更多的粮食作物、经济作物部分基因组测序结果及 EST 序列的陆续发表，人们对这些物种的遗传多样性及其分布、基因的起源、演化、分类等方面的规律有了一定的了解，但仍待进一步的深入研究。可以预期，随着新一代测序技术在植物群体遗传学研究的应用，以果蝇、人类为研究对象的群体遗传学研究先进方法的借鉴和导入；比较基因组研究方法的进一步深入开展；新一代重测序基因组学研究在分子育种中的应用；基因组重测序与转录组、数字化表达谱、miRNA 和甲基化等测序技术相结合，将会带来革命性的突破，推动整个分子育种研究向前发展。

利用分子生物学手段对古代 DNA 的研究和解析方面，群体遗传学的理论和实践都予以了十分重要的帮助。在动植物种群当中，群体遗传学的研究和应用揭示了人类群体的古代文明起源和流向，同时表明了中国文化遗产史记等大型著作中不曾记载过的历史事件。古代 DNA 的群体遗传学和现代人群及动植物的研究在解密人类文明起源、植物起源以及家畜家犬等动物驯化年代以及地点等方面都提供了重要的理论依据。随着古代 DNA 群体遗传学技术的延伸和应用，引发和带动了一门新的生命科学技术——分子考古学。

珍稀濒危动物的 DNA 多态性及分布方式以及濒危机制、动物的驯化和起源等研究是动物群体遗传关注的热点之一。研究影响海洋动物群体遗传结构的因素，阐述海洋动物群体遗传的变化规律，是动物遗传学和海洋科学研究的又一热点和亮点，它的研究将为海洋生物种质资源的保护和合理利用、经济物种的开发、海洋生物的可持续发展等提供理论基础。

在群体遗传学研究方面，我国科学家探讨了中国人群及周边民族人群的源流和人群的迁移与分化规律，为中华民族源流以及大家庭成员的相互间血缘关系的确认做出了十分重要的贡献。同时在中国人群起源（如藏族人群起源）等研究方面也取得重要成果，从分子水平解析了中国不同年代及地区人群遗传结构，填补了我国该学科领域的空白。

八、整合遗传学与复杂性状的遗传基础

随着测序技术的快速发展，越来越多的物种的基因组被测序，目前已有 1000 多个物种的基因组序列完成了序列分析。同时规模化组学平台也越来越普遍，使得我们从组学水平研究基因功能及其与性状的关系正在成为实验室常规手段。随着计算生物学和数学等理论科学与实验生物学的结合，我们对基因与表型的认识更加深入，新模型和新概念不断产生，正在改变人们对生命活动遗传规律的认识。

各种大规模测序技术的应用产生了大量新的基因信息，为研究基因功能、基因与表型的关系和物种进化规律等遗传问题提供了基础。突变体库、全基因组关联分析、大规模基因敲除、计算生物学分析预测等手段的应用大大提高了发现重要功能基因的速度。多物种基因组测序工作的完成极大地促进了比较基因组学和物种进化研究的发展。我国科学家在这些领域也取得了很多重要的研究成果。

对于个体差异而言，单核苷酸多态性的挖掘更加深入。"人类基因组单体型图计划"、"千人基因组计划"、"1001 植物基因组计划"等项目的实施将大大推动功能 SNPs 的发现和研究。另外，DNA 拷贝数变异在引起个体差异和疾病方面的作用也被发现并得到重视，关于片段重复的发现与功能研究已经成为遗传学领域的一个新的热点。

目前，利用酵母、线虫、果蝇、拟南芥、水稻等相对简单的模式生物，人们进行了整合遗传学的研究，涉及代谢途径、药物反应、基因/蛋白质互作网络、复

杂性状的遗传调控、个体发育等的系统整合分析。例如，以酵母为模式生物，研究环境对细胞生长的影响、药物靶标的发现、抗癌药物的筛选以及细胞对药物在基因组水平上的反应等。在高等生物中，应用系统生物学的方法从整体角度研究遗传现象的报道也越来越多，在研究思路、方法、工具、数学模型等方面都积累了很多经验，促进了整合遗传学的学科发展。再如，我国科学家最近利用组学手段对水稻杂交优势进行了整合遗传学研究，加深了人们对这一现象的认识。

越来越多的证据表明，生物体中由单基因控制的性状非常少，大部分表型或生理活动都是由多个基因产物组成的功能模块共同控制的，有些还包括DNA、RNA与蛋白质的协同作用。利用多学科交叉的研究手段、整合不同来源的数据来解析生物体中的功能调控模块是整合生物学研究的一个重要任务。

基因组信息的解析促使人们想了解生命体的最小基因构成这样一个最基本的生物学问题。最近发现，木虱科昆虫内共生菌 *Carsonella ruddii* 的基因组为159 662 个碱基对，只有 182 个基因，是目前发现的最小的染色体。按现在的DNA 操作技术，理论上完全可以进行全基因组设计（genome design）。但是，如果想要构建出对人类有益的生物，简单的遗传信息的组合就可以吗？基因组序列中还蕴含着多少我们未知的遗传信息呢？一方面，以植物学研究为例，已有很多研究证明实验室中通过单基因研究发现的重要功能基因在植物体内过表达时，并不能表现出明显的功能。另一方面，最近关于利用关键转录因子诱导终极分化的体细胞成为多能干细胞的研究证明，细胞的命运并不是不可逆的，3～4个重要的"开关"基因就可以实现这一转变。这一发现在遗传学研究上也是一个重要突破，并且需要我们从新的角度认识细胞分化、器官和组织的形成机制。由此可见，简单的功能基因的组合并不一定能够改良生物体在某一方面的性状。我们在这方面还有很长的路要走。

系统生物学的发展也推动了生物建模的研究。大量组学数据的出现使得构建相对准确、负责的生物模型成为可能。国际上已经有一些研究机构和公司在计算机上开展了模拟细胞、模拟组织和模拟生命的探索。准确的虚拟生物模型的构建是未来系统生物学发展的理想状态，也将具有广阔的、变革性的应用前景。例如，科学家可以在计算机上对模拟生物中的某些基因进行敲除，来判断基因的功能；制药公司可以利用模拟细胞来研究不同化合物的可能药效和对细胞的毒害作用；植物学家可以模拟研究在不同生长时期养分和胁迫条件对植物生长的影响。如果这一愿景得以实现，将改变生命科学的研究方式，大大缩短关键功能基因的发现和药物研发的周期，有助于发现复杂疾病的致病机制与新的治疗途径，加速动植物育种和性状改良，并推动各种相关产业的高速发展。

与其他学科相比，我国在整合遗传学领域的研究才刚刚起步，有待加强。在衰老的调控网络、组蛋白修饰与基因表达调控、白血病分型等方面有很好的尝试。近年来，我国在基因组学领域产生了海量的数据，为整合遗传学研究提供了便利，相信通过基因组学、生物信息学、数学和计算生物学的多学科交叉研究，能够促进整合遗传学的发展。

九、遗传学的资助情况和人才队伍建设情况

长期以来，国家自然科学基金采用项目和人才两大板块并举的资助模式，大力支持基础研究，坚持自由探索，发挥导向作用，较好地发挥了对学科发展的引领作用，在促进学科全面和均衡发展、引导科学家探索科学前沿、培育创新人才和团队、营造利于创新的氛围等方面发挥了重要作用。

在过去的 10 年中，遗传学获得了长足发展。随着国家对自然科学基金项目的投入不断增长，遗传学科的资助规模不断扩大，资助强度不断提高，资助项目数从 1999 年的 65 项增加到 2009 年的 196 项，增长 202%，资助经费由 1999 年的 1780 万元增长到 2009 年的 9044 万元，增长 408%。资助强度面上项目由 1999 年的 13 万项提高到 2009 年的 32 万项，重点项目由 1999 年的 100 万项提高到 2009 年的 175 万项。遗传学科累计资助项目 1105 项，资助经费达 38 741 万元。科学基金在夯实学科基础，促进学科全面和均衡发展中发挥了重要作用。

在规模扩大的同时，资助结构不断优化。在全面和均衡发展的前提下，学科也在不失时机地优化资助结构，大力支持新兴领域发展。例如，20 世纪后期，在基因组学、蛋白质组学、表观遗传学和结构基因组学等诞生之初，学科根据国内外发展趋势，及时调整学科布局，增设新兴领域，启动并连续支持了"1%人类基因组计划'完成图'的绘制"和"中华民族基因组的结构和功能研究"两个人类基因组重大项目，1998 年实施了国内第一个蛋白质组学方向的"蛋白质组及蛋白质动态变化与功能关系"研究重大项目，2003 年在表观遗传学研究领域设立并支持了"卵子发生过程中等位基因特异性甲基化修饰的表观遗传调控机制"、"组蛋白甲基化调控基因表达的机制研究"和"染色质结构变化对哺乳动物胚胎发育命运的调控"三个重点项目，2008 年启动了"细胞编程与重编程表观调控机制"重大研究计划。学科布局的优化以及一批重点和重大项目的实施，使我国在遗传学新兴领域的发展上赶上了时代的快车，为推动这些领域在我国的快速发展发挥了重要的作用。目前遗传学的资助范围除了分子遗传、细胞遗传以及数量遗传等传统和经典的领域外，还包括了基因组学、表观遗传学以及生物信息等新兴领域，并将网络调控和整合研究作为重要的发展方向。

经过 10 年发展，遗传学科人才队伍建设成绩斐然。例如，1999～2009 年，国家自然科学基金委员会遗传学科共资助国家杰出青年科学基金项目 19 项（含外籍杰出青年科学基金项目）和创新群体 8 个，培养和吸引了一批优秀青年科

学家，并为他们展示才华和施展抱负提供了平台。以杰出青年为核心凝聚的创新团队正活跃在基础研究第一线，成为我国参与国际竞争和冲击前沿领域的一支重要力量。

第四节　我国遗传学科的发展布局

遗传学是生命科学的重要基础学科之一，是我国生命科学领域重点发展的一个学科，积极推动遗传学的研究对于研究生命现象的本质有着极其重要的意义。遗传学研究的发展布局必须注重基础和应用研究的结合，重视和加强新技术和学科交叉研究。

以大量物种基因组序列为基础，研究细胞内基因与蛋白质的时空表达，研究生命活动最直接的承担者——蛋白质的结构与功能及相互作用网络，从系统生物学的角度诠释生命现象的遗传规律，加强生物信息学、系统生物学、整合遗传学等学科的建设与人才培养，重点研究染色体和基因组调控规律、复杂性状的遗传规律，重要功能基因的发掘与应用，表观遗传调控等领域，力争取得新突破，加强进化与群体遗传学、基因组演化规律、核质互作的分子调控、整合遗传学等领域的研究。

遗传学研究依赖于模式生物，为了保证遗传学研究的可持续发展，除了制订长期稳定维护模式生物资源与技术平台的规划外，还要鼓励研究技术的创新，根据不同模式生物的特点以及我国的科研优势采取各有侧重、扬长避短的指导原则择优支持，加强遗传资源共享和基础数据库等方面的工作，在单细胞水平基因组表达谱分析、在基因组水平上研究关键基因的组蛋白修饰、DNA 修饰和小分子 RNA 在复杂性状形成过程中的调控网络、干细胞自我更新与定向诱导分化机制的研究上争取有新突破。

遗传学研究必须面向国民经济和社会进步中的重大需求，重点支持在农业、医学、工业和环境等领域围绕国家需求为目标开展的基础研究，努力解决生物安全、食品安全、卫生安全和生物产业发展的深层次基础理论问题，特别关注对我国优生优育与人口健康有重要意义的组织器官（如心血管、血液、肝脏、胰腺等）发育机制的研究，早期胚胎发育机制以及早期胚胎核-质关系的研究，重视重要组织器官发育缺陷与人类疾病模型的建立，重视组织器官再生的遗传基础研究，重视肿瘤等异常发育（病理性发生）的遗传基础研究。

加强对遗传学新技术、新方法以及新的研究模式进行探索研究的支持。在给予模式生物资源与技术平台的长期稳定支持的同时，促进研究模式资源的有效利用、共享与技术的进步与完善。重视人才梯度建设，在造就高水平专业研究队伍的同时，稳定支持建立一支可长期维护模式生物资源与技术平台的技术人员。通过体制和机制创新，培养和造就一流的遗传学研究队伍，实现我国在该领域研究水平的整体提升，做出多项具有重大影响的科研成果。

第五节　我国遗传学优先发展领域与重大交叉研究领域

一、遴选优先发展领域的基本原则

遗传学优先发展领域的遴选坚持"以学科发展为基础，理论创新为核心和重大问题为牵引"的原则，重点支持重要生命现象遗传学规律的研究，为我国生命科学的发展和社会进步做出重要贡献。

二、优先发展领域

（一）基因组的结构特征与规律

目前已经知道不同生物有不同的基因组结构。原核生物基因组序列一般很少包含重复序列、内含子等传统认为的"垃圾 DNA"，而在真核生物中不同门类的生物基因组结构也十分不同，如植物往往重复序列多、基因数目也多，但哺乳动物则是选择性剪切很多，基因数目却远远少于高等植物。植物和低等脊椎动物往往有较多多倍体物种，但在高等动物中基因组剂量似乎受到很大制约。除一级序列差异外，不同物种在染色体结构和调控方式上也有很大不同。目前，对基因组的结构特征和变化规律理解尚十分粗浅，是遗传学研究中的一个十分薄弱的环节。如何深刻理解不同生物基因组的结构特征及其变化规律，是解读海量基因组数据的重要研究方向。虽然线粒体和叶绿体的基因组相对简单，但是我们对它们和核基因组之间如何相互作用以及植物中它们之间的关系也不是非常了解。对基因组结构在三维、四维，也即染色体的结构及其调节的研究，则是理解基因组中遗传信息如何在细胞中存贮、表达和调控的未来热门方向。

重要研究方向：

1）物种的基因组构成模式及其规律；

2）物种基因组的比较和演化机制；
3）非蛋白质编码序列的作用和功能；
4）染色质结构、传递规律和动态变化的规律；
5）染色体结构和传递规律；
6）遗传元件的功能分析及其规律；
7）基因组可塑性的机制；
8）核质互作的分子机制。

（二）表观遗传机制

人类、动植物等的表观遗传机制研究对于全面理解多种生命现象的规律非常重要，也深刻影响着遗传学的深入发展。有关表观遗传的基本规律研究涉及组蛋白不同位点之间、各种修饰方式之间的修饰顺序和协调作用，组蛋白修饰酶蛋白质-蛋白质、蛋白质-核酸复合体，解析各种修饰被解读的机制，以及各种修饰的调控方式和调控网络的鉴定。通过研究组蛋白修饰酶的结构与功能，可以进一步揭示各种组蛋白和 DNA 修饰酶的催化机制，鉴定新的组蛋白修饰方式、位点、修饰酶及其生物学功能，揭示表观遗传标记的分子机制，即重点突破减数分裂过程中组蛋白修饰（变异）是如何被遗传到子代，并鉴定世代交替过程中可传递的信息在何时、如何作为表观遗传标记整合到表观遗传组中。细胞系、动植物模型研究组蛋白修饰酶的生物学功能将有可能揭示组蛋白修饰在外界环境（如光周期、温度、逆境胁迫等）和内部因素（如激素等）作用下对染色质结构的改变、生物学功能并推测组蛋白修饰的生物学意义。

重要研究方向：
1）重要性状的表观遗传机制；
2）DNA 修饰蛋白复合体及其调控机制；
3）组蛋白修饰的机制和规律解析；
4）表观修饰方式的作用机制；
5）DNA 修饰新方式的鉴定及其生物学功能；
6）表观遗传修饰的分子调控网络；
7）非编码 RNA 的结构与功能；
8）干细胞维系和发育的表观遗传机制；
9）杂种优势的表观遗传机制。

（三）基因与环境互作的机制

我国是人口和农业大国，运用遗传学技术服务于生物医学、生物农业、遗传育种、能源与环境等，以满足我国在人口健康、食品安全、新能源与环境保护等方面的战略需求。后基因组时代的主要任务是阐明一批重要功能基因的结构特征及其如何发挥其生物学功能。在基因组已解析的物种中，基本确定了基因的组成，但面对如此众多的基因，首要的任务是选择哪些基因作为重点研究对象。一种比较现实的策略是以重要生物学性状表型入手，解析产生这些表型的基因，近而阐明其发生机制。一方面，以拟南芥、线虫、果蝇、斑马鱼、小鼠等模式生物为基础，以遗传学思想为指导，以遗传学技术为手段，同时，结合第二代高通量 DNA 测序技术、单细胞分析技术，发展多样化的功能基因组研究手段，研究这些性状形成中基因与环境互做的机制。另一方面，强调从我国独特的遗传资源入手，获得一批有重要利用价值和自主知识产权的功能基因，并进行开发和利用，促进我国遗传学基础理论研究与应用基础研究的快速发展。

重要研究方向：

1）人类疾病基因及其发病机制；
2）动植物重要功能基因及其与环境互作机制；
3）生殖与胚胎发育的分子遗传机制；
4）干细胞维系和分化的遗传调控机制；
5）细胞与个体衰老的遗传基础和分子机制；
6）组织器官再生的分子遗传基础；
7）重要性状和表型的分子遗传基础；
8）动植物与微生物互作的分子机制。

（四）物种起源与演化的遗传机制

我国是世界上人口最多的国家，充分、准确、深入地了解我国各民族、各人群，特别是人口相对较少的隔离人群的遗传结构以及与疾病发生、发展相关的遗传学信息，对于中国人群特有疾病的防治、人民体质的提高、深入了解中华民族的源与流以及现代人的起源等各个方面，都有十分重要的意义；同时我国是世界上植物种类最丰富的国家之一，也是全球很多重要农作物和经济作物的起源及驯化中心之一，了解栽培种及其近缘野生物种的遗传结构以及相互关系的遗传学信息，将是我国的种质资源保护、重要基因的挖掘、野生物种的驯化栽培、分子育种和植物资源的可持续利用的战略需求。

重要研究方向：

1）中国人群遗传多样性的起源与演化机理；
2）复杂疾病种群变异规律；
3）物种种群的遗传结构及其演化机制；

4) 动植物种内和种间生殖障碍的分子机制；

5) 家养动植物人工驯化的分子机制；

6) 性起源和决定的机制；

7) 无性生殖的分子遗传机制；

8) 新基因的起源机制。

（五）复杂性状的遗传规律

人类许多疾病都是由多基因变异引起的。动物、植物中大多数重要的经济性状和农艺性状，如产量、品质、抗病、抗逆性等也多为数量性状。深入认识这些复杂性状的遗传基础和调控网络是客观和系统揭示物种生长发育和繁衍规律、准确诊断和治疗人类疾病以及高效培育高产优质耐逆农作物新品种的基础和前提。分离鉴定影响复杂性状的数量遗传位点和关键调控基因是目前解析复杂性状的遗传基础。基因组重测序为全基因组关联分析奠定了基础，把基因组中基因序列改变与复杂性状相连接，揭示从基因到表型的分子机理。各种组学和计算生物学等系统生物学手段在复杂性状研究中的应用越来越多，控制农艺性状和重大疾病的分子模块和遗传调控网络逐步形成，为阐明复杂性状的分子基础提供了可能。

重要研究方向：

1) 复杂性状遗传系统结构的解析；

2) 重要性状的遗传调控机理与网络；

3) 重要性状可塑性和适应性的分子机制；

4) 复杂表型的遗传与演化机制；

5) 生物节律的分子机制；

6) 数量性状的数学模拟与机制；

7) 重要性状分子调控模块的机制。

（六）整合遗传学研究的理论与方法

生命体细胞内各个成分间、细胞与细胞间、组织与组织间和系统与系统间都不是相互独立存在的，而是互作协同或拮抗，以网络的形式共同发挥作用，从而构成了生物体内各种生命活动的物质基础。只有发现生物体内各种网络的组成、相互作用关系和调控规律，才能正确解析各种生命活动现象，为动植物改良和疾病防治开辟新的途径。以模式生物分子遗传学和组学为基础，结合理论生物学、数学、系统生物学和计算生物学手段，在系统水平上研究我国有重大需求的重要农艺性状的遗传基础，发现人类和动物重大疾病的致病基因及其致病机制，并开展设计专用于能源和药物生产的生命体的基础研究。结合我国农业和人口健康的重大需求，建议优先开展以下研究，并逐步完善整合遗传学研究的理论与方法。

重要研究方向：

1）遗传调控网络构建的理论与方法；

2）重要代谢途径遗传调控网络及进化；

3）分子功能模块的发掘及其相互作用的调控网络；

4）遗传和表观遗传调控网络的互作机制；

5）生命活动最小基因组的确定和再设计；

6）细胞生命活动的计算机模拟和动态变化规律；

7）单细胞和微量组织组学检测技术。

（七）重大交叉研究领域

现代遗传学的研究工作大多具有交叉学科的特征，以往的研究多集中于生物化学、细胞生物学、发育生物学等学科的交叉，今后这些学科间的交叉不仅会越来越密切，而且与数学、计算生物学、化学、物理等学科交叉也逐步深入。

重要研究方向：

1）三联密码子的起源与演化；

2）遗传信息染色体编码的规律；

3）遗传"语言"的解析；

4）合成生物学。

第六节　遗传学领域的国际合作与交流

一、国际合作与交流的需求分析

纵观前面论述的遗传学发展的热点和前沿领域，除极少数领域接近国际前沿外，我国多数研究工作处于跟进状态，整体上还远未达到领先水平。基础研究是一项逐渐积累、循序渐进的漫长任务。只有潜心研究、发挥自己的特色和优势，通过积蓄力量，不断创新，才有可能占领某些制高点。通过加强与国外科技先进发达国家的合作与交流，有可能少走弯路，尽快在某些研究领域达到国际先进水平。这种交流与合作的迫切性主要体现在一些重大国际合作计划的参与和组织、人才培养、资源共享及学术交流等方面。积极参与国际重大基础研究合作项目，如我国科学家所参与实施的基因组计划、人体基因组单体型图计划、肝脏蛋白质组计划等，是推动我国生命科学发展的重要工作。经过发展布局的充分研讨，积极组织由我国优秀科学家领衔，联合国际相关领域科学家参与的重大项目的实施。人才交流方面，国外杰出人才的引进，将加强和带动相关领域的发展，因此，应积极推动国家和部门的人才战略计划的实施，在相关领域引进品学兼优的领军人物和杰出人才。鼓励我国科学家，特别是中青年科学家在国外进一步接受训练，掌握相关领域的前沿技术和发展动态。积极推动我国科学家参与重要模式生物研究体系基础数据库的构建，并形成互惠互利的共享机制。加强与同领域科学家的交流，除鼓励参加国际会议外，在我国积极组织高水平的国际学术会议，特别是一些中小规模的专题学术研讨会，并逐步形成有重要学术影响的品牌会议和系列会议。

二、国际合作与交流的优先领域

结合我国相关领域的发展现状和优势，在国际合作和交流中应优先资助的领域有如下五个方面。

1. 重要物种的国际基因组计划和比较基因组学研究

利用国内目前在基因组学研究的优势，选取一批重要物种，主导组织一批国际基因组计划联合体，把国际上相关领域的科学家都召集在这些联合体内。同时积极参与一些国际合作项目的开展，如"千人基因组计划"、生命之树绘制、人体基因组单体型图计划、不同物种（小麦、稻属、棉花、绵羊等）国际基因组计划等。通过这些合作计划的实施，加强我国基因组学的研究实力和影响力，推动和促进比较基因组学、群体遗传学和进化遗传学的合作研究等。

2. 复杂性状的遗传学基础

疾病易感基因通常存在人群和地域的差异，应积极参与国际性合作项目，组建不同的国际联合体，发挥我国遗传资源优势，利用全基因组关联分析等解析复杂性状的遗传学基础。

3. 整合遗传学研究资源共享平台建设

整合遗传学的发展需要很好的规模化的研究平台，只有这样才能产生足够规模的数据，这些数据往往需要多家单位、多个国家的共同努力才能获得，而数据的分析和挖掘又需要研发新的软件和构建新的数学模型。因此，国际合作应整合基因组学、蛋白质组学、系统生物学与计算生物学等研究领域的力量，积极参与跨国研究平台、模式生物数据库的建立，并确保一种切实可行的共享资源和数据的机制。

4. 优先资助杰出人才，实施人才培养与引进并举的人才战略

我国遗传学领域在老一辈杰出遗传学家（如谈家桢先生等）的带领下，经过几代人的努力，已培养和造就出一大批优秀的科学家，他们已成为我国遗传学领域的中坚力量。改革开放以来，持续出现大批优秀中青年学子出国留学的热潮，曾一度出现人才断层的局面。近年来，一批海外杰出人才的引进，充实了我国遗传学领域的人才队伍，使这种情况有明显改善，但仍然面临领军人物较少、团队研究力量薄弱、学科内不同领域发展不平衡等局面。因此，人才引进计划应重点引进学术领军人物、加强我国在统计（数量）遗传学、进化遗传学、群体遗传学等分支领域的人才引进，并逐步形成相关领域的研究群体。与此同时，特别注重我国遗传学领域后备人才队伍的培养，培养一支高素质、多层次的遗传学领域的研究生和本科生队伍，建立或改进基金资助方式，重点加强我国遗传学领域优秀青年人才和博士后队伍的建设。例如，建议在现有国家自然科学基金委员会的国家杰出青年科学基金项目的基础上，设立优秀博士后基金。

5. 优先资助高水平的国际性学术会议

高水平的国际性学术会议对于提升我国遗传学领域的国际地位和影响力具有重要作用。例如，中国遗传学会在 1998 年成功举办了第 18 届国际遗传学大会，为我国学者提供了一个重要的交流平台，也促进了我国基因组学等领域国家级合作项目的开展。应发挥我国遗传学领域著名科学家的影响力，积极举办这类具有重要国际影响的高水平学术会议。同时，建议国家自然科学基金委员会设立一些专项会议基金，鼓励我国科学家领衔主办一些专题学术研讨会，并逐步形成会议品牌或系列，促进遗传学各分支领域的学术交流。

第七节 我国遗传学领域发展的保障措施

（一）资源与平台建设

我国人口、民族众多、分布广泛，遗传资源极其丰富，因此，在中长期规

划中制定关于建立我国遗传资源核心资源库、规范样本收集的相关政策，显得十分必要，必将为我国在今后一段时间内在复杂疾病研究方面取得突破性进展奠定良好的基础。

目前，主流的基因组数据库、蛋白质功能数据库、蛋白质相互作用数据库，以及其他各类专业组学数据库均由欧美几个发达国家的大型研究中心所支持和垄断。大规模组学数据的不断产出，数据发布、共享已经成为一个越来越重要的课题。支持建设大型、综合型生物数据库，并建立相应的标准数据格式，对于我国科学家对公共数据的使用、对我国遗传资源的保护具有重大意义。

由于各类组学均具有大科学、综合交叉及前沿性等特点，未来需要在政策上大大鼓励和促进学科的交叉，集新技术、信息学、规模化功能研究于一体，在系统生物学和整合生物学层次开展研究。应该在国家层面尽快启动遗传学科大平台建设，与国家蛋白质科学平台等形成互补。

随着组学技术运用于具体科学研究的不断加深，各类具有实际应用价值、形成自主知识产权的研究成果急需以合理的方式转向产业化。当以 BT（biotech）加 IT（infotech）技术集成为支撑，以科学发现观和原创为引领，面向大众健康、现代农业、生物能源和环境治理等方向进行布局。在软环境方面要特别重视生物产业的核心知识产权和专利创制，加强对抢占基因战略资源和产业制高点类项目的前期引导和投入。

（二）人才队伍建设

经过国家过去多年在基础研究的投入，我国的科研机构有了比较好的科研硬件基础。同时，在国家和部门人才计划的支持下，在人才队伍方面有了很好的基础。人才队伍的建设与贮备，包括研究生、博士后等新生后备力量和稳定具有一技之长的支撑队伍的工作必须提到日程。在项目实施中建议设立专项人才引进基金，为在该研究领域尽快取得突破性研究成果提供人才保障。

（三）支撑环境的建设

经过国家过去多年在基础研究的投入，中国科学院、教育部所属大专院校等科研院所有了比较好的科研硬件基础，但经费投入缺乏持续性、研究比较分散，因此在环境建设，如资助方式等方面应有所创新。可以考虑与"生殖与发育"、"蛋白质科学"、"转基因新品种培育"等国家重大研究计划联合资助的方式，突破大型设备和人员费用等的预算限制，使得被资助科学家有足够的设施和研究人员投入，保证课题的有效实施。在国家加大对该领域的资金投入和加大项目的支持强度的同时，要根据实际情况增加人员费用的比例，加大用于支持科研单位稳定支撑和高水平博士后队伍的建设，使科研水平得到可持续发展。另外，应考虑支持模式生物数据库的构建和维护，保证数据的收集、共享和标准化。

◇ 参 考 文 献 ◇

Barreiro L B，Laval G，Quach H，et al. 2008. Natural selection has driven population differentiation in modern humans. Nat Genet，40：340～345

Bhalerao K D. 2009. Synthetic gene networks：the next wave in biotechnology. Trend Biotech，27：368～374

Crow J F. 2008. Mid-century controversies in population genetics. Ann Rev Genet，42：1～16

Cucca G，Della Gatta G ，di Bernardo D. 2009. Systems and synthetic biology：tackling genetic networks and complex diseases. Heredity，102（6）：527～532

De Robertis E M. 2008. Evo-Devo：Variations on ancestral themes. Cell，132：185～195

Genocker L G. 2010. Exome sequencing makes medical genomics a reality. Nature Genetics，42：13～14

Graf T，Enver T. 2009. Forcing cells to change lineages. Nature，462：587～594

Hamilton M B. 2009. Population Genetics. Wiley-Blackwell. Hoboken，New Jersey：John Wiley & Sons，Ltd

Kaznessis Y N. 2007. Models for synthetic biology. BMC Systems Biology，1：47

Mattick J S. 2009. The genetic signatures of noncoding RNAs. PLoS Genet，5：e1000459

Moody S A. 2007. Principles of Developmental Genetics. San Diego：Academic Press

Sagoo G S，Little J，Higgins J P T. 2009. Systematic reviews of genetic association studies. PLoS Medicine，6：e1000028

Sauer U，Heinemann M，Zamboni N. 2007. Getting closer to the whole picture. Science，316：550～551

Truelsen T. 2010. Advances in population-based studies. Stroke，41：99～101

Wang D Y，Zhang Q，Liu Y，et al. 2010. The levels of male gametic mitochondrial DNA are highly regulated in angiosperms with regard to mitochondrial inheritance. Plant Cell，22：2402～2416

Wang Z H，Zou Y J，Li X Y et al. 2006. Cytoplasmic male sterility of rice with Boro II cytoplasm is caused by a cytotoxic peptide and is restored by two related PPR motif genes via distinct modes of mRNA silencing. Plant Cell，18：676～687

Wang Z，Gerstein M，Snyder M. 2009. RNA-Seq：A revolutionary tool for transcriptomics. Nat Rev Genet，10：57～63

Weiss S T. 2010. Lung function and airway diseases. Nature Genetics，42：14～16

Zaratiegui M，Irvine D V，Martienssen R A. 2007. Noncoding RNAs and gene silencing，Cell，128：763～776

Zhang Q，Sodmergen. 2010. Why does biparental plastid inheritance revive in angiosperms. J Plant Res，123：201～206

Zhou Q，Wang W. 2008. On the origin and evolution of new genes——a genomic and experimental perspective. J Genet Genom，35：639～648

Tian D，Wang Q，Zhang P，et al. 2008. Single-nucleotide mutation rate increases close to insertions/deletions in eukaryotes. Nature，455：105～108

Zuckerkandl E，Cavalli G. 2007. Combinatorial epigenetics，"junk DNA" and the evolution of complex organisms. Gene，390：232～242

第九章

发育生物学

第一节　发育生物学的战略地位

发育生物学是研究多细胞生命个体的发育、生长、衰老过程的一门科学，力求了解生物个体的配子形成、受精、胚胎的发育、组织器官的发生和形成、个体衰老等过程的规律。生命个体由生物大分子和细胞组成，探索生物大分子和细胞的结构、特性及功能，最终都不能脱离生命个体而认识其规律，因而发育生物学是生命科学中的一个重要分支学科。21世纪，人口膨胀和老年化使人类社会面临健康和食物供应等方面的重大挑战。配子和胚胎发育的异常，是导致流产、出生缺陷、先天性疾病等的根本原因，对发育规律的认识将为诊断、预防、治疗这些缺陷或疾病提供理论依据和解决手段；干细胞生物学将为治疗多种成年期疾病提供革命性解决手段；延长人类寿命的根本出路在于延缓组织器官的衰老，要控制衰老首先必须了解衰老的发生规律；人类食物来自于动植物的组织器官，如何进一步提高产量、改进品质，也有待对动植物的发育规律的深入了解。因此，发育生物学是一门极富活力、不可或缺的学科。

一、早期胚胎发育的研究有利于对出生缺陷的控制

根据生命周期，发育生物学的研究领域一般可以粗略地分为几个大的研究方向，即早期胚胎发育、组织器官形成、生殖发育和衰老。早期胚胎发育是指雄配子和雌配子结合形成的受精卵，通过细胞的快速增殖、细胞运动、细胞分化形成多个胚层（外胚层、中胚层、内胚层）并逐渐构建出个体雏形的过程，它是一个生命体的开始阶段，是后续发育、形成组织器官不可或缺的一步。正是由于早期胚胎的发育过程奥妙无穷，早在2300多年前希腊人就开始了对胚胎的观察、思考。例如，希腊哲学家亚里士多德（公元前384～前322年）通过对

鸡胚和一些无脊椎动物胚胎发育的观察，提出了胚胎发育的先成论和后成论学说。胚胎的早期发育很快，受精后胚胎细胞快速增殖，几乎无分裂间期。早期胚胎会出现多个极性，如前后轴线极性、背腹轴线极性、细胞的内外极性，一些物种中胚胎的极性甚至源自卵母细胞成熟过程中所建立的极性（Davidson and Erwin，2006；De Robertis，2009；De Robertis and Kuroda，2004；Gerhart，2001）。整体而言，早期胚胎发育是一个容易发生异常的阶段，既受内在因素的控制，又容易受外部环境的影响。早期胚胎发育的异常，可以导致流产以及出生缺陷。例如，人类胚胎发育的成功率非常低，据估计高达50％的胚胎在孕妇知道自己受孕前就流产；从胚泡阶段到着床后一周内，约58％的胚胎死亡（流产）。人类早期胚胎的异常发育可以导致胎儿的多种缺陷，如无脑畸形、脊柱裂、先天性脑积水、腭裂、唇裂、唇裂合并腭裂、小耳（包括无耳）畸形、外耳其他畸形、食道闭锁或狭窄、直肠肛门闭锁或狭窄（包括无肛）、尿道下裂、膀胱外翻、马蹄内翻足、多指（趾）、并指（趾）、肢体短缩、先天性膈疝、脐膨出、腹裂、联体双胎、21-三体综合征、先天性心脏病等（Holtzman and Khoury，1986；Moore and Persaud，2007）。据估计，我国每年新增的出生缺陷婴儿达80万～100万。高比例的流产和出生缺陷给家庭和社会带来了巨大的精神压力及经济负担，障碍了人口素质的提高、影响了和谐社会的建立。由于对早期胚胎发育的调控机制了解非常有限，目前还无法做孕前或早期胎儿的全面基因组分析，难以对流产和出生缺陷进行更积极有效的干预。因此，加强对早期胚胎发育的研究，对于预防人类胚胎流产和出生缺陷、提高人口质量有重要的意义。同时，对早期胚胎发育机理的了解对于畜牧业生产力的提高也有重要的意义。

二、组织器官形成机制的研究是再生医学的基础

生命个体经历早期胚胎发育后，开始形成各种组织器官，每一种组织器官执行特定的功能。例如，心脏是保证血液循环最重要的器官，神经系统是控制身体各部分对各种刺激协调反应的重要组织。许多重要组织器官发育的异常，对生命个体都可能是致命的。例如，先天性心脏病、心力衰竭、心肌梗死等是心脏病的主要致病原因，而肾脏衰竭也是全世界面临的最严重的医疗挑战之一。虽然对这些器官的生理学研究有很长时间，对于它们的发育和图式形成等的研究还处于初级阶段。对于这些重要脏器的严重病变，现代医学目前能用于治疗的手段主要是异体器官移植（依赖器官捐献）或者物理性手段（人工心脏或者肾透析等），这些手段目前具有非常大的局限性，在多个方面未达到体内器官的正常功能水平，限制了治疗的效果。例如，因免疫排斥等因素，异体器官移植

可导致接受治疗后的患者的生活质量下降（Atala，2008；Calne，2005，2010）。一些简单的组织或者器官（如皮肤）目前已经在临床上实现了自体移植，缓解了替代组织治疗的供体瓶颈，然而目前尚不能实现复杂器官的自体替代治疗，而这也正是未来再生医学最期盼的突破。加深对组织器官发育规律的认识，将为相关疾病的诊断和治疗提供理论基础和技术支持。此外成体体内器官的再生与早期器官发育有着密不可分的关系。与一些低等动物不同，在通常情况下高等动物（如哺乳动物）成体器官的再生有明显障碍，其机理目前尚不清楚。在高等动物成体中"复制"早期器官发育过程，实现部分损坏器官的再生是人类一直憧憬的目标。因此实现体内器官再生和体外器官再造都必须建立在对器官发生和再生领域基本生物学问题的深入研究的基础上（Atala，2008；Chien and Karsenty，2005）。

三、生殖生物学的研究是治疗不孕不育或出生缺陷的关键

生殖是生命体繁衍后代的一个主要过程，是所有已知生命形式的基本特征。生殖细胞的发生、成熟、精卵识别、受精是生殖过程的主要环节，任何一个环节出现异常都可能产生生殖系统疾病并导致不孕不育或出生缺陷。至 2008 年底，我国的人口数量已经达到13.29 亿，并以每年约800 万的数量递增（相当于瑞士总人口）。尽管我国人口数量在不断增加，但人的生殖机能却呈现出下降趋势，不孕不育症患者数量已达 3000 多万，占育龄人口的 10%～15%，这些对我国政府提出的"2015 年人人享有生殖健康"的人口事业发展目标构成了极大的挑战。为完成这一目标，只能依靠科技的进步与创新，其中生殖与发育的基础研究至关重要。研究生殖细胞发生成熟的分子调节机制以及生殖功能维持与衰老的机理，对于研发安全、高效、简易的节育、避孕新技术、新药具，保证人口安全、生殖健康、提高生活质量和构建和谐社会具有重要意义（Dey，2010）。

四、衰老生物学的基础理论研究是应对社会老龄化的科学之路

衰老是生命个体在性生殖成熟后随时间而自动发生的、渐进性的生理功能逐渐丧失的过程，并最终导致个体的死亡。衰老可以视为个体发育过程的结束阶段，是每一个生物个体的必然归宿。衰老生物学是研究衰老发生和发展过程的机理和规律的科学。研究细胞与器官衰老，尤其细胞衰老是研究个体衰老与老年疾病的基础。老年病种类繁多，表现各异，莫不以相关细胞的衰老为基础（Campisi，2005；Collado et al.，2007）。

人口老龄化是一个全球性的重大社会问题。按照联合国的定义，当一个国家 65 岁及以上的人口超过总人口的 7％时，这个国家则成为老龄化国家。根据这一标准，中国 2001 年 65 岁及以上的人口达到总人口的 7.1％，已经进入了老龄化国家行列，预计在 2015 年后中国的人口老龄化将出现加速，到 2050 年中国 65 岁及以上的人口将达 24.5％，接近总人口的 1/4，而同期世界的平均比例不到 17％。人口老龄化会给国家和家庭带来深刻的影响。在生产上它将改变劳动力的结构，减少生产人员，降低社会生产力，增大生产人员对老年人的供养比；老年人发病率的增加，病程增长，恢复速度慢，导致医疗费用增加，在经济上将给家庭和社会造成极大的负担。在社会老龄化不可避免的情况下，如何使我国老年人群健康长寿，减少疾病发生，延长健康期，缩短带病期，提高老年人的生活质量，实现健康衰老，是衰老生物学的研究目标，也是构建和谐社会、实现社会经济可持续性发展的重要保证。

加强对衰老生物学的基础理论研究是应对社会老龄化的科学之路。衰老研究将从分子、细胞、组织器官、个体水平上研究衰老的基本规律，探讨细胞、组织器官衰老演化的机制，不仅对揭示老年疾病发生与发展的机理，预防老年相关疾病的发生，同时对延缓个体衰老，改善老年人生活质量，实现健康长寿，有效减轻家庭和社会负担，保障社会经济可持续发展等也都具有重要意义。

五、干细胞自我更新和分化的研究有重要的理论和应用意义

受精卵具有分化为各种类型的细胞、形成有各种组织、器官组成的完整个体的能力，这种能力称为全能性。早期发育阶段的胚胎的所有细胞保留了这种全能性，这种细胞被称为胚胎干细胞。随着发育的进行，胚胎细胞开始分化，其发育潜能逐渐变小，不同细胞的发育潜能有所不同，它们为多能性细胞；到成年时，大多数细胞已丧失增殖能力和分化能力，只有部分细胞保留了增殖和分化为某种或某些类型细胞的能力，这些细胞就是目前所称的成体干细胞。因此，胚胎发育和成年组织的再生或修复现象都是干细胞进行增殖和分化的结果。干细胞研究的魅力在于，它不仅具有深远的理论意义同时拥有潜在的临床应用价值。从理论上讲，干细胞研究帮助我们加深对发育生物学中器官发生、个体发生以及癌细胞的控制理论的理解。从应用上讲，干细胞在未来再生医学上具有广阔的医疗前景和潜在的商机，如利用干细胞治疗神经系统相关疾病，如帕金森病、阿尔茨海默病及脊髓损伤；利用干细胞治疗心肌梗死等与心血管相关疾病；此外还可以利用干细胞治疗糖尿病、慢性肝炎等慢性疾病（Aguayo-Mazzucato and Bonner-Weir，2010；Orlacchio et al.，2010；Teo and Vallier，2010）。

由于干细胞在基础研究和应用上的重要价值，自 20 世纪 60 年代以来干细胞

研究一直是生物医学研究中的重要领域。人类生物医学中一些重要的里程碑式的突破与干细胞研究有着密切相关。例如，1978 年英国第一个试管婴儿的诞生（Steptoe and Edwards，1978）；1981 年 Evans 等成功从小鼠囊胚中分离建立胚胎干细胞系（Evans and Kaufman，1981；Martin，1981）；1998 年 Thomoson 等成功地建立了人类胚胎干细胞系（Shamblott et al.，1998；Thomson et al.，1998），以及近年来的 iPS 细胞的研究等（Takahashi et al.，2007；Takahashi and Yamanaka，2006）。这些研究不仅大大推动了生物医学的发展，同时也使干细胞研究一直成为人们关注的焦点。当前，干细胞研究可分为干细胞的离体培养的应用基础研究和在体的基础理论研究两个领域。干细胞的离体培养包括干细胞分离、培养、建系、定向分化及体内移植等，但几乎每个步骤都遭遇一系列瓶颈，其中主要原因是干细胞的命运调控机制不详，因此解析和模拟干细胞在体内的行为及其调控成为当前干细胞研究的关键。

在成体组织中，干细胞的独特能力在于，通过不对称分裂产生具有相反命运的两个子代细胞，一个是通过自我更新，重新产生维持干细胞特性的新干细胞；而另一个子细胞则步入分化程序，进而形成新的组织，或替代生物体中损伤或丢失的组织和器官以维持生命个体的"稳态"。干细胞在体内如何进行精确的不对称分裂，以实现它的自我更新和分化命运抉择？这一基本科学问题的回答一直是干细胞研究者以及发育生物学者关注的焦点。干细胞命运调控机制的研究不仅是干细胞基础研究中核心的课题，同时也是未来以干细胞为基础的再生医学必须突破的瓶颈。虽然成体组织中的干细胞数量极少，但在组织和器官发育及其"稳态"维持以及受伤组织的修复中起着至关重要的作用，因此，干细胞功能的失调可能与许多人类重大疾病发生密切相关，如生殖、神经，免疫等系统的缺陷和病变。癌症干细胞作为近年来一个热门研究领域备受人们的关注，癌症干细胞在概念上可理解为正常干细胞在环境变化下功能失调的一种产物。随着社会的发展，在环境污染、社会诸多压力等因素下，癌症已成为人类健康的头号杀手。随着我国人口进入老龄化，与器官"稳态"失调相关的疾病，如神经退行性疾病等的发病率呈逐年上升趋势，阿尔茨海默病和帕金森病等重要的老年性疾病已成为现代社会和家庭沉重的负担。此外，研究还表明干细胞功能失调可能与儿童的先天缺陷存在较大关系，在我国，智力低下患者就达近百万。这些重大疾病预防和控制将是我国的人口健康和和谐社会发展所面临的严重挑战。干细胞研究将为人类一些重大疾病的治疗和康复提供重大机遇。但鉴于干细胞命运调控机制不清楚，使得干细胞在临床上的应用还需要很长的路要走，因此，在重视干细胞临床应用研究的同时，加强干细胞在体研究无疑具有十分重要的意义。

第二节　发育生物学的发展规律与发展态势

一、发育生物学的发展规律和研究特点

20世纪中叶以前，对胚胎发育的研究尚局限于描述性的研究，开始主要是观察胚胎和组织器官的形态发生变化过程，之后研究胚胎细胞的分裂特性、细胞的运动方式、胚胎局部区域的诱导活性，发现了不同发育命运的胚层的存在；通过胚胎组织的移植实验发现了两栖类胚胎的背部组织中心——Spemann's organizer 的存在（该发现获得1935年诺贝尔生理学或医学奖），并证明在鸟类等其他物种胚胎中也存在类似的背部组织中心；在器官发育方面，认识了鸡胚中血管的分布、鸡肢体发育的基本特点，了解了蝾螈肢体再生的一些规律等。20世纪70年代以来，对较低等的模式动物的细胞谱系进行了更深入的研究，对原肠期前不同区域的细胞的发育命运有了较深入的认识，并取得了重要的发现，如对线虫胚胎细胞谱系的跟踪导致了细胞凋亡现象的发现（该发现获得2002年诺贝尔生理学或医学奖）。20世纪80年代、特别是90年代以来，分子生物学技术逐渐应用在发育生物学研究中，发现了一些基因在胚胎发育中的重要作用，如在果蝇中的诱变研究中阐明了建立早期胚胎的前后轴线、背腹轴线的分子机理（这些发现获得1995年诺贝尔生理学或医学奖）（St Johnston and Nusslein-Volhard，1992）；发现了低等脊椎动物诱导胚层形成和背部组织中心形成的一些关键信号分子（De Robertis，2006；Gerhart，2001）；特别是随着各种技术的发展，对较高等的脊椎动物（如小鼠）胚胎发育的分子调控机理的研究得以展开（Johnson，2009）。进入21世纪后，对胚胎发育的研究重点是从分子水平上深入了解胚层形成和分化、器官发生和再生的调控网络，即逐渐开始了由点及面的过渡。因此，胚胎发育的研究经历了形态描述—分子描述—分子机理三个发展阶段，也可以更粗略地概括为宏观描述、分子机理两个阶段。总体而言，本领域的发展受益于分子生物学、遗传学、细胞生物学等其他生命科学的全面发展，与其他学科的融合加深、交叉增强。

胚胎发育方面的研究具有以下特点。第一，选用合适的模式系统，对胚胎发育的研究需要大量的胚胎材料，因此要求所用的模式动物具有高繁殖力；需要对胚胎进行连续的观察，因而所用的模式动物最好具有胚胎体外发育的特点；需要对胚胎组织进行操作，因此胚胎的体积要合适、有较强的抗感染力；需要进行遗传操作，因而要求模式系统有适于遗传操作的特点。目前常用的模式动

物包括海胆、线虫、果蝇、斑马鱼、爪蟾、鸡、小鼠等，常用的模式植物包括拟南芥、水稻、烟草等。第二，研究的在体性，即用完整的胚胎或局部组织开展研究，而不是对离体的单个胚胎细胞进行研究。第三，强调动态性，即试图理解胚胎发育的连续性、动态性变化过程。第四，强调分子机理的研究，即试图阐明早期胚胎发育、器官发生和再生过程的分子和细胞调控机理，而不是止步于形态或分子描述。第五，多学科交叉性，即为了深入了解发育的分子机理，对早期胚胎和器官发育的研究已经普遍利用其他学科（如遗传学、分子生物学、细胞生物学、生物信息学、数学、力学等）所发展的理论和技术。

配子发生和成熟的研究同样经历了形态学、亚细胞形态学、细胞学体外研究以及有限候选基因的在体表达研究等。这些早期积累使得我们对配子发生的形态学变化过程以及整体水平的激素调控等有了宏观的认识。随着近 10 多年来生命科学的飞速发展，对于配子发生和成熟的研究也进入了新的时代，基因组学、蛋白质组学对配子发生表达谱的筛查揭示了该过程中大量的新基因、新蛋白质的动态变化的情况。基因敲除技术在小鼠动物模型的广泛使用则帮助我们实现了对感兴趣基因的在体功能研究。目前，方兴未艾的组织特异性的条件性基因敲除技术，则进一步帮助我们揭示了重要基因和信号通路在配子发生过程中各种细胞间的分子调控细节。简而言之，对配子发生和成熟的研究已经进入了组学表达筛查到特定基因功能在体研究的时代。

与其他发育生物学领域相比，衰老研究领域更年轻。细胞、组织器官和个体的衰老是一个极其复杂的过程，衰老问题比其他发育生物学问题要更复杂，研究的难度更大，主要是因为衰老发生在生命周期的后期，影响的因素多，研究周期长。从不同的水平和角度可以观察到伴随衰老发生的大量变化，揭示和确认它们与衰老的因果关系是衰老研究中的关键和难点。至今关于衰老的假说有数十种之多，可以说没有哪一个生命现象比衰老有更多的理论与假说。不同学科的科学家、不同的衰老理论分别从不同的分子、细胞、组织器官、系统、遗传、进化、营养代谢的层面来解释衰老现象。尽管各个学说有其合理性，但均不足以回答衰老发生发展过程中的所有疑问，解释衰老发生的机制。随着研究的深入，衰老学界经历了从单一的机制来解释衰老现象到认识衰老是一个极其复杂的多因素综合过程的转变。

细胞是生命活动的基本单位，也是组织器官衰老的基本单位（Campisi，2005；Collado et al.，2007）。组织器官衰老是细胞衰老的延伸。细胞衰老与组织器官衰老相互联系，不可分割。"一切生物学关键问题必须在细胞中寻找"已成当前生物学家的共识，衰老的奥秘只有在细胞的结构和功能中才能找到答案。1961 年美国 Hayflick 博士关于体外培养细胞只能进行有限次数分裂现象的发现成为衰老学上的重要里程碑（Hayflick，1974；Hayflick and Moorhead，1961）。这一现象揭示了个体和组织器官衰老的细胞学基础。近年端粒衰老理论的提出也是衰老生物学的一个重要事件。随细胞分裂而发生的端粒缩短决定了没有端粒延伸机制的正常细胞理论上无法永久持续分裂的分子基础（Oeseburg et al.，2010）。器官衰老，功能细胞数逐渐减少，现有细胞的功能日益降低，成为了老年病发病的共同基础。人类器官或整体性研究存在诸多限制，而模式生物与人类相距甚远。人类细胞复制性衰老模型虽有非整体性的缺点，然而，作为衰老的微观模型，它与动物实验相比，不存在种属差异，操作性强。器官衰老是细胞衰老与个体衰老的连接点，也是细胞衰老研究成果走向应用必不可少的验证过程。不同器官因基本组成单位—细胞的不同，衰老也有先后。例如，人的胸腺出生后不久开始衰老，心脏衰老始于40岁左右，而肝脏衰老发生于70岁左右（Anantharaju et al.，2002；Chien and Karsenty，2005；Ferrari et al.，2003；Steinmann，1986）。可以想象，不同器官的衰老各有特点，机制也复杂多样。细胞与组织器官衰老研究相结合对探讨人类衰老本质十分必要。

如诸多学科和研究领域一样，干细胞研究也经历了从"单一"到"学科交叉"到"融合和相互促进"的发展模式。早期干细胞研究侧重于干细胞的体外分离和干细胞的功能鉴定，如胚胎癌细胞（embryonic carcinoma cells）等。随后，研究涉及胚胎干细胞系的建立、成体干细胞的分离和鉴定等及干细胞的定向分化等。但如前所述，鉴于机制不明，干细胞离体培养的研究遇到了很大瓶颈。十几年来，随着遗传学家和发育生物学家的加盟以及果蝇和线虫等经典模式动物的运用，干细胞在体的研究取得了突破性的进展，如干细胞微环境首先在果蝇中得到证实，随后推广到小鼠等哺乳动物及其他模式动物中（Lin，2002；Voog and Jones，2010）。同样，学科交叉也使得干细胞研究在推动遗传学和发育生物学等学科的发展上发挥着重要的作用。小鼠胚胎干细胞系的建立为小鼠的基因敲除技术的诞生奠定了坚实的基础，基因敲除技术不仅极大地推动了生命科学基础研究的发展（Melton，1994），同时也为哺乳动物干细胞在体研究提供了有力的遗传学工具。此外，干细胞在体的研究理论也在生物医学研究中得到延伸并发挥重要的指导作用，如肿瘤的发生和转移机制研究中涉及的肿瘤干细胞的增殖和分化受到微环境的调控就是当前的热点之一。

干细胞在体研究的特点是运用遗传学、细胞生物学和生物化学等多学科的综合手段来筛选与干细胞命运调控机制相关的新基因，探讨干细胞如何与微环境细胞相互作用、信号交流以及干细胞和分化子细胞发育调控机制。近年来，转录组学、蛋白质组学和蛋白质修饰组学等高通量方法的运用也为干细胞调控相关新因子的筛选和调控机制的进一步解析提供了有力的工具。

二、发育生物学的发展态势

整体而言，发育生物学的研究已经由描述性研究过渡到分子机理研究，而且必将进一步深入到网络调控体系的研究，涉及分子、代谢、能量、力学、定量等的系统生物学研究，以及与疾病和农业生产相关的应用基础研究。

过去的研究发现，在胚胎发育中的胚层形成和分化中起关键作用的信号通路包括经典和非经典 Wnt 信号通路、Nodal 信号通路、BMP 信号通路、FGF 信号通路等，近年来本领域的主要研究方向是发现这些信号通路的新的介导因子和调节因子，研究它们在细胞增殖、迁移、胚层形成和分化中的作用及其涉及的调控网络；研究这些信号通路之间的对话和协同；发现这些信号通路直接的作用靶点及其对发育的影响；阐明信号梯度形成的各种分子机制。在早期胚胎发育中细胞分裂、迁移、分化在不断地动态变化，这些事件是如何偶联的也是有待阐明的重要科学问题。近年的研究发现，染色质组蛋白甲基化和去乙酰基化、包括 miRNA、piRNA 在内的非编码 RNA 等表观遗传机理在发育过程中起重要的调节作用，这些表观遗传修饰在早期胚胎发育中的作用及其机理已受到极大的重视（Ho and Crabtree，2010；Rosa and Brivanlou，2009）。过去的许多关于早期胚胎发育的理论都是从低等模式动物研究中获得的，它们是否也适用于解释高等脊椎动物，如哺乳动物、鸟类的早期胚胎发育规律，目前大多还没有结论。例如，迄今对高等脊椎动物胚胎的精细细胞谱系、前后轴线和背腹轴线建立的机制了解都很有限，对哺乳动物胚胎着床的分子机理了解也很少。此外，将干细胞和胚胎发育结合起来研究越来越多。对胚胎发育的研究进展也依赖于技术的进步和新的研究体系的建立，因此一些重要的新技术、新体系将会不断涌现。

在组织器官发育方面，近年来主要的研究基本上集中在试图阐明早期胚胎中特定组织器官原基是如何决定的，各个组织器官的图式是如何形成的，以及各个器官的稳态是如何维持的等方面。主要的科学问题集中在哪些主要信号转导途径、哪些特定的转录因子参与了器官发育的相关过程，它们是如何相互影响的；在发育过程中，组织器官之间是如何相互影响的等。在研究手段上，主要采用遗传操作和发育生物学技术，并结合分子生物学、细胞生物学、显微成像示踪技术等。此外，在研究器官的维持也就是说器官稳态方面，近年来的研究也有了显著的发展。一个主要的研究方向是分离和鉴定多个器官的成体干细胞，以及阐明成体干细胞与微环境的关系。研究发现，这些维持器官干细胞的信号通路和早期发育中的信号调控有很多相似性，如 Wnt 信号和 Hedgehog 等。干细胞生物学的研究成果为器官发生和再生研究提供了很好的机遇。对于一些相对简单的器官的再造，已经有了令人振奋的进展。例如，通过干细胞等技术已经可以实现皮肤、血液系统、膀胱、前列腺、乳腺等的再造。欧美发达国家一直非常重视组织器官发育与再生的研究，有着长期的积累，因而处于领先地位。近年来在个别领域也取得了突破性的进展，如肢体再生、心脏再生以及再生的分子机制等。此外，在模式系统的选择方面，除了传统的动物模式之外，近年来该领域研究人员也采用了一些新的模式，如涡虫。鉴于器官发育与再生的重要性，亚洲最好的发育生物学研究机构之一———日本理化研究所发育生物学中心（RIKEN CDB）已将器官发育列为今后10年优先发展的两大领域之一。

在生殖发育领域，原始生殖细胞的起源及其迁移和调控的机制、生殖干细胞的建立及其命运决定都是重大的科学问题。近年来通过胚胎期对原始生殖细胞进行在体标记和追踪技术，揭示了原始生殖细胞迁移过程中很多过去鲜为人知的细节。原始生殖细胞分化为雄性或雌性生殖细胞过程中的表观遗传学修饰及基因印迹修饰，也是当前本领域中重要的研究内容。

原始卵泡的形成、卵泡和卵母细胞发育、成熟和排卵涉及大量信号通路的网络调控，这依然是本领域目前的研究热点。通过组织特异性的特定基因敲除技术，使我们对配子发生的机理有了更多的认识，产生了一批与临床疾病结合紧密的重要发现。例如，通过条件性基因敲除技术在卵母细胞内特异地敲除 $Pten$ 基因，会导致小鼠出现大量的原始卵泡激活，引起原始卵泡提前耗竭，这与临床上的卵巢早衰患者的情况极为相似（Reddy et al.，2008）。值得一提的是，关于出生后卵巢中卵子发生的研究在最近的几年中取得了突破性的进展。生殖生物学领域长久以来认为，哺乳动物出生之后，就不会再产生新的卵子。然而，这一教条在近几年内受到了挑战，从2004起，有研究组在小鼠研究中证明出生后小鼠卵巢中存在着生殖干细胞（Johnson et al.，2004），但是在之后的几年中这一观点受到了猛烈地攻击和质疑。在几年的沉寂后，我国科学家2009年再次独立证实"卵巢有能力形成生殖干细胞"（Zou et al.，2009），这一结果重新引起了业界的轩然大波。如果这一结论被业界公认，将改写教科书的重要结论，对生殖生物学科有着重大的意义，将给不孕症的治疗带来新的希望（Abban and Johnson，2009）。在精子发生、成熟的调控方面，目前已经知道存在400多个与精子的发生过程紧密相关的特异基因，近年通过基因敲除小鼠以及睾丸内细胞特异的条件性基因研究，已经发现了很多与临床上男性精子发生异常紧密相关的基因。

生殖细胞功能的维持、衰老与相关疾病的研究逐渐成为了近年来研究的热点，女性生殖周期的启动（月经来潮）与结束（绝经）与众多生殖相关疾病及其他疾病（如心血管病变、激素依赖性肿瘤、骨质增生等）有重要的关系。最近通过全基因组范围的大规模测序分析，获得了一批与生殖周期启动和终结密切相关的基因位点。此外，由于全球环境的改变，生殖细胞质量与环境因素的关系也得到了越来越广泛的关注。

衰老生物学的研究和理论也从整体宏观发展到微观水平。近年来，得益于分子生物学、细胞生物学等领域的飞速发展，衰老分子生物学研究得到了深入与拓展。微观水平上的分子、基因、亚细胞器、细胞水平上的衰老研究成为了研究的重点。从分子角度而言，衰老伴随时间而发生的功能大分子的损伤、结构与功能的改变的积累等，与衰老密切相关。在调控水平上，一般认为衰老是诸多与之相关基因接受内外环境刺激后表达水平或功能发生改变后的"加合"结果。已证实有 100 个左右的基因与衰老有关，有些基因可能起关键作用，如 RB、$p16$、$p21$、$p27$、$p53$、$SIRT1$、$hTERT$ 等。这些基因或调控细胞生长状态，或影响细胞寿命，或决定细胞的端粒长度平衡。衰老的各个学说均毫无例外地可以从基因表达角度得到不同程度的解答。有些关键基因在衰老过程中的表达变化可达几十倍之多，其原因是单一基因（如 $p16$、$p21$）可能受到 DNA 水平、转录水平、mRNA 加工与降解水平、翻译及翻译后水平的多层次调控。近年来，除传统上受到重视的转录调控外，其他水平调控，如由 miRNA 分子及 RNA 结合蛋白指导的转录后调控在细胞及组织衰老过程中的作用，正日渐成为本领域的研究热点。随着全球性的社会老龄化，衰老研究与社会发展的联系越来越密切，也成为社会越来越关注的科学问题。最近几十年，世界范围内人类平均寿命和最大寿命的显著延长、老年人口比例和健康开支的增加，促使世界各国更加重视对衰老研究的人员和经费投入。美国于 1974 年成立了国家衰老研究所（National Institute of Aging），英国于 1994 年成立了衰老与健康研究所（Institute for Ageing and Health），法国于 2002 年成立了寿命研究所（Institute of Longevity），专门进行衰老研究。世界各国用于衰老的研究经费也在迅速增加。以美国国家衰老研究所为例，该所的年经费预算从 1998 年的 5.17 亿美元到 2004 年即增加到 10.2 亿美元。

在干细胞领域，发育生物学家更重视利用果蝇、线虫、斑马鱼、小鼠等模式动物的在体研究，重点探讨干细胞在体内的行为及其自我更新和分化的命运抉择机制。果蝇等经典模式动物的优势在于，其具有丰富的遗传学资源和有力的遗传学工具。这些优势大大地加速了干细胞在体研究在模式动物中的进程。此外，这些模式动物与高等动物在基因和信号转导途径的保守性，也为高等动物的干细胞研究提供借鉴和指导。近几年来，模式动物中，干细胞的在体研究主要集中在以下几个方面：干细胞和微环境的相互作用；干细胞命运调控新基因发现和功能分析；干细胞信号调控机制和调控网络；干细胞的衰老与疾病；新的干细胞在体研究系统开发等方面；新技术（如显微技术和组学等）在干细胞研究中的应用。

基于简单的结构，清晰的细胞谱系、良好的标记系统、丰富的遗传学资源和有力的遗传学分析工具，模式动物中的一些模式系统，如果蝇生殖干细胞、神经干细胞及线虫生殖干细胞等系统为阐明干细胞命运调控机制做出了许多概念性的突破。近年来，果蝇小肠干细胞和血液干细胞、肾脏干细胞，斑马鱼的血液干细胞，小鼠的血液干细胞、皮肤干细胞、小肠干细胞和神经干细胞等系统的建立极大丰富了成体干细胞的在体研究，为临床干细胞研究奠定了良好的工作基础。成体干细胞系统中，外源和内源信号是控制干细胞功能的关键，但两者的相互关系以及如何协同控制干细胞的命运，在干细胞微环境得到证实后才得到了很好的了解。微环境信号介导的干细胞内源分化因子在转录或翻译水平上的抑制和反抑制，是控制干细胞自我更新和分化主要模型之一。模式系统研究为成体干细胞的概念和定义的完善提供了理论的指导。例如，Doe 等与 Bowman 等最近在果蝇中发现了一种能生成短暂扩充 GMC 细胞的新 NB 细胞系，即 "Transit Amplifying GMC"（TA-GMC）（Boone and Doe，2008；Bowman et al.，2008）；这种 NB 形成后能进行多轮自我更新，产生约 10 个子代细胞，这些研究证明了干细胞和分化细胞之间存在一种过渡性的干细胞类似细胞。模式系统研究还表明，表观遗传调控、微环境/信号途径（TGF-β/BMP、Hh、Wnt、Notch 等）介导的转录调控、小分子 RNA 介导的翻译调控及蛋白质修饰（磷酸化、泛素化和甲基化等）调控等多层次调控机制和网络，在干细胞的自我更新和分化中起重要作用。类似的调控机制先后在高等动物中得到证实。

器官衰退引发的退行性疾病的发生机制一直是人们关注的科学问题，近年来有关干细胞衰老的研究及其调控对这一问题进行了有益探索，为从干细胞调控角度解决这一问题带来希望。果蝇小肠干细胞和血液干细胞、肾脏干细胞、神经干细胞，斑马鱼的血液干细胞等系统为相应的器官发生及其退行性疾病的发生机制提供了理想的在体研究模型，为进一步的临床研究奠定了良好的理论基础。例如，果蝇的中肠和后肠是脊椎动物小肠和大肠的同源器官，两者在结构与调节机制上较为类似，使果蝇成为一个理想的遗传学模型来进一步剖析肠干细胞的微环境、各信号通路之间的关系以及肠的稳态控制等，这些研究将能对高等动物肠功能紊乱与肿瘤发生分子机制的揭示起到非常重要的借鉴作用。有趣的是，当果蝇的消化系统被细菌感染后，Imd/Rel、JNK 与 Jak/Stat 信号通路被激活后进一步参与到肠干细胞的自我修复过程。这种免疫反应与干细胞命运调控偶联机制的发现，无疑在临床上有重要的意义。它为消化系统的肿瘤发生或退行性疾病诊断和治疗提供了策略。肾脏衰竭作为一种退行性疾病，发病机制不明，严重地威胁着人类的健康。近年来开发的果蝇肾干细胞系统为肾脏相关疾病的研究提供了一个理想的平台。

　　器官衰退研究中干细胞功能相关的关键基因的克隆、鉴定也为化学生物学家提供了平台，干细胞中化学小分子所介导的靶基因调控在模式系统中的研究为干细胞临床应用研究以及提高干细胞应用的安全性上做了有意义的前期尝试。例如，果蝇血液和小肠干细胞为小分子化合物提供较好的在体筛选系统，为相关的新药开发研究做了有意义的理论积累。

　　不同组织、器官的发生及其"稳态"的维持由相应的成体干细胞所决定，但组织中成体干细胞数量极少，因此特定成体干细胞在组织中的识别、定位一直是困惑研究者们的难题之一。果蝇独特的遗传学工具为许多成体干细胞研究提供了先驱系统，FLP/FRT 介导的阴性和 MARCM 介导的阳性标记系统使得研究者能够清晰标记干细胞及其后代细胞的谱系。研究者在此基础上建立的果蝇小肠干细胞、免疫前体细胞模式系统，为研究消化系统和免疫系统的器官发生、维持以及相关疾病发生机制建立了良好的模型。事实上，类似的标记方法MADM 正在小鼠的谱系研究中得到运用。

　　随着各种组学（转录组学、蛋白质组学以及蛋白质修饰组学）等高通量技术与生物信息学的发展，为干细胞命运调控相关的新基因的克隆、鉴定和功能分析以及干细胞命运调控网络的进一步构建提供了强大工具。此外，随着显微技术的发展，模式系统中干细胞在活体内的实时观察已成为该领域内的热点之一。实时观察为干细胞在体条件下的特异行为及其与周围微环境的相互作用提供了更为直接的信息。结合已有的遗传知识，这些信息能够帮助人们对干细胞调控有更加全面的认识。

　　除了在体研究，干细胞的体外培养研究近年来也取得了突破性进展，包括胚胎干细胞和成体干细胞的分离和建系、维持干细胞全能性的机制、干细胞定向分化的机制和多种 iPS 细胞系的建立及其临床应用的探索等诸多方面。尽管人们摸索得到了一些体外培养的条件，但新的系统的建立依然缓慢，因此对于特定的成体干细胞培养来说，如何在体外条件下模拟体内的微环境，即微环境体外重建，已成为干细胞研究领域的一个重要课题，该研究领域的发展将为临床干细胞研究奠定良好的基础。干细胞的可塑性或横向分化或转分化（Trans-differentiation）潜力的研究越来越受到重视，这些研究在再生医学上有着重要的意义。利用细胞的横向分化能力，在应用操作上可以绕开胚胎干细胞的环节，并避免了胚胎干细胞的一些不利因素（如免疫排斥和安全性等）。干细胞可塑性的机制不详，但至少有两种解释：①某些成体干细胞具有多能性；②特定条件下，成体干细胞的脱分化。无论原因如何，可塑性或横向分化的发生由干细胞所在的特定微环境决定。

第三节　我国发育生物学的发展现状

　　我国在发育生物学领域的研究起步很晚，整体研究水平与国际先进水平相比差距甚大。鉴于胚胎发育是发育生物学的一个主要分支，对我国在该分支领域发表论文的调查结果可以反映我国发育生物学学科的粗略概况。用 TS＝（embryo＊）AND AD＝（China NOT Hong Kong NOT Taiwan）检索 Web of Science，可以发现不包括我国香港和台湾地区在内的我国内地发表涉及"胚胎"这一主题词的论文数量为：1955～1990 年的 36 年间，74 篇；1991～2000 年的 10 年间，681 篇；2001～2005 年的 5 年间，1562 篇；2006～2009 年的 5 年间，3416 篇。由此可见，在 1990 年之前，我国开展胚胎学研究很少，成果极其有限；而 2000 年之后，则进入了快速发展期，特别是近 5 年的发展势头非常迅猛。近年的快速发展，主要得益于三个方面的因素：第一，国家对科技投入的增加，使许多科研人员有条件开展基础性、探索性研究；第二，从国外回国全职工作的科学家的数量不断增加；第三，各个部门、各个单位采取各种政策和措施，鼓励与国外高水平科研单位和科学家的学术交流和科研合作，不仅促进了国内许多单位的科研水平的提高，也吸引了更多的研究人员投身发育生物学的研究。

　　目前，我国在早期胚胎发育、组织器官发育、生殖发育、衰老、干细胞生物学等方面都在开展广泛的研究，主要利用的模式动物包括小鼠、爪蛙、斑马鱼、果蝇、秀丽线虫、水稻、拟南芥等。在各方面的大力资助下，我国已建立了国家级的小鼠遗传资源库，能够大规模地实现小鼠的基因敲除和条件性基因敲除，建立了小鼠的转座子诱变和化学诱变体系，收集、创造、保存了数百个遗传修饰小鼠品系；以斑马鱼模式系统为主的实验室已达 30 余个，建立了先进的研究技术和平台，也收集保存了大量的突变和转基因品系；对果蝇的研究也有很好的队伍和研究条件。近几年来，我国科学家的许多相关研究成果已发表在发育生物学或相关领域的主流期刊上，一些研究成果还发表在国际顶尖期刊上，在国际上产生了重要影响。例如，在干细胞领域，我国科学家建立了多种动物的干细胞系，在国际上首次证明高度分化的体细胞诱导出的 iPS 细胞可以进一步再分化诱导发育为成熟个体，还发现在成年和出生后 5 天的小鼠卵巢中存在雌性生殖干细胞（Zhao et al.，2009；Zou et al.，2009）。在胚胎早期发育和器官发育方面，鉴定了大量的与胚层诱导和分化、血液发生、神经诱导和分化、肌发生和分化、肾脏发育等有关的重要基因，阐明了一些基因发挥功能涉及的信号通路和分子作用机制（Chen et al.，2009；Ding et al.，2005；Yue et al.，

2009；Zhang et al.，2004）。值得一提的是，我国科学家在线虫上开展了大规模筛选、鉴定与自吞噬作用（autophagy）相关的突变体，已发现了早期胚胎中母源种质 P 颗粒成分通过自吞噬作用降解的机制，引起了国际上的广泛关注（Tian et al.，2010；Zhang et al.，2009）。在植物领域，我国在发育相关的表观遗传调控机制、组织器官发育的基因鉴定、植物有性生殖的调控等方面有许多重要的发现。例如，我国科学家发现了控制水稻株型、籽粒大小、自交不亲和性等的重要基因和它们的作用机制（Ding et al.，2006；Jin et al.，2008；Li et al.，2003；Wang et al.，2008）。

我国对发育生物学研究的资助，主要来自于科技部和国家自然科学基金委员会。特别是《国家中长期科学和技术发展规划纲要（2006—2020 年）》设立了"发育与生殖研究"重大科学研究计划，于 2006 年实施以来，已资助 40 余项，许多发育生物学领域和相关学科（如细胞生物学）的研究人员获得了经费资助，能够开展高水平的研究，极大地促进了发育生物学的研究和学科的发展。1999～2009 年，近 20 位从事发育生物学研究的科学家获得国家杰出青年科学基金、国家自然科学基金委员会资助的重点项目超过 20 项。特别可喜的是，发育生物学研究队伍还在继续快速地增长，发育生物学研究人员与遗传学、细胞生物学、生殖医学等领域的研究人员之间的合作研究正在加强，创新性成果不断涌现。

第四节　我国发育生物学的发展布局

发育生物学是一个基础性的学科，很多领域是前沿性的，与人类健康和农业有着密切的关系。像生物学的其他基础性学科一样，发育生物学的学科在发展布局上，同样应采用协调发展、有所侧重的指导思想和发展策略；其发展目标是，经过 10 年左右的发展，使我国有较大的研究队伍，有 10 余个发育生物学的重要研究中心和人才培养中心，在多个研究方向上能够不断产出高水平、原创性研究成果，争取在器官发育、干细胞等领域有所突破，整体学科在国际上的地位显著提高。

我国在发育生物学上的研究起步晚、研究力量较薄弱，但近年整体上发展迅速。我国应增加对发育生物学研究的投入，鼓励更多的科研人员从事该学科的研究，特别是国家自然科学基金委员会应增加面上项目和重点项目的资助数目，在发育生物学领域设置重大研究计划。目前我国许多发育生物学实验室的研究工作还停留在描述性研究阶段，未来需要加强机理性研究。另外，应该重点资助有良好研究基础的前沿创新性研究，以期在某些方面做出有特色、较系统的研究成果。国际上发育生物学与细胞生物学、分子生物学、基因组学、生物信息学等学科的交叉融合越来越多，我国也应鼓励这些学科间的合作研究。在研究领域上，重点发展以下 5 个研究领域：①胚胎的早期发育；②器官的发育与再生；③生殖细胞的发生与成熟；④衰老；⑤干细胞。目前国内外对大动物的发育研究甚少，我国在这方面可以采取倾斜政策，鼓励以猪、猴等大动物开展发育生物学研究，争取取得国际领先地位。在植物方面，鼓励以水稻作为模式系统的发育生物学研究，并注重研究成果的转化。

我国的科研资助部门和资助计划较多，如资助部门就包括科技部、国家及各省市自然科学基金委员会、教育部、中国科学院等，资助计划包括科技部"973"计划、科技部重大科学研究计划、重大专项等。各部门应该建立较完善的协调机制，避免重复资助，使科研经费发挥最大效益。

第五节　我国发育生物学优先发展领域与重大交叉研究领域

一、遴选优先发展领域的基本原则

在遴选优先发展领域时，力求协调发展、可持续发展并有所侧重；属于学科的主流领域，有重大或关键科学问题，我国有一定的研究队伍，有一定的前期研究积累；布局一些前沿领域，特别是在未来 10 年左右可能有重大突破的前沿领域；支持源头创新，鼓励具有我国优势和特色的研究领域，如猪和水稻的发育生物学研究；支持以解决国家重大需求为目标的基础研究；鼓励以科学问题为导向的多学科交叉研究。

二、优先发展领域

（一）母源及父源因素对合子发育的影响

动物的生命起始于卵子和精子的受精作用形成的双倍体受精卵。在动物卵子生长和成熟过程中，合成大量的 RNA、蛋白质等物质储存在卵母细胞中，它们被统称为母源因子。母源因子可以调控 RNA 和翻译效率、调控蛋白质的稳定性和定位、激活发育信号通路等，从而影响卵的极性、胚胎细胞的增殖、迁移和分化，因此它们对胚胎发育的启动和按设定程序的发育起着至关重要的作用，在维持胚胎细胞的全能性方面可能也起着重要的作用。动物早期胚胎发育过程中的重要事件之一是基因的表达模式由母系型向合子型的转换，即合子基因激活，在低等生物中合子基因的激活发生在中囊胚，而在哺乳动物上发生在两细胞期后期，母源因子可能对此过程发挥了关键调控作用。母源因子的缺乏，会导致胚胎发育的异常、甚至夭折，已发现人类的一些出生缺陷和先天性疾病与母源因子的缺乏有着关系。继续深入研究和揭示母源因子对早期胚胎发育的生理作用与调节机制，不仅具有理论意义，而且可为女性不孕不育等生殖疾病的预防治疗和探索新的避孕途径等提供新的理论指导。关于父源基因对合子发育的影响过去很长一段时间被人们忽略，原因是长时间以来人们认为精子进入卵子的唯一作用就是把父源的遗传信息带入而形成受精卵，而不参与受精卵形成后的胚胎发育。然而近年逐渐认识到精子在进入卵子后，其带入的其他物质，如精子的线粒体，一些尾部膜蛋白以及头部质膜上的成分都有可能参与合子的发育，特别是合子激活前的早期发育。认识这些父源因素对合子发育及调控机制，将可能对理解早期胚胎发育产生深远的影响。

重要研究方向：

1）重要母（父）源因子的规模化鉴定；

2）母（父）源因子对染色质结构的影响；

3）母（父）源因子对细胞增殖等行为的影响；

4）母（父）源因子对合子基因激活的调控作用；

5）母（父）源因子对胚胎发育的调控作用；

6）母（父）源因子与人类流产和出生缺陷的关系。

（二）胚胎早期发育的分子调控机制

胚胎发育是一个快速、复杂的过程，包括前-后轴线、背-腹轴线、左-右轴线的建立、胚层的形成和分化，涉及细胞的增值、迁移、分化等细胞行为，受到多个信号通路和许多因子的协同调控。在哺乳动物上，受精卵在输卵管中发育到囊胚阶段，到达子宫后嵌入子宫壁中（着床）继续发育，胚胎着床过程涉及胚胎与母体间复杂的信号交流和响应。早期胚胎发育中的一个最重要的事件是细胞命运的分化，特定时间点、特定区域、特定位置的细胞被多个信号赋予一个特定的综合位置信息，该信息是一个时空多维信息，每个细胞都必须对自己接收的综合位置信息做出准确的翻译、反应，从而获得不同的发育命运。另一个重大事件是细胞的主动性迁移，细胞迁移是形成胚层、组织器官原基的必要步骤，但胚胎细胞的迁移是定向的、迁移的速率也受到调控。尽管目前已经知道在上述事件中发挥关键作用的一些重要信号通路和因子，但还无法建立起详细的调控网络，有待深入的研究。迄今已知的胚胎发育的分子调控知识，绝大多数都来自于对小型模式动物的研究（如线虫、海胆、斑马鱼、爪蟾、鸡、小鼠等），但对于人、猪、猴等大动物的胚胎发育调控研究甚少，是需要开展的重要的研究方向。发育相关突变体或转基因动物在阐明胚胎发育的分子机制上发挥了极为重要的作用，我国在这方面有待加强。人类胚胎发育的调控异常，往往导致流产、出生缺陷或先天性疾病，是人口质量的重大威胁并造成严重的经济负担。我国发生的流产、出生缺陷或先天性疾病的发生机理，是一个必须加强的研究方向。

重要研究方向：
1）胚层诱导和分化的分子调控机理；
2）胚胎细胞增殖和迁移的调控机制；
3）胚胎左右不对称发育的分子调控机理；
4）大动物胚胎发育机理的研究；
5）动植物发育突变体和转基因品系的创造；
6）谱系标记、转基因、诱变等新技术、新方法的发展；
7）环境因素对胚胎发育的影响及其机理；
8）流产、出生缺陷家系的收集及其机制研究。

（三）胚胎发育的表观遗传调控及其对胚胎发育的影响

过去研究胚胎发育的分子机制，大多关注于基因对发育的遗传调控。近年来认识到，在胚胎发育起重要作用的基因或基因群按一定的时间和空间顺序依次表达，它们的表达受到 DNA 的甲基化修饰、组蛋白的甲基化和乙酰基化等表观遗传修饰。这些表观遗传修饰是怎样受调控的、它们的靶基因是如何动态变化的、如何影响胚胎的发育等，都是需要解答的新的科学问题。另外，一些重要蛋白质的磷酸化、乙酰基化、糖基化等化学修饰，会影响蛋白质的稳定性、定位及功能。例如，在发育过程中起重要作用的分泌性信号分子 Wnt、BMP等，在合成它们的细胞附近区域形成浓度梯度，不同的浓度将决定细胞的命运，这种浓度梯度的形成依赖于定位在膜上的胞外基质蛋白——硫酸乙酰肝素糖蛋白（heparan sulfate proteoglycans），这些糖蛋白在发育过程中是如何动态形成的、如何与信号分子结合的等都是有待解答的重要科学问题。此外，已知miRNA可以调控靶 mRNA 的稳定性、靶基因的转录或一些蛋白质的活性，它们在发育过程中的作用也是目前的热点科学问题。

重要研究方向：

1) 表观遗传修饰所调控的发育相关靶基因的鉴定及其功能研究；

2) 发育相关重要蛋白质的化学修饰及其作用；

3) 蛋白质修饰酶在发育过程中的表达谱及其作用机制；

4) 信号浓度梯度的建立及其被靶细胞响应的分子机制；

5) 组织特异性表达 miRNA 的鉴定、功能分析及其靶基因的研究。

（四）组织器官原基发育的分子调控

组织器官的形成都依赖于早期发育中其原基的建立、细胞扩增、细胞运动、细胞分化等复杂过程。器官原基是如何在三胚层建立之后，在特定胚胎位置有序形成特定器官一直是发育生物学的根本问题之一。近年来的研究发现主要信号通路（如 TGF-β、Wnt、Fgf、Hedgehog 等）在器官原基发生中起至关重要的作用。然而器官的形成是三维、长时间的动态过程，不同类型细胞间的相互作用的精细调控研究仍然有很多未回答的问题。随着分子生物学的兴起，发育生物学家致力于寻找控制特定器官原基发育的基因，发现了一些控制器官发育的关键基因，如控制心脏发育的关键转录因子 Nkx2.5、控制肌发生的主控转录因子 MyoD 等。目前的瓶颈主要集中在这些主控因子在指导特定器官原基形成后，如何与不同类型的细胞相互作用，从而控制细胞增殖、细胞运动、细胞凋亡等过程。这些研究涉及很多基本的发育生物学方法，如胚胎组织细胞移植、三维组织鉴定等传统技术。组织器官发育的不正常，可导致功能性障碍，引起相应的疾病，对相应疾病的分子机制研究具有重要的临床指导意义。

重点研究方向：

1) 组织器官原基的起源、分化的机制；

2) 不同类型组织间、细胞间的相互作用对早期器官原基形成的作用及其机制；

3) 研究原基形成后的形态形成的分子调节机制；

4) 组织器官特定类型细胞的标记和活体示踪系统的建立；

5) 组织器官发育体外研究系统的建立。

（五）主要器官发育与稳态维持及其疾病

高等动物的主要器官包括心、肺、肝、胰、肾等，植物的主要器官包括根、茎、叶等。高等脊椎动物的各个器官的发育有较大的差异性，有必要建立不同研究系统研究特定的器官。例如，虽然过去几十年在小鼠心脏发育研究中获得了大量的数据，但是近年来在斑马鱼的心脏发育中获得的一些特异的突变体为研究该器官的发育提供了全新的材料和研究思路。同时使用其他模式动物对心脏的研究也为从进化角度了解器官发育尤其是保守的转录调控等提供了不可多得的信息。虽然长期以来认为心肌细胞的再生是不能发生的，但是近年来在模式动物的研究中发现，心肌细胞可以自我修复，这些结果对于器官稳态维持和器官部分坏死的治疗具有潜在的指导意义。同理，在其他重要的脏器中也面临功能丧失的挑战，如胰脏（糖尿病等）、肾脏（肾衰竭等）、肝（肝坏死等）等。虽然现在的观点认为组织器官再生需要基本重演胚胎发育阶段中器官从头发育的过程，但是器官再生和从头发育毕竟是两个不同的过程，再生器官与从头发育器官所处的微环境差别巨大，再生与从头发育的器官形态建成过程差异也显著，去分化和转分化机制可能在器官再生中发挥重要作用。因此，有针对性地对器官再生的分子调控机制开展系统研究具有重大意义。

重点研究方向：

1）器官形态建成的分子机制；

2）主要是器官内特定细胞类群的迁移与其他组织器官相互作用的信号和调控；

3）人工切除或损伤部分组织器官后的再生机制；

4）体外遗传修饰产生的干细胞（或多能细胞）在模式动物损伤组织器官中的行为；

5）器官发育疾病模型（包括遗传和非遗传模型）的建立和分子干预研究。

（六）配子发生、成熟和受精的分子基础

原始生殖细胞具有最终形成精子（雄配子）或卵子（雌配子）的潜能，其起源、迁移以及进一步的生殖干细胞的建立及其命运决定一直是生殖和发育生物学中的基本科学问题。近年来通过对原始生殖细胞进行在体示标和追踪观测，为理解其在体内迁移和分化提供了重要的信息。原始生殖细胞进入生殖器官后，一部分成为生殖干细胞，一部分经过减数分裂形成配子。生殖干细胞的维持和分化、配子的成熟和存活都受到非常复杂的调控，不仅受其内在遗传程序的调控，也受到来自附近多种体细胞的信号的调控，在动物上甚至受到来自中枢神经系统的信号（激素）的调控。雄配子与雌配子的结合（即受精）是一个多步骤的复杂过程，目前对于受精的基本过程，如动物的精子获能、顶体反应精卵融合等现象已经有了比较系统的认识，然而这些现象背后的分子机理在很大程度上还处于未知状态。配子发生、成熟或存活、受精的调控异常，可导致不育不孕，严重影响人类生殖健康。因此，了解哪些基因/蛋白质在何种调控过程中

如何决定正常与异常生殖细胞的发生、成熟、凋亡及受精，并阐明其调控机理，不仅可以揭示一系列重大科学问题，而且可以为设计研发生殖干预药物、减少出生缺陷、完善辅助生殖技术以及改进动物克隆和干细胞技术奠定基础。植物开花、传粉和受精是通过有性生殖繁衍的重要环节，其结果是种子和果实的产生，也是保障农作物产量和品质的关键。植物有性生殖包括开花、生殖干细胞分化、孢子发生、配子体（花粉和胚囊）形成、传粉受精、胚胎和胚乳发育以及无融合生殖等过程，这些过程如何受到精细调控，是植物生殖生物学的前沿科学问题，有待深入研究。

重点研究方向：

1）原始生殖细胞的起源、命运决定、迁移、增殖的机制；

2）配子发生和成熟的遗传学和表观遗传学调控机制；

3）植物开花时间决定的分子和表观遗传调控的网络；

4）单子叶花序/穗型发育和花器官数目的调控机制；

5）自交不亲和以及种（亚种）间生殖障碍的分子机制；

6）哺乳动物精子进入雌性生殖道后对环境的适应机制（如渗透压的剧烈改变）及获能发生的分子机制；

7）原始卵泡库建立、卵泡发育启动和卵泡闭锁的机制；

8）生殖细胞衰老的遗传学机制及体内外环境因素改变对其的影响；

9）精子和卵子相互趋化作用和受精的分子机制；

10）无性生殖的分子机制；

11）生殖发育相关疾病的分子基础，新的生殖细胞研究体系的建立。

（七）衰老的分子调控机制

细胞和组织器官是组成生命个体行使生理功能的基本单元，组织器官中健康细胞的足够数量是组织器官执行正常生理功能的保障。因此，衰老发生在多个水平上。正常体细胞只能够进行有限的分裂，这一不可逆的细胞分裂潜能的丧失（即 Hayflick 极限）是组织器官和个体衰老的细胞学基础。组织器官衰老是细胞衰老的延伸，是细胞衰老与整体衰老的连接点。组织器官的衰老细胞积累与细胞补充更新决定了组织器官衰老的进程和生理功能的衰退速率，与个体衰老死亡直接相关。器官中细胞功能的下降以及衰老细胞对细胞外环境的改变均对器官衰老和与衰老相关的病理过程起着重要作用。不同器官因组成细胞的不同，衰老也有先后。例如，人的胸腺出生后不久开始衰老，心脏衰老始于 40 岁左右，而肝脏衰老发生于 70 岁左右。与此相应，不同器官的衰老各有特点，机制也复杂多样。衰老不仅受到环境（激素、神经递质、营养素、不良环境胁迫等）变化的影响，也受到遗传因素的调控。研究细胞、组织器官和个体衰老的分子基础和调控机制，是揭示衰老的根本原因、实现衰老干预的必由之路。

重点研究方向：

1）细胞复制性衰老和细胞分裂潜能维持与丧失的分子机制；

2）高度分化细胞的衰老机制；

3）组织器官中衰老细胞积累与细胞补充更新的机制；

4）不同组织器官的衰老进程和相互关系及其对个体衰老的贡献；

5）内、外环境因素影响衰老的细胞和分子基础；

6）衰老关键基因的鉴定及其表达调控、功能调控及信号转导机制；

7）加速和延缓衰老的动物模型的建立。

（八）成体干细胞多能性和定向分化的分子机制

近年来的研究结果表明，成年个体的组织器官中保存有具有增殖和分化潜能的干细胞，即成体干细胞；成体干细胞通过不对称分裂产生分化的子细胞以维持组织和器官的稳态。成体干细胞多能性的维持以及向成熟的功能体细胞的分化是一个非常复杂的过程，其中成体干细胞与支持细胞之间的相互作用对于成体干细胞的多能性和可控分化是保证器官稳态的关键。对于很多组织器官来说，这一过程的调控机制还不清楚，甚至在有的器官中还没有找到成体干细胞或者支持细胞，因此成为了研究热点。神经退行性疾病及肺和肾脏等器官的衰退引发的疾病等，显然与器官发生或器官的"稳态"异常以及相应的成体干细胞功能异常相关。建立各种组织器官的相应成体干细胞研究系统，并对分化细胞谱系进行详细的机制研究，将为退行性疾病的临床研究提供理论依据。此外，有关干细胞衰老及其调控的研究，也将为解决器官衰退引发的退行性疾病这一问题提供另一种思路。因此，研究成体干细胞及其定向分化过程，不但可以完善对于正常器官形成和稳态维持的认识，也是了解和治疗一些重大疾病的前提。

重点研究方向：

1）利用果蝇、斑马鱼和小鼠建立和完善各种重要组织器官的成体干细胞研究系统；

2）组织器官中体细胞与成体干细胞的相互作用机制；

3）干细胞微环境的离体重建及其对干细胞的调控作用；

4）特定组织器官的成体干细胞的分化潜能及其调控；

5）细胞器（如线粒体）在干细胞分化潜能维持和分化中的作用；

6）成体干细胞定向分化的人工调控技术；

7）从干细胞角度探讨衰老和退行性疾病的发病机制。

（九）组织器官体细胞去分化和转分化（横向分化）机制

在正常器官发育结束后，有的成体组织器官（如哺乳动物肝脏和某些动物的肢体）在受到损伤或特殊的刺激后，具有激活细胞去分化或者转分化的能力，这也是器官自身修复必不可缺的功能。然而绝大多数器官缺少这种自身修复功能。最近几年的研究显示，通过在基因水平上的干预，有可能重新获得某些组织脏器的功能细胞，这种转分化甚至在体内也能够实现。因为特定功能的组织器官的紊乱和衰竭是局部疾病的根源，如肾衰竭。目前唯一的有效治疗手段就是异体配型和器官移植，因此研究特定器官细胞的去分化（获得干细胞为定向分化提供起始材料）或者直接将其他不同器官的细胞转分化为特定的功能细胞，是器官替代治疗中最具潜力的研究方向。生成特定细胞的主控因子（如转录因子和生长因子等）的分离和鉴定是去分化和转分化成功的基础。目前的研究还处在鉴定相关主控转录因子水平，细胞外的调控因子的分离和鉴定处于相对滞后的状态。在体内去分化的研究中，虽然有成功获得所需功能性细胞的报道，但是这些细胞在与原器官的整合方面是否正常还缺乏研究，因此这些转分化的细胞是否具有完全替代受损器官的功能尚缺乏足够的证据。

重点研究方向：

1）离体条件下的细胞横向分化模型的建立；

2）通过基因组学，遗传学，生物化学等手段鉴定分离特定器官的主调控基因，尤其是转录因子和胞外信号分子；

3）利用已知转录因子在体内、体外研究去分化的过程，研究各步骤的基因表达变化，尤其关注去分化的中间过程及其表观遗传等方面的变化；

4）研究去分化、转分化细胞在体内与原组织器官细胞的整合机理，通过遗传学和胚胎学手段研究器官再生（或者缺乏再生）的分子机理（如肝脏再生等）；

5）研究高效、安全（包括非病毒）外源基因导入技术在细胞去分化转分化中的应用。

（十）性别控制和转换的机制

动物性别取决于分化发育机制的研究，一直是近 100 年来生命科学中的一个重要研究领域。性别取决是一个复杂的发育调控过程，涉及进化时空的多基因活动过程。它是涉及遗传、发育与进化等学科的交叉研究领域，是生命科学中遗传-发育-进化前沿主线条研究的极好模式，同时由于雌雄两者必居其一的发育选择，胚胎性腺的形成也是器官发育研究的很好模式。该领域的研究对生命活动规律等理论问题的认识具有借鉴和指导意义，有助于认识从低等脊椎动物到人类性别取决机制的进化规律；最重要的是它不仅有利于对经济动物性别的人为控制研究，而且为人类性别分化发育异常等多种疾病的病因分析，寻找可行性治疗方案和防治提供理论基础。动物的性别有的取决于性染色体及其携带的性别控制基因（如哺乳动物和鸟类），有的取决于性染色体数目与常染色体数目的比例（如昆虫和线虫），有的取决于环境（如爬行类动物），有的发生性别转换现象（如某些鱼类由雌性向雄性的转换），有的甚至是雌雄同体。相关的分子机制还有待深入得研究。

重点研究方向：

1）影响雌性或雄性发育的基因的鉴定及其发挥功能的分子机理；
2）性器官发育的分子调控机理；
3）特殊的性别决定的分子机理；
4）性别转换的启动机理；
5）性别转换中性器官发育的细胞和分子机理。

三、重大交叉研究领域

发育生物学与其他学科的交叉、融合越来越深入，甚至交融在一起。第一，发育生物学研究应该加强与遗传学、细胞生物学的交叉，这些学科事实上是密不可分的。第二，个体发育的异常往往导致各种出生缺陷和疾病，因此发育生物学应该加强与医学的交叉。第三，器官的再生是未来的重要发展方向，应该加强与材料科学、组织工程学的交叉。第四，研究胚胎和器官发育的机理还需要用到化学、力学、数学等学科的理论或技术，因此应该重视与这些学科的交叉。第五，不同生物的发育过程和调控机制既有特殊性，也有相同性。从进化的角度去理解生物的发育规律的特殊性和保守性，是生命科学的热点领域，这方面的研究需要发育生物学与遗传学、生物信息学和计算生物学等多个学科的交叉，加强这方面的研究将帮助人们进一步认识生命的本质。

第六节 发育生物学领域的国际合作与交流

我国在胚胎发育方面的研究起步较晚，整体研究水平与国际先进水平有很大差距，开展国际合作与交流是非常需要的。在发育生物学方面，欧洲在传统上一直很重视，代表着国际先进水平；美国、日本最近几十年来，也给予了很大的重视，在许多方面走在了前列。因此，在国际合作上，优先鼓励与欧洲、美国、日本发育生物学家的合作与交流，与有关国家建立官方的长效合作与交流机制。国际合作与交流的内容应包括：派出青年科学家赴国外接受培训、邀请国外著名科学家来华讲学、开展合作研究、加强研究材料的交流。

在器官发育方面，美国、欧洲（尤其是英国、德国）、日本是领先的国家和地区。建议加强和日本理化研究所发育生物学研究中心、伦敦大学、剑桥大学、哈佛大学干细胞和再生医学研究所、美国加州大学旧金山分校等的交流和合作。对于已经从事器官发育的实验室和有计划研究器官再生的实验室，应该在多层面上鼓励他们与欧美的优秀实验室交流。在器官发育领域我国的基础相对较好，有和欧洲、美国、日本的实验室交流的基础。例如，国内已有多个研究机构与英国、德国、日本、澳大利亚等国家有双边的学术研讨会和访问研究计划，今后这些合作研究和交流需要加强。很显然，在再生领域方面，我们的基础较差，即使在现阶段设立一些交流渠道，信息的流向也基本上是单向的，因此建议已从事或者计划从事器官再生研究的实验室派遣研究人员前往欧洲、美国的相关实验室进修深造。从我国器官再生的方向的薄弱基础考虑，建议国家自然科学基金委员会优先考虑该领域的国际合作和交流。

我国在开展配子发生的相关基础研究方面也起步较晚，积累相对较差；近年来，通过组学筛查手段，我国科学家发掘出了一批对配子发生和成熟起关键作用的基因和蛋白质。然而，由于配子发生是一个在体内受时空紧密调控的精细过程，很难利用离体手段对特异的基因进行精确地功能分析，以至于我国科学家在本领域的研究主要局限于相关基因克隆和表达水平，缺乏在体功能实验的证据。而国际上，特别是在过去的 10 年间，由于基因敲除技术的日趋成熟和广泛运用，为研究配子发生提供了良好的动物模型，目前国际上已经发现了大量的基因突变小鼠表现出配子发生的障碍，确定了一批与配子发生和成熟相关的重要基因。从这点上看我国由于基因敲除技术的相对落后导致配子发生相关领域的研究处于相对的落后状况。因此，应鼓励与发达国家研究机构和科学家的合作，大量引进用于条件性基因敲除的各种 Cre 工具小鼠。

面对全球老龄化的挑战，世界各国十分重视衰老生物学的基础研究并不断加大支持力度，使本领域取得了诸多重要的研究进展。例如，发现了一批在衰老过程中起重要作用的基因，发现适量限制热量摄入可以延缓动物衰老过程并初步阐明其机制，证实许多细胞衰老相关基因与组织及整体衰老有关等。与国际相比，中国衰老生物学的研究起步晚，规模小，人员分散。目前的差距主要表现在研究体系不够完善，研究力量薄弱分散，研究创新及深度有限等方面。我国需要在衰老生物学领域加强与国际衰老学界的合作与交流。通过研究合作、人员互访、学术会议等方式，开展实质性研究合作与交流学习，借鉴尖端技术及先进方法，缩小差距，促进我国衰老生物学的发展。

在干细胞方面，我们在充分利用国内资源的情况下，在国际交流中重点着眼于国内基础研究匮乏，但急需突破的研究领域。而在交流形式上，支持国内优秀的研究团队与国外该领域具有研究互补性的实验室联合，不仅在课题经费等方面给予政策倾斜，同时大力支持研究人员的长期交流，这样才能建立一种长期稳定的共赢模式。积极主办具有国际影响力的干细胞及重编程领域的国际会议，通过邀请该领域的国际顶尖科学家，一方面展现我国在该领域的研究实力，使得国外优秀人才对国内的发展具有明确的认识，另一方面也可以推动和提高我国在该领域的研究进展和竞争力。

第七节　发育生物学的基础研究、人才队伍、支撑环境等保障措施

发育生物学的研究是基础性、前沿性的，因此在选择资助项目上，应重点考虑其探索性、前沿性和创新性。鼓励学科交叉，努力吸引在分子生物学、细胞生物学、医学等领域有建树的研究人员从事发育生物学的研究，同时注重从基础到临床的转化研究。干细胞和再生生物学是新兴领域，我国亟须扩大研究队伍，因此建议根据研究人员在其他发育生物学领域的工作基础作为先期评价的标准，而不仅仅是干细胞和再生生物学方面的工作基础。由于发育生物学的研究具有周期长的特点，目前国家自然科学基金委员会面上项目的资助期为3年、重点和重大项目的资助期为4年，资助期偏短，建议全部改为5年，使科学家能够有稳定感、能够更潜心于科学研究，以免只做一些短平快的研究，不敢去做需要长期积累的研究。此外，建议国家自然科学基金委员会考虑设立"优秀基础研究实验室计划"，在全国范围内选择一定数量的优秀实验室，每年给予固定数量的经费（如150万~250万元），按滚动制每5年评价一次。

在科研成果的评价方面，应注意学科特点，区别对待。例如，发育生物学的研究通常是难度大、周期长，用大动物做研究材料更是如此，因此不能用对其他一些学科的评价指标（如论文数量）来进行评价。

在人才队伍方面，继续实施国家杰出青年科学基金，以选拔、稳定一批基础研究领域的优秀青年骨干。在急待发展的研究领域，如干细胞和再生生物学领域，积极从国外引进领军人才，同时注重培养国内有发展潜力的研究队伍，给

予一定的政策与财力物力倾斜。不断扩大博士后研究队伍，增加对博士后研究工作的专项投入，使博士后成为我国科学研究的主力军而不是点缀。逐步提高科研人员的福利待遇，解决后顾之忧。对于高级技术支撑人员，一方面加大对他们的培养力度，通过与国外研究机构合作培养的模式，增强其技术能力，另一方面尽可能提高他们的待遇。

在支撑环境上，应加强公共资源平台的建设，如一些重要模式动植物遗传资源中心的建设，在发育生物学学科上设立5～10个国家重点实验室。我国生命科学和医学研究普遍面临一个问题，先进的仪器设备都需要从国外购买，常用的生化和分子生物学试剂都依赖外国进口。国家应加大对生物医学仪器设备的研制和生物试剂的研发，在政策上鼓励和扶植我国民族企业在这些方面的产、学、研和市场开发。此外，在研究材料，如模式动植物遗传品系的进出口方面，目前存在手续繁杂、批准时间长、入关程序复杂等问题，对国内的研究工作是一种阻碍作用，亟须海关等部门加以改善。

◇ 参 考 文 献 ◇

Abban G，Johnson J. 2009. Stem cell support of oogenesis in the human. Hum Reprod，24：2974～2978

Aguayo-Mazzucato C，Bonner-Weir S. 2010. Stem cell therapy for type 1 diabetes mellitus. Nat Rev Endocrinol，6：139～148

Anantharaju A，Feller A，Chedid A. 2002. Aging liver. A review. Gerontology，48：343～353

Atala A. 2008. Extending life using tissue and organ replacement. Curr Aging Sci，1：73～83

Boone J Q，Doe C Q. 2008. Identification of Drosophila type II neuroblast lineages containing transit amplifying ganglion mother cells. Dev Neurobiol，68：1185～1195

Bowman S K，Rolland V，Betschinger J，et al. 2008. The tumor suppressors Brat and Numb regulate transit-amplifying neuroblast lineages in Drosophila. Dev Cell，14：535～546

Calne R. 2005. Clinical transplantation：Current problems，possible solutions. Philos Trans R Soc Lond B Biol Sci，360：1797～1801

Calne R Y. 2010. Organ transplantation has come of age. Sci Prog，93：141～150

Campisi J. 2005. Senescent cells，tumor suppression，and organismal aging：Good citizens，bad neighbors. Cell，120：513～522

Chen Y M，Chen L K，Lan J L，et al. 2009. Geriatric syndromes in elderly patients with rheumatoid arthritis. Rheumatology（Oxford），48：1261～1264

Chien K R，Karsenty G. 2005. Longevity and lineages：Toward the integrative biology of degenerative diseases in heart，muscle，and bone. Cell，120：533～544

Collado M，Blasco M A，Serrano M. 2007. Cellular senescence in cancer and aging. Cell，130：223～233

Davidson E H，Erwin D H. 2006. Gene regulatory networks and the evolution of animal body plans. Science，311：796～800

De Robertis E M，Kuroda H. 2004. Dorsal-ventral patterning and neural induction in Xenopus embryos. Annu Rev Cell Dev Biol，20：285～308

De Robertis E M. 2006. Spemann's organizer and self-regulation in amphibian embryos. Nat Rev Mol Cell Biol，7：296～302

De Robertis E M. 2009. Spemann's organizer and the self-regulation of embryonic fields. Mech Dev，126：925～941

Dey S K. 2010. How we are born. J Clin Invest，120：952～955

Ding S，Wu X，Li G，et al. 2005. Efficient transposition of the piggyBac（PB）transposon in mammalian cells and mice. Cell，122：473～483

Ding Y H，Liu N Y，Tang Z S，et al. 2006. Arabidopsis GLUTAMINE-RICH PROTEIN23 is essential for early embryogenesis and encodes a novel nuclear PPR motif protein that interacts with RNA polymerase II subunit III. Plant Cell，18：815～830

Evans M J，Kaufman M H. 1981. Establishment in culture of pluripotential cells from mouse embryos. Nature，292：154～156

Ferrari A U，Radaelli A，Centola M. 2003. Invited review：Aging and the cardiovascular system. J Appl Physiol，95：2591～2597

Gerhart J. 2001. Evolution of the organizer and the chordate body plan. Int J Dev Biol，45：133～153

Hayflick L，Moorhead P S. 1961. The serial cultivation of human diploid cell strains. Exp Cell Res，25：585～621

Hayflick L. 1974. The longevity of cultured human cells. J Am Geriatr Soc，22：1～12

Ho L，Crabtree G R. 2010. Chromatin remodelling during development. Nature，463：474～484

Holtzman N A，Khoury M J. 1986. Monitoring for congenital malformations. Annu Rev Public Health，7：237～66

Jin J，Huang W，Gao J P，et al. 2008. Genetic control of rice plant architecture under domestication. Nat Genet，40：1365～1369

Johnson J，Canning J，Kaneko T，et al. 2004. Germline stem cells and follicular renewal in the postnatal mammalian ovary. Nature，428：145～150

Johnson M H. 2009. From mouse egg to mouse embryo：Polarities，axes，and tissues. Annu Rev Cell Dev Biol，25：483～512

Li X，Qian Q，Fu Z，et al. 2003. Control of tillering in rice. Nature，422：618～621

Lin H. 2002. The stem-cell niche theory：Lessons from flies. Nat Rev Genet，3：931～940

Martin G R. 1981. Isolation of a pluripotent cell line from early mouse embryos cultured in medium conditioned by teratocarcinoma stem cells. Proc Natl Acad Sci U S A，78：7634～7638

Melton D W. 1994. Gene targeting in the mouse. Bioessays，16：633～638

Moore K L，Persaud T V N. 2007. Before We Are Born：Essentials of Embryology and Birth Defects. London：Saunders

Oeseburg H，de Boer R A，van Gilst W H，et al. 2010. Telomere biology in healthy aging and disease. Pflugers Arch，459：259～268

Orlacchio A，Bernardi G，Martino S. 2010. Stem cells：An overview of the current status of therapies for central and peripheral nervous system diseases. Curr Med Chem，17：595～608

Reddy P，Liu L，Adhikari D，et al. 2008. Oocyte-specific deletion of Pten causes premature activation of the primordial follicle pool. Science，319：611～613

Rosa A，Brivanlou A H. 2009. microRNAs in early vertebrate development. Cell Cycle，8：3513～3520

Shamblott M J，Axelman J，Wang S，et al. 1998. Derivation of pluripotent stem cells from cultured human primordial germ cells. Proc Natl Acad Sci U S A，95：13726～13731

St Johnston D，Nusslein-Volhard C. 1992. The origin of pattern and polarity in the Drosophila embryo. Cell，68：201～219

Steinmann G G. 1986. Changes in the human thymus during aging. Curr Top Pathol，75：43～88

Steptoe P C，Edwards R G. 1978. Birth after the reimplantation of a human embryo. Lancet，2：366

Takahashi K，Tanabe K，Ohnuki M，et al. 2007. Induction of pluripotent stem cells from adult human fibroblasts by defined factors. Cell，131：861～872

Takahashi K，Yamanaka S. 2006. Induction of pluripotent stem cells from mouse embryonic and adult fibroblast cultures by defined factors. Cell，126：663～676

Teo A K，Vallier L. 2010. Emerging use of stem cells in regenerative medicine. Biochem J，428：11～23

Thomson J A，Itskovitz-Eldor J，Shapiro S S，et al. 1998. Embryonic stem cell lines derived from human blastocysts. Science，282：1145～1147

Tian Y，Li Z，Hu W，et al. 2010. C. elegans screen identifies autophagy genes specific to multicellular organisms. Cell，141：1042～1055

Voog J，Jones D L. 2010. Stem cells and the niche：A dynamic duo. Cell Stem Cell，6：103～115

Wang E，Wang J，Zhu X，et al. 2008. Control of rice grain-filling and yield by a gene with a potential signature of domestication. Nat Genet，40：1370～1374

Yue R，Kang J，Zhao C，et al. 2009. Beta-arrestin1 regulates zebrafish hematopoiesis through binding to YY1 and relieving polycomb group repression. Cell，139：535～546

Zhang L，Zhou H，Su Y，et al. 2004. Zebrafish Dpr2 inhibits mesoderm induction by promoting degradation of nodal receptors. Science，306：114～117

Zhang Y，Yan L，Zhou Z，et al. 2009. SEPA-1 mediates the specific recognition and degradation of P granule components by autophagy in C. elegans. Cell，136：308～321

Zhao X Y，Li W，Lv Z，et al. 2009. IPS cells produce viable mice through tetraploid complementation. Nature，461：86～90

Zou K，Yuan Z，Yang Z，et al. 2009. Production of offspring from a germline stem cell line derived from neonatal ovaries. Nat Cell Biol，11：631～636

第十章

免 疫 学

第一节 免疫学的战略地位

免疫学是医学与生命科学中的一门基础性、带动性、支柱性的重要分支学科（曹雪涛，2009），是一门研究宿主免疫系统与外界环境相互作用的科学。机体免疫系统的主要作用包括针对外源性异物（包括传染性微生物及外源移植物等）产生免疫防御作用；清除衰老或损伤的细胞，以保持自身稳定；清除突变的细胞和防止肿瘤的发生。因此，免疫学的研究内容与人类的健康关系密切，涉及多种重大疾病，如心脑血管疾病、感染、肿瘤、自身免疫性疾病等的发生、发展与转归。免疫学理论和方法的任何一次突破和进展，都会极大地促进医学和生命科学的发展。

早在 1000 多年前，中国人就首先发明了用人痘痂皮接种以预防天花的方法。随后，接种牛痘疫苗的方法在世界范围内获得了广泛的应用，并最终促使 20 世纪 70 年代末天花在世界范围内最终被消灭。19 世纪末，法国化学家和微生物学家巴斯德发明了减毒炭疽杆菌疫苗用于预防动物的炭疽病，并用减毒的狂犬病毒疫苗来预防人类的狂犬病。德国细菌学家和免疫学家贝林于 1890 年发现了免疫血清中有针对白喉毒素的抗毒素因子，并与日本细菌学家北里柴三郎共同开创了血清疗法用于治疗白喉和破伤风患者，取得了良好的效果。上述这些工作证明通过疫苗接种完全能控制一些重要的传染性疾病。20 世纪中期，随着组织器官移植的开展，人们对移植物排斥、免疫耐受性、免疫抑制、免疫缺陷、自身免疫、肿瘤免疫等免疫现象进行了深入的研究，充分认识到过去仅把免疫系统局限于抗感染免疫有很大的片面性。人类的免疫应答既可防御病原微生物感染和产生免疫保护作用，也可在免疫应答过强的情况下造成机体组织的免疫损害并引发疾病。

免疫系统可以准确地识别非我，排除异物，以维持机体内环境的相对稳定（Bretscher and Cohn，1970）。这种保护机制对延续种族和保持生物进化都有重要的意义。高等生物的免疫系统十分复杂，它对内外环境的各种抗原刺激能产生免疫应答或免疫耐受。这些反应具有多样性、特异性和记忆性的特点。这些特性对生物的进化过程、生物种系的生存和对环境的适应均具有重大的影响。

免疫学研究既包括动植物抵御致病微生物致病的免疫应答等基本生命活动，同时也涉及人类的健康、生理和病理过程，包括一些重大疾病（如感染性疾病、肿瘤、自身免疫性疾病与过敏性疾病以及器官移植排斥等）的发生发展机制。例如，逃逸的机制、急性感染引起免疫病理损伤的机制、慢性感染诱导免疫耐受的机制、器官移植排斥反应和建立免疫耐受的调控机制、自身免疫性疾病的致病机制等。值得一提的是，近些年来，新发传染性疾病，如非典、禽流感和甲型 H1N1 流感等引起了世界性的社会恐慌并造成了重大的经济损失。阐明这些疾病的致病机制，了解人体如何产生保护性免疫应答，不仅对疫苗和有效抗病毒药物的开发极其重要，而且对了解传染性疾病本身的流行规律和危险程度，并最终战胜这些传染性疾病有着重要的理论指导作用。

免疫系统的研究揭示了生命活动的基本规律。例如，T 淋巴细胞分化与成熟的研究为细胞凋亡和表观遗传学的基础理论研究提供了完备的工作系统，为诠释这些重要生命现象做出了贡献。生命科学研究的基本任务是解读生老病死的密码，保持健康，防治疾病。而免疫学研究所能提供的研究体系恰能帮助研究人员实现这一基本任务。人从出生到死亡，健康的免疫系统是其保持生理健康的基本条件。疫苗的广泛接种和免疫调节药物（包括营养药物）的使用，都可以提升人体的免疫保护能力和抗病能力。在日常生活中，人们保持适当的体育运动和良好的心态，而减少心理创伤和病理应激状态，这些均能提高人体的免疫力。免疫系统中的一些现象促进了一些重要的生命科学问题的提出；而免疫学中一些研究成果也推动了生命科学的发展。在生命科学中，信号转导、细胞发育分化和凋亡等很多生命活动的基本问题，都是通过免疫学研究首先发现的。免疫学研究为生命科学提供了一个良好的研究手段与细胞和动物模型系统。它与基因组学、蛋白质组学、遗传学、分子生物学、细胞生物学、发育生物学、结构生物学、生物化学、生理学及生物信息学等多个前沿学科的结合，将产生新的理论和应用上的突破。

免疫学技术的发展与应用也有力地促进了其他生命科学的发展。植物分类学很早就应用了免疫学技术，植物和动物毒素的相关研究也采用了免疫学技术。例如，1889～1890 年免疫学技术被首先应用于研究白喉毒素和破伤风毒素，随后又被用于研究植物毒素（如蓖麻毒素、巴豆毒素）和动物毒素（如蛇毒、蜘蛛毒）。人们很早就利用免疫沉淀反应来鉴别动物的血迹。一些重要的免疫学技术，如放射免疫、免疫荧光和酶免疫等，为生物学的各个研究领域提供了有效的研究手段。

免疫学研究也极大地推动了相关医药产业的发展，特别是以疫苗、基因工程抗体药物、细胞因子和免疫抑制药物等为代表的免疫治疗剂以及临床诊断试剂均在临床上得到了广泛应用。免疫学研究在推动多种疾病的临床治疗的同时，也催生了具有巨大经济效益的诊断试剂和制药产业。抗体药已成为当代生物医药发展的主要方向之一。

随着分子生物学、细胞生物学、发育生物学、遗传学、神经科学和生物技术、信息技术等学科技术的互相交融、渗透，现代免疫学迅速发展，在生命科学中已经成为既有自身的理论体系、又有特殊研究方法的前沿学科。根据研究对象、手段和层次的不同，其本身又派生出许多独立的分支学科，如分子免疫学、细胞免疫学、免疫血液学、免疫药理学、免疫病理学、结构免疫学、生殖免疫学、移植免疫学、肿瘤免疫学、感染免疫学等。

免疫学由于自身的学科特点，对基础生命科学研究和应用开发研究均有重要的指导作用。1901～2008 年，192 位诺贝尔生理学或医学奖获奖人中，有 1/3 以上的获奖者的研究都涉及免疫学或其相关领域，可见免疫学研究在生命科学研究中的重要地位。免疫学的发展水平更是衡量一个国家综合科技实力的重要指标之一。

第 14 届国际免疫学大会探讨了 21 世纪免疫学的重点发展方向，将当代免疫学的研究重点归纳为 5 个大类：①感染与免疫，包括病毒感染、细菌感染、原生动物及蠕虫感染以及天然免疫细胞与受体；②免疫耐受与自身免疫，包括调节性 T 淋巴细胞、自身免疫机制、黏膜免疫、免疫耐受与移植以及免疫监视与肿瘤免疫；③免疫细胞的分化与发育，包括早期淋巴细胞发育、细胞迁移、T 淋巴细胞和 B 淋巴细胞受体多样性、T 淋巴细胞和 B 淋巴细胞记忆以及细胞因子与炎症；⑤免疫细胞调节，包括免疫细胞信号转导、抗原呈递、免疫细胞共刺激与细胞间的相互作用；④临床免疫学研究，包括免疫细胞治疗、抗体治疗、疫苗及佐剂、过敏性变态反应及治疗、动物模型与临床治疗、自身免疫疾病的遗传学、微生物触发性炎症、调节性 T 淋巴细胞的可塑性及其移植疗法、自身免疫性疾病的病理学和临床治疗以及炎症类疾病治疗等（ICI，2010）。这些类别涵盖了当代免疫学主要研究内容和关注热点。

第二节　免疫学的发展规律和发展态势

从免疫学学科的形成和发展历史中，可以看出它的发展规律和研究特点：从早期的粗犷式的实验观察和描述，到中期的创新性理论（如克隆选择学说）

的提出，再到目前应用的分子生物学和基因体内外操作技术，阐明免疫现象的分子机制。在此工作基础上，发现了更多的新细胞亚群和调节机制，并形成了许多新理论，使得免疫学向复杂与精细调节的方向发展。与其他学科相互交叉和渗透，以及各种新技术和新方法的应用也推动了免疫学的整体发展。目前免疫学的两大研究方式为。第一类，在分子水平上对重要的免疫分子，如细胞因子、趋化因子、细胞膜表面的共刺激分子和免疫细胞内重要的转录调控分子等进行深入的研究。利用晶体结构学和电镜等研究手段，揭示关键免疫分子的结构特征与功能的关系；通过分子生物学实验手段，研究关键分子的信号转导途径对免疫细胞功能的调节作用及其在疾病发病过程中的致病作用。第二类，在整体水平上利用基因和蛋白质组学、转基因和基因敲除小鼠等工具和模型，阐明单一分子或多个分子对细胞生理和病理过程的影响；结合临床疾病，开展系统的整体研究，发现免疫致病机理并寻找新的治疗方法。

当代免疫学发展呈现三大态势：①基础免疫学的研究更加深入；②基础免疫学与临床免疫学的结合更加紧密；③免疫学与多学科的交叉和整合更加有效。值得注意的是，当代免疫学已经从研究单一基因或蛋白质（如细胞因子）的结构、功能，转变为关注不同免疫细胞之间。免疫细胞不同亚群之间以及免疫细胞内部重要信号转导途径之间的关系（曹雪涛，2009）。人们已观察到，免疫系统中的不同分子可发挥类似的功能，而同一分子在不同的时空、环境和作用时相中，也能发挥多种不同的功能。因此，在分子和细胞水平上，针对免疫系统复杂和精细的调控机制开展研究是免疫学未来发展的主要趋势。

（一）免疫细胞的抗原识别和免疫应答

在免疫系统中，树突状细胞（DC）、巨噬细胞与 B 淋巴细胞具有抗原提呈功能，其中树突状细胞是最主要的抗原呈递细胞（APC）。这些细胞在抗原的免疫识别和驱动免疫应答过程中发挥着重要的功能。树突状细胞可以内吞外来抗原变成成熟的树突状细胞，然后从外周迁移到淋巴结或脾脏，再通过 MHC 分子将抗原提呈给 T 淋巴细胞，活化的 T 淋巴细胞进一步分化成不同的 T 淋巴细胞亚群。树突状细胞激活幼稚 T 淋巴细胞主要通过三种信号：①树突状细胞上的 MHC 分子结合抗原后，与 T 淋巴细胞上的 TCR 结合；②树突状细胞上的 B7 共刺激分子与 T 淋巴细胞上的 CD28 相结合；③树突状细胞直接分泌细胞因子，如白介素-2（IL-2），参与激活 T 淋巴细胞。最近的研究发现，碱性粒细胞有抗原呈递细胞的某些功能。系统地研究抗原呈递细胞将有利于深入了解机体免疫系统如何启动对外来抗原的特异性识别和引发免疫反应。这对研究更加有效的疫苗和免疫佐剂，开发能抑制自身免疫性疾病与慢性炎症反应的新药有重要的意义。

（二）天然免疫与获得性免疫的相互调节

天然免疫是机体固有存在的免疫系统，是机体应对外部刺激的感应器（Janeway and Medzhitov，2002）。它既是抵御外来致病因素的第一道防线，也是控制获得性免疫应答的关键点。当天然免疫系统功能发生缺失或低应答时，可引起机体整体免疫功能缺陷或免疫应答低下。病原体入侵很容易引起急性感染或持续感染，也可引起肿瘤的发生。当天然免疫在应对外部刺激引发过度应答时，则可引起强烈的炎症反应，导致机体的免疫炎症性损伤。因此，保持天然免疫状态的平衡是疾病防治的关键。

获得性免疫系统依赖数以百万计的、通过基因重排产生的、克隆化的淋巴细胞表面受体（T 淋巴细胞受体和 B 淋巴细胞受体）对各种各样的外来抗原产生特异性应答。而天然免疫系统依靠为数很少的模式识别受体（pattern-recognition receptor，PRR）来识别细菌、病毒、真菌及寄生虫等外来病原体的保守性结构，包括细菌或病毒的核酸和细菌或真菌等来源的细胞壁成分（多糖或蛋白质等），统称为病原相关模式分子（pathogen associated molecular pattern，PAMP）。

天然免疫应答的核心环节是天然免疫系统的免疫识别功能及后续的信号传递与调控。天然免疫的识别功能主要由天然免疫细胞——巨噬细胞、中性粒细胞、自然杀伤（NK）细胞、NK T 细胞、T 淋巴细胞、树突状细胞等来完成。人们已经发现能识别外来病原体的 Toll 样受体（toll-like receptor，TLR）和识别机体自身组织的 NK 细胞免疫球蛋白样受体以及 C 型凝集素受体，并且证明这些受体间存在有交互作用。目前已经发现的哺乳类 TLR 至少有 11 种，每种受体识别特定 PAMP。在过去的几年中，人们在 TLR 识别各种病原微生物的研究上取得了很大的成果，但对不同的病毒以及一个病毒的不同组分如何被 TLR 识别并激发下游信号却知之甚少。

随着分子免疫学和细胞免疫学的飞速发展，我们对天然免疫反应与获得性免疫反应之间的相互调节有了一个全新的认识。在 20 世纪 80 年代以前，对天然免疫反应的研究大大滞后于获得性免疫反应领域的研究，而且两者严重脱节，免疫学家们没有充分意识到它们之间的联系。天然免疫反应一度被认为是宿主细胞面对病菌入侵时发起的快速、但非特异性的防御反应，其中包括分泌抗菌肽和炎症因子及激活补体等。获得性免疫反应则被认为是 T 淋巴细胞介导的细胞毒性效应和 B 淋巴细胞分泌的抗体功能。虽然两种反应是按照严格的时间顺序被激活，即天然免疫反应总是在获得性免疫反应之前被激活，但当时的免疫学家们认为它们两者的激活相对独立，不存在相互依赖关系。70 年代末，树突状细胞的发现及其"共刺激（co-stimulation）信号"假说的提出，对上述传统的观点提出了挑战。人们认识到树突状细胞不仅加工和提呈抗原给幼稚型 T 淋巴细胞，而且还能提供 T 淋巴细胞激活所必需的共刺激信号。从那时起，天然免疫反应和获得性免疫反应之间的联系被逐步认识。

耶鲁大学的 Charles Janeway 等在 1989 年提出了一个重要的假说：天然免疫细胞含有识别病原菌的受体，它们特异性地识别病原相关模式分子（Janeway and Medzhitov，2002）。这一类天然免疫受体不仅可以激活天然免疫反应，还能诱导 T 淋巴细胞激活所必需的"共刺激信号"。美国国立卫生研究院的 Polly Matzinger 于 1994 年提出了"危险信号"假说，认为天然免疫系统具备一类能激活天然和获得性免疫反应的特殊受体，这些受体主要识别所谓的"危险信号"，即由于病原微生物感染或机体损伤所引起的坏死细胞释放的一些分子。在接下来的十多年中，识别病原体和危险信号的 TLR 等多种受体分别在哺乳动物、果蝇和植物中被发现，在分子基础上证明了 Janeway 和 Matzinger 的假说的重要性。天然免疫受体介导的信号通路不仅诱导 T 淋巴细胞激活所必需的"共刺激信号"，而且通过分泌的细胞因子来引导 T 淋巴细胞亚型的分化。由此天然免疫和获得性免疫紧密地联系起来。

当代的免疫学逐步在分子水平和细胞水平上全面地揭示天然免疫反应和获得性免疫反应之间的相互依赖、相互调控的机理。首先，天然免疫反应通过多种途径正调节或负调节获得性免疫反应，涉及极为复杂的分子机理。除了 TLR 外，RIG 样受体（retinoic-acid-inducible gene-like receptor，RLR）、NOD 样受体（nod-like receptor，NLR）、C 型凝集素等天然免疫受体相继被发现，它们分别在细胞外、内质网和胞质内识别不同的病原体分子和危险分子。这些天然免疫受体分别诱导特异性的信号转导，激活天然免疫反应和获得性免疫反应来清除病原体的感染。目前认为，天然免疫受体激发获得性免疫反应的机制为：一方面能诱导 MHC-Ⅰ类和 MHC-Ⅱ类分子及 CD80/86 等分子在免疫细胞表面表达，激活树突状细胞和巨噬细胞，增强它们的抗原提呈的能力和"共刺激"分子的表达；另一方面，通过诱导分泌不同的细胞因子来引导相应的 T 淋巴细胞和 B 淋巴细胞介导的反应，其中，细胞因子 IL-12 和 γ-干扰素（IFN-γ）能促进 Th1 细胞的分化和 $CD8^+$ T 淋巴细胞所介导的细胞免疫，而 IL-4 和 IL-5 促进 Th2 细胞的分化和 B 淋巴细胞介导的体液免疫反应，IL-6 和 IL-1 能促进 Th17 的分化。在某些情况下，天然免疫反应也能抑制获得性免疫反应。例如，通过诱导天然免疫细胞分泌 β-转化生长因子（TGF-β）和 IL-10 可以促进调节性 T 细胞（Treg）的分化，来抑制 $CD4^+$ 和 $CD8^+$ T 淋巴细胞的作用，从而维持对于自身抗原以及共生性微生物的耐受性，防止自身免疫性疾病的发生。最近发现一类不成熟的抑制性巨噬细胞（myeloid-derived suppressor cell，MDSC）具有非常强的 T 淋巴细胞抑制作用，是肿瘤用来对抗免疫反应的主要途径。总之，天然免疫系统从正、负两个方面调节获得性免疫系统，对于抗病原体的感染和维持免疫耐受起着至关重要的作用。其次，获得性免疫也在细胞水平和分子水平上对天然性免疫进行调控。激活的 Th1 和 CD8$^+$ T 淋巴细胞所分泌的干扰素和肿瘤坏死因子能激活巨噬细胞，增强它们吞噬和裂解病原菌的能力。Th2 能激活嗜酸性粒细胞。B 淋巴细胞产生的抗体也能激活补体、NK 细胞和肥大细胞。有趣的是，获得性免疫系统还能通过多种机制来抑制天然免疫反应的强度以及持续的时间，以避免过度而有害的炎症反应。Treg 和 B1 细胞分泌 IL-10 等细胞因子来抑制巨噬细胞的活化。记忆性 CD4$^+$ T 淋巴细胞还能通过细胞与细胞之间的直接接触来抑制巨噬细胞中炎症小体的激活，从而下调嗜中性粒细胞的浸润。

（三）病原微生物和宿主免疫细胞的相互作用

免疫系统是宿主识别和清除病原体感染的主要武器。所有的细胞生物都具备天然免疫系统，而脊椎动物同时还具备获得性免疫功能来增强防御。但是病原微生物也通过演化和选择，获得了逃逸免疫识别、干扰宿主的免疫反应的能力。宿主的免疫系统和病原微生物之间的抑制和反抑制在很大程度上决定了宿主能否成功地遏制病原微生物的感染。虽然很早以前我们就已经认识到病原微生物能通过多种方式来抑制免疫反应，但是其主要机理只是在近些年才开始得到阐明。病原体抑制宿主的免疫系统的方式是多元化和全方位的，涉及免疫系统的识别、天然免疫信号通路和获得性免疫反应等方面。一般而言，在急性感染中，病原体可以更完全地抑制宿主的免疫反应，达到快速复制和迅速传播的目的。而在慢性感染中，病原体只在一定程度上抑制免疫反应，以达到持续性感染和长期与宿主共存的目的。TLR 是识别病原体的主要天然免疫受体，也是病原体重点攻击的对象。细菌和病毒会通过改变它们表面的多糖、鞭毛等分子结构，或抑制蛋白酶的降解而防止核酸暴露，以逃逸 TLR 的识别。丙型肝炎病毒的 NS3/4A 和流感病毒的 NS1 通过抑制 TLR 和 RLR 通路中的 TRIF 和 MAVS 等分子来阻止干扰素的合成。结核分枝杆菌还通过形成肉芽肿来逃避免疫系统的识别和攻击。除了干扰天然免疫系统的功能，病原体还能抑制 TCR 信号通路，下调 B 淋巴细胞中的 MHC-Ⅱ 的表达，降解 IgA 等方式来抑制获得性免疫反应。最近利用系统性的蛋白质与蛋白质相互作用和反义 RNA 技术，发现艾滋病病毒和流感病毒感染宿主细胞后，病毒复制过程中所产生的蛋白质能与宿主细胞的一些重要的免疫分子相互作用，进而抑制宿主免疫细胞的功能，促进病毒的复制。

（四）获得性免疫应答机制

获得性免疫应答过程可人为地分为以下三个阶段。①抗原识别阶段：淋巴细胞抗原呈递细胞对抗原进行加工处理，并提呈抗原给抗原特异性的 T 淋巴细胞和 B 淋巴细胞，这些细胞在识别抗原后被活化。②增殖、效应阶段：抗原特异性的 T 淋巴细胞和 B 淋巴细胞接受相应抗原刺激后，在细胞"共刺激"分子和细胞因子协同作用下，活化、增殖、分化为免疫效应细胞，通过浆细胞分泌抗体和效应 T 淋巴细胞释放细胞因子和细胞毒性介质，并在固有免疫细胞和许多重要分子的参与下产生免疫效应。③免疫记忆阶段：随着病原体及其抗原的清除，超过 95% 的免疫效应细胞进入程序性死亡，而部分抗原特异的 T 淋巴细胞和 B 淋巴细胞存活下来，进一步分化为免疫记忆性细胞。

根据抗原表位识别特征的不同，抗原表位可分为 B 淋巴细胞表位、Th 淋巴细胞表位和细胞毒性 T 淋巴细胞（CTL）表位。根据免疫刺激能力的不同，B 淋巴细胞抗原表位可分为优势表位和弱势表位。同一抗原分子中存在着多种不同的抗原表位，不同抗原表位的组合可直接决定所诱发的免疫应答性质及其持续时间。该方面的研究不仅为自身免疫病的发生机理提供了新的诠释，也为新一代分子疫苗的设计和开发提供了理论基础。

$CD4^+$ T 淋巴细胞激活后能分化成多种辅助性 T（Th）淋巴细胞亚群，执行不同的功能。这些亚群细胞不仅对抗体和细胞免疫反应有调节作用，也可能引起过度反应而产生病理性损伤。近几年 Th 细胞的分化理论得到了很大的发展，远远超出了原来的 Th1 和 Th2 两种分化亚群的免疫学理论（Mosmann and Coffman，1989）。1995 年一个日本研究小组首次鉴定出 CD25 可以作为调节性 T 淋巴细胞（Treg）的细胞表面标记从而可以把 Treg 分离出来，并在 2003 年与其他数个实验室同时报道了 $CD4^+CD25^+$ Treg 的分化及功能所必需的控制分子，即转录因子 FoxP3（Sakaguchi，2004；Sakaguchi et al.，2008）。近年来 Th17 细胞、Th9 细胞和 Tfh 细胞的分化理论也相继被提出。这些研究结果不仅证实了这些 T 淋巴细胞亚群对细胞和体液免疫介导的免疫应答有重要的调节作用，而且反映出免疫系统各细胞之间的精细调节是非常重要的。深入了解 $CD4^+$ T 淋巴细胞亚群的分化，对疫苗的设计有指导意义，对自身免疫病和感染引起的炎症性疾病的治疗和诊断也极为重要。

病原微生物感染清除后，激活的抗原特异的 T、B 淋巴细胞会进一步分化成免疫记忆性细胞；记忆性 T 淋巴细胞根据功能和体内组织分布的不同，可以分为中央型记忆 T 淋巴细胞（TCM）和效应型记忆 T 淋巴细胞（TEM），细胞因子 IL-7 和 IL-15 在维持记忆性 T 淋巴细胞存活方面起重要作用。免疫记忆是疫苗学的基础，探讨影响记忆细胞生成和维持的机制，对于疫苗的研究与开发及疫苗效果的评价具有十分重要的意义（吴长有，2005）。这方面的研究已成为近年来免疫学研究的热点之一，并已取得了较大进展。

（五）调节性 T 淋巴细胞对免疫应答的负性调节

免疫系统能有效清除外源病原物，保护机体免受感染；同时，耐受自身组织和器官，不对其进行免疫攻击。Treg 是机体维持自身免疫耐受的主要细胞，在治疗自身免疫性疾病、抑制炎症反应、变态反应和移植排斥反应中有非常重要的作用。但此类细胞对肿瘤、病毒的感染（如乙型肝炎病毒、艾滋病病毒等）却有可能起相反的作用。Treg 的研究是近年来免疫学最活跃的领域之一。

Treg 的研究起始于 1995 年。T 淋巴细胞表面的受体 CD25 是区分 Treg 和其他细胞的分子标记。当纯化的 $CD4^+CD25^+$ T 淋巴细胞注射给发病的自身免疫病小鼠时，自身免疫反应能被显著抑制。2001 年，研究者在致死性的自身免疫病小鼠模型的研究中发现了一种新的转录因子 FoxP3，并证明 FoxP3 的缺陷是导致产生致死性自身免疫病表型的直接原因。FoxP3 是一种转录抑制因子，在正常 T 淋巴细胞中过表达 FoxP3 可使细胞呈现一种免疫沉默状态。运用遗传操作手段发现高表达 FoxP3 对细胞维持自身免疫耐受是必不可少的。近年来 Treg 的研究迅速从基础免疫学扩展到临床免疫学，除了自身免疫病外，Treg 还与多种免疫性疾病的发病机制或免疫状态，如过敏性疾病、移植排斥、肿瘤及感染性疾病等密切相关。深入研究人源 Treg 及转录因子 FoxP3 生化活性、生理功能及其调控的分子机制，对于控制人体内 Treg 的免疫活性以及基于 Treg 的免疫治疗有重要的指导作用。

（六）Th17 细胞的研究

20 世纪 80 年代，免疫学的一个重大发现是 Th1 和 Th2 辅助 T 淋巴细胞亚群的分类模型。该模型一直为免疫学家广泛接受，为深入研究 T 淋巴细胞的功能和免疫性疾病的病理发生发展机制提供了极其重要的理论基础。然而，这种分类理论不能解释一些重要现象。例如，Th1 相关的细胞因子（如 IFN-γ 和 IL-12）基因敲除小鼠对自身免疫性脑脊髓炎更为敏感。对这些未知现象的研究直接导致 Th17 这一 T 淋巴细胞亚群的发现。Th17 细胞特异性地分泌 IL-17，对宿主抗细菌和抗真菌感染的免疫防御至关重要。同时，Th17 又能引发多种免疫炎症反应介导的疾病，如自身免疫病。最近研究发现，细胞因子 TGF-β、IL-6、IL-1、IL-23 等对 Th17 细胞的分化、维持和病理功能都具有重要作用。

转录因子，如 ROR-α、ROR-γt 和 STAT3 是 Th17 细胞分化所必需的。目前研究 Th17 的分化调控机制和 IL-17 的功能机制已成为世界免疫学的研究前沿和新兴领域，有关 Th17 细胞分化调控的机制仍将是未来的研究重点和热点。

（七）炎症小体的研究

自从 1989 年 Charles Janeway 在冷泉港会议上提出"模式识别受体"假说以来，在高等动物中迄今已经发现了三大家族的模式识别受体，分别是 TLR、RLR 和 NLR。现有工作已证实，包括 NLRP3（NOD-like receptor with pyrin domain，number 3）在内的一组 NLR 可在内毒素或尿酸等外界刺激条件下形成一种多分子复合物，称为炎性小体（inflammasome）。迄今发现的炎性小体主要有 NLRP1、NLRP3、IPAF（NLRC4）和 AIM2 4 类。炎性小体复合体的形成可以导致半胱氨酸蛋白酶-1（caspase-1）的激活，而后者可以把 IL-1 和 IL-18 的前体（pro-IL-1 和 pro-IL-18）裂解成具有生物学活性的成熟细胞因子（IL-1 和 IL-18）。这些成熟细胞因子是机体炎症反应的重要介质。例如，IL-1 不但可以直接引起发热等炎症反应，而且可以激活转录因子 NF-B 从而放大机体的炎症反应。另外，有研究表明：ASC 和 NLRP3 在接触性过敏及铝诱导的佐剂活性中起重要作用；病毒抗原结合微粒佐剂可能是一种有效的免疫方法。上述研究表明：深入研究炎症小体在特异的获得性免疫反应中的作用，对阐明炎症的机制，研发新型疫苗有重要意义。

（八）免疫细胞内的信号转导与细胞功能

淋巴细胞活化的"双信号"学说在 1970 年被提出，用以解释自我和非我的识别以及 B 淋巴细胞的免疫应答和免疫耐受。1975 年，这个模型被应用于 T 淋巴细胞。T 淋巴细胞的完全活化需要两个信号：第一信号是由抗原肽-MHC 分子复合物与 T 细胞受体（TCR）相互作用赋予免疫应答以特异性；第二信号，即抗原非依赖性共刺激信号，是由抗原呈递细胞提供给 T 淋巴细胞的。淋巴细胞接受双信号刺激后，活化细胞内信号转导途径和一系列转录因子，随后分泌细胞因子、克隆扩增或分化，并发挥其效应功能。在第二信号缺失的情况下，抗原特异性的淋巴细胞不能有效应答（功能性失活）并且对随后的抗原刺激产生免疫无能和耐受（anergy and tolerance）。

近年来，越来越多的共刺激分子被发现，如 CD40、LIGHT、OX40 和 ICOS 等。但是同时也发现一些分子（如 CTLA-4 和 PD-1 等）可以抑制 T 淋巴细胞的活化，被称为共刺激抑制分子。阻断这些共刺激分子的功能，可以精确地控制 T 淋巴细胞应答或免疫细胞的激活状态，因此共刺激活化/抑制分子可能是潜在的药物靶标。此外，病原体与病原相关模式分子在与抗原呈递细胞结合后可以激活一系列的信号转导通路，在促进抗原呈递细胞自身活化的同时，也上调共刺激信号分子，进而促进细胞免疫和体液免疫。开展这方面的研究的关键点在于发现免疫细胞信号通路中的一些新的关键信号转导分子，并明确这些分子的调节功能。在此基础上，将这些分子作为药物筛选的靶标寻找到一些有治疗作用的小分子化合物，为免疫性疾病的治疗提供理论基础和新的思路。

（九）免疫细胞的发育与功能

免疫系统中所有种类的细胞都是由骨髓中的造血干细胞与各种前体细胞发育、分化而来的。造血干细胞具有"自我更新"与"定向分化"的能力，使机体免疫系统既能终生保持足够数量的造血干细胞，又可以持续地分化产生造血与免疫系统中的各类免疫细胞。研究发现，造血干细胞首先分化成"多潜能前体细胞"，进而分化成"共同淋巴性前体细胞"和"共同髓性前体细胞"。共同淋巴性前体细胞继续分化形成各类淋巴细胞，如 T 淋巴细胞、B 淋巴细胞、NK 细胞等。而共同髓性前体细胞可以继续分化成各类髓性细胞，如粒细胞、单核细胞/巨噬细胞、巨细胞/血小板、红细胞等。树突状细胞被发现有淋巴性与髓性两种来源。除了 T 淋巴细胞的发育需要依赖胸腺外，其余的淋巴细胞（如 B 淋巴细胞、NK 细胞、树突状细胞）及髓性细胞（如粒细胞、单核细胞/巨噬细胞、红细胞、巨细胞等）都是在骨髓中发育成熟的。

近年来，利用转基因和基因敲除小鼠模型，多种调控造血干细胞与各种免疫细胞发育、分化与成熟的细胞内因子与微环境信号相继被发现。该方向的发展规律与研究特点是：①与干细胞生物学、血液学、肿瘤生物学等学科相互交叉，互相借鉴研究方法；②强烈地依赖于体内实验与动物模型，尤其是转基因和基因敲除小鼠动物模型；③与临床造血与免疫系统的各类疾病的医学研究结合紧密，基础研究成果能够较快地向临床诊断与治疗方向转化。造血干细胞与各个发育阶段的免疫细胞的分化与成熟，都受到特定细胞内因子与细胞外微环境信号的严格调控，否则会产生造血与免疫系统的疾病，如白血病、淋巴瘤、贫血、免疫缺陷、自身免疫性疾病等。研究参与调控造血干细胞与免疫细胞发育、分化成熟的重要细胞内因子与细胞外微环境信号以及它们的作用机制将会是未来免疫学研究的重要方向。

（十）肿瘤免疫学的发展给肿瘤治疗带来了新的机遇

肿瘤免疫学的机理研究可以使得人们利用肿瘤细胞的靶抗原，进行抗肿瘤的免疫治疗。肿瘤免疫治疗最初以免疫监视学说为理论基础，其基本观点是机体免疫系统能够识别并清除恶性细胞，阻止肿瘤发生。许多研究表明：机体尽管存在免疫监视，但仍发生恶性肿瘤，提示免疫监视学说还不能系统解释免疫系统在肿瘤发生中的作用。近年来，有人提出了肿瘤免疫编辑学说（Dunn et al.，2004）。该学说认为，肿瘤免疫分为消除、平衡和逃逸三个时期。消除期与免疫监视相同，是指免疫系统识别并消除肿瘤。如果所有肿瘤细胞被消除，消除期结束。如果部分肿瘤细胞没有被消除则进入暂时性的平衡期。在平衡期，肿瘤细胞保持静止状态，或积聚进一步的变化（如 DNA 突变或基因表达改变），以调整抗原表达。如果免疫系统仍不能完全消除肿瘤细胞，会导致某些变异肿瘤细胞耐受或抑制抗肿瘤免疫应答，从而进入逃逸期。在逃逸期，肿瘤细胞生长不仅不受免疫系统控制，甚至利用免疫系统更快地生长和转移。肿瘤免疫逃逸的机制很多。例如，①低表达或不表达人类白细胞抗原（HLA）Ⅰ类抗原或肿瘤抗原，造成肿瘤抗原不能呈递；②释放肿瘤相关应激诱导配体抑制 NK 细胞活性，避免被其清除；③过表达蛋白酶抑制因子 9（PI-9）和 B7-H1，使 CTL 释放的颗粒酶 B 失活，抑制效应 T 淋巴细胞的活性；④死亡信号途径缺陷；⑤表达吲哚胺-2，3-双加氧酶（IDO），降低局部色氨酸浓度，促进 T 淋巴细胞凋亡和抑制性 T 淋巴细胞增殖；⑥诱导髓细胞来源抑制细胞（MDSC）生成，使淋巴细胞功能紊乱；⑦诱导 $CD4^+ CD25^+$ Treg 细胞，抑制肿瘤免疫应答等（Zou，2005，2006）。目前的第二代肿瘤免疫治疗多基于肿瘤免疫编辑学说，在重视抗肿瘤免疫应答的同时，兼顾肿瘤的免疫逃逸机制。肿瘤的免疫治疗主要分为肿瘤疫苗的主动免疫治疗和单克隆抗体免疫治疗。

1. 肿瘤疫苗

传统疫苗以预防疾病为主，如肝炎病毒疫苗和人乳头状瘤病毒（HPV）疫苗可减少肝癌和宫颈癌的发生。当前研发的肿瘤疫苗都是治疗性疫苗，这些疫苗通过特异性激活机体的体液和细胞免疫而杀伤肿瘤细胞。肿瘤疫苗的优势在于一旦应用成功，可产生长期的免疫记忆细胞，消除肿瘤微小残留病灶并减少肿瘤复发；其缺点是干扰因素多，起效时间长。DC 是最有效的专职抗原呈递细胞，在肿瘤疫苗的研究中尤其受到重视。目前研究重点已经逐渐从如何培养 DC、如何刺激抗原，进展到根据 DC 表面标志物将其分为不同亚群，通过活化或抑制 DC 表面 TLR、细胞毒性 T 淋巴细胞相关抗原 4（CTLA-4）增强 DC 活性，通过化疗等手段抑制 Treg，协同 IFN-γ 促进辅助性 Th1 细胞应答（Dannull et al.，2005）。

2. 单抗药物的研究进展

抗肿瘤单抗药物研究已取得多方面进展。单抗药物对肿瘤细胞的选择性杀伤作用表明：单抗与药物偶联物或毒素偶联物对肿瘤靶细胞具有选择性杀伤作用，即对表达有关抗原的肿瘤细胞作用强，对抗原性无关细胞的作用弱或无作用。另外，通过抑制肿瘤血管生成，达到抑制肿瘤细胞生长的单抗药物在临床也取得了良好效果，证明单抗药物也是抗肿瘤药物研究的成功策略之一。但仍有些问题需要进一步研究解决。单抗药物存在的问题主要涉及免疫学和药理学两个方面。免疫学方面的问题主要是人抗鼠抗体（HAMA）反应。因为多年来用于临床研究的单抗药物多数使用小鼠单抗制备，往往导致 HAMA 反应。此外，肿瘤细胞群体在抗原性方面的异质性，肿瘤细胞的抗原性调变等也可能影响单抗药物的疗效。药理学方面的问题主要是到达肿瘤的药量不足。单抗药物在体内的运送过程受多种因素影响。由于它是异体蛋白质，会被网状内皮系统摄取，有相当数量将积聚于肝、脾和骨髓。单抗药物是大分子物质，通过毛细血管内皮层及穿透肿瘤细胞外间隙时均受到限制。解决问题的主要途径是降低单抗药物的免疫原性，如制备人-鼠嵌合或人源化抗体。临床使用这类抗体可明显降低 HAMA 或人抗嵌合抗体反应（HACA）反应。已获准在临床应用的抗肿瘤单抗药物 rituxan 和 herceptin 均属嵌合抗体。人源化抗体较人-鼠嵌合抗体排斥明显减少，且血液半衰期更长。利用转基因鼠或抗体库（包括噬菌体抗体库、核糖体抗体库和哺乳动物细胞抗体库等）及其他方法直接获得全人抗体，可彻底解决抗体药物的免疫原性问题，是基因工程抗体未来的发展趋势。

（十一）免疫学实验动物模型的研究

实验小鼠的遗传学与免疫学背景研究得最为清楚，基因组测序已经完成，各种抗体与分析试剂最为完备，遗传操作手段最为成熟，是免疫学研究中最重要的动物模型。除了利用自然存在的一些免疫缺陷或自身免疫病的小鼠模型进行研究外，免疫学家还常常利用转基因与基因打靶技术制备特殊的小鼠动物模型来进行免疫学的研究。转基因技术是将外源基因插入到小鼠的基因组中，使其在小鼠体内表达，进而对基因的功能进行研究。基因打靶技术是借助小鼠胚胎干细胞，利用同源重组将小鼠内源基因进行定点改变，从而对基因的功能进行研究。

近年来，随着技术的发展，转基因与基因敲除小鼠的制备也越来越成熟。例如，BAC 转基因技术可以实现大段基因操作，并且使转入基因的表达得以精确调控；基因工程重组技术使得制备打靶载体的周期大大缩短；滋养层细胞非依赖性的小鼠胚胎干细胞与 C57/B6 背景的小鼠胚胎干细胞使得进行基因打靶与后续回交的工作量显著减少；RMCE 技术使得大段基因的同源替换成为可能；Cre-LoxP 介导的染色体工程可以对染色体进行随意的缺失、移位等操作。这些技术的发展，极大地推动了免疫学的发展，使研究者能够在体内研究一些关键分子在免疫细胞中的功能。建立好的基因修饰的小鼠模型已成为免疫学发展必不可少的关键技术。

（十二）低等动物和昆虫的免疫系统进化和适应性变化

获得性免疫的起源与进化一直是免疫学研究领域的热点问题。在进化史上4.5亿～5亿年前，即无颌类脊椎动物出现以后，软骨鱼出现之前，所有获得性免疫系统的关键成分开始出现。究竟是什么原因使这些早期物种突然产生了免疫系统，抗原受体基因和获得性免疫系统又是从何而来，一直是一个谜。过去，人们普遍认为获得性免疫系统起源于硬骨鱼类。近年来，研究发现无颌类脊椎动物和原索动物等非脊椎动物同样也存在复杂的重组激活基因（RAG）非依赖的免疫相关系统来实现免疫识别的多样性，而这些很可能是获得性免疫系统的前身。例如，有研究发现棘皮动物海胆中有 RAG1 类似分子，文昌鱼中发现了类免疫球蛋白超家族，蜗牛中编码纤维蛋白原蛋白则通过高频突变来实现多样性。最有代表性的研究是以七鳃鳗和八目鳗为代表的无颌类脊椎动物的免疫系统研究，因为这些物种正好处在获得性免疫系统出现的边界。在它们当中虽然没有发现免疫组织，但已出现类淋巴细胞。在七鳃鳗中发现了类似获得性免疫系统的体细胞重组现象。研究者在七鳃鳗的类淋巴细胞中发现了一种新型的可变受体，称为可变淋巴受体。这种受体的重组是通过在胚系可变受体基因中随机插入多个亮氨酸来产生多种抗原识别受体，其多样性可高达 10^{14} 个。其与获得性免疫系统 V（D）J 重排所产生的受体多样性不相上下。调控这种可变受体基因重排的酶及转录因子目前还不清楚，但这种可变淋巴受体在进化上已为获得性免疫的发生提供了分子结构基础。

当微生物进入无脊椎动物（如昆虫）体腔后，会被昆虫的一些天然模式识别受体所感知，从而触发一系列的免疫反应。识别外来病原体的过程是昆虫模式识别受体与病原相关模式分子相互作用的过程。这些分子结构包括细菌的脂多糖、肽聚糖、脂磷壁酸和真菌的 β-1,3-葡聚糖等。当这些分子信号被昆虫的模式识别受体识别后，触发了包括体液免疫和细胞免疫在内的一系列免疫反应。体液免疫包括了能诱导抗菌肽驱动的 Toll 和 Imd 的信号通路的激活；以及由原多酚氧化酶等一系列酶参与的凝结和黑化反应。细胞免疫则主要依赖血细胞对外来抗原或病原体产生的吞噬、集结和包囊反应。这些免疫应答主要由浆细胞、粒细胞和拟绛色细胞等血细胞参与完成。因此，从进化的角度研究低等动物和昆虫的免疫系统，对于了解人类自身的免疫系统，发现新的预防和治疗策略是有益的。

（十三）植物的天然免疫

尽管植物没有类似于动物的获得性免疫系统，但存在与动物类似的天然免疫。植物主要借助于天然免疫系统产生主动的抗病性（Jones and Dangl，2006）。该系统可在未曾受到特定病原物预先诱导的情况下，对病原体侵染发生快速防卫反应，保护植物的安全。目前研究得比较清楚的有两个天然免疫系统：①通过植物细胞上的模式识别受体（PRR）感知病原相关模式分子（PAMP），而激发非特异性的抗病反应；②通过形式上更进化的抗病基因编码的蛋白质直接或间接地感受病原菌分泌的特异性毒性因子，激发植物的获得性免疫反应。现在对植物免疫系统的了解可以用一个四时期的"Z形曲线"模型来表现。时期一：PAMP 被 PRR 所识别，产生由 PAMP 诱发的免疫反应（PAMP-triggered immunity，PTI），以终止病原体在植物中移植。时期二：病原体成功地扩散成为病原体毒力的效应分子。时期三：特定的效应分子被一种 NB -LRR 蛋白（nucleotide binding and leucine rich repeat domain）特异性地识别，诱导效应分子激发的免疫反应（effectors-triggered immunity，ETI）。ETI 可以引起一个更为快速而广泛的由病原相关分子模式诱导的免疫反应（PAMP-triggered immunity，PTI），启动更强的抗病反应。时期四：自然选择通过排出效应分子基因或者使被识别的效应分子基因多样化，或者通过抑制 ETI 的效应分子从而使病原体躲避 ETI 的作用。自然选择导致了新抗病基因专一性的产生，因此，ETI 又可以再一次被激发。植物天然免疫仍然是一个刚刚开始的领域，有很多重要的科学问题尚未阐明。因此，在植物中深入研究 PTI 和 ETI 免疫应答的机制，阐明 NB-LRR 与其他关联分子的作用机制，将是未来的研究热点。

第三节　我国免疫学的发展现状

我国免疫学经过几代人的努力，已形成了较为完善的、布局合理的学科体系，并已取得了不菲的基础研究和应用研究成果。自20世纪80年代改革开放以来，有许多中国留学生在美国、欧洲和日本进行学习深造，并学成回国。他们与国内学者一起，并在海外华裔学者的帮助下，为中国免疫学的发展做出了积极的贡献。由于国内的免疫学研究基础较差，起步较晚，人才梯队不健全，国内免疫学的总体水平与发达国家相比仍有较大的差距。不过，经过 20 多年的努力，我国的免疫学研究已经初具规模，并有一些研究亮点，提出了一些重要的学术观点。许多研究论文也在国外一流的免疫学期刊（*Nature Immunology*、*Immunity*、*PNAS*、*J.I.*、*Blood* 等）上发表。这些有代表性的工作，说明国内已形成了具有相当数量和有较高研究水平的研究团队。这些好的工作提升了我国免疫学在国际上的学术地位。这些项目先后都受到了国家"973"计划项目，国家自然科学基金委员会重大项目、重点项目、国家杰出青年科学基金和面上项目的长期支持。从整体上看，我国免疫学研究以基础免疫学为主体，以临床免疫学为特色，以免疫学技术的建立应用以及免疫治疗剂的研发为亮点，其研究的学术影响力不断增强，受到了国际同行的高度关注。

下面简要归纳我国免疫学研究近期所取得的主要进展。

一、细胞与分子免疫学

我国科学家在 T 淋巴细胞（髓质中 CD4SP 细胞）的分化发育机制，新型肿瘤抗原的鉴定与功能研究，编码细胞因子和凋亡相关分子的人类功能新基因（趋化因子 1 和程序化细胞死亡分子 5）研究，NK/ NKT 细胞的基础免疫学与肝脏免疫学研究，γδ-T 淋巴细胞的免疫学特性以及通过 CDR3δ 区域识别靶细胞的研究，结核杆菌（MTB）感染机体导致慢性感染的免疫学机制研究，肿瘤微环境中巨噬细胞功能低下的机制研究；Th17 与肿瘤的关系研究；淋巴细胞的共刺激分子活化信号网络研究，淋巴细胞受体及相关基因的表达调控、信号传递及其在机体免疫调节和自身免疫性疾病中的作用研究等方面均取得了创新性的研究成果。相关论文发表在了 *PNAS*、*Hepatology*、*Cancer Res.*、*JBC*、*J.I.*、*Blood* 等国际高水平学术期刊上。

二、免疫识别与免疫应答的分子机制

这方面的研究是国际免疫学研究的热点和前沿，我国科学家在其中也取得了具有较高水平并具有较大影响力的研究成果。例如，beta-arrestin 与 TLR 触发炎症信号转导调控和 CD4$^+$T 淋巴细胞存活机制的作用研究，Th1、Th2 细胞分化的分子机制研究，炎症性因子的分子调控机制研究，VISA 蛋白（也称为 MAVS、IPS21、Cardif）和 MITA 蛋白在病毒触发干扰素产生中的重要作用研究，成熟树突状细胞在基质微环境中再分化并形成新型调节性树突状细胞的研究，免疫分子和信号分子（如 SHP21、SHP22、PECAM21 等）参与 TLR 及 RIG-Ⅰ的免疫识别与炎症性细胞因子、干扰素产生的调控研究等。相关论文发表在 *Nat. Immuno.*、*Mol. Cell*、*Immunity*、*J.I.* 等免疫学权威学术期刊上。

三、免疫性疾病的免疫调节与免疫耐受机制

这一方面是当今基础与临床免疫学研究中的热门研究领域。我国科学家取得的主要成果有：发现了多种抗多糖特异性抗体参与 Treg 细胞的作用和影响自身免疫性疾病的致病过程，发现了 IFN-γ 和 OPN 在 Treg 细胞的形成与作用机制中的重要作用，在调节性 T 淋巴细胞与移植免疫耐受的研究上提出了新的观点，研究了抗 CD3 抗体诱导免疫耐受、逆转 NOD 小鼠糖尿病发病的细胞及分子机制等。

四、重大疾病发生发展的免疫学机制与免疫治疗

我国科学家在这一领域的研究也取得了显著的进展，为癌症、自身免疫病和病毒慢性感染等重大疾病的致病机制研究提供了新的观点，并为疾病的临床治疗提供了新的思路。主要成果有：在 HBV 感染与乙肝疫苗的研究上，鉴定和研究了多种抗原表位并建立了表位数据库；通过基于表位的免疫原设计（EBVD）策略研发了新型乙型肝炎疫苗，目前正在开展 II 期临床试验；分析了慢性乙型肝炎及肝癌患者调节性 T 淋巴细胞的变化和 PD-1 在免疫功能低下中的作用，发现肝癌患者体内 Treg 细胞增加可导致 CD8$^+$ T 淋巴细胞功能损伤和患者的存活期缩短；发现活化淋巴细胞的 DNA 具有一定的诱导自身免疫性疾病的作用；提出了将生物进化中的异种同源基因与异种免疫排斥反应及自身免疫反应相结合，用于探讨肿瘤治疗、克服自身抗原的耐受性的新观点，在国际上引起广泛反响；系统报道了重组免疫促凋亡分子的内化及转运作用机制及抗肿瘤作用，研制出单抗介导的肝脏靶向性的基因干预体系；研究了 HAb18G/CD147 在肿瘤免疫治疗中的应用及其作用机制，放射性同位素标记的 HAb18G 抗体成为我国国家食品药品监督管理局正式批准上市的第一个肝癌治疗用单抗药物。

五、其他免疫学前沿领域

另外，我国科学家在其他免疫学前沿领域的研究也取得了较大突破。主要成果有：构建受体/配体相互结合与动态作用的分子模型，建立抗体结构分析的平台技术体系；以文昌鱼为模型开展免疫进化机制的研究，提出了新的免疫发生机制；与国际同步提出了免疫受体编辑的观点并开展了实验研究，以及免疫分子和病原体组分的结构生物学前沿研究等。

从免疫学论文数量和引用次数上分析，1998～2008年中国免疫学研究科技论文产出达到 2000 多篇，占全球免疫学研究论文总数的 1.87％，论文数排名第 13 位，被引用次数排名第 21 位。在国际上处于免疫学研究的第三集团（第一集团为美国、英国、日本、德国、法国等经济、科技实力较强的发达国家，第二集团为意大利、加拿大、荷兰、澳大利亚等国家，第三集团除我国外还包括西班牙、韩国等国家）（曹雪涛，2009）。

综上所述，我国免疫学研究近年来水平逐渐提高，取得了较大的进展和一批标志性成果，研究亮点和特色点很多。免疫学的研究团队、人才培养体系、创新性学术氛围及技术平台等均已基本形成。学科的研究方向基本明确，研究目标进一步凝练，已经具备了相当的实力，与世界先进水平的差距逐步缩小。但是，我们还是应该清醒地认识到我国免疫学发展的整体水平和发达国家相比还有较大差距。我国尚需有一批免疫学家能从事基础性、原创性和系统性的科研工作。希望通过 10 年的努力能够开拓一些以我国学者原创和牵头的免疫学研究领域，也希望我国有更多优秀的免疫学家能够担任国外免疫学相关期刊编委，来增加中国免疫学在国际上的影响力。另外，目前国内还十分缺乏免疫学研究非常需要的实验动物模型等技术条件。我们应该正视这些不足之处，以积极进取的心态勤奋工作，知难而进，实现我国免疫学的跨越式发展，使我国免疫学研究早日步入国际先进的行列。

第四节　我国免疫学的发展布局

现代生命科学发展十分迅速，已经在观念、理论、方法和技术上发生了深刻的变革。当代免疫学的发展也已经呈现出不同于以往的新特点和新趋势。例如，从研究单分子在免疫细胞中的作用，逐渐过渡到研究细胞中多个分子间的网络调控作用及多种免疫细胞间的免疫调节作用；从单一基因进行敲除或高表达，转向研究多个基因的功能缺损对细胞功能和个体生理机能的影响；用一种全新的视角，整体地、系统地、动态地、与其他生命现象相联系地观察免疫系统的基本生命现象，探讨免疫相关疾病的致病机制，并在分子、细胞和整体水平上对免疫系统进行全方位和精确的研究。

在这一背景下，我国的免疫学研究仍然有许多问题有待于解决，并急需有效的措施与合理的布局以提升我国免疫学的整体科研水平和推动我国免疫学的快速发展。

一、我国的免疫学面临的主要问题

我国的免疫学研究队伍总体偏小，研究水平偏低；缺少一流的大师级和顶级科学家；缺少在国际上知名的免疫学研究所、大学或医院；临床免疫学和基础免疫学研究不平衡，且两者缺少紧密合作；缺乏免疫学的信息交流和支撑平台。这些问题都制约着我国免疫学的发展。

二、主要应对措施和合理布局

（一）增加基础科研投入，吸引更多的青年人从事免疫学的科研工作

每年国内有许多免疫学专业研究生走上工作岗位，国外留学回国的科研人员也日趋增多。对那些所在工作单位有一定工作条件和自身有好的工作基础，立志在免疫学领域发展的年轻人都应鼓励支持。但基金项目的设立要起到引导作用，必须强调"三性"。①基础性：鼓励基础免疫学和临床免疫应用基础性的研究工作。②前沿性：鼓励从事前沿性和新的研究方向的科研工作。③适用性：选择一些我国有独特资源的疾病，进行一些免疫学应用基础性科研工作，或针对我国一些急需攻克的重要免疫性疾病开展基础科研工作。希望通过这样的举措，在今后的10年内，使我国从事免疫学研究的人员数目能大幅度增加，并逐渐提升整体科研水平（周光炎，2002）。

（二）在全国范围内重点投资建立若干个有国际知名度的免疫学临床和基础研究基地

无论是免疫学的基础研究，还是临床研究，均需要良好的工作环境和实验设备；一流的科学家研究群体；良好的科研支撑系统（如动物研究中心、试剂中心和信息交流中心等）；有一流的临床医生能治疗多种免疫性疾病，并有能从事基础科研的临床医院作为基本保证。国家自然科学基金委员会可以通过重大研究计划的设立与国家重大项目紧密结合，对有潜力的临床研究基地，或有条件的大学和研究所进行政策性引导，强化两种基地的建设。在完善基础设施建设的同时，针对基础免疫学的重大科学问题和临床重要疾病的免疫学致病机制开展系统性的科研工作。充分发挥两种基地的人才、资源、设备和技术的综合优势，互为支撑，加强合作。在全国范围内将两种基地建成免疫学临床研究中

心、动物研究中心、试剂中心和信息交流中心，推动免疫学的知识普及和教育。同时，基地也能推动实验技能的培训，提升临床研究和基础科研的能力，使我国的有限资源能得到高效率利用。

（三）注重人才的长期跟踪培养，打造一流顶级的免疫学家

中国已设立了"百人计划"、"千人计划"、"长江学者"和"自然科学基金杰出青年"等多项人才计划。这些计划的实施已为国家储备了许多潜质和高水平的战略科学家。建议国家自然科学基金委员会设立"专项人才战略家基金"，做到长期跟踪和强力支持。引导少部分高级人才高度重视原始创新和基础理论研究工作，并注重免疫学研究新技术、新方法的建立和应用，把握国际免疫学研究的前沿并聚焦我国的国家战略需求。希望在 10 年之内，我国免疫学界能培育出在国际上有广泛影响力的杰出科学家，开创更多由我国科学家自己提出的创新性学术思想和新领域。

（四）设立免疫学的交叉研究项目，引入新思想和新技术，寻找新发展

重视免疫学与其他学科的交叉，包括与分子生物学、细胞生物学、结构生物学、神经生物学、系统生物学、生物信息学等学科的交叉，也包括与物理学、化学、医学、农学等不同学科领域的交叉。在学科交叉中找到新的研究方向和生长点。用其他学科的理论、方法推动免疫学的进一步发展。要鼓励创新，高度重视创新能力的培养，鼓励发现新的现象，探讨新的机制，提出新的观点，开辟新的领域，创造新的策略，力求深入并达到国际前沿。另外，重视结合我国特色和优势，如结合我国的常见病、多发病、特有病种开展研究。

希望这些新的措施和科研布局能够全方位地推动中国免疫学的发展，实现新的突破和跨越。

第五节　我国免疫学的优先发展领域和重点研究方向

一、遴选优先发展领域和重点研究方向的原则

关注国际前沿和热点，同时结合我国免疫学研究现状、特色和优势；强调基础科研普及的重要性，同时鼓励原始创新，做到有重要突破；强调基础科研

与临床疾病机制研究的紧密结合；对有较好工作积累，又是我国重点关注的课题要重点支持；鼓励学科交叉和注重新技术和新方法的发展与应用。

二、优先发展领域

（一）免疫识别和免疫应答的机制

免疫识别是诱导和触发机体产生免疫应答或免疫耐受的重要免疫过程，它是免疫学研究最关键的核心问题。以往的研究中，人们主要关注获得性免疫中T和B淋巴细胞发挥免疫识别的机制，研究抗原结构和抗原表位的性质对免疫识别的影响，以及阐明抗原呈递细胞的功能。近几年来，天然免疫在免疫识别中的重要作用日益受到人们的关注。天然免疫反应是由能够识别病原相关分子模式（PAMP）的受体所介导。这些受体被统称为模式识别受体（PRR）。目前已知的模式识别受体主要包括 Toll 样受体、NOD 样受体、RIG-I 和 MDA5 等，每类受体又由若干不同分子组成（Kawai and Akira，2008）。这些受体识别不同种类的 PAMP，激活相同或不同的下游信号通路，从而引起特定的免疫效应等。这方面的研究主要包括抗原呈递细胞识别外来病原体的分子机制、调控机制及触发免疫应答的反应机制。

重点方向：

1）新模式识别受体的发现、功能鉴定、信号转导机制和效应机制。

2）不同模式识别受体相互调节形成网络调控的分子机制。

3）模式识别受体所诱导的抗原呈递细胞调控抗原提呈和免疫应答的效应机制。

（二）免疫细胞的分化与细胞间调控的分子机制

NK 细胞及 NK-T 细胞在先天免疫和抗肿瘤、器官移植和抗感染免疫中发挥重要作用。树突状细胞为一类主要的抗原呈递细胞，其免疫调节功能依赖于高度分化的不同细胞亚群。DC 细胞捕获抗原后，将抗原肽提呈给 CD4$^+$ T 辅助（Th）细胞。不同的 Th 细胞分泌多种特定的细胞因子，辅助其他免疫细胞来抵抗病原微生物感染及维持自身免疫系统的稳定。不同效应的 T 淋巴细胞亚群的分化与成熟受到一些关键性的转录因子和细胞因子的调节。不同的 T 淋巴细胞亚群具有特征性的基因表达谱，并行使不同的生理功能。目前，已证明 Th1、Th2、Th17 及 Treg4 种 T 淋巴细胞亚群在免疫细胞介导的疾病中发挥重要的调节作用（Korn et al.，2009；Littman and Rudensky，2010）。其他新发现的 T 淋巴细胞亚群有滤泡辅助性 T 细胞 （T follicular helper cell，Tfh）、分泌 IL-9 的 Th9 细胞和分泌 IL-22 的 Th22 细胞等 （King et al.，2008）。这些细胞亚群的分化及生理功能尚待进一步深入研究。Treg 细胞可以抑制 Th1 和 Th2 的激活，或调节树突状细胞及其他免疫细胞的功能来影响免疫系统对自身及外源抗原及病原微生物的反应。末端分化的免疫细胞也具有可塑性，如 Treg 细胞在特定的组织微环境或某些病理条件下可以转分化成 Th17 或记忆性 T 淋巴细胞。有关不同亚型 T 淋巴细胞的分化、成熟及其调节功能研究已成为当前国际免疫学界的研究重点和热点。未来 10 年，研究特定组织微环境下不同亚群 T 淋巴细胞间的相互调节，阐明它们与天然免疫细胞间的相互作用的分子机制，很可能会产生新的重大发现。

重点方向：

1）寻找调控 DC、T 淋巴细胞和 NK 细胞亚群分化和成熟的关键分子，观察重要的表观遗传和信号转导分子对这些细胞功能的影响，以及这些关键分子对诱导免疫应答或免疫耐受的影响。

2）研究初始 T 淋巴细胞分化成不同 T 淋巴细胞亚群 （Th1、Th2、Th17、Treg 和 Tfh） 的分子调控机制，并观察它们在特定组织微环境下，以及在感染、癌症和自身免疫性疾病等病理状态下的可塑性，对细胞免疫和体液免疫的调节作用以及对疾病转归的影响。

3）研究负调节性免疫细胞的分化发育、生理功能及对其他免疫细胞功能的调节作用。

（三）天然免疫与炎症反应调控网络的机理研究

天然免疫是宿主防御病原微生物的首道防线。它能够识别病原微生物并快速做出反应，同时可以激活获得性免疫。此外，获得性免疫对天然免疫的炎症反应也有主动的反向调控功能，其分子机制尚不清楚。炎症是机体对感染或损伤所产生的一种防御反应，但是过度的炎症反应也会给机体带来危害。对危险信号分子的识别及信号转导是炎症反应中的关键环节。炎性小体是天然免疫细胞在感知细胞内的病原微生物或非病原危险信号时，由多个分子所形成的寡分子复合体。研究表明：在病原微生物感染或细胞内氧自由基的胁迫下，炎性小体发挥酶切作用，进而裂解促炎细胞因子前体，产生 IL-1β 和 IL-18，并引起炎症反应。因此，阐明炎性小体的活化机制和控制 IL-1β 和 IL-18 的产生对治疗炎症因子介导的免疫性疾病有重要的科学意义。

重要方向：

1）危险信号分子 （DAMP） 及其天然免疫调控因子对特定细胞的损伤及对

自身免疫的调控机制。阐明各种细胞因子在炎症的起始、持续和结束阶段的作用。

2）危险信号分子及天然免疫调控因子对细胞的损伤及对自身免疫的调控作用。

3）研究参与调节炎症反应的免疫细胞，以及各种细胞因子在炎症反应起始、持续和结束期的作用。

4）研究炎症反应调控网络中蛋白质复合体形成的调控机制。发现新的抑制剂，在急性感染中既能特异性地阻断炎症反应，而又不影响获得性免疫应答的诱导。

5）研究病原相关模式分子触发的天然免疫细胞活化对炎症反应的调控机制。

6）阐明炎症反应引发多种疾病（如自身免疫病、感染和肿瘤）病理损伤的机制。

7）非感染性炎症反应在动脉粥样硬化和系统性红斑狼疮疾病中的致病作用研究。

（四）天然免疫与获得性免疫的相互调节作用机制

构建若干转基因小鼠模型，特别是诱导性的或细胞特异性的基因敲除小鼠模型，以及细胞特异性荧光标记的转基因小鼠模型，从而可在体内动态观察天然免疫和获得性免疫的作用关系。结合信号转导的分子机理和病原菌的感染动物模型，并借助体内荧光成像的技术，免疫学家们可进一步地从分子、细胞和动物水平在整体上和时空顺序上阐述天然免疫和获得性免疫系统的相互调控机理。这方面的研究成果将为新型的疫苗策略提供理论依据，为预防和治疗传染性疾病提供新思路，并从分子机理上阐明自身免疫性疾病和肿瘤的发生机制，为疾病的防治提供新的方法。

重要方向：

1）研究免疫细胞如何通过受体感受病原体的感染和组织损伤的危险信号，如何进行复杂的信号转导合成并分泌多种细胞因子、趋化因子和共刺激分子，进而活化获得性免疫系统的分子机制。

2）研究病毒、细菌、真菌和寄生虫等不同的病原体如何诱导免疫细胞分泌不同的细胞因子和共刺激分子，协调抗原呈递细胞分别启动 Th1、Th2、Treg 和 Th17 细胞分化的调控机理。

3）探索不同功能的天然免疫细胞（树突状细胞、上皮细胞和单核细胞等）在不同组织的微环境条件下活化后诱发获得性免疫的调控机制。

4）探索获得性免疫的效应细胞抑制或调控天然免疫应答的新机制。

5）探讨一些致病性强的病毒和细菌在感染天然免疫细胞后，限制宿主细胞免疫应答的产生，并抑制后继获得性免疫应答的分子机制。

6）用实时动态成像技术和双光子成像技术，可视化、系统和动态地观察天然免疫细胞（如 DC 细胞）和获得性免疫 T 淋巴细胞和 B 淋巴细胞在体内免疫微环境迁移、相互接触和相互作用的机制。

（五）免疫细胞发育和调控

造血干细胞与各个发育阶段的免疫细胞的分化与成熟，都受到特定细胞内因子与细胞外微环境信号的严格调控。研究参与调控造血干细胞与免疫细胞发育、分化和成熟的重要细胞内因子与细胞外微环境信号，以及它们的作用机制是免疫学研究的重要方向之一。建立与临床免疫学疾病相关的实验动物模型，系统地研究临床疾病的致病机制和信号通路，为寻找新的和有效的治疗措施提供新思路。

重要方向：

1）寻找新的调控各类免疫细胞发育、分化与成熟的遗传因子、表观遗传因子及胞外微环境信号通路，阐明其作用机制。

2）研究在病原体感染、炎症、癌症、自身免疫性疾病等病理或应急状态条件下，免疫细胞发育、分化与成熟的调控机制。

3）阐明重要转录因子与染色质可塑性分子在免疫细胞发育与分化过程中的调控作用。

（六）免疫学实验动物模型

在免疫学的实验研究中，动物模型的建立是一项迫切需要解决的关键问题。它制约着我国的免疫学研究向高水平发展。由于免疫学研究的特殊性，许多实验，包括抗原呈递细胞的功能研究、T 淋巴细胞和 B 淋巴细胞的活化以及相互作用的研究等，都必须在动物体内完成。特别是为了研究一些临床疾病的发病机制，需要用一些病理变化接近的实验动物，进行发病机理的研究。

重要方向：

1）针对 T 淋巴细胞、B 淋巴细胞和 DC 细胞分化发育的关键分子，以及细胞的专一性转录调控因子和关键信号转导分子，建立转基因与基因敲除小鼠模型，有利于国内免疫学家进行科研工作。

2）针对我国的临床特色疾病，建立动物模型，为研究临床疾病的致病机制、药物筛选与疫苗评价提供好的动物模型。

（七） 肿瘤免疫研究

恶性肿瘤是当今威胁人类健康的重要疾病。机体免疫功能不正常和肿瘤的发生密切相关。机体通过免疫系统监视癌变细胞并及时清除这些细胞，以维持自身的稳定。但是如果免疫系统受到抑制，或者发生慢性炎症，肿瘤细胞就会逃避免疫系统的监视，造成癌症的发生。目前，肿瘤免疫和免疫逃逸的机制尚不十分清楚，这也是肿瘤免疫治疗效果不佳的原因。因此研究免疫负向调节机制，包括负向调节细胞和效应分子在肿瘤免疫逃逸中的作用，研究慢性炎症的促肿瘤发生作用是今后肿瘤免疫研究的重点和热点。

重要方向：

1）免疫负向调节细胞和分子在肿瘤逃逸中的作用机制。

2）阐明慢性炎症对肿瘤发生、发展和转移过程的调控机制，发现细胞中一些关键基因、炎症分子、代谢调节分子网路调控对肿瘤形成的影响。

3）筛选研究肿瘤特异性抗原，探索肿瘤新标记物在肿瘤早期诊断、预后判断和靶向生物治疗中的应用。

（八） 移植和免疫排斥反应的机制

器官移植已经成为救治多种器官终末衰竭患者的有效手段。然而，为了克服受者发生移植器官排斥反应，临床不得不长期应用免疫抑制剂，但这会引发一系列毒副作用和并发症。寻找有效克服慢性排斥反应，并提高长期存活率的方法是急切需要解决的科学问题。此外，供体器官的短缺也严重地制约着器官移植的临床应用。在基础移植免疫学方面，我们对新型免疫细胞亚群、调节性T淋巴细胞、记忆性T淋巴细胞及天然免疫细胞在器官排斥中的作用理解仍十分有限，急待加强。有效诱导移植免疫耐受是移植免疫学研究的热点课题之一。深入理解移植排斥反应及移植免疫耐受建立的细胞分子机制，对有效控制器官移植排斥反应具有特别重要的科学意义及理论价值。

重点方向：

1）解析急性和慢性器官移植排斥反应的重要分子细胞调控网络。阐明新型免疫细胞亚群、调节性T淋巴细胞、记忆性T淋巴细胞及天然免疫细胞在器官排斥中的作用机制。

2）确定移植免疫耐受发生的基本规律和关键分子及细胞。探索安全、有效、具有临床应用价值和诱导移植免疫耐受的新方案。

3）解析异种移植排斥反应的特点与基本规律。

4）建立临床可靠的移植排斥与耐受的早期诊断、预后判断的标志分子与检测技术。

5）异种移植动物模型的建立和免疫耐受机制的研究

（九）神经内分泌系统与免疫系统的相互作用机制

神经系统、内分泌系统和免疫系统均为人体内重要而复杂的生理系统。免疫系统与神经、内分泌系统的相互交叉调节，是机体本身重要的基本生命现象。很多免疫细胞上都有神经递质和激素的受体，可以接受神经、内分泌系统相关因子的调节，而免疫细胞又可以分泌多种神经内分泌肽和细胞因子作用于神经和内分泌系统。对于这种相互调节、交叉影响的作用机制的研究，具有重大的生物学意义。

重点方向：

1）神经退行性疾病发生、发展的免疫学机制。

2）激素和细胞因子对免疫细胞和神经细胞的作用和功能分析。

3）应急状态下，神经激素分泌对免疫系统的调节机制。

（十）低等动物和昆虫的免疫系统进化机制

加强低等动物和昆虫免疫系统的进化研究，可以通过历史的回顾，比较不同时期免疫系统的差异，了解物种不同进化状态免疫系统功能的异同。这些研究不仅可以了解人类免疫系统具有高度进化和精细调节的优势，又可以了解低等动物天然免疫的保守性，以及一些生物体利用独特免疫系统发挥抗病作用。这种知识对人类的健康有某种启示作用。例如，人类免疫系统中一些重要发现来自于对昆虫的研究。昆虫的天然免疫对病原微生物的抵抗具有高效性特征。因此，低等动物和昆虫的免疫系统的研究对人类健康和免疫的研究有非常重要的参考作用。

重要方向：

1）细胞免疫反应过程及基因表达和调控分子机制：血细胞通过包囊和吞噬等过程对外源物的识别，以及信号的传递和放大。

2）昆虫和病原微生物在分子水平上的相互作用机制：昆虫对病原物的识别和病原物逃避免疫识别和攻击的对策。

3）脂肪体和血细胞之间的信息交流：脂肪体和血细胞将各自的识别信号传递给对方，并相互沟通以加强免疫反应的机制。

4）对低等动物免疫进化过程中各代表性动物的免疫器官及免疫细胞进行比较研究，包括形态学研究及细胞表面分子研究。

5）对低等动物免疫进化过程中各代表性动物的受体多样性产生的机制进行比较研究。

6）对低等动物免疫进化过程中各代表性动物的免疫系统发育与功能进行研究，从而揭示生物体获得性免疫的起源。

（十一）植物天然免疫的保护机制

植物的天然免疫在抵抗病原微生物的致病过程中发挥着重要的作用。重要农作物包括禾本科模式作物水稻的抗病性体系及其免疫机制的研究在我国还是空白。在其他农艺植物中的抗病性研究也很有限。这种研究现状严重地制约了我国抗病性的转基因育种工作。因此，以建立我国重要农作物重大病害防治的基础理论为主要研究目标，以模式植物水稻和拟南芥为主要研究对象，开展植物的天然免疫研究，对我国的农业发展有重要的社会意义。

重要方向：

1）研究植物细胞新的信号分子，在病原相关模式分子驱动的免疫反应（PTI）和抗病效应分子驱动的免疫反应（ETI）两种免疫应答模式中的抗病机制。

2）研究 NB-LRR 蛋白分子与植物宿主细胞分子的交互作用与抗病性的机制研究。

3）用 siRNA 研究抗病效应分子介导的抗病反应作用机制。

4）基于免疫学的抗病理论，进行农作物抗病高产的分子设计基础研究。

第六节　我国免疫学重大学科交叉研究领域和国际合作与交流

一、我国免疫学的重大学科交叉研究领域

现代生命科学、医学、农学、物理学、化学等学科发展迅速，各学科研究紧密相连。我们需要以更为宏观的视角，战略性地、与其他学科紧密联系地审视免疫学在这一大背景下的发展趋势和发展模式。用其他学科的新成果、新技

术、新理论促进免疫学的进一步发展，同时用免疫学的发展成果促进其他学科研究水平的进一步提升，注重发现新的前沿领域，做到学科的深入交叉融合，从而提升创新研究水平。

（一）免疫学与物理学和化学的交叉

物理学和化学是自然科学中的基础学科，其研究已经渗入生命科学研究的方方面面。对生命现象（包括免疫现象）的本质探索离不开物理学和化学理论的应用，如生物体内的电信号、化学信号转导，免疫分子的化学本质与生命现象的关系，免疫系统网络化调控的机制等。从物理学和化学研究中派生出来的新科学技术，如材料科学、计算机科学和信息技术等和免疫学研究均有广泛的交叉点，需要引起我们的高度关注。例如，可用光化学技术对免疫细胞和分子进行荧光标记；再有，抗体做探针，用于检测细胞和蛋白质分子的功能并进行活体细胞体内示踪，研究在免疫应答过程中，免疫细胞在体内的迁移和与其他细胞相互作用的情况。

（二）免疫学与神经生物学的交叉

免疫系统与神经系统、内分泌系统统称人体三大系统，在维持机体正常机能中发挥着重要的作用。这三大系统从组织胚胎发育上看，基本上是同步发育的。因此，神经细胞和免疫细胞所表达的膜受体和所分泌的分子都有一定的重叠。免疫系统和神经系统之间的相互作用机理，目前我们了解得还十分有限。近来研究表明，神经系统病变的免疫学机制研究已经成为当前免疫学研究的一个热点。神经系统通常被认为是存在着"免疫豁免"的器官。以往神经生物学家的研究常限定于神经系统，而免疫学家的研究则局限于免疫系统。随着近年来科研的快速发展，科学界越来越清晰地认识到免疫系统与神经系统在细胞、组织及器官等不同层次上，包括正常生理功能及疾病发生的状态下皆存在相互作用。例如，感染常引起体温升高，导致发热。神经系统表达的多种可以直接由温度变化所激活的热敏感通道（TRPV）在免疫细胞中也广泛表达。研究这些温度感应及激活通道在免疫系统及神经系统之间的异同的比较生物学将可能给免疫学研究带来新的突破点。

（三）免疫学与干细胞研究的交叉

干细胞的研究已经成为生命科学的研究热点。研究人员已成功地将人体皮肤细胞改造成为几乎可以和胚胎干细胞相媲美的干细胞，称之为"诱导性多能干细胞"，即 iPS 细胞。这一研究成果被认为是近几年最伟大的医学成就之一。造血干细胞在自身免疫疾病治疗中的应用已被广泛重视。自身免疫性疾病是指机体免疫系统对自身抗原发生免疫应答，产生自身抗体和（或）自身致敏淋巴细胞，造成组织器官病理损伤和功能障碍的一组疾病，如系统性红斑狼疮、类风湿关节炎、系统性硬化症等，具有较高的致残率和致死率。严重的自身免疫性疾病患者在用大剂量的免疫抑制剂治疗后，可以进行自体造血干细胞的移植。这已成为风湿病学和血液病学研究的热点。对 1 型糖尿病患者，进行胰岛细胞的移植，能部分恢复患者的胰岛功能，这也是一种极具有吸引力的细胞移植疗法。目前认为造血干细胞移植治疗自身免疫性疾病的机制主要包括两个方面，即大剂量免疫抑制剂清除原有免疫系统和造血干细胞移植以重建免疫系统。其中，造血干细胞移植后，免疫系统的重建是长期缓解或治愈自身免疫性疾病的基础。未来几年，对造血干细胞移植治疗自身免疫性疾病的机理研究，以及干细胞分离和移植技术的提高，将是解决造血干细胞移植治疗自身免疫性疾病的关键。

二、免疫学领域的国际合作与交流

当前，西方发达国家在免疫学研究方面仍处于绝对的领先位置。我国拥有一大批在海外工作的华裔免疫学家。他们一直关心和扶持国内免疫学的发展。他们为缩小中国免疫学研究与国际先进水平的差距及为提高华人在国际免疫学领域的学术影响力起了重要的推动作用。这是我国免疫学发展并开展国际合作与交流的宝贵财富。我们要充分发挥这一优势，加快我国与其他国家免疫学研究交流的步伐，提升我国免疫学研究的现有水平。

2008 年 4 月初国际免疫学顶级学术刊物 *Nature·Immunity* 以封面标题形式、4 页正文篇幅刊登了专题述评——《中国免疫学的研究历史、现状与未来》。这说明中国免疫学研究已经前所未有地受到国际的高度关注。这是我们开展国际合作与交流的有利契机，我们应借助这一契机，加快免疫学国际合作与交流的步伐，拟建议采取以下措施。

1）以中国学者有优势的研究领域为重点，通过召开国际会议提升我国学者的学术地位，增加相互了解并加强合作，提升我国科研工作者的科研实力。

2）在国内选择有较好工作基础的基础研究单位和临床研究单位；并在国外选择对等的大学或研究所，针对一些国内急需解决和重要的科学问题，通过设立国际合作项目，推动国内外的合作。项目需以提升国内研究者科研能力为目的，而不能仅以提供国内的各种资源为主要合作内容。

3）针对国内急需的一些研究技术和研究体系，通过国内外科研合作，进行相关技术的引进、消化、吸收与再创新，使国内的科研工作能做到跨越式发展。

4）根据我国目前免疫学的研究现状和国外免疫学的研究前沿，我们可以与国外科学家开展多方面多渠道的合作，重点包括以下几点。

①开展基于重要免疫分子的三维结构解析和功能研究。利用晶体结构、核磁共振扫描（NMR）和冷冻电镜等手段解析一些免疫细胞膜受体和细胞内信号通路的关键分子的精细结构，精确阐明这些分子的功能。这一研究领域是免疫学的研究热点之一。英国剑桥大学和美国哈佛大学开展了很好的研究工作我国的一些大学和研究所都有很好的工作基础，应该加强这方面的合作。

②开展可视化的免疫细胞的示踪研究。现代免疫学的发展，正逐渐强调在观察免疫细胞在活体内不同组织中的迁移，细胞间的相互作用，进而引导免疫耐受或免疫应答。用实时动态成像技术和双光子成像技术，观察免疫细胞在免疫应答过程中的调控作用，也是免疫学研究的一个热点。美国NIH和加拿大都有很好的工作成就，国内这方面的工作刚起步，需要加大与国外的合作。

③建立重要病原体感染的国际网络研究项目和开展免疫保护性应答的规律性研究。像流感这样的病毒，一旦有大流行，即能很快传播流行，不分国界。流感病毒也很容易变异，产生新的流行毒株。因此，需要建立一个国际网络，在全球范围内，对流行性病毒建立保护性抗体谱，进行适时监测。一旦病毒出现变异，即可提出预警，制备新的疫苗株。这一网络的建立，可以推广适用到其他重要的病原体感染的流行预防。法国巴斯德所已在世界范围内建立了由32个所和中心组成的国际网络，我们可以借鉴。由于中国人已走向世界各地，各种各样的传染病都有可能传入中国，开展这方面的网络研究和规律性研究具有重要的预防意义。

第七节　我国免疫学发展的保障措施

在发达国家，免疫学研究一直受到高度重视。许多国外国家级科研院所都制订了有利于免疫学发展的方案和切实可行的免疫学教育、训练和研究措施。例如，在美国NIH有超过15％的基金用于免疫学研究。免疫学研究具有重要的战略价值，可使人们更好地认知生命的本质，解析诸多疾病的发病机制，并且在技术上推动了生物技术产业的发展。在中国，我们需要建立合理的支撑和保障制度，以便推进免疫学研究跨越式发展。

1）继续推进重点和重大课题研究计划，鼓励多学科、多单位合作攻关，以重点带动一般；增加支持力度，使一些研究基础较好并已经取得了一些高水平研究成果的实验室能稳定发展。

2）继续加强重点实验室建设，加大开放实验室的支持力度，充分发挥重点实验室的科技支撑作用。建议拨出专款，在全国范围内招标设立免疫学研究的技术支撑平台，如抗体支撑平台、转基因和基因敲除小鼠模型的技术平台、免疫学关键技术的支撑平台等。建立免疫学研究的信息中心和技术培训中心，在资源有限的情况下，最大化地提供公共平台的技术、试剂、实验材料和信息服务，进而推动我国免疫学的快速发展。

3）继续加大国家杰出青年科学基金、青年科学基金、博士后基金、国外青年合作基金与人才建设基金等对免疫学的支持力度，培养更多高水平的免疫学科研工作者。

4）制定相关政策，鼓励企业对基础研究和临床研究进行投入。鼓励产学研合作形成共同体，合力加强基础研究和应用基础研究。对大专院校和科研机构进行研究资助的企业，建议国家给予减免税收的奖励。建立国家技术转移机构，负责研究成果转移和产业化。希望国家和企业都有资金投入，以推动免疫学的发展。总之，免疫学研究是一项多科学参与的系统工程，需要全社会的关注和长时间的规划和实践。希望经过10年左右的努力，我们能把中国的免疫学研究水平提升到一个新的高度，在国际免疫学界具有广泛影响力。

◇ 参考文献 ◇

陈慰峰.2002.免疫学在生命科学和医学发展中的作用.上海免疫学杂志，22（2）：73～77

曹雪涛.2009.免疫学前沿进展.北京：人民卫生出版社：1～5,386,511

曹雪涛.2009.免疫学研究的发展趋势及我国免疫学研究的现状与展望.中国免疫学杂志，25：10～23

吴长有.2005.免疫记忆与疫苗研究开发.中国免疫学杂志，21：4～7

周光炎.2005-07-05.开创我国免疫学研究和发展的新局面.科学时报

Bretscher P，Cohn M. 1970. A theory of self-nonself discrimination. Science，169：1042～1049

Dannull J，Su Z，Rizzieri D，et al. 2005. Enhancement of vaccine-mediated antitumor immunity in cancer patients after depletion of regulatory T cells. J Clin Invest，115：3623～3633

Dunn G P，Old L J，Schreiber R D. 2004. The immunobiology of cancer immunosurveillance and immunoediting. Immunity，21：137～148

ICI. 2010. Immunology in the 21st century：Defeating infection, autoimmunity, allergy and cancer. 14th International Congress of Immunology，Kobe，Japan

Janeway C A Jr，Medzhitov R. 2002. Innate immune recognition. Annu Rev Immunol，20：197～216

Jones J D，Dangl J L. 2006. The plant immune system. Nature，444：323～329

Kawai T，Akira S. 2008. Toll-like receptor and RIG-I-like receptor signaling. Ann N Y Acad Sci，

1143：1～20

King C，Tangye S G，Mackay C R. 2008. T follicular helper（TFH）cells in normal and dysregulated immune responses. Annu Rev Immunol，26：741～766

Korn T，Bettelli E，Oukka M，et al. 2009. IL-17 and Th17 Cells. Annu Rev Immunol ，27：485～517

Littman D R，Rudensky A Y. 2010. Th17 and regulatory T cells in mediating and restraining in-flammation. Cell，140：845～858

Mosmann T R，Coffman R L. 1989. TH1 and TH2 cells：Different patterns of lymphokine secretion lead to different functional properties. Annu Rev Immunol，7：145～173

Sakaguchi S，Yamaguchi，T，Nomura，et al. 2008. Regulatory T cells and immune tolerance. Cell，133：775～787

Sakaguchi S. 2004. Naturally arising $CD4^+$ regulatory t cells for immunologic self-tolerance and negative control of immune responses. Annu Rev Immunol，22：531～562

Zou W. 2005. Immunosuppressive networks in the tumour environment and their therapeutic rel-evance. Nat Rev Cancer，5：263～274

Zou W. 2006. Regulatory T cells，tumour immunity and immunotherapy. Nat Rev Immunol，6：295～307

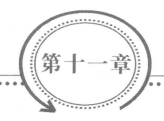

第十一章

生 理 学

第一节　生理学的战略地位

　　生理学是一门研究机体生命活动现象和规律的科学，主要研究机体内各分子、细胞、器官、系统在生理状态下的功能，以及作为一个整体，各组成部分之间相互协调、适应外界环境的规律和机制。生理学的研究对象包括细胞、组织、器官以及完整个体，研究内容包括细胞生理学、器官系统生理学、衰老与生物节律、营养与代谢生理学、运动生理学、特殊环境生理学、航空生理学、比较生理学和整合生理学等。

　　细胞生理学在细胞水平上研究细胞膜和细胞亚结构的生理功能、细胞代谢以及细胞间相互作用机制。例如，细胞膜的物质转运机制、电位变化及其与离子通透性变化的关系、各种组织、细胞超微结构与功能的关系；激素和各种内源性活性物质的生物合成、分泌和作用机制；细胞内稳态调节、细胞器间的功能联系与调节；由蛋白质或染色体结构可逆性改变介导的细胞功能改变及其机制等。

　　系统生理学主要以组织、器官为单位研究它们在生命活动中的作用和功能，以及各种微环境对其功能的调控作用和机制。其中，以细胞特异性基因修饰所介导的生理功能和调节、生物组织内局部的干细胞的功能调节和修复对组织器官功能的影响等已成为目前该领域研究的重点。

　　衰老是生物发育成熟后逐渐趋向死亡的一种自然生理过程和现象，不仅是生命科学领域的最为基本和重要的问题之一，还与人类的许多疾病，尤其是"老年病"的发生发展密切相关。衰老研究涉及细胞衰老与死亡的分子基础、细胞衰老的启动机制、遗传机制、线粒体损伤机制以及自由基与衰老的关系等方面。对衰老机制的研究已经从整体水平、器官水平进入到细胞和分子水平。

　　营养与代谢生理学主要是在整体水平上研究生命体的糖、脂和蛋白质分解、吸收与合成过程，以及在这一过程中的能量转移和重新分布、三大营养物质代谢在生理过程和功能活动中的生理调节、相互作用及其机制。

　　运动生理学主要研究与运动相关的因素调控机体（细胞、组织、器官系统及整体）生理过程的作用方式及机制、机体对运动适应的生理过程及机制、运动过程中及运动影响下机体的结构和功能变化等，研究不同运动量、不同运动方式对机体生理功能的调节及其机制。运动生理学不仅可以为运动医学的发展提供理论依据，还可以为全民健身和通过运动预防和辅助治疗疾病提供科学的理论证据。

　　特殊环境生理学是研究处于特殊环境下的机体（分子、细胞，组织器官及整体）对环境变化的适应与代偿的生理功能和调控机制。研究恶劣环境或极端环境（高温、低温、高气压、低气压、高粉尘、低氧等）对机体各种生理功能的影响，为职业医学发展和特殊动植物品种改良提供科学的理论支持。特别是近年来随着我国航天事业的发展，航空医学和航空生理学（空间生理学）也亟须大力发展。

　　比较生理学是运用比较的方法研究生物的种属发生和个体发育在不同阶段、不同环境条件下的生理功能特点及其发展规律的科学。比较生理学注重探索生命活动如何与其环境变化相适应，利用与人体比较接近的某些哺乳动物生理学或器官生理学的实验资料，为人体生理学的研究、医疗和医药实践提供科学理论基础。

　　生理学既是阐明生命现象最重要的基础科学，也是生物学和临床医学之间重要的基础"桥梁"学科。开展生理学研究不仅是解决长久以来存在于临床医学领域中重大问题的需要，还是人体适应不断变化的环境问题的需要，在探索新的疾病诊断和治疗手段、延长人类寿命和提高健康水平等方面发挥关键作用。现代生理学的任务是用多学科、多种技术和方法交叉研究并阐明机体各系统、器官、组织、细胞和分子之间的功能联系以及各部分之间的相互协同、相互调节关系及其发生机制。现代生理学的发展主要强调运用高通量生物信息学和分子生物学技术、结合传统生理学的研究方法、将特定生理过程纳入网络调节的整体范畴，从而系统地理解人体生命活动规律的全貌，这就是所谓的整合生理学（integrative physiology）或系统生理学（systematic physiology）。整合生理学主要是应用数学、物理学、化学中的信息论、控制论、系统论与非线性动力学来研究分子、细胞与组织、器官、系统和完整机体多层次的生理功能活动及其相互调节作用。整合生理学包含的内容非常丰富，但至今还仅是一个概念和范畴，如何进行多层次间整合、研究思路整合和研究方法的整合等是当前生理学学科面临的新的科学问题。对于整合生理学必须强调它首先是生理学，是用来解决生理学问题的，必须遵循生理学发展的最基本规律。我们可以借鉴传统生理学最基本的"稳态维持"理念来理解整合生理学，即机体的生命活动是稳态、系统间协调是稳态、器官局部功能活动是稳态、细胞内外之间是稳态、细胞器内部功能是稳态、基因表达调控亦是稳态，其整合的模式是多层次的、多元化的和多途径的相互作用的各级网络调控模式（冯志强，2006；Busser et al.，2008；Cassileth et al.，2009；Confavreux et al.，2009；Fukushima and Kusano，2009）。

生理学是生命科学的基础学科之一，作为"母学科"，它以人体解剖学、组织学、细胞生物学以及生物化学为基础，同时又是药理学、病理学、病理生理学等医学学科的基础，起着承前启后的作用。后基因组时代，生理学可以结合各种"组学"的研究成果，如蛋白质组学，探讨蛋白质在质量、功能、相互作用和关联网络的整体性、时控性和调控性，从而揭示组成机体的细胞、组织、器官、系统的正常的生理功能和相互调节的网络关系。这将会不断衍生出具有重大理论和应用前景的新兴学科以及催生新的研究方向和研究理念，如生理基因组学和生理蛋白质组学就是近年来在生理学基础上发展的新型相关学科，这些新兴学科的产生和兴起又极大地推动了人们对生命本质和疾病发生机制的认识，成为预防和治疗疾病的理论依据，对于研发新的医药产品和治疗手段、提高国民健康素质具有不可缺少的作用。另外，生理学还为医学提供了科学的思维方法和实验研究方法，并将极大地推动转化医学（translational research）的发展。随着经济社会的迅速发展，当今临床医学疾病谱发生了很大改变，而现代微观生物学的发展水平与传统生理学的发展不均衡，细胞分子水平研究的成果难以应用于整体，基础研究成果难以转化为新的药物或医疗手段应用于临床。开展转化医学研究就是为了打破基础医学与药物研发、临床医学之间固有的屏障，建立起彼此的直接关联，缩短从实验室到临床的过程，把基础研究获得的研究成果快速转化为临床上疾病治疗和预防的新方法，从而更快速地推进临床医学的发展，最终使患者直接受益于科学技术的发展。

转化医学的研究需要应用整合观念与系统论的理论，因此整合生理学是生理学科领域未来的重要发展方向。整合生理学包括生理基因组学和生理蛋白质组学两大支柱分支学科。生理基因组学的核心是通过人类及常用实验动物（如小鼠及大鼠等）全基因组测序，发现基因、了解基因的编码信息及推测基因的功能。再通过比较基因组学（comparative genomics）比较不同种系基因组序列的异同，人们可以发现与某些特定生理过程密切相关的基因结构，预测基因的作用和种族间进化的关系（Gibson，2008）。此外，结合疾病表型特征的病理生理学改变、基因及分子水平的基础研究资料，可以弥合基础分子生理学与整体生理学和临床疾病之间的断层，从而为认识疾病发生机制提供理论和实验依据。更重要的是，生理基因组学的研究给人们提供了评估细胞、组织器官或整体同一时间大量甚至全部基因表达改变情况，从而使全面系统地认识特定生理过程和疾病的机制成为可能。

第二节　生理学的发展规律与发展态势

一、生理学的发展历史和特征

　　传统生理学是在经典解剖学基础上发展起来的，最初主要侧重于研究单一器官或组织的功能，并逐步发展为以器官、系统及生物整体活动规律和功能调节为主要研究内容，同时探讨机体调节功能的"稳态"维持的学科。传统生理科学有着辉煌的历史，曾出现过许多赫赫有名的生理学家，在医学生理学的各个领域做出了杰出的贡献。循环生理学是现代生理学研究的基石和起点，1628年，英国医生哈维在前人工作的基础上发现了血液循环过程，并通过发现血液循环把实验方法引入生物学研究，奠定了近代生物学发展的基础。所以，恩格斯评价说："哈维由于发现了血液循环而把生理学确立为科学"。20世纪60年代末生物学和电生理技术的出现促进了电生理学研究的发展；70年代以来微观生物学的发展极大地促进了细胞生理学、分子生理学的进步，人们开始了从细胞功能、信号转导和基因表达水平研究机体的功能活动。80年代气体信号分子一氧化氮（NO）的发现为血管生理学的发展奠定了新的里程碑，并获得了1998年诺贝尔生理学或医学奖；90年代膜片钳技术的发展使电生理学的研究进入到新的层次。近年来，随着生物信息学、分子生物学和各种"组学"（基因组学、蛋白质组学、代谢组学和转录因子组学等）的发展，生理学的研究手段日益丰富，使人们从单一生理功能的研究深入到对产生该功能的多方面联系的研究，因而整合生理学在生命科学中的作用和地位日趋凸显。整个学科的重点从神经-内分泌-免疫的全身网络调节到局部器官-组织-细胞乃至基因的局部功能研究，从宏观到微观，系统研究机体的功能和结构的关系、机体自稳态的维持等，为研究临床疾病的生理学基础和病理生理机制的探讨提供强有力的支持。尤其是80年代后，微观生物学（特别是细胞分子生物学）的发展对生理学产生了深刻的影响，生理学从研究思路到研究内容以及研究方法都发生了巨大而深远的变化。生物学新技术尤其是高通量分析技术，包括RNA干扰、基因芯片、基因组学和蛋白质组学等的不断涌现，使得人们对基因、蛋白质以及各种生理功能之间联系的认识不断深入，促使生理学从传统的关注系统、器官和细胞的功能，扩展到研究蛋白质和基因的功能，从分子水平阐明生理功能活动机制；同时也颠覆了"根据功能寻找蛋白质、再寻找其基因"的传统的科研思维模式，使

"根据基因确定蛋白质，再确定其功能"的"反向生理学"研究模式成为可能，由此产生的分子生理学使人类对生命的认识在微观水平上不断深入。但是，对照微观生物学的发展，传统生理学由于其研究手段、方法的限制，发展速度相对缓慢，另外也是由于生命规律过于复杂，很多现象难以从宏观或整体深入探讨其机制，传统生理学逐渐出现了"边缘化"的危机。然而，随着近年来生物信息学和系统生物学的发展、后基因组时代基因功能研究以及转化医学研究的需要，生理学科的发展又被提到了一个新的高度。另外新兴技术的发展，如动态监测血压的植入子技术、3D电生理记录、在体荧光全息观测系统等，以及基因修饰、组织特异性甚至细胞特异性基因敲除等，这些新兴技术为传统生理学的发展带来新的契机和研究命题，也为更精确、更深入地阐明生命活动的规律提供了新的生理学研究平台。但应认识到，传统生理学的一些理论和观点仍然是当前生物学和医学发展的基本理念。

二、生理学的发展态势

（一）微观生理学的发展态势

微观生理学是研究细胞、细胞器、基因及其表达产物对细胞乃至生命体整体产生功能影响的科学。分子生物学的发展和强盛使其成为生理学的优势学科。无可否认，微观生理学的发展能够使我们更精细、更直观、更科学地认知生命的发展规律，并使生理学从研究思路到研究内容以及研究方法都发生了巨大而深远的变化。但同时也发现，分子生理学或微观生理学所取得的分子水平的研究成果往往不能照搬到组织器官和系统的弊端。当前，在微观生理学中，随着表观遗传学、基因转录表达调控的网络、蛋白质相互作用网络、细胞器彼此的对话、细胞与细胞之间的相互调节等一系列新的研究热点先后呈现，基因动态的精细的转录调控、蛋白质不同构象及其活性的动态观察，蛋白质与蛋白质如何相互作用从而调节细胞功能也将会在不久的将来迅速发展，并将衍生出"结构生理学"。因此，微观生理学也处于正在被"边缘化"和"多元化"的状态，未来10年，将可能诞生"表观生理学"、"结构生理学"、"生物网络生理学"等新型分支。总之，人类基因组计划的完成、功能基因组时代的到来和蛋白质组学的发展为生理学的发展提供了前所未有的机遇，也使现代生理学面临一场深刻的变革——宏观发展与微观深入的结合、思维方式与研究理念的突破、新技术的建立与革命等，这些均促使未来生理学面临新的任务，即运用各种生物学新技术、新方法和新的思维方式从不同层面研究构成生命体各种分子、细胞、组织、器官和系统的正常生理功能以及不同细胞、组织、器官和系统之间的相互作用关系；并运用现代的实验方法学开展整合生理学研究，在整体状态下探讨组成机体各部分的功能及其内在联系。其他自然科学研究的进步和发展也为生理学研究提供了有利支撑，如数学计算模式的进步、电子技术的微观化、物理学理论和技术、遥感技术以及高分子化学、信息学以及计算机运算和模拟等多学科间的广泛交叉与渗透和新技术的应用，必将进一步促进生理学科向更高层次发展。

（二）现代生理学

在生物信息学发展的基础上，整合生理学和系统生理学应运而生，它是随着整合生物学的兴起而出现的一个新的研究理念。整合生理学应与多学科进行交叉，不断引进其他学科发展的新内容、整合新信息，才能确保学科长期稳定的发展，才能不断地发现机体功能活动的基本规律。例如，在分析表达活性、功能类似的基因和蛋白质数据时，可先以数学"聚类"分析、后用物理学理论和技术进行评估和鉴定、再用电子信息学技术进行模拟，最后通过生理学在体实验进行验证，从而加速微观到整体的快速转化。需要强调的是，整体综合的必要前提之一是众多单科的挺进和深入发展。没有单科挺进的积累，系统认识和综合研究的层次就不会深入。而在生理学各层次的研究及与多学科的融合过程中，必定会产生一些新交叉点和新生长点，形成生理学的"边缘学科"学，同时生理学的"杂交优势"将会逐步显露出来。生理学的发展必然是多学科交叉联合发展模式和多学科科学家的相互合作共同发展模式。

（三）整合生理学

人们通常把生理反应中分子间相互作用关系的研究称为生物网络学（network biology），每一个特定的网络或称为生物环路（biological circuit）共同决定了某一特定的生理反应从而使机体展现某一特定的行为。过去几十年中，生理学一直沿袭以克隆或发现生物反应中单个分子（如某一基因或蛋白质）为主导的分子生物学研究，而现代生理学需要转变为以某个功能变化过程中基因的网络调节和蛋白质之间的相互作用来揭示机体生物现象发生原理的整合生理学研究。现代生理学家面临的挑战不仅仅是搞清单一生物反应网络（包括反应分子之间的关系及反应方式等），更重要的是研究生物反应网络之间的关系（包括量化生物学反应及生物反应网络）以及如何利用计算机进行进一步的信息整合，从而模拟生物反应和网络，乃至重建细胞、器官和生物体的整体功能等。具体可从以下方面入手：一是利用传统生理学技术产生的数据资料并结合高通量技术，如生物芯片（microarray）和蛋白质组学（proteomics）等技术确立某一特定生物环路的组成以及组成成分之间的相互关系。通过这样的方法所研究出的生物环路，既可以看成是简单的定性模型（qualitative model），也可以成为进一步模型模拟的起点；二是应用计算生物学（computational biology）的方法研究生物环路间的相互作用关系和规律，进而在精确测量的基础上建立动态模型（dynamic model）。这将是现代生理学最具挑战性的课题，既涉及一些新的数学原理和运算规则，又包含生理学最基本的原理问题。例如，生物是如何通过生理学反应来适应内外环境变化的同时还具有进化（evolution）的能力；同一个体的各种细胞所具有的遗传信息完全相同，其功能行为为何千变万化？引起这种行为变化的生理基础在生物环路水平如何等（IUPS，2005）。虽然，目前整合生理学方面的研究才刚刚起步，但毫无疑问，它将是生理学研究领域未来10年中的重要发展方向。多种新兴生理学相关学科的发展催生了整合生理学，如生理基因组学和生理蛋白质组学等。生理基因组学的核心是在对人类及常用实验动物（如小鼠及大鼠等）全基因组测序基础上发现新基因、了解基因的调控信息及推测基因的功能。通过比较不同种系基因组序的异同的方法，即比较基因组学（comparative genomics），发现与某些特定生理过程密切相关的基因结构，预测基因的作用和种族间进化的关系。近年来，基因网络调控信息、基因非编码区功能调控和功能研究衍生出对生理功能的影响，已成为生理基因组学研究的热点。生理蛋白质组学旨在阐明所有功能蛋白质的序列、含量、修饰方式、活性、亚细胞水平、分布、结构及与其他蛋白质的相互作用等信息，包括表达蛋白质组学（expressional proteomics）、结构蛋白质组学（structural proteomics）和功能蛋白质组学（functional proteomics）三个部分。其中，表达蛋白质组学主要研究生理状态下，某种细胞、组织、器官中全部蛋白的表达水平，以及某一蛋白质出现修饰，如磷酸化/去磷酸化、乙酰化/去乙酰化后继发的与之相互作用的蛋白质；结构蛋白质组学则侧重研究某种蛋白质在某些特定亚细胞水平（如核孔、纺锤体等）的存在，以及蛋白质翻译、修饰时空间、时相和结构之生理功能的改变；功能蛋白质组学重点研究蛋白质之间的相互作用、修饰调节和信号传导通路的组成，是蛋白质组学研究的主要方面（de Magalhā es and Faragher，2008；Cairo et al.，2010）。近年来研究发现，基因非编码区对基因转录、蛋白质表达具有重要的调控作用，采用高通量分析非编码区调控的蛋白质表达组学及其介导的生理功能的调节，也是功能蛋白质组学新的研究课题（Khalil and Wahlestedt，2008）。生理蛋白质组学的研究将对我们认识正常生理过程的分子调节机制带来革命化的影响，特别是在蛋白质组学基础上，应用数学和信息学处理，归纳出蛋白质活动和机体生理功能联系的一般规律。

三、未来生理学面临的挑战

　　未来生理学必然要迎接三大挑战：①人脑工作原理（包括思维和精神活动机制）的阐明；②发育图式形成和形态发生原理的阐明；③人类基因组"生理语言"或称"遗传语言"的破译。必须指出的是，上述三大挑战也是三大难题，难就难在它们都是系统的整体的汇合特征，而不是分子水平或任何其他单一层次单一方面的特征和活动，也不是相互之间简单组合和叠加。也就是说，未来生理学更突出地面对整体综合的这一难题。要解决这一难题，至少在目前，遇到了难以克服的方法论困境。针对脑、发育和"生理语言"等极为复杂的系统，分子生物学和任何其他单科的分析方法和理论框架都显得力不从心，远不够用。为研究和鉴别生物体内所有分子，探讨其复杂的功能和相互间的复杂关系，需要建立多层次的组学技术平台；并且在各种技术平台产生大量数据的基础上，通过计算运用数学语言定量描述和预测生物学功能和机体表型行为。生物体的复杂性和大量过程的非线性动力学特征对计算科学也是一个新的挑战。因此，在解决这些难题时，生理学和其他学科一样，必须打破传统的分析式思维方式和狭窄的学科分界，更好地向生命学习，向新物理学理论，如非线性理论、混沌理论、自组织现象、耗散结构、复杂巨系统理论、非平衡态理论等学习，向数学、逻辑学学习，大胆引进多学科的理论，向一切有用的新思维学习，唯有这样，对生命现象的整体式思维模式才能确立起来，理论上的大综合、大发展才有保证。

　　与生物学的其他学科一样，生理学的发展逐渐表现出向微观和宏观，向最基本和最复杂的"两极"发展的倾向，呈现"工"字形发展趋势。20世纪70年代以后，新兴学科逐渐从以组织器官功能为主要对象的传统生理学分支而出，使传统生理学出现"边缘化"现象。近年来，随着整合生理学和系统生理学的兴起，多层次分析和生物信息网络化研究为生理学开拓了新的发展方向和新的契机，以整合生理学和系统生物学研究为特征的现代生理学可能呈现"圭"字形的发展趋势，为生物学和医学的发展提供功能框架。

第三节　我国生理学的发展现状

一、我国生理学历史研究

　　以实验为特征的中国生理学起步于20世纪20年代中期。1926年中国生理学会的成立，以及第二年《中国生理学杂志》的创办，标志着中国生理学学术新时代的开始。从此，中国生理学进入生长期，其科研和教学快速发展。从我国学者在国内外发表的论文看，1926～1935年这10年堪称为生理学科发展的鼎盛时期。在此期间，几乎生理学的每个方面都有人研究，其中消化生理和中枢神经系统生理研究取得了卓越的成就，肌肉、循环、血液、代谢、内分泌等方面也取得了骄人的成绩。协和医学院生理系在全国生理学的科研和教学中起到了领军作用。此后由于抗日战争和解放战争的影响，生理学的发展陷于停顿。

新中国成立后，生理学的各个分支普遍有了大的发展，填补了过去的一些空白，逐步形成了涵盖生理学各方面的中国生理学会。研究主力队伍在高校和中国科学院，形成了布局合理的研究中心，如北京医科大学（现北京大学医学部）的神经生理和消化生理、上海的循环生理，大连的血液生理，山西的电生理等。特别是中国科学院上海生理研究所的中枢神经系统生理、神经-肌肉生理及感觉器官生理的研究，成绩卓越。我国生理学对促进我国生物学和生物医学的发展和人才培养做出了巨大贡献。但随后在1966年开始的"文化大革命"中，我国生理学的发展遭到重创，中国生理学的发展再次陷于停滞。

"文化大革命"后，中国生理学再次振兴。特别是我国实行改革开放以来，国内外学术交流增多，生理学的新分支，如电生理学、细胞生理学和分子生理学等迅速崛起，新的生物学技术尤其是高通量分析技术，包括RNA干扰、基因芯片、基因组学和蛋白质组学等许多新的技术和手段迅速应用于生理学研究领域。但是，随着微观生物学的迅猛发展，传统生理学逐渐出现了"边缘化"的危机：高校生理教研室减员萎缩；中国科学院也撤销了生理所；同时神经生物学也从传统生理学领域分离出去，成为独立的学科。生理学发展因此出现断层，部分导致了引进的高端优秀人才以及国家杰出青年科学基金获得者中，生理学专业的人员甚少的现象。

在分析生理学面临重大挑战和传统生理学被"边缘化"的同时，应当看到生理学发展面临的机遇。后基因组时代，对基因和蛋白质分子功能的研究使许多相关基础学科的学者参与生理学的有关研究；生物医学强调转化医学研究，使大批临床医学家也参与了生理学相关研究。通过整合生理学的发展实现了学科的融合和交叉，我国生理学的发展必将取得新的辉煌。

二、我国生理学研究现状，存在的问题和解决策略

生理学作为临床医学发展的重要基础学科涵盖几乎所有与人类疾病相关的生命现象，在理解人类疾病发生机制及寻找有效的治疗方法方面有不可或缺的作用。传统生理学主要侧重研究单一器官和组织的功能，缺乏以系统的观点理

解特定生理过程对人体的整体影响以及人体对某个特定生理过程的精细调节。现代生理学的发展方向主要强调运用现代高通量生物信息学和分子生物学技术，结合传统生理学的研究方法将特定生理过程纳入网络调节的整体范畴，从而系统地理解人体生命活动规律的全貌。

与国际情况相比较，我国生理学研究发展状况呈现进展不均衡的特点（方福德，1992；管又飞，2009），主要体现在如下几个方面。

（一）心血管生理基础研究不能满足临床医学心血管疾病防治的要求

目前对心血管的研究已经打破了以往的学科界限，出现了多手段的纵深研究，整合生理学（系统生理学）成为研究的趋势和核心。我国学者也做出了突出贡献。例如，通过分子克隆技术发现的多种离子通道，被证实参与了心律失常的病程并因此成为新药研发的靶点；目前不仅对细胞膜的跨膜细胞转运机制比较明确，还发现了诸多新的调控心血管功能的信号分子，如一氧化氮、一氧化碳、硫化氢等。已有研究表明这些气体信号分子在心血管稳态维持和损伤性疾病发病中具有重要作用，如硫化氢是一种心血管系统中重要的抗炎分子和抗氧化损伤分子，它对整个心血管系统的调节作用具有普遍性意义。气体信号分子的整合调控模式，显著深化了心血管疾病的发病理论，极大地推动了生物活性小分子调控理论与心血管疾病发病机制研究的进步。在活性肽和受体选择性在心血管功能调节中的作用、心血管功能的免疫调节机制、心血管活性物质和信号转导通路复杂体系研究等方面都有诸多创新。但目前，心血管疾病基础研究和防治的进展，还不能从根本上解决全球范围内心血管疾病发病率和死亡率居高不下的问题。近年来我国心脑血管疾病发病率、死亡率和危险因素仍呈直线上升趋势，而西方国家已呈平缓下降趋势。在我国，心脑血管疾病已成为造成死亡的"头号杀手"，给社会带来了巨大的健康威胁与经济负担。因此，科技部批准了多项"心脑血管疾病发病与防治的基础研究""973"计划资助项目，国家自然科学基金委员会支持了以心血管疾病研究为中心的多项重点项目，旨在建立我国的心脑血管疾病基础研究体系，提高心脑血管疾病发病机制和防治基础研究方面的整体水平。

目前，国内已经涌现出一批与国际接轨的心血管研究机构和研究团体，在动脉粥样硬化发生机制、心血管病遗传变异基因库的建立、心肌细胞钙信号、离子通道和 miRNA 的研究、动脉粥样硬化斑块不稳定的基础和临床研究、代谢性心血管疾病的机制研究、心血管膜磷脂介质的研究等方面逐渐形成了特色和规模。尽管如此，目前国内心血管生理与病理生理的研究仍与国外有较大差距，仍需要整合"人力与物力，学科与技术，基础与临床"，结合中国的疾病谱，加大心血管生理和病理生理基础研究的力度和速度。

（二） 呼吸系统基础研究明显滞后

呼吸系统疾病是严重危害人类健康的常见疾病。世界卫生组织的资料显示，全球约有10亿人患有慢性呼吸系统疾病，年死亡人数超过400万。呼吸系统疾病为我国的常见病、多发病，在我国城市的死亡率占第3位，而在农村则占首位，尤其是慢性呼吸道疾病，防治形势严峻。但是相对于心血管疾病和肿瘤，呼吸系统疾病的基础研究和临床治疗手段在全球范围内均明显滞后。新药研发不够活跃，国家资助不足，究其原因除公众对呼吸系统疾病的认知不够外，还与我们对呼吸功能的机制和对呼吸系统的代谢功能认识不足有关。目前对于大多数呼吸系统疾病的治疗还局限在对症状的控制，缺乏对疾病发生的病因和病程的干预。其中一个关键的沟壑是缺乏对人体正常发育过程中肺及其免疫系统如何维持动态平衡，以及这种平衡在疾病状态下又是如何被打破的完整理解。除此之外，肺脏区别于其他器官的一个特点就是与外界环境相通（包括污染物、感染源和过敏原）。因此，除了遗传因素，肺脏及其免疫系统的正常发育及呼吸系统疾病的发生过程不可避免地受到发育过程和环境因素的共同影响。因此，深入理解影响肺脏、气道、血管、免疫、神经、肌肉系统的发育、调节、整合及交互作用的生理机制应是呼吸系统疾病基础研究的核心。还要利用后基因组时代的优势，结合遗传学、基因组学、细胞生物学等学科优势，深入开展呼吸功能调节网络的整合研究。

另一个影响肺部疾病研究的重要原因是缺乏灵敏可靠的生物学标志物。呼吸系统疾病多为慢性病，若从临床角度判断药物的疗效和安全性，需要花费数年和大量资金来观察，从而使研究变得异常困难。因此，寻找灵敏可靠、测量简便的生物学标志物便成为呼吸系统疾病研究领域重要的研究内容。迄今为止，诸多炎症相关的细胞因子均曾被作为治疗靶标，但临床研究均未获得预期效果。目前我国从事呼吸基础研究的机构有限，相对集中。包括2003年SARS中成长起来的呼吸疾病国家重点实验室、卫生部呼吸病重点实验室，过去数十年致力于气道反应性、慢性阻塞性肺病（COPD）发病机制和肺血管疾病（包括肺动脉高压和肺心病等）的研究。另外，我国还一直致力于高原缺氧/呼吸机制的探讨，气体信号分子，如一氧化氮、硫化氢在COPD、肺动脉高压中的作用，哮喘的发病和防治机制，呼吸力学、呼吸神经调控等呼吸生理和肺功能等方面的研究。但从整体来说，呼吸生理基础研究的水平较低，难以与国际接轨。

（三）泌尿生殖系统生理学的研究因为缺乏先进的研究平台和实验动物而发展缓慢

泌尿生殖系统生理学主要研究泌尿系统和生殖系统的生命活动规律及其调节。其中泌尿系统生理侧重于探讨人体水盐和酸碱平衡调节和代谢产物的排泄机制；而生殖系统生理则重点研究男女性器官的功能调节和胎儿发育成熟过程。国际上对肾脏生理的研究主要集中在肾脏的血流动力学调节、肾小球滤过调节、肾小管重吸收和分泌机制及水盐代谢对血压调节的影响等；生殖生理的研究除传统的两性生殖过程的调节外，目前的研究热点集中在发育生理学方面，并以干细胞（stem cell）和祖细胞（progenitor cell）研究及器官的定向发育为主要研究目标。所以，泌尿和生殖生理学的研究不仅关系到两大系统相关疾病的防治，还涉及生命发生、发展的本质和新型治疗手段（人工器官移植、干细胞治疗）的研发。

尽管中国肾脏临床疾病的研究有一定的基础，但在肾脏生理研究方面严重滞后于国际发展，全国从事肾脏生理研究的队伍薄弱，尚无突出的研究中心和优势单位。其研究多数集中在肾脏分子生理水平，严重缺乏血压调节、水盐代谢调节、糖脂代谢调节和血流动力学调节方面的研究人才；生殖生理系统研究方面中国目前有一定的工作基础，但干细胞和器官发生方面的研究严重落后于国际水平，亟待加强。此外，与国际先进水平相比，中国泌尿生殖生理研究领域严重缺乏先进的研究平台和实验动物，这制约了中国该领域的发展。

（四）内分泌系统领域的基础研究相对薄弱

目前内分泌学研究所涉的范围已大大超出经典内分泌学已有的范畴，与其他生物医学学科相互渗透、融合，生成一系列内涵迅速扩增的新兴的分支学科，如神经内分泌学、心血管内分泌学、消化道内分泌学、肾脏内分泌学和生殖内分泌学等。现代内分泌学已成为一门集人类功能基因组学、分子细胞生物学、遗传流行病学和临床医学为一体的新兴学科。新的激素、新的概念、新的药物、新的技术不断涌现，不仅极大地促进了内分泌学的迅速发展，而且使内分泌疾病的诊疗水平明显提高。

随着近代科学的发展，内分泌系统的研究领域不断扩大，激素概念也进一步扩展，即激素是体内广泛存在的细胞间通信的化学信使，其功能为调节机体代谢、协调机体器官、系统活动并维持内环境稳定，参与细胞生长、分化、发育和死亡的调控。因而，所有细胞因子、生长因子、神经递质、神经肽均被归为激素。激素的分泌方式除经典的内分泌（血行分泌）外，还包括旁分泌（邻分泌）、并列分泌、自分泌、腔分泌、胞内分泌、神经分泌和神经内分泌等。

内分泌生理学相比生理学的其他学科是相对年轻的学科，但也是发展较快的学科。近20年来，科学家们已从胃肠道中分离出30多种多肽激素。研究发现，许多胃肠道激素亦广泛存在于脑内，起着神经递质或调制物的作用。相反，原来在脑内发现并被认为只属于脑本身的若干肽类也存在于胃肠道内，调节消化、内分泌和代谢等生理机能。已发现在脑和胃肠道内双重分布的肽类主要有P物质、神经降压素、胆囊收缩素和生长抑素等。它们是由脑内肽类神经细胞和消化道的内分泌细胞所分泌的。这两类细胞都有摄取胺的前体，并脱去其羧基产生肽类的性能。这些研究发现促使了神经内分泌学这个分支研究领域的产生。自1984年发现心脏分泌钠尿肽和1988年发现血管内皮分泌内皮素后，人们认识到心脏和血管也是内分泌器官，同时也形成了一门新兴的交叉学科——心血管内分泌学。20世纪90年代发现研究人员脂肪组织以及近来发现骨骼肌和骨组织都是内分泌器官，它们分泌的各种生物活性因子对机体稳态维持具有决定性的影响，这些因子也是防治疾病的重要靶点。

近半个世纪以来我国内分泌医学迅猛发展，在邝安堃、刘士豪、池芝盛等老一辈内分泌学家的带领下，一大批专家学者脱颖而出，众多科研成果已达到世界先进水平。1965年，中国在世界上首次人工合成具有生物活性的结晶牛胰岛素，这是一个伟大的创举。近年来，我国在心血管内分泌功能、糖尿病、代谢性骨病、内分泌性高血压研究、脑垂体疾病、肥胖症、糖尿病、性早熟以及甲状腺疾病的临床研究方面开展了大量工作，使我国的内分泌医学事业不断蓬勃发展，成果卓著。例如，有研究认为糖化作用、多醇旁路代谢的相对增加、血栓素、前列腺素等异常改变是发生糖尿病合并症的主要原因，初步明确了这些因素所致的慢性长程合并症是决定老年糖尿病患者预后的关键。目前临床治疗糖尿病合并症的多种治疗方案，如胰岛素泵持续皮下输入胰岛素治疗、持续使用人工胰岛、长期大量服用潘生丁、一搏通等，均取得不错的疗效。近10年来，我国内分泌学者在内分泌腺体、组织或细胞移植方面进行了许多有益的科学探索，如微胶囊法、抗原封闭法等胰岛移植或胰岛β细胞移植，均在实验动物中获得成功。

我国目前从事内分泌研究的多是临床实验室，生理基础研究的机构有限，基础研究相对薄弱，研究的总体水平仍然落后于美国、英国等西方国家。很多本在国际领先的领域，由于缺乏基础研究的支持而逐渐落后。内分泌生理研究领域发展极为迅速，有"一天一肽"的说法，其研究具有临床应用前景，值得我们大力发展。

（五）我国血液生理的研究后劲不足

尽管血液生理在生理学教学中所占学时比例不大，但因其涉及范围很广，如血容量与内环境稳态的维持、血液理化性状与临床重大疾病（如弥散性血管内凝血、冠心病、脑梗死）的发生，血细胞与生理止血和免疫，血型与遗传，以及造血与血液系统肿瘤等，血液生理是生理学的重要分支学科之一。

20 世纪 20 年代中期，我国学者就比较系统地测定了中国人正常血浆的各种组成成分、测定了血细胞容积、红细胞数量和脆性等。1947 年首次报道了国内 Rh 血型，并于新中国成立后不久创建了国内第一个血液生理研究室。此外，我国学者首次证明"组胺受体对多能造血干细胞的调节作用"、"白血病细胞表面受体的特征"等；建立了国内血友病分型、血友病甲携带者检测和遗传咨询，为中国凝血性疾病赶上国际先进水平做出了重要贡献；并在白血病基因研究，以及用维甲酸药物对抗急性早幼粒白血病方面做出令世人瞩目的贡献；在再生障碍性贫血的诊治、白血病治疗方面取得重要进展。80 年代初，我国实施亚洲首例造血干细胞移植术，促进了造血干细胞移植事业在中国的迅速发展，开创了国际上异基因骨髓移植治愈无丙种球蛋白血症的先河；且在巨核系造血和血小板功能研究方面成绩卓著，在国际上首先发现了一个新的干细胞因子——人血液血管细胞生成素；建立了中国第一个血栓与止血研究室，1983 年成功研制中国第一组抗人血小板膜糖蛋白单克隆抗体，随后的研究中有 5 株单抗被确认为国际血小板研究试剂。

虽然取得了上述卓越成果，但目前国内从事血液生理学的研究单位和研究人员屈指可数，近年来的发展明显减慢，研究队伍薄弱，亟待支持和改观。

（六）我国对神经生理研究的投入较少

神经科学这一概念逐渐被学者们接受并迅速普及，半个世纪前欧洲和美国等相继成立了神经科学研究机构。我国的医学院校也相继成立了神经生物学系及神经科学研究所。多学科的融合，现代技术的发展都极大地推动神经科学，特别是神经生理学的研究进展。因此，神经生理学不仅是生理学的一个重要组成部分，也是神经科学不可缺少的组成部分。近年来，国际神经科学领域的迅速发展，极大地推动了神经生理学的深入和进步，同时神经生理学的进展也极大地丰富了神经科学理论。

多年来，我国新老神经生理科学家经过不懈努力，在疼痛生理和感官生理等领域均取得了一系列世界注目的成绩。但我国神经生理学研究水平与世界先进国家仍有很大差距，每年在神经科学重要和顶尖杂志上发表的论文数量，不仅低于美国、德国等欧美国家，在亚洲亦低于日本。中国与其他国家相比对神经科学投入的差别巨大。

（七）我国消化生理研究队伍严重萎缩

消化器官是人体最为庞大的器官系统，掌控机体的摄食、消化和吸收。消化生理学是医学领域发展最早的学科之一，主要研究胃肠消化道、肝胆和胰腺的正常生理功能和异常病理生理改变及其与疾病的关系，其内容包括消化系统的生长和发育、消化过程、分泌过程、吸收过程、代谢过程、消化器官的运动，还包括消化系统免疫和炎症反应、消化器官的神经内分泌调节，曾取得辉煌的成就，研究成果显著地提高了疾病的临床治疗水平。

消化系统疾病在各国发病的发病率都普遍较高。在国际上，消化生理具有稳定的科研队伍。20 世纪 80 年代以前，消化生理的研究模式主要以整体动物实验和器官实验为主，比较侧重形态学和功能变化研究。现如今，其研究模式已紧密结合分子生物学、细胞生物学、生物化学、病原微生物学、免疫学、神经科学等学科，侧重消化系统形态改变、功能调节和常见消化系统疾病的发生机制的研究。

在中国，消化生理曾是国内科研实力最强的生理学科之一。北京医科大学（现北京大学医学部）生理系的王志均院士是这一领域的开拓者，他关于食物促进胰液分泌的研究工作发表在 *American Journal of Physiology*，被认为是开创了一个新的研究领域，并创建和带动了国内消化生理学的基础研究。新中国成立后，国内许多科研院所均设有消化生理研究组，该领域在国内生理各分学科的发展中具有优势地位。但是，近 20 年来，国内消化生理研究后继无人，发展乏力。研究模式基本上还停留在以整体动物实验和器官实验为主，侧重形态学研究，亦缺乏相关的动物模型，更缺乏与分子生物学、细胞生物学、生物化学、病原微生物学、免疫学、神经科学等学科的交叉和紧密结合。可以说，目前国内消化生理的研究队伍和力量是非常薄弱的，因为薄弱而更难以得到基金资助，因而亟待加强。

（八）我国生理组学与整合生理学的研究起步较晚

生理学不仅限于描述生命活动的表象，而且在整体观指导下用实验方法探讨机体各部分的功能及其联系。生理学的研究在过去的一个世纪中经历了由大体至细微几个不同水平的发展过程，即由整体到系统、器官到组织水平；再由细胞、亚细胞到分子和基因水平，这也正是现代生物医学的发展历程。生理组学（physiomics）是生理学的新兴领域，是生物学中对于生理组（physiome）进行系统研究的科学。事实上，生理组学即以系统生物学（systems biology）方法系统研究机体的生理过程。现代分子生物学的发展尤其是人类基因组计划的成果使我们得以在分子和基因水平探索机体的生理功能。生理学家正在致力于创建大量的分子水平的"组学"数据以全面理解集体的生理功能。然而，如何对于生物中复杂的相互作用的机制进行定量研究则成为现代生物学最具挑战性的课题。于是，"系统生物学"这一领域应运而生。正是在基因组学、蛋白质组学等新型大科学发展的基础上，孕育了系统生物学。同时，系统生物学的诞生进一步提升了后基因组时代的生命科学研究能力。1999 年胡德（Leroy Hood）创立了世界上第一个系统生物学研究所（Institute for Systems Biology）。根据胡德的定义，系统生物学是研究生物系统中所有组成（基因、mRNA、蛋白质等）及其特定条件下这些组成间相互关系的学科。生理基因组学以及其他组学与计算技术相结合产生了"生物信息学"（bioinformatics），为我们理解复杂生物体的整合生理功能提供了有力的工具。

2000 年左右，美国和日本相继成立了系统生物学研究所。随着基因组计划的完成，高通量实验技术和生物信息学的发展，大量的基因组学、蛋白质组学数据的积累，进一步促进了系统生物学的蓬勃发展。中国也相继成立了系统生物学实验室，但起步较晚。整合生理学作为一个学科概念提出在国外已有十余年的历史，但我国生理学界主流还是传统生理学研究模式，整合生理学或系统生理学的方法和理念尚未广泛建立。整合生理学涉及多层次的网络调节，需要多学科共同参与，进行交叉研究。根据目前我国生理学科的发展需要，我们应抓住机遇，尽早设立整合生理学包括生理基因组学和蛋白质组学专项基金，在全国范围内有选择性地重点资助 2~3 个国家重点生理学科基地；在生理学科领域内或跨学科合作建立一个面向全国的实验动物及疾病模型动物中心，以加强在整体上研究某些与疾病发生有关的重大生理过程的研究，并建立生物信息学（bioinformatics）重点实验室。首先建立约 50 种与目前我国发病率最高的三大疾病（心血管疾病、肿瘤及代谢性疾病等）相关的生理及病理生理动物模型（主要侧重在转基因动物基地的建立和疾病模型动物的开发和研究），并全面启动生理蛋白质组学计划。

（九）电生理：20 世纪 60 年代起步，近年发展越来越有潜力

生物电活动是机体一种基本的生命现象，它产生的基础是细胞膜上离子通道活动的总和效应。从生物电现象的发现到如今对离子通道功能与结构如此深

入的了解，电生理学走过了 200 多年的历程。

近年，电生理学领域研究也取得了长足进步，我国一批从事电生理和离子通道研究的年轻学者，尤其是一批学成归国的学者，工作非常活跃。应用电生理学技术，我国学者研究发现：心力衰竭早期心功能尚处于正常时期，分子间的钙信号偶联效率已经发生了衰退，并找出其关键原因。该研究成果自发表后，很快被 *Nature Reviews Drug Discovery* 选为"亮点"（highlight），并指出该研究为揭示心力衰竭发生的分子机制提供了新的线索，为心力衰竭的早期干预和治疗提供了新的分子靶点。类似的相关研究，既包含生物物理学方面的研究，研究者又必须拥有经验丰富的临床心脏超声诊断知识，由此拉近了基础和临床的距离，推进了研究成果在临床的应用。

总之，电生理学是一门成熟的学科，正以空前的速度深入发展，它属于基础理论学科，但受到临床上提出问题的强有力推动，如何把实验室的研究应用到临床是目前电生理学研究的重点，要力争结合临床进行研究，将成果应用到临床，并作为指导临床实践的理论依据。

（十）转化医学的研究刚刚起步，生理学科要迅速参与

转化医学是近年来国际医学科学领域出现的新概念，是基因组和生物信息学革命的时代产物，通过研究可诊断及监测人类疾病的新参数———生物标志物，为开发新药品、新的诊断方法和新的治疗方法开辟出一条具有革命性意义的新途径，因而它又被称为"从实验台到病床"（B to B，bench to bedside）的一种连续过程。转化医学的核心是为了打破基础医学与临床医学、药物研发之间固有的屏障，在从事基础科学发现的研究者和了解患者需求的医生之间建立起有效的联系，尤其关注如何将基础分子生物医学研究向最有效和最准确的疾病诊断、治疗和预防模式的转化，把基础研究获得的知识、成果快速转化为临床上的诊断、治疗和预防的新方法。转化医学的最大特点是聚焦于具体疾病，即以人的健康为本，以重大疾病为为中心，以疾病发病的生理及病理生理学机制和疾病诊断、治疗及预防为结合点，促进基础科学发现转化成临床医疗实践为最终目标。

转化医学从概念的提出到现在才 10 多年，但因其快速发展已引起了世界各国的广泛关注和重视，给基础和临床学科的研究带来了新的曙光。目前，转化医学在国内才刚刚起步，还没有较大规模的专门转化医学研究中心和平台，因而亟待重视和加强。

总之，伴随着微观生理学的巨大进步，与其他学科飞速发展相比较，以生理学为代表的功能学研究的进展则相对缓慢，与当代整个生命科学发展的形势

和任务不相适应，也极大地限制了中国临床医学的发展。但是在生理学各层次的研究及与多学科的逐渐融合过程中，必定会产生一些交叉点和新生长点，从而生理学的"边缘学科"会不断产生，同时生理学的"杂交优势"肯定会逐步显露出来。

第四节　我国未来 10 年生理学的发展布局

　　传统生理学是在经典解剖学基础上发展起来的，是主要侧重于研究单一器官和组织的功能的学科，并逐步以器官、系统、生物整体活动规律和功能调节及机体调节功能的"稳态"维持为主要研究内容。从 20 世纪 80 年代开始，以分子生物学为主要手段的微观生理学逐渐兴起并发展成为今天生理学的主流学科。以器官、系统功能研究为主导的传统生理学的研究滞后于其他生物学科的发展。宏观生理学发展缓慢，一些领域的人才严重缺乏，应加强对传统生理学和构成机体的分子、细胞、组织、器官和系统的功能研究及不同层面的相互调节共同维持机体"稳态"的机制研究。微观生理学对传统生理学产生了深刻的影响，使其从研究思路到研究内容及研究方法都发生了巨大而深远的变化。但是随着认识的深入，发现分子生理学或微观生理学的研究成果不能照搬到器官、系统的研究。因而应加强对表观遗传学、基因转录表达调控的网络、蛋白质相互作用网络、细胞器彼此的对话、细胞与细胞之间的相互调节等一系列研究热点问题的研究，加强宏观与微观的相互融合和交叉。当代生理学的发展，已逐渐从研究单分子的作用，过渡到研究多个分子、细胞、组织、器官和系统间不同层次的网络调控作用。随着转化医学的出现，为了系统、深入地研究基础生理学，使其应用于临床疾病的预防和治疗，我们急需借助系统生物学和各种组学（基因和蛋白质组学）的研究理念，支持将数学、物理学、化学、信息学等领域的研究成果应用到生理学研究中，力争在理论和技术上取得突破，在加强传统的器官系统生理学和细胞分子生理学研究的同时，关键还要注重并加强对分子、细胞、组织、器官和系统的多层次的整合生理学（系统生理学）研究，这将是生理学科未来的发展方向。值得注意的是，我国整合生理学的人才相对缺乏，发展整合生理学的新技术、新方法也亟待突破。因此，未来 10 年我们要"有所为、有所不为"，在支持传统生理学功能研究的同时，注重培植整合生理学，并促进整合生理学与传统生理学和微观生理学的交叉和融合，这对促进和加速生理学整个学科的发展至关重要。

　　生理学是一个研究范围非常广泛的基础学科。在未来 10 年中，生理学学科发展布局的指导思想和发展策略应以国家需求为目标，开展基础研究，大力提倡和鼓励概念和理论上的原始创新及学科的交叉和融合；吸收新进展和新技术，注重宏观与微观的有机结合；宏观上注重健康与疾病的生理学基础研究（即转化医学中的应用）。生理学作为一个"桥梁"学科、医学基础学科和临床医学各学科的基础，极大地推动了转化医学的产生和发展。随着科学研究复杂性的增加，临床和基础研究的间隔也在增大，这使得新知识向临床的渗透及临床向基础研究的反馈都更为困难。因而，转化性研究的重要性愈加突出。转化医学研究可填补基础研究与临床应用及药物研发之间的鸿沟，使科研与临床不再分家。转化医学加速了医学与理工技术紧密结合和知识产权的商业化，同时还刺激了新教育模式的产生，将以往独立的各学科整合到同一个疾病或健康问题的基础研究和临床医学中去，促进多学科交叉研究策略和教育平台的建立，有助于培养新一代具有转化医学理念和能力的研究工作者和医疗工作者，培养既能研究又能看病的"两栖人才"。我国应前瞻性地按照"全面支持、重点突出"的原则进行发展布局，传统领域发展保持生理学学科特色，优先集中资助具有重大生物学意义或者具有中国特色的生物学学科热点和前沿研究，鼓励多层次的网络研究和多学科交叉与融合；协调发展与重点支持并重、整体生理学与微观生理学并重、推动概念和技术创新；支持国内基础好的具有国际竞争力、在世界范围内有一定影响的重点高校的重点学科、国家重点实验室和教育部重点实验室的生理学家积极参与国际竞争，最终实现生理学科的长期、稳步及快速发展。从整体上来看，确立以我为主，强化国内外合作的生理学研究发展道路；建立生理学基础、应用相结合，加强研究队伍建设的合作体系；加强新技术、新方法的应用，强调和鼓励概念的原创性研究和理论的原始创新及学科的交叉和融合；支持将数学、物理、化学和信息等领域的研究成果应用到生理学研究中，大力发展整合生理学使其在转化医学中发挥积极作用，为我国国民健康、经济发展与社会建设服务。

生理学科是一门面向环境和医学的基础学科和"桥梁"学科，生理科学领域应以国家需求为目标开展基础研究，力争解决一系列与国民健康和我国卫生事业相关的基础科学问题。因此生理学今后10年应在发展传统科学的同时，大力发展心血管生理学的生理调控机制、特殊环境及运动对机体生理功能及相关生命活动的调节机制、老年机体对环境适应性反应的生理学、脂代谢、三大营养物质代谢及不同活性物质间相互作用等重大领域的研究。

今后10年内，生理学科发展的目标是在"十一五"基础上，按照国家中长期科技发展规划，在均衡发展的基础上突出对重点领域的研究，既要发展生理学的传统领域，更要重点发展我国的优势领域和具有重大生物学意义、与疾病和健康关系密切且在国际上竞争激烈的热点前沿领域，使我国能够成为国际上最重要的几个生理学研究中心之一，在部分领域具有国际领先和主导地位，同时对相关领域的发展和进步起到重要的推动作用。

第五节　我国生理学的优先发展领域与重大交叉研究领域

一、遴选优先发展领域的基本原则

生理学作为生物学及医学的基础学科，经历了从传统的器官系统生理学到微观生理学再到整合生理学的发展。依据生理学最基本的"自稳态"理论，生理学坚持"宏观调控与微观调节相结合"的原则，强调机体各系统、器官、组织、细胞、蛋白质功能、基因表达调控、生物分子之间的多层次网络调节模式，多靶点、多模式的相互作用和相互调节；强调多学科的融合和交叉发展，兼顾系统生理学并结合我国自己的特色发展现代生理学；坚持传统生理学功能研究的深入与微观生理学研究的继续发展并重；关注国际热点前沿学科领域和重要科学问题，鼓励源头创新和可持续发展，也鼓励难点和攻坚课题；重视已有的科学积累及具有发展潜力的优势领域；支持我国优势学科特别是国际领先学科继续保持领先优势；也支持我国发展较弱的国际热点领域。转化医学是适应现代社会发展和医学科学发展的重要学科，而生理学是医学发展的基础学科及生物学和临床医学学科的"桥梁"学科，因此对转化医学有影响的和相关的生理学机制研究是未来生理学的方向，也应大力支持。根据我国医疗卫生现状，与我国人民身体健康、衰老、医学保健和疾病的防治等密切相关的生理学机制研究也要大力支持，兼顾加强应用生理学，如特殊环境生理学和运动生理学的研究，同时鼓励和支持新技术、新方法的研究以及具有应用价值潜力的研究。

二、优先发展领域

（一）机体应激的生理调节机制

应激是指机体在受到各种应激原刺激时所出现的以交感神经兴奋和垂体-肾上腺皮质分泌增多为主的一系列神经内分泌反应，以及由此而引起的各种机能和代谢的改变。细胞是生命的基本单位，机体内外环境中多种因素对细胞形成应激刺激，细胞并由此发生多种和结构及功能变化相适应的过程称为细胞应激。广义的应激包括以下几个方面：①机体受到物理因素（包括高温、寒冷、辐射、紫外线）、化学因素（酸、碱、挥发性气体等）、生物因素（细菌、病毒、支原体、衣原体等急性感染）、生理因素（手术、创伤、疼痛等）刺激时的应激；②机体受到情感、情绪巨变而产生的急性心理应激及工作压力、生活节奏加速、就业、升职等产生的慢性精神应激；③组织、器官在内环境发生巨大变化（营养物质缺失或过多，微量元素、饮酒、抗生素和重金属影响等）时产生的应激反应；④细胞在细胞外液局部成分改变（离子浓度、pH、某种蛋白或激素浓度增加等）时而产生的应激性反应；⑤亚细胞器结构在细胞内局部环境甚至细胞器内微环境变化（如离子浓度、蛋白质堆积、活性氧、活性氮、细胞内代谢产物堆积）时而发生的应激反应。例如，线粒体应激产生电子传递的障碍而爆发活性氧，内质网内蛋白质折叠异常而发生未折叠蛋白反应，溶酶体内酶解异常而发生自溶，高尔基体蛋白质转运异常而发生蛋白质蓄积，细胞核内微环境或胞质信号转导到核内时发生基因转录调控异常（Raulet and Guerra，2009；Pape and Pare，2010）。机体为适应应激会产生代偿性反应，即适应性反应并发生生理功能的改变。而当应激反应不能正常产生、产生不足或产生过度，往往会引发疾病，如癌症、早衰、心血管疾病、糖尿病、神经系统退行性疾病及肥胖病。随着社会现代化进程的加快，除了机体赖以生存的外部环境发生改变外，生活节奏的加速、工作压力的加大、心理应激的加强，都是导致许多疾病年轻化发展的重要原因。因此，应激对机体生理功能的影响及机体如何对应激产生规律性应答是适应现代社会发展而必须进行的生理学研究，同时针对现代疾病特点，可以促使其研究成果向临床转化，这是目前生理学必须要解决的重要科学问题之一。既往对应激研究主要集中探讨垂体-肾上腺皮质分泌功能的改变所致的生理功能改变，以及细胞对这些应激激素增加做出的功能调整及其基因转录和蛋白质表达的改变；同时对其受体、受体下游信号转导机制也做了大量研究工作。这些研究促进了药物研发部门对这些受体开发出受体激动剂、受体抑制剂并应用于临床医疗（Kvetnansky et al.，2009）。近年来，亚细胞器功能在应激反应中出现不同的损伤而导致生理功能改变逐渐受到重视，特别是线粒体呼吸链电子传递异常导致活性氧增加从而出现氧化应激（Liesa et al.，2009；Ganzel et al.，2010）；内质网对蛋白质修饰异常导致蛋白质折叠异常而出现内质网应激。大量研究工作证实氧化应激和内质网应激是许多疾病发生发展重要的共同的分子机制（Wray and Burdyga，2010）。因此，应激状态下机体生理功能的调节及其调节机制是生理学最基本的科学问题。心理应激对机体生理功能的影响及其机制、亚细胞器应激在生理功能调节中的生理意义、应激反应中机体生理功能网络式调节及其调节的关键环节都是生理学中亟须解决的重大科学问题。

重点研究方向：

1）慢性应激对机体生理功能、免疫功能和机体能量代谢的影响及其机制；

2）高通量筛选机体受到不同强度应激时相关基因、蛋白质表达谱的改变及其相互调节；

3）应激对神经-内分泌（特别是新发现的神经内分泌物质）、细胞旁/自分泌影响的机制；

4）氧化应激对各器官、组织、细胞生理功能的影响及其机制；

5）内质网应激对各器官、组织、细胞生理功能的调节及其细胞信号转导机制；

6）高尔基体及蛋白运动在应激反应中的生理调节机制；

7）应激介导的炎症反应对各系统、器官、细胞生理功能的影响及调节机制；

8）受体及受体修饰在应激状态下介导的生理功能改变及其调节机制。

（二）环境对机体生理功能的影响及其机制

机体与环境的关系问题一直以来就是生命科学的基本问题。生物体在不断适应环境、改造环境的过程中进化，并产生相应的生理功能及新的生理功能调节方式。广义上来分，环境可以分为机体生存的自然环境及特殊环境、组织器官细胞赖以生存的体内环境和细胞内及亚细胞器内对细胞功能实时调整的微环境三大部分。我国很多人长期生活在寒冷、低氧、高海拔、高辐射等不同的特殊环境。在与特殊环境进行生存斗争的过程中，这些群体通过与环境的相互作用产生了特殊的适应性，能够对不同的特殊环境因子形成防御和对抗机制，包括对自身体温和代谢的主动调节，对低温、低氧等环境因素适应的调节等。因此，研究机体对环境变化适应的分子机制是生理学研究的基本问题。另外，在与恶劣多变的自然环境相互作用的过程中，特殊环境下的机体通过进化产生的对低温、低氧、高海拔、高辐射的耐受能力，使机体能够在这些环境中维持稳定的神经和内分泌调控，保持心血管和呼吸功能正常。随着科学技术的进步和社会发展进程的加快，人类的生存环境发生了巨大变化，外部环境的巨变是导致机体生理功能变化甚至发生疾病的重要诱因，随之也导致了临床疾病谱的巨大改变（Soto et al.，2009）。故而，外部环境对机体生理功能的影响及机体适应性反应的规律和机制是生理学及临床医学重要和前沿的科学问题。另外，我国航天科技的发展和进步，空间环境对生理功能的影响也亟须进一步研究，这不仅仅涉及航空航天员的健康，同时也涉及物种改良、物种进化等诸多重大研究领域。体外环境与机体适应性反应甚至疾病密切关联，目前国际和国内大多数研究以基因、某种蛋白质表达及其功能研究为主，以探讨在特殊环境下，如低氧环境下，机体适应性反应中基因表达、蛋白质表达与功能改变之间的关系，而且大多数以单分子为主（Morrow and Rogers，2008；White，2008；Heath and Xavier，2009）。而在复杂环境因素中机体适应性生理反应的规律及其调节机制远未阐明；不同细胞、组织、系统及不同个体在同一环境中的适应反应也不尽相同。其机制如何？规律如何？生理功能对环境改变引起的功能代偿与失代偿的调控机制如何？其转换的结点和靶向如何？这些问题都有待研究。

内环境是细胞赖以生存的体内环境，内环境稳态的维持是机体正常生理功能及机体进行功能调节的保障。外部环境的变化往往引起机体内环境的改变，促使机体对内环境紊乱进行调节而引起机体生理功能改变。尽管生命科学进步非常迅速，但内环境稳态平衡调节依旧是医学研究的核心问题。除了传统意义上的组织液、血浆等细胞外液成分，组织细胞局部微环境、细胞内液乃至亚细胞内微环境对机体、组织、细胞功能也具有重大影响，这是近年来微观生理学研究的热点。细胞内微环境在细胞功能及其功能调节中的作用，微环境中生物分子对细胞功能调节、应激情况下的调节、外环境的对话联系成为探讨生理学的重要研究课题。遵循从微观到宏观、从简至繁的原则，以微环境为靶点来进行研究，推演到机体局部内环境稳态的调节，并联系外部环境，从整合生理学角度探讨环境因素对机体生理功能调节以及机体适应性反应机制。

重点研究方向：

1）特殊环境（高温、低温、高原、低氧、辐射、失重以及超重等）、急性、慢性暴露对机体生理功能的影响及其分子机制；

2）机体在环境改变时做出适应性反应的基因表达、蛋白质表达及多层面的相互影响和相互调节，重点关注其相互作用的关键节点；

3）特殊环境长期暴露导致的表观遗传学信息编码及其生理功能的联系；

4）环境应激条件下内源性无机小分子信号（钙离子、活性氧、活性氮、活性硫、活性磷、氢离子、氯离子）对机体、器官、组织、细胞和亚细胞器生理功能的调节；

5）环境改变时，神经内分泌对机体生理功能的网络调节；

6）特殊环境下，氧化/还原、炎症、免疫机制对生理功能的调节；

7）细胞内及亚细胞器内微环境对细胞增殖、迁移、损伤修复及靶向性活动（如干细胞归巢、炎症细胞运动）的影响及其调节；

8）特殊环境诱导的亚细胞器功能改变（如线粒体氧化磷酸化）介导的生理功能改变及其调节机制；

9）微环境改变对机体生理功能的影响及其机制。

（三）衰老的生理功能变化机制

衰老（ageing，senescence）又称老化，通常是指在正常状况下生物发育成熟后，随年龄增加，自身机能减退，内环境稳定能力与应激能力下降，结构、组分逐步退行性变化，趋向死亡的不可逆转的现象。即使是单细胞生物，如酵母，也可出现衰老倾向。衰老是生物体的共同归宿。疾病或异常因素可引起病理性衰老（senility），使上述现象提早出现。衰老过程在整体、组织、细胞乃至分子水平皆有所体现。随着年龄的增加，器官、组织的实质细胞数、反应敏感性及功能均逐步下降。但不同器官老化速度及老化方式有所不同。衰老时细胞增殖能力下降，功能细胞数逐渐减少，蛋白酶活性降低，胶原、弹力蛋白、结缔组织互相交联，使脏器萎缩，功能下降。人口老龄化既是全球性的重大社会问题，也是当前人口与健康的重大医学问题。我国老年人口更是基数大、发展迅速，联合国预测 21 世纪上半叶中国老年人口是世界之最，占全世界老年人口总数的 1/5。这样一个庞大的老年人群必然会对我国社会、经济、政治等产生重大影响。"衰老"是老年病百病之源。衰老生理学是一门旨在研究生物机体衰老发生与发展机制的科学。衰老生理学与老年医学的基础研究着眼于人类衰老的原因和机制，为人类的健康长寿和老年病的预防、诊断与治疗提供理论依据。这些基础研究对我国老年人群的健康长寿，延长老年人健康期，缩短带病期，提高生活质量和构建和谐社会有不容忽视的作用，这也是衰老相关基础研究的目标。

衰老是生物体的自然过程。具有发展过程的渐进性、涉及范围的普遍性、发生的多因性等特征。渐进性，是指衰老贯穿于生命的全过程，并以逐渐加重的方式进行着。普遍性指的是任何生物都不可避免地要发生衰老，而不是说所有生物都具有相同或类似的衰老机制。国际上的学者从器官水平、整体水平研究衰老机制多年，但研究成果寥寥无几。所举学说繁多：遗传控制说、自由基损伤说、代谢产物交联说、体细胞突变说、差错积累说、免疫紊乱说等不下数百种，众说纷纭，未能形成共识。目前，衰老的基础研究主要集中在衰老基因调控：包括细胞的复制、分裂、DNA 的损伤修复、线粒体 DNA 的缺失突变，寻求衰老基因、长寿基因、致衰老剂等，探讨氧化应激、抗氧化修复等调节机制。近年来一些研究也关注受体特别是核受体的细胞衰老机制、功能蛋白质信号及蛋白质修饰与衰老、细胞器功能调节（如线粒体、细胞自噬等）等领域（Camici et al.，2009；Linford and Pletcher，2009；White，2008）。从根本上说，这些研究是通过分子生物学及微观生理学机制来阐明衰老。衰老机体、器官、组织、细胞甚至细胞器功能如何、机体的调控机制、机体修复和代偿及其相关机制是亟待解决的重要科学问题，也是我国国民健康和医学发展的重大需求。以衰老功能及其调节为中心，通过比较生理学、整合生理学手段寻求衰老的一般规律及调节机制，为老年医学和老年健康保健提供医学理论基础和防治靶标。

重点研究方向：

1）衰老细胞功能及其功能基因组、功能蛋白质组的功能改变、相互作用的网络调节；

2）衰老细胞的表观遗传学特征及其功能联系；

3）衰老细胞旁/自分泌功能与细胞功能的关系及其表型改变的信号转导机制；

4）衰老细胞能量代谢、功能修复及其调节机制；

5）衰老细胞在应激条件下做出的应答反应以及调节机制；

6）影响各器官、组织增龄改变的因素及机体各系统改变的特点、规律和机制研究，探讨可能的干预靶点；

7）干细胞在衰老器官、组织中的功能、损伤修复功能及其调控机制；

8）通过比较哺乳动物、两栖动物、冷血动物等，从代谢、代谢调控基因和蛋白质组学探讨衰老与寿命的关系；

9）通过比较哺乳动物、两栖动物、冷血动物等在低温、低氧环境的适应性及基因、蛋白质水平的差异性表达来探讨衰老的机制。

（四）生物节律发生机制及其生理意义

从低等生物到高等生物都普遍存在的昼夜节律现象称为生物钟，其生理意义在于使生物体根据外界环境的昼夜变化，以日周期的形式有秩序、有节奏地进行生命活动，从而对环境变化做更好的前瞻性适应。哺乳动物生物钟分为中枢生物钟与外周生物钟，中枢生物钟位于下丘脑视交叉上核，而外周生物钟存在于除中枢神经系统以外的多数组织，如心脏和肝脏。中枢生物钟可以独立产生并维持日周期节律，不能独立产生节律的外周生物钟受中枢生物钟控制，在体液因子的参与下产生与中枢生物钟同步的生物节律。生物钟是机体对环境（包括自然环境和机体内环境）的适应机制，通过对规律性变化中的特定状态（如光线明暗、活动状态、激素水平等）进行预设，帮助机体协调生理、生化及行为的时间步骤，提前对即将发生的代谢、激素变化及能量供应等做好必要的准备，从而做出最优反应。人体的生物钟以昼夜节律方式调节机体几乎所有激素的释放和机体绝大多数功能。例如，人的体温、心率和血压下午最高，而听觉和痛觉傍晚最敏感；某些激素（如可的松和睾酮）在早晨起床时最高，而胃泌素、胰岛素和肾素水平在下午和傍晚时最高，褪黑素、催乳素和生长激素在睡眠时达到高峰。生物钟紊乱与疾病的发生发展密切相关，表现为疾病相关参数的波动幅度和节律时相的变化。例如，哮喘等过敏反应患者的血清 I 标志节律改变，在下午达到高峰，夜间处于低谷，致使多数患者在黄昏后发病；心血管疾病在午夜零点与清晨 6 点期间的风险性增加 40％，脑卒中风险性增加 49％。一些心源性猝死多发生于深夜，与人体后半夜血压和心率波动幅度加大和节律不稳有关（Lightman，2008）。分子生物学研究已初步发现生物钟反馈环路的基因调节机制。目前在哺乳动物中已发现的时钟基因包括 *Per*、*clock*、*Bmall*、*Cry*、*Rora*，钟控基因包括 *Dbp*、*Hlf*、*Tef*。然而基因调控的机体生理功能、能量代谢的调控机制尚未明确；生物周期性节律与神经内分泌激素、旁/自分泌物质的关系，以及生物钟相关基因调控的基因表达的精细调节与器官、细胞生理功能之间的联系等均是该领域亟须阐明的科学问题。不同应激或外环境改变对生物节律的影响及其对生理功能调节的关系是找到人类疾病发病易感时间的重要理论基础。生物钟的运作牵涉复杂的分子交互作用，如何利用计算机分析建立数学模型对阐明生物节律活动与生理功能调节的规律非常重要，有助于理解机体一般生命活动的规律。

重点研究方向：

1）中枢钟（即视交叉上核）调节昼夜节律起搏点的工作原理（调控网络和分子调控环路）；

2）中枢钟调控外周器官的节律性活动的机制（包括神经内分泌机制、旁/自分泌机制及基因表达调控机制），探讨生物钟调控机体能量代谢，生物钟紊乱与代谢异常的关系及生理功能紊乱的机制，阐明其调控的关键节点；

3）外周钟对中枢钟的反应性，外周钟的自身节律与中枢钟的相互关系，以及这种关系紊乱对生理功能的影响及机制；

4）应激（包括心理应激）影响机体生物节律和生理功能的调节机制；

5）生物钟调控机体能量代谢，生物钟紊乱与代谢异常的关系及生理功能紊乱的机制，阐明其调控的关键节点；

6）高通量筛选时钟基因和钟控基因调控的靶基因网络调节，阐明其生理功能调节的机制；

7）高通量监控器官组织内时钟基因和钟控基因表达谱和细胞内作用机制，进行计算机分析拟合相应的数学模型。

（五）冬眠的生理学机制

冬眠（hibernation），也称为"冬蛰"。某些动物在冬季时生命活动处于极度降低的状态，是动物对冬季外界不良环境条件（如食物缺少、寒冷）的一种适应。冬眠是哺乳动物表型重塑最典型的范例。动物冬眠状态时呼吸、心跳减慢；神经系统进入麻痹状态；体温显著下降，新陈代谢减缓，仅能维持生命。冬眠通过降低低温、消耗自身存储的能量并降低自身能量需求，减缓哺乳动物代谢，从而降低其在能量匮乏时的生理需求而延长其生存。冬眠可以为某些恶性疾病选择合适的治疗时间，延长某些目前还没有治疗手段的疾病患者的生命。另外，细胞冬眠可以阻碍肿瘤生长，可能是治疗肿瘤有效的治疗手段之一。而人体冬眠的研究还未能找到适当的办法，研究进展缓慢。尽管某些物理学方法（如冰袋）和麻醉药物可以使人体基础代谢率降低，并可减轻一些危重病症的并发症，但如何找到确切的办法诱导类冬眠状态及阐明机体进入类冬眠状态后各系统、脏器、组织、细胞生理功能的改变及其调节机制，如何找到冬眠动物进入冬眠状态分子机制的关键节点还需深入研究。通过比较生理学研究非冬眠动物与冬眠动物生理学功能调节及分子调节机制，寻找冬眠生理功能调控的关键机制；冬眠动物唤醒机制和生理功能的代偿机制；寻找低体温、低代谢状态下冬眠动物与非冬眠动物生理功能差异、调节及恢复机制有望揭示冬眠的奥秘。由于冬眠最显著的特征是低体温和低代谢，目前国际上对一些代谢性核受体，如 PPAR、LXR、ROR、FXR、Rev-ERB 等可能参与细胞休眠及冬眠的机制进行了初步研究。2005 年，*Science* 期刊上发表的文章报道发现硫化氢可以诱导小鼠进入冬眠状态并实现可逆性恢复，恢复后动物基本的生命体征平稳，也未出现明显并发症。我国硫化氢生理功能和病理生理功能调节的研究有良好基础，积极探讨硫化氢诱导冬眠的生理机制及其诱导冬眠后机体对重要脏器生理功能的影响和可逆性恢复的调节机制有很重要的意义。

重点研究方向：

1）通过系统生物学手段寻找细胞休眠的生物学机制及其对生理学功能影响的机制；

2）干预措施（如硫化氢）诱导机体冬眠或细胞休眠的生理学机制及其可逆性恢复的生理学调节机制；

3）通过比较生理学研究探讨细胞过度增殖、冬眠或细胞休眠的生理学机制；

4）冬眠动物唤醒机制和生理功能的代偿机制，探讨非冬眠动物与冬眠动物生理学功能调节及分子调节的关键机制；

5）低体温、低代谢状态下冬眠动物与非冬眠动物生理功能差异性、调节机制及恢复机制；

6）非冬眠动物与冬眠动物生理学功能调节及分子调节的关键机制。

（六）非经典内分泌器官组织的内分泌功能

内分泌系统的经典概念是指一群特殊化的细胞组成的内分泌腺（endocrine gland）。它们包括垂体、甲状腺、甲状旁腺、肾上腺、性腺、胰岛、胸腺及松果体等。这些腺体分泌高效能的有机化学物质（激素），经过血液循环而传递化学信息到其靶细胞、靶组织或靶器官，发挥兴奋或抑制作用。激素也被称为内分泌第一信使。随着内分泌学研究的进展，科学家对内分泌系统产生了新的认识。除了上述内分泌腺外，在身体其他部分，如胃肠道黏膜、脑、肾、心、肺等处都分布有散在的内分泌组织，或存在兼有内分泌功能的细胞，这些散在的内分泌组织也属于或包括在内分泌系统内。除此之外，科学家对内分泌或激素的概念也有了更新的认识。经典的激素是指从内分泌细胞所分泌的激素经过血液循环运输到远距离的靶细胞（远距分泌），现在认为有一些内分泌细胞所分泌的化学物质可通过细胞间隙弥散作用于邻近细胞或细胞自身，这类化学物质称为局部激素，分泌方式称旁分泌及自分泌。内分泌器官分泌的激素、细胞因子在生理功能调节中有着重要的调节意义，是体液调节重要的成分。非经典内分泌器官的内分泌功能一直备受学术界关注，如神经内分泌、消化道内分泌对机体生理功能调节及病理生理进程均有着重要的调节作用。近年来研究发现非经典内分泌器官、组织可以分泌多种细胞因子，在器官、组织及细胞的生理功能调节中有特殊的重要作用。脂肪组织作为机体能量存储的器官，既往一直认为其仅仅是起到能量供需平衡调节、保暖和支持的作用，近年来发现脂肪细胞也可以分泌很多种活性分子，如瘦体素（leptin）、脂联素（adiponectin）、抵抗素（resistin）、脂类激素（lipokin）等。这些脂肪因子不仅仅在脂肪组织局部参与能量调节，也可以释放入血，参与其他组织器官的功能活动调节（Waki and Tontonoz，2007）。同样，骨骼肌细胞除了参与机体收缩舒张功能，也可旁/自分泌一些活性分子，如白介素、肾上腺髓质素、myostatin 等参与其能量代谢调节（Pedersen and Febbraio，2008；Powers and Jackson，2008）。骨组织作为支持组织，不仅仅调节钙、磷代谢，而且成骨细胞可以分泌很多因子，如骨形成蛋白质、骨钙素、骨桥蛋白等。这些活性分子不仅对骨组织的代谢、骨组织的生长有重要的调节功能，而且对其他脏器，如血管、心脏、肾脏等的生理及病理生理功能也有重要的调节作用。心脏主要的生理功能是维持泵血功能，心肌细胞也可以分泌降钙素基因相关肽、肾上腺髓质素、血管紧张素、Apelin、Ghrelin、一氧化氮及硫化氢等多种生物活性分子，对心脏自身及其他组织器官的生理及病理生理功能有重要调节作用。肾脏是机体排泄机体代谢废物的主要脏器，肾脏组织和细胞也具有重要的内分泌功能，如经典的肾素-血管紧张素-醛固酮系统、促红细胞生成素等。越来越多的研究证实了肾脏分泌的激素对机体生理功能调节的重要性并揭示了其调节机制。传统内分泌因子由于其调节靶点多，涉入器官、组织范围较广，因而受到学术界的广泛关注。而越来越多的研究表明非经典内分泌器官分泌的旁/自分泌分子对局部器官、组织自稳态的维持和调节也至关重要。例如，循环血液中的血管紧张素Ⅱ对血压调节和高血压发病非常重要，而一些血中血管紧张素Ⅱ水平并未升高的患者服用转换酶抑制剂后疗效却很好，经研究发现，血管局部的肾素-血管紧张素系统在血压调节中的作用不容忽视，这种旁/自分泌因子在局部的浓度和生理利用度非常高，对组织细胞功能影响和调节效应也极强。干细胞治疗是近年来兴起的热点领域，过去的研究认为干细胞在局部分化成了机体有功能作用的细胞而修复机体，最近工作证实，干细胞增加干细胞旁/自分泌功能效果更佳，因此干细胞内分泌功能能直接影响其在移植局部的趋化、归巢和分化。这些内分泌因子对脏器的功能调节有利于机体自稳态的维持，同时也将机体器官功能有机地联系在一起。这些内分泌因子对其自身功能及其他远隔器官、组织和细胞的功能调节和相互作用的网络调节均是当前研究的热点问题。

重点研究方向：

1）脂肪内分泌因子对脂肪细胞的脂肪合成、分解功能调节及不同脂肪因子的网络调节；

2）脂肪内分泌因子与其他器官，如肝脏、心血管、肾脏、神经系统、胰腺等功能调节的网络联系；

3）骨骼肌内分泌因子对骨骼肌能量代谢的网络调节；

4）发现新的非经典内分泌器官的内分泌因子及其对自身和远隔器官功能调节的机制；

5）应激对脂肪、骨骼肌和骨内分泌功能的影响及其机制；

6）心血管内分泌功能稳态调控与心血管重塑的关系；

7）骨组织内分泌功能的生理意义；

8）肾脏内分泌功能与肾功能自稳态的关系；

9）干细胞旁/自分泌功能对干细胞的靶向分化和"归巢"的调节及其影响机制；

10）干细胞旁/自分泌对靶向器官、组织、细胞生理功能否认影响及其机制。

（七）内源性小分子活性物质的生理功能及其细胞信号转导机制

分子生物学的发展开拓了内源性生物活性小分子研究的新领域，"老分子"

的新功能和"新分子"的发现层出不穷。生物体内存在大量内源性小分子物质，包括小分子蛋白质、活性多肽、活性氨基酸及衍生物、胺类物质、脂类介质、金属离子和气体信号分子等，作为神经递质、调质、激素、旁/自分泌因子和细胞信号转导分子，在细胞乃至生物体生命活动、在人类生理和病理过程中起着极其重要的调节作用。它们具有分子质量小、结构简单、组织分布广泛、生物效应多样、合成与代谢迅速和免疫原性低等特点。这些分子作用的特异性不很强，因而对多种生理活动都具有普遍调节意义，而且生物活性高，体内仅微量（$10^{-12} \sim 10^{-7}$ mol/ L）就能够发挥很强的生物效应。这些不同活性的小分子在生物学效应上，在细胞信号转导和基因表达调控上，或协同、或拮抗、或修饰而相互影响，形成复杂的调节网络，参与对细胞结构和功能机体稳态的精密调节，承担着维持机体结构和功能稳态的重要使命。各种内源性活性分子的变化常常不反映基因转录和蛋白表达水平，而反映物质的代谢改变，因而单纯基因组或蛋白质组研究无法全面认识它们在不同生理及病理状态下的变化。同时，由于其种类繁多功能复杂，并且不同小分子间存在相互作用而形成复杂的调节网络，更增加了对这些内源性活性物质生物学功能认识的难度。后基因组时代兴起的蛋白质组学和代谢组学技术使系统地阐明蛋白质或生物活性多肽的结构、功能、与其他活性小分子间的相互作用和关系及在整个系统、器官或细胞网络调节中的作用成为可能，也利于阐明这些小分子物质的功能及其调节在生理和疾病的病理生理过程中的关键作用。

　　mRNA 前体的不同拼接产生不同的多肽前体，以及肽链翻译后进行复杂的加工，使一个基因产生多种多肽，这是蛋白质或多肽合成的一个重要的进化。人类基因不是靠自我开发新基因来获取新功能，而是通过重新编码或扩充已有的可靠资源来达到创新的目的，使一定数量的基因产生更多的活性多肽，一种活性多肽产生更多样的功能，以最节约的方式满足生理调节的需要。活性多肽的功能多样性还受到其前体肽原来源的不同肽段，以及同一活性分子不同的酶解片段彼此间的修饰和调控。同一前体分子来源的活性片段各自具有相对独立的生物学效应又彼此相互作用的现象，称为"分子内调控"。分子内调控的表现多种多样：第一种表现是活性肽以大分子无活性或低活性的前体肽原生成，在体内酶解成多个肽段，不同肽段具有相对独立的生物学活性，彼此间相互作用，共同参与生理调节；第二种表现是活性肽分子在体内酶解程度不同，形成了多种不同功能的中间产物分子。同样，一些其他代谢物质的"家系"也有类似调节模式。例如，细胞膜的脂质——花生四烯酸代谢过程中可以合成和代谢成数十种不同产物，这些代谢分子具有功能活性，相互协同或相互拮抗，共同维持内环境平衡，这样的调节方式称为活性小分子代谢产物"家系"的网络调节。这种分子内调控现象和家系网络调节的生理和病理学意义目前所知甚少，为什么机体在合成某一种功能的蛋白质分子时，同时会生成众多不同或功能相反的产物？这种同代谢来源的分子群形式的网络样整合方式在时空上实现更完善、更精细、更周密的调节。由于其结构简单，家系成员数量较少，适合于研究活性物质相互作用网络调节模式从而映射机体功能调节的复杂模式。我国在小分子物质功能调节的研究领域有着多年工作积累，在活性多肽、花生四烯酸、蛋氨酸代谢家系的研究方面有较强的研究队伍。

重点研究方向：

1）具有重要功能的内源性活性多肽及其不同降解片段在器官、组织、细胞和分子水平相互作用的网络调节；

2）机体调控小分子物质前体不同酶解反应的生理学机制；

3）新型活性小分子物质的发现及其在机体和细胞重要功能活动中的功能及其调控机制；

4）小分子活性物质对细胞膜不同离子通道的调节作用及其机制；

5）花生四烯酸代谢中间产物的相互作用及其生理意义；

6）蛋氨酸代谢中间产物的相互作用及其生理意义；

7）气体信号分子（一氧化氮、一氧化碳、硫化氢）的相互作用及其生理意义。

（八）糖和脂代谢的生理调节

近年来，超重、肥胖及代谢相关疾病的发病率在全球日益增长，这是现代社会疾病谱发生改变最明显的特征。中华医学会糖尿病分会在中国东、西、南、北、中共14个省（自治区、直辖市）进行调查发现，全国20岁以上人口中，男性、女性和总人口糖尿病患病率分别为12.0％、9.5％和10.5％，人口年龄标化率分别为11.3％、8.5％和9.6％，平均糖尿病患病率是2001年和1994年的2倍和4倍。男性和女性总人口血糖调节受损（糖尿病前期）患病率为14.1％和14.7％，人口年龄标化率为13.6％和13.7％，糖尿病前期的患病率比糖尿病患病率高约40％。根据中华医学会糖尿病学分会的诊断标准，代谢综合征的患病率在男性和女性分别是16.7％和11.7％，总体患病率为13.7％；人口年龄标化率分别为16.2％、10.4％和患病率为12.7％。根据估算，中国糖尿病患者可能已经超过了7000万人，成为世界上糖尿病人口最多的国家。由此可以看出，糖尿病前期患者数量激增，而糖尿病前期恰好是机体、器官、组织、细胞对糖脂代谢功能紊乱时期。因而，对糖脂代谢生理调节机制的研究势在必行。能量代谢是机体生存所必需，也是生物体最根本的生理功能。能量代谢主要是指糖类、脂肪、蛋白质在体内合成分解并伴随能量生成和利用的过程。糖类代谢方面，单糖进入人体后可能有三种变化：①部分糖类被氧化分解，最后生成二氧化碳和水，并释放出能量。②部分糖类被肌肉和肝脏等组织细胞利用，生成糖元，糖元是一种能量暂时储备物质。③部分糖类通过其他代谢途径合成脂肪，这也是人体多食糖类易发胖的原因之一。脂肪代谢是指甘油和脂肪酸进入人体后，大部分又再重新被合成为脂肪，其余部分则以磷脂化合物等形式被机体利用。它主要有如下作用：①作为组织构成成分，如磷脂参与细胞膜的构成；②储存在皮下等部位；③被各种腺体利用，生成各自的特殊分泌物，如乳汁等；④再次被氧化分解生成二氧化碳和水，并且释放出能量，如人体由于饥饿而日益消瘦，主要就是皮下等部位储存的脂肪被利用，氧化分解以释放来维持生命的基本活动；⑤转变为肝脏中的糖元。糖脂代谢彼此调节、彼此联系，共同维持机体的能量稳定，继以维持细胞的功能。经过多年的研究，科学家已基本清楚其大多数代谢途径、化学反应、调控的关键酶及限速步骤（Yeang，2009；Graaf et al.，2009；Koenen and Weber，2010；De Silva and Frayling，2010；Lee et al.，2009）。由于代谢性疾病受累器官较多，各组织细胞对糖脂代谢的调节及其生理功能是当前生命科学领域最前沿的领域之一，特别是代谢性核受体及其介导的能量代谢紊乱、胰岛素信号、高脂血症等病理生理机制和临床应用的研究均是研究的前沿领域。高糖、高脂及其介导的细胞功能损伤、基因表达、亚细胞器损伤等病理生理机制也是国际学术界研究的热点。尽管肝脏、肌肉和脂肪是机体最重要的能量代谢器官，而代谢紊乱影响和受累的往往是全身的功能和稳态，其整合调节的机制和相互调控的纽带目前尚未阐明。糖脂代谢中间产物在能量代谢中的调节作用、其本身对机体生理功能的调节作用及其功能调节上的相互调控也不清楚。研究代谢性核受体能量代谢调节的网络联系在生理功能调节中的机制及其在不同部位功能调节的联系为阐明代谢性疾病发病机制提供生理学理论基础。

重点研究方向：

1）糖、脂肪酸及其各级代谢产物共同组成的代谢循环对各系统、器官、组织、细胞生理功能的调节及其相互作用机制；

2）以脂肪细胞、骨骼肌细胞、肝脏细胞和巨噬细胞为模式，深入研究这些细胞中脂肪的积聚、脂滴的合成、融合及脂代谢调控的分子机制；

3）建立动物模型，研究脂代谢与基础代谢率、基础体温与体重及肥胖调节的关系；

4）代谢性核受体在糖、脂代谢异常与心脏、肾脏等器官生理功能的内在联系；

5）糖脂功能平衡在心脏、血管、肾脏等器官功能调节及胰岛素信号调节中的作用；

6）新的内分泌激素、旁/自分泌因子调节糖脂代谢继而调节生理功能的机制；

7）饮食、运动等不同生活方式对生理功能影响中能量代谢的调节机制。

（九）生物膜功能调节的离子通道机制

离子通道是各种无机离子跨膜被动运输的通路。生物膜对无机离子的跨膜运输有被动运输（顺离子浓度梯度）和主动运输（逆离子浓度梯度）两种方式。被动运输的通路称为离子通道，主动运输的离子载体称为离子泵。生物膜对离子的通透性与多种生命活动过程密切相关。例如，感受器电位的发生、神经兴奋与传导及中枢神经系统的调控功能、心脏搏动、平滑肌蠕动和收缩、骨骼肌收缩、激素分泌、光合作用和氧化磷酸化过程中跨膜质子梯度的形成等。离子通道由细胞合成的特殊蛋白质构成，镶嵌于细胞膜上，中间形成水分子占据的孔隙，这些孔隙就是离子快速进出细胞的通道。离子通道的活性，就是细胞通过离子通道的开放和关闭调节相应离子进出细胞速度的能力，对实现细胞各种功能具有重要意义。德国科学家埃尔温·内尔和贝尔特·扎克曼即因发现细胞内离子通道并开创膜片钳技术而获得 1991 年的诺贝尔生理学或医学奖。作为一种镶嵌在细胞膜脂质双分子层中形成水性孔道的糖蛋白，目前的研究发现离子通道无论是对于可兴奋组织细胞（神经元、心肌细胞等）还是对于非兴奋组织细胞（肾小管细胞、消化道上皮）的细胞信号转导都具有重要作用。它不仅参与细胞膜兴奋性的调节，而且还直接影响着膜内外多种离子的转运，维持内环境稳定，因而对在细胞分子水平上维持机体的正常生理功能至关重要。当离子通道由于某些先天性的或后天获得性的原因导致其结构和（或）功能发生改变时，上述离子通道所承载的功能必将发生异常，从而导致疾病的发生。编码离子通道亚单位的基因发生突变/表达异常或体内出现针对通道的病理性内源性物质时，通道的功能会出现不同程度的削弱或增强，从而导致机体整体生理功能的紊乱，出现某些先天性和后天获得性疾病，这一类疾病被称为离子通道病。离子通道病主要是可兴奋组织疾病，如神经系统疾病、心血管系统疾病、消化系统疾病和骨骼肌疾病，近年来的研究发现离子通道功能紊乱也可导致肾脏等非兴奋组织器官疾病。离子通道变异导致细胞功能障碍是离子通道疾病发病的基础，因此，深入阐明离子通道对机体生理功能特别是不同刺激、应激、微环境条件下离子通道在生理功能调节中的重要作用具有重要意义。目前关于离子通道的研究仅仅限于膜片钳技术对其离子转运过程中的调节机制及离子通道蛋白编码基因突变、表达异常导致细胞功能改变。我国该领域科学家的部分研究成果（如钾离子通道蛋白基因与心律失常）获得了国际学术界的认可。离子通道引起机体生理功能改变的机制、离子通道介导的生理功能记忆、离子通道蛋白基因表达的表观遗传学信息与生理功能的关系、离子通道蛋白变异诱导的生理功能改变机制及内环境诱导通道蛋白功能改变的生理学调节机制急需阐明，为认识离子通道病发病机制提供生理学理论基础。

重点研究方向：

1）离子通道在不同生理内环境下的功能调节及其机制；

2）离子通道在高级神经活动（如记忆、反射等）中的生理功能及其作用机制；

3）离子通道基因表达的表观遗传学信息及生理功能调节机制；

4）基因非编码区功能对离子通道蛋白功能影响及其功能调节的机制；

5）离子通道在非兴奋细胞（如免疫细胞）中的功能调节；

6）不同应激诱导通道蛋白表达、基因突变、功能缺失的生理学机制；

7）离子通道在多器官功能调节中的整合作用及其机制；

8）离子通道对干细胞功能（如迁移、归巢）的影响及其机制。

（十）重要脏器功能活动的网络调节

人类基因组计划的完成及人类全部基因序列的获得为认识多种疾病（包括遗传性和非遗传性疾病）的致病分子机制和完善分子诊断、基因治疗等新方法提供了理论依据，并提出了令人无限遐想的"个体化医学"这一新概念。然而进一步的研究使人们清醒地认识到：基因只是遗传信息的载体，功能性蛋白才是基因的执行单位，是生物活动的主要体现者和执行者。对蛋白质的数量、结构、性质、相互关系和生物学功能进行全面地认识与深入地研究，已成为生命科学研究的所谓后基因组时代迫切需要解决的新任务，蛋白质组学、功能基因组学、药物基因组学及生物信息学和系统生物学也因此应运而生并得以迅速发展。针对人类疾病发病而建立全基因组关联研究（genome-wide association study，GWAS）也进行得如火如荼。GWAS 是在全基因组层面上，开展多中心、大样本、反复验证的基因与疾病的关联研究，全面揭示疾病发生、发展与治疗相关的遗传基因。GWAS 为全面系统研究复杂疾病的遗传因素掀开了新的一页，为我们了解人类复杂疾病的发病机制提供了更多的线索。目前，科学家已经在阿尔茨海默病、乳腺癌、糖尿病、冠心病、肺癌、前列腺癌、肥胖、胃癌等一系列复杂疾病中进行了 GWAS 并找到疾病相关的易感基因（Nelson et al.，2009；Lum et al.，2009）。我国科学家也在银屑病、精神病和冠心病等方面开展了 GWAS 研究并取得一定成效。然而总结历年的研究数据，发现耗费数亿美金的 GWAS 研究，结果并不理想，其对疾病预测的贡献值不足 7%。因此，以功能为中心的研究体系是现代医学发展的必然。而从功能整合角度进行全面分析是现代生理学大发展的前提，因此，以重要脏器功能活动为研究中心，整合基因组学、蛋白质组学、生物信息学和传统生理学功能研究海量信息的基础上，运用数学、物理化学等多学科的方法和手段，开展重要脏器功能网络调节的研究。

　　重点研究方向：

　　1）心脏泵功能稳态维持的网络调节；

　　2）血管收缩、舒张功能的网络调节；

　　3）气管、支气管通气功能的网络调节；

　　4）肝脏糖脂代谢的网络调节；

　　5）肾脏滤过、重吸收功能的网络调节；

　　6）胰腺胰岛素分泌功能的网络调节；

　　7）骨骼肌代谢功能的网络调节。

三、重大交叉研究领域

　　生理学是一门实验性学科，传统生理学的研究建立在整体、器官组织功能测定的基础之上。微观生理学则是借助分子生物学和生物化学手段通过组织分子对组织结构、功能进行研究。但是机体生理功能是由遗传、内外环境因素相互作用、机体适应代偿及不同层面、不同角度立体的网络调节的复杂体系。原有的微观生物学技术和传统生理学技术不能完全适应当前学科的发展。现代生理学进行整合生理学的研究急需高通量、多信息分析的新技术和新方法。故生理学与医学、生命科学其他学科和其他自然科学学科交叉融合，在技术领域需要有突破，建立功能研究、整合研究及网络研究的新技术和新方法。

　　优先发展的交叉研究领域：整合生理学研究的新方法和新技术

　　1）与物理、化学、光学、电子学及免疫、生物物理等学科交叉和融合，发展高通量功能检测方法和技术；

　　2）与数学、计算机科学、生物信息学等学科交叉，发展多因子相互作用的网络调节的测定方法及作用模式；

　　3）与物理、化学、免疫学、生理物理学、数学以及计算机科学等交叉，发展不同层次（基因、蛋白、组织、器官）功能反应的同管测定方法；

　　4）与物理、化学、免疫学、病理学、计算机科学等交叉，发展功能改变及结构改变的三维立体评估方法；

　　5）与化学、物理、免疫学、计算机科学以及病理学等交叉，发展整体多靶点标记动态检测及分析方法；

6）与工程学、化学、计算机科学等融合，通过设计和构建人工生物系统，探索生理功能调节规律，发展生理学模拟系统，进行高通量筛选。

第六节　生理学开展国际合作与交流的需求分析和优先领域

一、国际合作与交流的需求分析

在经济全球化、科学技术日新月异的今天，加强生理学国际合作与交流成为当今生理学家应给予足够重视的重要问题。纵观国际生理学标志性的研究成果，多数是由若干个研究团队或跨国际合作共同完成的。随着传统的生理学和微观生理学的发展，当代生理学科的发展，已从研究单分子在细胞中的作用，逐渐过渡到研究细胞中多个分子间的网络调控作用；从单一细胞中对基因进行剔除或高表达，研究基因功能缺损或增强对细胞功能的影响，聚焦到在整体系统，通过系统生物学和各种组学（基因和蛋白质组学、代谢组学等）研究特定基因的作用。现代生理学向整合生理学（系统生理学）的转化和发展过程中，急需整合和发挥各国的知识、技术、人才和资源优势。从我国生理学目前发展的状况看，在相当长的一段时期内，因为人力、物力和财力的限制，我们还必须在"全面发展，突出重点"的原则下，注意要"有所为，有所不为"。要特别注意优先支持具有重大生理学意义或者具有中国特色的学科前沿和热点问题的研究，举办和参与高水平、多层次、学科交叉的学术研讨会，鼓励并推动青年学者和学生的访问交流、吸引相关学科的带头人进行合作交叉研究、加强高校和国家以及教育部重点实验室学科带头人（PI）到国外的短期合作交流，要鼓励科学家参与国际竞争，在竞争中求发展。并充分发挥国际合作的特有优势和先导作用，提高合作的层次，有效保证我国在这一研究领域在国际上的地位并加快我国生理科学发展的自主创新能力，培养更多优秀的中青年研究骨干。

我国生理学界与国际同行有良好的合作与交流。通过大量引进留学人员和在中国举办国际会议，我国的生理学各个分支与国际相关领域都有良好的互动，进行过许多项目的合作研究并发表了一系列高水平的文章。2008年，由我国与美国、英国、加拿大和澳大利亚生理学会联合举办的"北京2008国际生理学大会"吸引了36个国家的700余名学者参与，大大提高了我国生理学界在国际同行中的地位。不仅如此，我国生理学的学者已经在国际生理联合会（IUPS）中担任了副主席的职务，在亚太地区生理联合会担任了秘书长的职务等，充分反映了国际同行对国内本学科工作和专家的认可。

在未来的10年中，生理学应继续开展并扩大国际合作与交流，积极引进相关的理论和技术，特别是新发展的高新技术。充分发挥国际合作的特有优势和先导作用，提高合作的层次和扩大合作的范围，对于全面提高我国生理学的研究水平，有效保证我国在这一研究领域在国际上的地位并在部分重点领域进入国际先进行列、加快我国生理科学发展的自主创新能力，具有重要的作用。

二、国际合作与交流的优先领域

在协调发展的基础上，坚持"有所为，有所不为"和可持续发展的原则；关注国际前沿和热点问题，特别是在未来10年中有可能取得重要突破的领域；支持源头创新和鼓励具有我国优势和特色的研究领域，重视已有的科学积累；支持以解决国民健康和经济发展中的重要科学问题为目标的基础研究；以科学问题为导向，开展多学科交叉的综合研究，注重对有重要影响的新的研究技术和方法的支持。以中国学者有优势和特色的研究领域为重点，结合国际学术前沿和热点问题，通过举办国际会议提升我国生理学研究学者的学术地位，并增加相互了解和加强合作，增强科研实力。在国内选择有好的工作基础的基础科研单位和临床研究单位；在国外选择好对等的大学或研究所，针对一些我国亟须解决的和重要的科学问题，在不以牺牲我国的各种资源为代价的前提下，通过设立国际合作项目，推动和加强国内外的合作，以提升国内研究者的科研水平和自主创新能力。针对国内急需的一些研究技术和研究体系，通过国内外科研合作，进行相关技术的引进、消化与吸收，使国内的科研工作快速发展。

生理学的国际合作应尽量体现对等互利，要选择我国基础研究有优势和特色的领域加大支持力度，结合国际前沿和热点问题，支持原始创新。根据近期生理学国际研究趋势和我国的现状，建议未来10年继续支持我国生理学在各个领域开展国际交流与合作，并重点支持以下几个领域开展相关工作。

1）心血管研究领域：心血管功能的分子机制和生理基础的研究、遗传和外界环境如何共同影响心血管的正常生理功能。

2）脂代谢领域：以脂肪细胞为模式，研究脂肪的积聚、脂滴的合成、融合及脂代谢调控的分子机制。

3）特殊环境生理、运动生理等应用生理学领域：机体在特殊环境和运动中适应性反应机制及相关基因、蛋白质表达及多层面的相互影响和相互调节的网络关系。特殊环境长期暴露导致的表观遗传学信息编码及其生理功能的联系。

4）老年生理学等领域：衰老细胞功能及其功能基因组、功能蛋白质组及其网络调节、衰老细胞的表观遗传学特征及其功能联系、机体各系统增龄改变的特点、规律及其机制。

第七节　本学科在基础研究、人才队伍、支撑环境等方面的保障措施

一、基础研究

以器官、系统功能研究为主导的传统生理学的研究滞后于其他生物学科的发展，宏观生理学的发展缓慢，一些领域的人才严重缺乏，而当代生理学的发展，已逐渐从研究单分子的作用，过渡到研究多个分子、细胞、组织、器官和系统间不同层次的网络调控作用。随着转化医学的出现，我们更需要借助整合生物学和各种组学（基因和蛋白质组学）的研究理念，支持将数学、物理学、化学、信息学等领域的研究成果应用到生理学研究中，力争在理论和技术上取得突破；在加强传统的生理学研究的同时，更要注重分子、细胞、组织及器官多层次的整合生理学研究，这将是生理学科未来的发展方向。建议国家自然科学基金委员会通过设立重大或重点项目培植整体生理学，并促进整体生理学与传统微观生理学的交叉和融合，带动和促进生理学整个学科的发展。积极鼓励系统整合与学科交叉的研究，特别是高度跨学科的、以 NBIC 技术与理论为基础的生理学研究。加大对本学科领域经费的支持力度是最基本的保障措施之一。根据学科发展的需要，对重点领域要给予长期的支持，强调团队的整体支持和基础较好领域的稳定支持。

二、人才队伍

目前，国内直接从事生理学教学和科研的单位有近 300 家。中国生理学会的正式会员有 2800 余名，但传统生理学研究人员萎缩。在人力资源和社会保障部"千人计划"、教育部"长江学者"特聘教授、国家自然科学基金委员会"杰

出青年科学基金"及教育部"新世纪优秀人才支持计划"等人才计划的支持下，在生理学研究人才队伍和梯队方面有了很好的基础。同时通过大量地引进留学人员和积极地自行培养，已经形成了一支老中青三结合，以中青年留学归国人员为骨干的人才梯队。随着整合生物学、整合生理学和转化医学研究的发展，越来越多的生理学相关学科的学者，尤其是许多临床医学家采用合作或直接进入等方式参与到相关的生理学研究中，极大地补充和发展了生理学相关人才队伍。由于生理学具有可进行广泛的交叉学科研究的特性，非生命科学的学者（如物理、化学、数学、计算机模拟等）也积极参与生理学的相关研究。这些都对我国生理学的发展起到了支撑、推动甚至升华的作用。基于我国整合生理学研究人才严重缺乏，要通过加大支持力度，稳定现有队伍，吸引其他相关学科人才队伍，积极引进海外人才，同时积极培育国内确有成绩的青年人才，稳定和培养优秀创新学术团队，造就一批具有国际竞争力的研究队伍，以提升我国生理学的原始创新和集成创新能力，进一步扩大国际影响。将人才队伍的建设与储备，包括研究生、博士后等新生后备力量的培养和稳定具有一技之长的支撑队伍的工作提到日程。在项目实施中建议设立专项人才引进基金，为在该研究领域尽快取得突破性研究成果提供人才保障。

三、支撑环境

增加尖端设备与提高通用设备利用率相结合，提高政策制定者的认识与鼓励其他学科专家的积极参与相结合。具体措施有以下几个。

1) 继续推进重点和重大课题研究计划，鼓励多学科、多单位合作攻关，以重点带动一般；增加支持力度，使一些基础好的实验室能稳定发展。

2) 继续加强重点实验室建设，加大开放实验室的支持力度，充分发挥科技资源的支撑作用。建议拨出专款，在全国范围内招标设立研究支撑平台。

3) 建设一流的共享研究平台是生物学能持续、快速发展的重要保障。在资源有限的情况下，提供公共服务平台，最大化地推动学科的发展。国家应建设几个高水平的生理学研究平台（尤其是模式动物研究平台），建立健全科学的平台管理制度，促进研究平台的全面共享；加强数据整合和共享。

4) 由于各类"组学"均具有大科学、综合交叉及前沿性等特点，需要在政策上大大鼓励和促进学科的交叉，集新技术、信息学、规模化功能研究于一体，在系统生物学和整合生物学层次开展研究。因此，应当鼓励国内优秀的研究单位和团队进行合作，在进行高层次人才（国外教授级的华人）的吸引，设立相应的基金支持的同时，为年轻人才提供参与和实际操作的机会，加强青年人才的培养（35 岁以下的人员）和加大基金强度和比例，为未来引领发展锻造人才库。

5）鼓励企业对基础研究实施积极投入政策，鼓励产学研用共同体合力投资基础研究，企业对大学院校自投的基础研究给予永久性免税；建立国家技术转移机构，负责包括国家计划在内的研究成果的转移扩散；制定技术经营政策、加强技术市场监督，提供统计、信息和咨询服务；开展企业需求调查，组织技术转移可行性评价，统计示踪技术转移的使用情况。公益化和公共性技术由政府资助企业使用，形成完整产业链，或对最终产品实行价格补贴、政府采购，培养成熟的市场，反哺基础研究，进一步促进科研成果的产业化。

6）为给科研人员创造一个相对宽松的科研环境，鼓励自由探索和创新，应建立科学的、合理的科研成果评价体系，根据不同的学科特点建立分类评价，要把研究结果的影响力和研究工作的系统性作为评价的主要指标；鼓励科研人员潜心从事长期性的基础研究工作。

◇ 参 考 文 献 ◇

方福德 . 1992. 生理学向何处去 . 生理科学进展，23（3）：196～198

冯志强 . 2006. 整合医学生理学教学的实践 . 中国高等医学教育，（2）：49～50

管又飞 . 2009. 生理学 . 见：中国生物技术发展中心 . 中国现代医学科技创新能力国际比较 . 北京：中国科学技术出版社：220～238

Busser B W，Bulyk M L，Michelson A M. 2008. Toward a systems-level understanding of developmental regulatory networks. Curr Opin Genet Dev，18（6）：521～529

Cairo C W，Key J A，Sadek C M. 2010. Fluorescent small-molecule probes of biochemistry at the plasma membrane. Curr Opin Chem Biol，14（1）：57～63

Camici G G，Sudano I，Noll G，et al. 2009. Molecular pathways of aging and hypertension. Curr Opin Nephrol Hypertens，18（2）：134～137

Cassileth B R，Gubili J，Simon Y K. 2009. Integrative medicine：Complementary therapies and supplements. Nat Rev Urol，6（4）：228～233

Confavreux C B，Levine R L，Karsenty G. 2009. A paradigm of integrative physiology，the crosstalk between bone and energy metabolisms. Mol Cell Endocrinol，310（1～2）：21～29

de Magalhães J P，Faragher R G. 2008. Cell divisions and mammalian aging：Integrative biology insights from genes that regulate longevity. Bioessays，30（6）：567～578

De Silva N M，Frayling T M. 2010. Novel biological insights emerging from genetic studies of type 2 diabetes and related metabolic traits. Curr Opin Lipidol，21（1）：44～50

Fukushima A，Kusano M，Redestig H，et al. 2009. Integrated omics approaches in plant systems biology. Curr Opin Chem Biol，13（5～6）：532～538

Ganzel B L，Morris P A，Wethington E. 2010. Allostasis and the human brain：Integrating models of stress from the social and life sciences. Psychol Rev，117（1）：134～174

Gibson G. 2008. The environmental contribution to gene expression profiles. Nat Rev Genet，9（8）：575～581

Graaf A A，Freidig A P，De Roos B，et al. 2009. Nutritional systems biology modeling：From molecular mechanisms to physiology. PLoS Comput Biol，5（11）：e1000554

Heath R J，Xavier R J. 2009. Autophagy，immunity and human disease. Curr Opin Gastroenterol，25（6）：512～520

IUPS. 2005. Physiome Project Roadmap. http://www. physiome. org. nz/roadmap/roadmap-maros［2007-8-12］

Khalil A M，Wahlestedt C. 2008. Epigenetic mechanisms of gene regulation during mammalian spermatogenesis. Epigenetics，3（1）：21～28

Koenen R R，Weber C. 2010. Therapeutic targeting of chemokine interactions in atherosclerosis. Nat Rev Drug Discov，9（2）：141～153

Kvetnansky R，Sabban E L，Palkovits M. 2009. Catecholaminergic systems in stress：Structural and molecular genetic approaches. Physiol Rev，89（2）：535～606

Lee D E，Kehlenbrink S，Lee H et al. 2009. Getting the message across：Mechanisms of physiological cross talk by adipose tissue. Am J Physiol Endocrinol Metab，296（6）：E1210～E1229

Liesa M，Palacín M，Zorzano A. 2009. Mitochondrial dynamics in mammalian health and disease. Physiol Rev，89（3）：799～845

Lightman S L. 2008. The neuroendocrinology of stress：A never ending story. J Neuroendocrinol，20（6）：880～884

Linford N J，Pletcher S D. 2009. Aging：Fruit flies break the chain to a longer life. Curr Biol，19（19）：R895～R898

Lum P Y，Derry J M，Schadt E E. 2009. Integrative genomics and drug development. Pharmacogenomics，10（2）：203～212

Morrow D G，Rogers W A. 2008. Environmental support：An integrative framework. Hum Factors，50（4）：589～613

Mueller U G，Rabeling C. 2008. A breakthrough innovation in animal evolution. Proc Natl Acad Sci U S A，105（14）：5287～5288

Nelson C J，Otis J P，Carey H V. 2009. A role for nuclear receptors in mammalian hibernation. J Physiol，587（Pt 9）：1863～1870

Pape H C，Pare D. 2010. Plastic synaptic networks of the amygdala for the acquisition，expression，and extinction of conditioned fear. Physiol Rev，90（2）：419～463

Pedersen B K，Febbraio M A. 2008. Muscle as an endocrine organ：Focus on muscle-derived interleukin-6. Physiol Rev，88（4）：1379～1406

Powers S K，Jackson M J. 2008. Exercise-induced oxidative stress：Cellular mechanisms and impact on muscle force production. Physiol Rev，88（4）：1243～1276

Raulet D H，Guerra N. 2009. Oncogenic stress sensed by the immune system：Role of natural killer cell receptors. Nat Rev Immunol，9（8）：568～580

Soto A M，Rubin B S，Sonnenschein C. 2009. Interpreting endocrine disruption from an integrative biology perspective. Mol Cell Endocrinol，304（1～2）：3～7

Waki H，Tontonoz P. 2007. Endocrine functions of adipose tissue. Annu Rev Pathol，2：31～56

White F M. 2008. Quantitative phosphoproteomic analysis of signaling network dynamics. Curr Opin Biotechnol，19（4）：404～409

Wray S，Burdyga T. 2010. Sarcoplasmic reticulum function in smooth muscle. Physiol Rev，90（1）：113～178

Yeang C H. 2009. Integration of metabolic reactions and gene regulation. Methods Mol Biol，553：265～285